U0227649

山西洪水研究

山西省水利厅　编著

黄河水利出版社
·郑州·

内 容 提 要

本书资料丰富翔实，内容广泛，在洪水规律研究方法和特性分析方面有所创新，较客观地揭示了山西省洪水的诸多规律和特性，是一部集资料性、研究性和实用性于一体的洪水研究专著。主要内容包括调查洪水、场次大洪水、实测洪水以及水文站洪水频率分析成果、文献记载洪水、洪水时空分布规律研究和特性分析等。

本书可供从事防洪减灾、工程水文计算、水利规划设计的工程技术人员和管理人员阅读使用，也可供相关专业的科研机构和大专院校科研人员参考。

图书在版编目(CIP)数据

山西洪水研究/山西省水利厅编著.—郑州:黄河水利出版社,2014.2

ISBN 978-7-5509-0728-7

Ⅰ.①山…　Ⅱ.①山…　Ⅲ.①洪水-研究-山西省　Ⅳ.①P331.1

中国版本图书馆 CIP 数据核字(2014)第 034946 号

出 版 社:黄河水利出版社

地址:河南省郑州市顺河路黄委会综合楼14层　　邮政编码:450003

发行单位:黄河水利出版社

发行部电话:0371-66026940、66020550、66028024、66022620(传真)

E-mail:hhslcbs@126.com

承印单位:河南省瑞光印务股份有限公司

开本:787 mm×1 092 mm　1/16

印张:27

字数:624 千字　　印数:1—1 000

版次:2014 年 2 月第 1 版　　印次:2014 年 2 月第 1 次印刷

定价:198.00 元

《山西洪水研究》编撰委员会

《山西洪水研究》编撰人员

主　编　宋晋华　杨致强

副主编　武晓林　申　瑜　李文红

　　　　　米占平　武光明　郗茂成

主要参加人员

梁存峰　王建云　苏乃友　杨丙寅

王军平　王玉珉　崔军明　牛二伟

霍勇峰　陈彦平　穆仲平　杨晓俊

黄立志　胡德生　王云峰　卢选伟

程　红　茹哲敏　任六平　李纯纪

张展鸿　高俊莲　王　芳　李晓峰

前 言

从某种意义上说，中华民族是在与洪水斗争中生存和发展的，故“洪水猛兽”一说自古有之。山西省虽处“十年九旱”的半干旱地带，但河流洪水仍是威胁人民生存的主要自然灾害。新中国成立以后，经过大规模的水利建设，虽然主要河流的常遇洪水有所控制，但特大洪水的威胁依然存在，尤且众多的中小河流洪水灾害仍然十分频繁，因此防治洪水灾害是一项国民经济建设中，长期的重要任务。

山西省大多数河流的洪水由暴雨形成，在山地与丘陵的地形条件下，洪水陡涨陡落，洪峰流量的年际变化极不稳定，在时间上的随机性和地域上的不确定性特点非常明显。因此，为保障防洪安全，提高工程设计洪水计算成果精度，尽可能减轻洪灾损失，开展对洪水的研究，分析洪水发生的条件、地域差异和洪水灾害的自然历史特征，研究揭示其发生、演变的规律十分必要。为此，我们在以往工作的基础上编纂了《山西洪水研究》一书。该书搜集了大量丰富翔实、内容广泛的历史和现代大洪水资料，深入探索研究了山西省大洪水的特性和基本规律，是一部集资料性、研究性、实用性于一体的洪水研究成果。

《山西洪水研究》包括以下主要内容：

（1）洪水调查成果。自20世纪50年代中期开始，山西省的洪水调查工作陆续展开，调查单位主要以山西省水利部门为主，另有黄河水利委员会、原水电部北京水利勘测设计院和原水电部海河水利勘测设计院、河北省水利厅等单位，也在山西省进行过大量的历史洪水调查工作，逐步积累了一批丰富的调查洪水资料。本书汇集了历史洪水调查成果共计950个调查河段，1812个段年。最早的且有洪峰流量推算成果的洪水年份为明成化十八年，即1482年，它也是我国最远年份的历史洪水调查成果，最近的调查洪水资料到2008年，这些大洪水的重现期多数在20年以上。实践证明，在水利水电工程设计中，尽量取得较为久远和可靠的历史洪水资料，可以起到延长水文系列，提高洪水系列代表性和设计洪水成果精度的重要作用。

（2）场次大洪水分析。本书共分析了山西省曾发生的8场次特大洪水，分别为1482年、1875年、1892年、1895年、1982年、1988年、1993年、1996年。这几场大洪水，一是有比较丰富的调查洪水资料和文献记载，或具有实测暴雨、洪水及灾情资料；二是在暴雨洪水特性和地域上具有一定的代表性。通过对场次洪水雨情、水情及灾情以及稀遇程序的分析，进一步认识和揭示山西省洪水发生的规律和特点，对于制定防洪减灾规划或预案，开展洪水预报方案编制及设计洪水计算具有非常重要的参考借鉴价值。

（3）实测洪水频率分析计算成果。新中国成立以后，山西省水文站网逐步完善，目前有省辖水文站69处，加上黄河水利委员会在省内的站点，以及邻省在省界的把口站，共计80余处。本书对洪水资料系列比较长的水文站进行了频率分析计算（资料系列一般用至2008年），提出了各站洪水频率分析计算成果，这不仅为相似流域设计洪水计算提供了重要参证成果，而且为深入分析洪水地域规律奠定了坚实基础。

(4)文献记载洪水。在我国浩如烟海的历史文献中,有大量关于洪水灾害的文字记载,尤其是自15世纪以来,各地大量撰写地方志,史料更为丰富。本书共收录山西省历史洪水文献资料1854条,它们分别来源于山西通志,各市、县的府志或县志,中央档案馆明清档案部的清代档案奏折以及少量的洪水碑刻和家书等。通过对这些历史文献资料的整理分析,结合野外实地调查,可以印证调查洪水发生的时间、地点,并对确定洪峰流量的量级以及重现期具有极大的帮助。

(5)山西省洪水规律分析研究。综合以上各部分资料及分析成果,本书总结归纳了山西省洪水发生的时空变化规律、洪水过程特征和大范围灾害性洪水特性;为探索山西省洪峰流量(Q_m)和集水面积(A)关系的规律及其地域差异性,利用大量实测和调查洪水成果,综合得出了各分区、各流域及全省的相关关系,并配置了相应经验公式及参数,为分析工程设计洪水计算成果的合理性提供了一种有效手段。

由于编者水平有限,加之时间仓促,本书不妥之处在所难免,敬请读者提出宝贵意见。

作　者

2013年12月

目　录

第 1 章　山西省自然地理及水利工程概况

1.1　地理位置

山西省地处华北地区西部,黄土高原东翼,东依太行山与河北、河南两省毗邻,西隔黄河与陕西省相望,南抵黄河与河南省为邻,北跨内长城与内蒙古自治区毗连,省界四周几乎皆为山河所环绕。地理坐标为东经 110°14′~114°33′、北纬 34°34′~40°43′。南北长 682 km,东西宽 385 km,总面积 156 271 km^2,约占全国总面积的 1.63%。其中,黄河流域面积 97 138 km^2,占全省总面积的 62.16%;海河流域面积 59 133 km^2,占全省总面积的 37.84%。

1.2　地形地貌

山西省属典型的黄土覆盖山地型高原,大部分地域海拔在 1 000 m 以上。境内地形复杂,山地、高原、丘陵、台地、平原各种地形均有分布。按地形起伏特点,分为东部山地区、西部高原山地区和中部盆地区三大部分。

东部山地区以晋冀、晋豫交界的太行山为主干,由太行山、恒山、五台山、系舟山、太岳山、中条山以及若干山间小盆地组成。区内五台山叶斗峰海拔 3 058 m,是华北地区制高点,全省最低点位于东部山地区的西南部垣曲县黄河谷地,海拔 245 m。

西部高原山地区是以吕梁山脉为骨干的山地性高原,由芦芽山、云中山、吕梁山等山系和晋西黄土高原组成,最高峰关帝山海拔 2 830 m。黄土高原按地貌分类,自北向南可分为黄土丘陵、黄土沟壑和残垣沟壑三部分。

中部盆地区由东北、西南向纵贯全省,包括大同、忻定、太原、临汾、运城等一系列雁行式平行排列的地堑型断陷盆地,高程自北向南梯级下降。

各种地貌类型占全省面积比例,山地占 72.0%,高原占 11.5%,各类盆地占 16.5%。

1.3　森林植被

经过新中国成立后 60 多年的发展,目前全省森林覆盖率已超过 12%。天然林主要分布在中条、吕梁、太岳、太行、关帝、管涔、五台、黑茶等八大山区的 50 余个县、市。因地域和高程之差,森林类型呈多样性,包括高寒地区生长的云杉、落叶松林,低山生长的油松林和阔叶林,以及暖温带的漆树、泡桐、杜仲林等。人工林除山地有少量栽植外,主要分布在风沙危害比较严重的晋西北和桑干河、滹沱河流域,已形成相当规模的防护林网和护岸林带。

全省现有草地 6 760 万亩(1 亩 =1/15 hm^2,下同),主要分布在雁北干草原区和晋西北灌丛草原区。

1.4 地质条件

在暴雨形成洪水的过程中,地质岩性对洪水的产流有着重要的作用。山西除缺少上奥陶统至下石炭统的沉积外,其他时代的地质出露较为齐全。从对洪水作用的角度出发,各时代的地质岩性可归纳为碳酸盐岩类、变质岩类、砂页岩类和松散岩类四种。

山西省裸露的碳酸盐岩类分布面积为3.95万km^2,占全省总面积的25.3%,如果再加上隐伏(埋深小于200 m)部分,可达总面积的44%。在石灰岩组成的山地区,一般地表岩溶形态并不发育,表现为石灰岩土山,沟谷多为干谷或间歇性河谷,对于大气降水,此类岩性渗漏严重,除在高强度、长历时暴雨条件下,一般不易形成大洪水。

砂页岩类主要分布于各向斜盆地及黄河峡谷沿岸,出露面积5万km^2,约占全省总面积的32%。由于岩层中有相对隔水的页岩、泥岩和煤层等,降水不易渗漏,在地表植被条件差的情况下,极有利于洪水的形成和发展,所以相对来说洪水易发程度较高。

松散岩类在全省各大盆地、河谷、丘陵、山地都有分布,总出露面积4万km^2,占全省总面积的25.6%。因其结构致密,入渗能力低,洪水易发程度较高。而在吕梁山以西,沿黄河谷地的平陆、芮城,汾河中下游谷地两侧等一些黄土集中连续分布地带,由于其岩性疏松,易于侵蚀,在高强度、短历时暴雨条件下,极易形成高含沙量的暴涨暴落洪水,这也是山西洪水的显著特点之一。

变质岩类总出露面积为2.19万km^2,占全省总面积的14%。这类岩石由于其成岩程度高,致密坚硬,孔隙率低,抗蚀能力较强,所以明显有利于暴雨之后洪水的发生和发展。但在山西省,因在其上部大都具有程度不同的风化层,所以植被条件较好,故其水文特性表现为基流丰富,洪水易发程度低于风化程度较低的砂页岩及松散岩类山地区。

1.5 气候特征

山西省地处中纬度大陆性季风区,具有典型的大陆性气候特征,水汽主要来源于太平洋和印度洋。春季干旱多风,蒸发量大;夏季受海洋暖湿气流影响,盛行东南季风,降水主要集中在7、8、9三个月;冬季在强盛的极地干冷气团控制下,雨雪稀少,干燥寒冷,这是典型的雨热同季的地方气候特点,充分体现了季风环流对山西气候变化的支配结果。山西省南北地跨温带和暖温带两个气候带,加之地形多变高差悬殊,因而南北气候特征迥异。

省内光热资源丰富、水热组合较好,但灾害性天气经常发生,“十年九旱、旱涝交错”是山西气候的主要特点。

1.6 河流水系

山西省位于海河流域上游和黄河流域中游,除北部沿黄支流苍头河、海河流域桑干河和南洋河共有3 284 km^2面积的径流由内蒙古流入省境外,河流均呈辐射状自省内向四周发散，汇入省外河流。受地理环境和气候条件制约，省内河流兼具山地型和夏雨型的双重特征。在河流形态和河道特征方面表现为沟壑密度大，水系发育；河流坡陡流急，侵蚀切割严重。在径流和泥沙方面的特点是洪水暴涨暴落，含沙量大；年径流集中于汛期，枯水径流小而不稳定。由于省内灰岩分布广泛，地质构造复杂，各流域地表水和地下水补给关系很不一致。河道切割到灰岩地层，特别是跨越构造破碎带的河段，枯水年区间径流量常出现负值；相反，有岩溶水补给的河流，在主要岩溶泉泉水出露点河段，基流骤然增大，又呈现出泉水补给型河流的明显特征。

全省流域面积大于 50 km^2 的河流共有 902 条，其中省内河流有 804 条，跨省界河流有 98 条；流域面积大于 100 km^2 的河流共有 451 条，其中省内河流有 382 条，跨省界河流有 69 条；流域面积大于 5 000 km^2 的河流共有 12 条，其中海河流域有 7 条，分别是永定河、御河、滹沱河、冶河、卫河、漳河、清漳河；黄河流域有 5 条，分别是黄河、红河、涑水河、沁河、汾河。

1.7　水利工程

截至 2011 年年底，全省有大型水库 10 座，分别为汾河水库、汾河二库、文峪河水库、册田水库、漳泽水库、后湾水库、关河水库、张峰水库、柏叶口水库、松塔水电站水库，总库容 287 325 万 m^3，兴利库容 113 097 万 m^3；中型水库 67 座，黄河流域 33 座海河流域 34 座，总库容 198 308 万 m^3，兴利库容 73 504 万 m^3；小型水库 561 座。30 万亩以上灌区共 14 处，其中黄河流域 11 处，海河流域 3 处，有效灌溉面积 393 hm^2；万亩以上自流灌区 120 处，其中黄河流域 57 处，海河流域 63 处，有效灌溉面积 496 hm^2；万亩以上机电灌站 69 处，其中黄河流域 48 处，海河流域 21 处，有效灌溉面积 274 hm^2。

第2章　调查洪水

2.1　背景介绍

山西省水文站点相对稀少,且实测水文系列较短,实测洪水资料远不能满足工程计算的需要。为弥补这一不足,自新中国成立以来,有关部门在全省范围内开展了大量的历史洪水调查工作,逐步积累了一批丰富的调查洪水资料。

为方便使用,将所有能够搜集到的山西省历史洪水调查成果列于本章。由于历史久远,资料来源较多,故有必要对成果背景作简单介绍。

1976 年和 1978 年,原水电部分别下发了[76]水电技字第 36 号和[78]水电规字第 138 号两个文件,要求各省(市、自治区)水利水电部门和流域机构组织有关单位对已有的历史洪水调查资料进行汇集、分析、整编和刊印。

根据文件精神,原山西省水利局于 1979 年 6 月 5 日下文,要求全省各水利部门对已有的调查洪水资料进行审查和整编。文件明确由山西省水文总站(现山西省水文水资源勘测局)负责全省调查洪水资料的汇编刊印工作。

1979 年 6 月至 1982 年 7 月,基本完成了整编成果的汇编和综合分析工作。1982 年 9 月,由全国雨洪办组织黄河水利委员会(简称黄委)、天津水利勘测设计院及有关省(区)水利单位,对汇编成果进行验收,提出了《山西省洪水调查资料汇编成果验收意见》。按照《山西省洪水调查资料汇编成果验收意见》,又组织 20 余人,于 1983 年 4 ~ 5 月,对原整编成果进行了筛选,对文字、数据、图表规格等再次进行了全面深入的检查及处理。此后,对所有刊印图件进行了描绘,建立了整编成果档案,修改了汇编说明,至 1983 年 9 月底,汇编成果基本定稿。但由于诸多历史因素,“山西省调查洪水资料”在当时没能印刷出版。

20 世纪 80 年代以后,山西省又陆续发生过一些大洪水,有关部门及时组织了调查和整编。至此,山西省的调查洪水资料以 1980 年为界,分为先后两部分。

为使这两部分十分宝贵的调查洪水资料得以科学编排、及早刊印,让更多人享用其成果,更好地服务于山西省经济建设,2009 ~ 2011 年,山西省水文水资源勘测局又组织技术力量,对以上两部分资料按《洪水调查资料审编刊印试行办法》进行了审查、复核和汇编。在此础上完成的《山西省历史洪水调查成果》(已由黄河水利出版社出版),保证了汇编资料的完整性与合理性。

该成果经过了多方论证和合理性分析,根据调查洪痕可靠程度和推流参数合理性,对每个河段各次调查成果均作了可靠性评价,前后几代水利人共同参与的辛勤劳动成果,终于可以应用于生产和科研,同时这也是山西省水利史上不可多得的宝贵资料和一项具有实用价值的科技成果。

各水系调查洪水河段数与段年数统计详见表 2-1。调查洪水成果列于表 2-2 ~

表2-7，海河流域见表2-2～表2-4，水系顺序为永定河、大清河、子牙河、南运河；黄河流域见表2-5～表2-7，水系顺序为沿黄支流，汾河、沁河。各水系均按照先干流后支流，先上游后下游，先左岸后右岸的原则统一编排。根据调查洪水资料的完整性，将其分为三类分别列出，调查资料图表比较完整的列于表一，调查资料不够齐全的列于表二，无调查图表仅有计算参数和洪峰流量推算成果的列于表三。

另有两部分资料的来源，需专门加以说明，一是20世纪70年代，山西省各地（市）编制的地（市）《水文计算手册》中包括的历史洪水调查成果；二是增补了《晋西北95728暴雨洪水调查报告》中搜集到的暴雨洪水区域内的调查洪水成果。增加的这两部分资料视图表完整情况列入表一至表三中，在表中洪峰流量以“* *”标注，其中增加的河段与表一、表二河段重合时，将两成果合并，如洪水、年份一致，以表一、表二成果为准，其余河段均列于表三。由于部分成果原始调查资料年久遗失，其可靠程度无从评判，表中可靠程度及调查单位有空缺。表中洪峰流量以“*”标注的为水文站实测值。以上两部分调查洪水成果共计285个河段、525段年，分别占总河段数和总段年的30%和29%。

2.2　洪水调查资料来源及洪峰流量推算方法

2.2.1　洪水调查资料来源

山西省最早的洪水调查时间为1954年。调查资料源于水文系统的最多，黄委次之，其他单位有原水电部北京水利勘测设计院和天津水利勘测设计院、河北省水利厅、河北省根治海河指挥部设计院、山西省水利厅、山西水利勘测设计院、原华北电力勘测设计院以及原晋东南、临汾、运城、晋中地区水利局等，另外有一些由联合调查队、工程设计组、工程指挥部等调查的。

2.2.2　洪峰流量推算方法

洪峰流量计算多采用比降法，有条件时采用水位—流量相关线法或水面曲线法。

洪峰流量计算中各项水力因子的确定：

（1）水力半径R。对于宽浅断面，即$\frac{B}{h}\geqslant 20$（B为水面宽，h为平均水深），用平均水深代替水力半径R；对于窄而深且较规则矩形或U形河槽，即$\frac{B}{h}<20$，一般按$R=\frac{A}{2h+B}$计算（A为断面面积）；还有部分断面按其定义计算，即由过水断面面积除以湿周确定水力半径。

（2）断面面积的还原问题。对于冲淤变化较大的河段，多数断面无法作还原改正，少数有调查依据的断面根据原调查访问情况作了修正。

（3）水面比降S。有少数河段调查洪痕点较多，可绘制水面线，洪峰流量计算中采用了水面线所确定的比降；有些河段只有两个洪痕点，当其位置可靠或较可靠时，则以洪痕点所确定的坡度作为水面比降，否则按一个洪痕点的情况对待；对只有一个调查洪痕点的河段（这类情况较多），水面比降根据具体情况而定，多数河段采用河底比降代替水面比降，有的则根据可能的条件借用其他年份（洪水量级较接近的年份）的水面比降。

（4）河道糙率 n。根据河道形势、断面及河道组成情况，大部分河段经过查“天然河道糙率表”确定，少数位于水文站或水文站附近的河段系根据水文站实测资料分析确定，有明显滩槽的河段，其主槽和滩地糙率分别选用。

2.3　整编和汇编情况

2.3.1　20 世纪 80 年代之前洪水调查和资料整编情况

洪水调查资料的整编步骤和方法，均按原水电部颁发的《洪水调查资料审编刊印试行办法》进行，另外，根据山西省具体情况，山西省水利局（厅）还以[79]晋水文字第 82 号文函发了《洪水调查资料整编中有关问题的处理意见》，后为强调资料整编质量，又以山西省水利局（厅）[80]晋水文字第 65 号文函发了《关于抓好洪水调查资料整编成果质量的意见》，以作为《洪水调查资料审编刊印试行办法》的补充。各整编单位在整编过程中还参考了原水电部东北勘测设计院主编的《洪水调查》一书。

考虑到较小洪水的应用价值不大，[79]晋水文字第 82 号文中提出了“凡是重现期大于 20 年的调查洪水资料才送审刊印”的规定，所以现在汇编的调查洪水重现期一般均大于 20 年。

根据洪痕的可靠程度、计算方法和计算参数的合理性，对各河段洪峰流量均进行了评价，分为可靠、较可靠和供参考三个等级，对于无法判断其可靠程序的调查成果，其可靠性未予填写，读者应慎重使用。

2.3.2　20 世纪 80 年代之前洪水调查资料汇编和综合分析情况

这一时段洪水调查资料的复审、汇编和综合分析工作大致分为三个阶段。

第一阶段由各整编单位对单河段整编资料做交叉复审，并初步填制部分汇编图表。及时解决复审中发现的问题，消除诸河段整编成果中出现的矛盾，为第二阶段的汇编和综合分析做前期准备。

第二阶段主要工作为：

（1）资料复审。对所有段年的洪峰流量一一复算，重点解决洪峰流量计算过程中存在的问题，并对选用的计算方法以及参数确定是否合理做进一步检查。对不同单位重复调查河段的整编成果进行了合编，原则上一个河段只汇刊一份整编成果。

（2）汇编工作。各水系调查河段，按照先干后支、从上到下、先左后右的原则，编排填制各类图表等。

（3）在以上填绘图表的基础上，进行综合分析。

①洪水发生年份的上下游对照和合理性检查。检查调查期内上下游及相邻流域河段洪水年份是否相应；对各河段洪水年份的大小排位顺序，结合访问记录和文献资料进行检查；对少数可疑和未定洪水的发生年份进行考证。

②对各水系上下游、干支流以及相邻流域各河段主要洪水年份的洪峰流量进行对照和合理性检查。疑似有问题者，对其计算方法、推流参数做进一步检查确定。

③对推流糙率在0.020~0.065范围外的河段做重点审查,分析检查糙率选用的依据和合理性。

④对大洪水年份的调查河段,点绘洪峰流量(Q_m)和集水面积(A)相关图。将偏离$Q_m \sim A$相关线±50%的点据列为可疑点,根据整编成果中参数的合理性、洪痕可靠性,结合雨洪分布图,分析点据偏离原因,确定最终的洪峰流量。

⑤绘制次洪水调查地点和洪峰流量分布图,同时在图上标注雨洪发生地点的文献记载,此图可分析该场次洪水的雨区分布范围和可能的暴雨中心位置。

⑥规格化检查。按照《洪水调查资料审编刊印试行办法》,对整编和初步汇编的图表进行对照检查和修正。

第三阶段的主要工作为:在既保证汇编成果质量,又不轻易舍弃资料或将资料等级降低的原则下,对原汇编的河段资料进行了筛选。筛选后按资料质量分类,通过发现问题,消除矛盾,提高了资料质量,保证了全省汇编成果的可靠性,同时建立了调查洪水资料档案。

2.3.3　全省洪水调查资料的综合复审汇编

综合复审汇编是完成本章洪水调查成果的最终审核,包括以下几部分工作:

(1)对发生在20世纪80年代以后的调查洪水资料进行了广泛搜集。这一时期的洪水调查绝大多数为洪水过后立即进行的,有些按照《洪水调查资料审编刊印试行办法》及时进行了整编,有一些调查资料则是本次复审汇编时进行了补充整编。

(2)对20世纪80年代以后调查洪水成果的可靠性进行检查和分类。当与80年代之前的调查河段重复时,合并为一个河段。

(3)对前述源自原各地(市)《水文手册》及新增场次大洪水所列的历史洪水调查资料进行审核。

(4)利用电子地图制作全省各水系"洪水调查地点、年份和洪峰流量分布图"。

(5)在1:1万的电子地图上对所有调查河段的地理位置进行核对,并对标注位置有明显错误的进行纠正。

(6)对照最新的行政区划,对所有调查河段所属乡(镇)、村的名称进行校核和改正。

(7)为保证汇编成果的质量精度,对所有河段推算洪峰流量的各水文要素如水力半径、河底高程、最高洪水位、河宽、糙率的选用等全部进行复核,将明显不合理的参数作了修正。

2.4　调查洪水成果

调查洪水成果的主要信息要素包括洪水的所在流域、水系、河流以及河长、河段名、地点、河段以上集水面积、洪峰流量及其发生时间和可靠程度等。其中,实测洪水均为洪水调查时已经建站的水文站实测资料。

山西省调查洪水的最早年份为1398年,即明洪武卅一年,地点在太原市晋源区金胜镇冶峪村。据碑记及访问查知,该年曾发生过大洪水,但由于年代久远洪痕难觅未做推流。全省最大的调查洪峰流量为14 000 m^3/s ,发生于1482年7月(明成化十八年六月),发生在阳城县东冶镇沁河九女台河段,该年洪水也是我国调查到洪峰流量的最早洪水。全省所列调查河段中实测最大洪峰流量为4 100 m^3/s,发生于1996年8月4日,地点在松溪河昔阳县冶头镇口上村。

表 2-1　各水系调查洪水河段数与段年数统计

水系		全省	永定河	大清河	子牙河	南运河	沿黄	汾河	沁河
表一	河段数	401	19	8	55	67	82	112	58
	段年数	897	57	15	149	171	155	231	119
表二	河段数	108	18	3	17	25	17	18	10
	段年数	251	37	3	47	46	44	47	27
表三	河段数	441	66	18	92	60	68	122	15
	段年数	664	104	27	132	82	114	182	23
全省	河段数	950	103	29	164	152	167	252	83
	段年数	1 812	198	45	328	299	313	460	169

表 2-2　海河流域调查洪水成果表一

编号	调查地点				河长（km）	集水面积（km^2）	调查洪水			调查单位
	水系	河名	河段名	地点			洪峰流量（m^3/s）	发生时间	可靠程度	
1	永定河	恢河	阳方口	宁武县阳方口镇阳方口村	33.1	318	6 310	1892 年	供参考	原忻县区水文分站
							1 620	1946 年	供参考	
							559*	1959 年 7 月 30 日	可靠	
2	永定河	桑干河	吉家庄	大同县吉家庄乡吉家庄村	203	15 715	4 330**	1922 年 8 月		册田水库设计组
							2 150	1967 年	较可靠	
3	永定河	桑干河	固定桥	大同县吉家庄乡固定桥村	207	15 803	2 510	1967 年	较可靠	册田水库设计组
							—	1953 年		
							1 230*	1979 年	可靠	
4	永定河	桑干河	尉家小堡	阳高县东小村镇尉家小堡村	252	17 200	5 140	1896 年	较可靠	册田水库设计组
							4 600	1871 年	较可靠	
							2 750	1922 年	较可靠	
							2 450*	1953 年 8 月 25 日	可靠	
5	永定河	黄水河	小霍家营	朔州市朔城区滋润乡小霍家营村	49.8	920	—	1871 年		原雁北区水文分站
							971	1929 年	较可靠	
6	永定河	白草口峪	油房	山阴县张家庄乡油房村	14.4	73	943	1925 年	供参考	原雁北区水文分站
							—	1942 年		
7	永定河	广武峪	新广武	山阴县张家庄乡新广武村	8	28.2	510	1942 年	供参考	原雁北区水文分站
							—	1925 年		
8	永定河	水峪	水峪口	山阴县后所乡水峪口村	16.4	78	1 050	1925 年	较可靠	原雁北区水文分站
							913	1942 年	较可靠	
							146**	1956 年	可靠	

续表 2-2

编号	调查地点				河长(km)	集水面积(km^2)	调查洪水			调查单位
	水系	河名	河段名	地点			洪峰流量(m^3/s)	发生时间	可靠程度	
9	永定河	彭峪	云水庄	山阴县马营庄乡云水庄村	12.8	45	1 120	1942 年	供参考	原雁北区水文分站
							691	1964 年	供参考	
							689	1929 年	供参考	
							371	1975 年	供参考	
10	永定河	胡峪	胡峪口	山阴县马营庄乡胡峪口村	12.4	35	—	同治年间	供参考	原雁北区水文分站
							681	1929 年 8 月	供参考	
							461	1942 年	供参考	
							351	1964 年	供参考	
							268	1973 年	供参考	
11	永定河	马岚峪	马岚口	应县下马峪乡马岚口村	14.8	53.5	680	1929 年	较可靠	原雁北区水文分站
							391	1958 年	较可靠	
							274	1936 年	较可靠	
12	永定河	大峪河	吴家窑	怀仁县吴家窑镇吴家窑村	16	78	733	1952 年	较可靠	原雁北区水文分站
							496*	1999 年	可靠	
							147**	1954 年	较可靠	
13	永定河	大峪河	碗窑	怀仁县吴家窑镇碗窑村	17.5	148	1 730	1952 年	供参考	原雁北区水文分站
							490*	1967 年 8 月 3 日	可靠	
14	永定河	唐峪河	大磁窑	浑源县大磁窑镇大磁窑村	23	163	—	同治年间		原水电部北京水利勘测设计院
							1 230	1939 年	供参考	
							—	1739 年		
							—	1917 年		
							—	1928 年		
							—	1952 年		
15	永定河	大石峪	张崖	应县白马石乡张崖村	18	88	730	1912 年 8 月 19 日	供参考	原雁北区水文分站
							611	1932 年 8 月	供参考	
16	永定河	小石峪	小石口	应县南河种镇小石口村	20	81	—	同治年间		原雁北区水文分站
							1 050	1932 年 8 月	较可靠	
							—	1912 年		
							753	1973 年 7 月	较可靠	
							319**	1933 年	可靠	

续表 2-2

编号	调查地点				河长(km)	集水面积(km^2)	调查洪水			调查单位
	水系	河名	河段名	地点			洪峰流量(m^3/s)	发生时间	可靠程度	
17	永定河	水磨口沟	水磨口	天镇县谷前堡镇水磨口村	4.8	14	—	1942 年		原雁北区水文分站
							159	1974 年 8 月	供参考	
18	永定河	白羊口沟	白羊口	天镇县谷前堡镇白羊口村	3.2	7.2	—	1934 年		原雁北区水文分站
							161	1974 年 8 月	较可靠	
19	永定河	三砂河	贾家屯	天镇县贾家屯乡贾家屯村	4.4	22	163	1974 年	较可靠	原雁北区水文分站
							112	1959 年	供参考	
20	大清河	唐河	蔡家峪	灵丘县东河南镇蔡家峪村	37.6	457	3 510	1939 年	较可靠	原雁北区水文分站
							2 030	1917 年	供参考	
							820	1956 年	供参考	
							532	1966 年	供参考	
21	大清河	口泉南沟	口泉	繁峙县神堂堡乡口泉村	16.6	91.8	694	1939 年 9 月 3 日	供参考	原忻县区水文分站
							—	1917 年		
							—	1956 年		
22	大清河	安子沟	安子村	繁峙县神堂堡乡安子村	15	46.8	451	1939 年	供参考	原忻县区水文分站
							—	1956 年		
23	大清河	青羊河	神堂堡村南	繁峙县神堂堡乡神堂堡村南	35	430	2 410	1939 年	供参考	原忻县区水文分站
24	大清河	青羊河	神堂堡村西	繁峙县神堂堡乡神堂堡村西	30.3	280	945	1939 年	供参考	原忻县区水文分站
25	大清河	大寨口沟	大寨口	繁峙县神堂堡乡大寨口村	7.5	116	560	1939 年	供参考	原忻县区水文分站
							487	1973 年	较可靠	
26	大清河	道八沟	大石头	灵丘县上寨镇大石头村	6	19.4	518	1979 年 8 月 9 日	供参考	灵丘县水利局、原雁北区水文分站
27	大清河	庄旺沟	庄旺沟	灵丘县上寨镇庄旺沟村	4.8	8.3	263	1979 年 8 月 9 日	供参考	灵丘县水利局、原雁北区水文分站

续表 2-2

编号	调查地点				河长（km）	集水面积（km^2）	调查洪水			调查单位
	水系	河名	河段名	地点			洪峰流量（m^3/s）	发生时间	可靠程度	
28	子牙河	滹沱河	代堡	繁峙县东山乡代堡村	45.5	823	2 160	1939 年 7 月 15 日	较可靠	原忻县区水文分站
							—	1868 年		
							—	1917 年		
							—	1934 年 8 月		
							—	1955 年		
							—	1964 年		
							272*	1961 年 8 月 7 日	可靠	
29	子牙河	滹沱河	界河铺	原平县王家庄乡界河铺村	165	6 031	3 170	1892 年 6 月 12 日	供参考	原水电部北京水利勘测设计院
							2 700**	1853 年	较可靠	
							2 380	1929 年	供参考	
							1 750	1934 年	供参考	
							1 730*	1964 年 8 月 13 日	可靠	
							1 200**	1939 年		
30	子牙河	滹沱河	瑶池	五台县建安乡瑶池村	213	9 141	5 050	1785 年	供参考	河北省水利厅、河北省海河水利勘测设计院
							2 540	1892 年	供参考	
							2 540	1929 年	较可靠	
							—	1934 年		
							1 000*	1967 年 8 月 11 日	可靠	
31	子牙河	滹沱河	刘家庄	五台县神西乡刘家庄村		9 466	—	1785 年		河北省水利厅
							4 600	1883 年	供参考	
							2 760	1892 年	供参考	
							2 510	1929 年	较可靠	
							—	1925 年		
							—	1927 年		
							—	1934 年		
							—	1952 年		
32	子牙河	滹沱河	段家庄	五台县神西乡段家庄村		9 541	4 790	1794 年	供参考	河北省水利厅
							2 670	1892 年	供参考	
							2 490	1929 年 7 月 30 日	供参考	
							—	1901 年		
							2 050	1939 年 7 月	供参考	

续表 2-2

编号	调查地点				河长(km)	集水面积(km^2)	调查洪水			调查单位
	水系	河名	河段名	地点			洪峰流量(m^3/s)	发生时间	可靠程度	
33	子牙河	滹沱河	坪上	五台县神西乡坪上村		11 750	7 250	1794 年	供参考	原水电部北京水利勘测设计院
							3 980	1892 年	供参考	
							2 880	1929 年	较可靠	
							2 200	1917 年	较可靠	
							1 830	1939 年	较可靠	
							1 720**	1943 年		
							1 050	1954 年	较可靠	
34	子牙河	滹沱河	南庄	定襄县南庄镇南庄村	251	11 936	7 150	1794 年	供参考	河北省海河水利勘测设计院 河北省水利厅原忻县区水文分站
							—	1801 年		
							3 650	1892 年	较可靠	
							—	1883 年		
							2 420	1917 年	较可靠	
							2 330	1929 年	较可靠	
							2 280	1939 年	较可靠	
							2 090	1931 年	供参考	
							—	1922 年		
							1 560*	1996 年 8 月 5 日	可靠	
35	子牙河	滹沱河	鳌头	盂县梁家寨乡鳌头村		13 800	8 200	1794 年	供参考	原水电部北京水利勘测设计院
							5 240	1892 年	供参考	
							3 100	1939 年	供参考	
							2 800	1929 年	供参考	
							2 300	1917 年	供参考	
							1 800	1954 年	供参考	
36	子牙河	滹沱河	活川口	盂县梁家寨乡活川口村		13 965	8 340	1794 年	供参考	河北省水利厅 河北省海河水利勘测设计院
							4 980	1892 年	供参考	
							—	1872 年		
							—	1929 年		
							—	1917 年		
							2 760	1939 年	供参考	

续表 2-2

编号	调查地点				河长(km)	集水面积(km²)	调查洪水			调查单位
	水系	河名	河段名	地点			洪峰流量(m³/s)	发生时间	可靠程度	
37	子牙河	和尚沟	西连仲	繁峙县横涧乡西连仲村	2.5	7.2	310	1973 年	较可靠	原忻县区水文分站
38	子牙河	沿口河	孙家庄	繁峙县砂河镇孙家庄村	18.5	130	1 090	1939 年	供参考	原忻县区水文分站
39	子牙河	西留属沟	西留属	代县枣林镇西留属村	21.7	66	534	1896 年 8 月 31 日	供参考	原忻县区水文分站
40	子牙河	峪口河	王家会	代县峪口乡王家会村	28.1	333	—	1888 年		原忻县区水文分站
							817	1939 年	较可靠	
							319	1964 年	可靠	
							—	1944 年		
41	子牙河	西茂河	泊水	代县阳明堡镇泊水村	19	48.5	345	1964 年 8 月 15 日	供参考	原忻县区水文分站
42	子牙河	阳武河	红池	原平市段家堡乡红池村	30.2	272	—	1892 年		原忻县区水文分站
							—	1929 年		
							727	1967 年	较可靠	
							624	1964 年	较可靠	
							370**	1958 年	供参考	
43	子牙河	阳武河	芦庄	原平市段家堡乡芦庄村	39.6	746	2 740	1892 年	较可靠	原忻县区水文分站
							1 230	1929 年	较可靠	
							1 090	1937 年	较可靠	
							1 080*	1967 年 8 月 10 日	可靠	
44	子牙河	永兴河	观上	原平市楼板寨乡年观上村		150	2 240	1892 年 7 月	较可靠	山西省水利厅
							—	1929 年		
45	子牙河	南陌沟	大南陌	忻府区阳坡乡大南陌村	15.1	171	383	1919 年	供参考	原忻县区水文分站
46	子牙河	白马河	鱼龙沟	忻府区奇村镇年鱼龙沟村	20	42.6	348	1937 年 7 月	供参考	原忻县区水文分站

续表 2-2

编号	调查地点				河长(km)	集水面积(km^2)	调查洪水			调查单位
	水系	河名	河段名	地点			洪峰流量(m^3/s)	发生时间	可靠程度	
47	子牙河	同河	永兴庄	原平市东社镇年永兴庄村	37.1	262	—	1883 年		原忻县区水文分站
							1 140	1929 年	较可靠	
							607**	1926 年		
48	子牙河	清水河	长江塘	五台县门限石乡长江塘村		700	3 890	1794 年	供参考	河北省海河水利勘测设计院
							1 390	1917 年	较可靠	
							1 390	1939 年	较可靠	
							624	1956 年	可靠	
							303*	1959 年 8 月 5 日	可靠	
49	子牙河	清水河	耿家会	五台县陈家庄乡耿家会村	106	2 379	5 900	1794 年	供参考	原水电部北京水利勘测设计院 原忻县区水文分站 河北省海河水利勘测设计院
							—	1872 年		
							4 160	1892 年	供参考	
							1 920	1917 年	较可靠	
							2 800**	1874 年		
							1 640**	1943 年		
							1 550	1939 年	供参考	
							1 550	1929 年	供参考	
							—	1927 年		
50	子牙河	南梁沟	大甘河	五台县金岗库乡大甘河村	13.5	41	488	1954 年 7 月 26 日	较可靠	原忻县区水文分站
51	子牙河	滹阳河	河口	五台县高洪口乡河口村	45.3	490	1 500	1929 年	供参考	原忻县区水文分站
							1 100	1942 年	供参考	
52	子牙河	桃河	芹泉	寿阳县尹灵芝镇芹泉村		29.8	224	1966 年	较可靠	原晋中区水文分站
53	子牙河	桃河	测石	阳泉市旧街乡测石村		274	1 210*	1990 年 7 月 11 日	可靠	原晋中区水文分站
							966	1966 年	较可靠	
54	子牙河	桃河	辛兴	阳泉市赛鱼街道办辛兴村		406	1 130	1966 年	较可靠	原晋中区水文分站
55	子牙河	桃河	下盘石	平定县巨城镇下盘石村		1 370	3 880	1896 年	较可靠	华北电力设计院
							2 630	1928 年 9 月 2 日	较可靠	
							1 890	1959 年	较可靠	

续表 2-2

<table>
<tr><th rowspan="2">编号</th><th colspan="4">调查地点</th><th rowspan="2">河长（km）</th><th rowspan="2">集水面积（km²）</th><th colspan="3">调查洪水</th><th rowspan="2">调查单位</th></tr>
<tr><th>水系</th><th>河名</th><th>河段名</th><th>地点</th><th>洪峰流量（m³/s）</th><th>发生时间</th><th>可靠程度</th></tr>
<tr><td rowspan="7">56</td><td rowspan="7">子牙河</td><td rowspan="7">绵河</td><td rowspan="7">河滩</td><td rowspan="7">平定县娘子关镇河滩村</td><td rowspan="7"></td><td rowspan="7">2 590</td><td>5 420</td><td>1896 年</td><td>可靠</td><td rowspan="7">华北电力设计院</td></tr>
<tr><td>4 220</td><td>1928 年</td><td>较可靠</td></tr>
<tr><td>3 370</td><td>1938 年</td><td>较可靠</td></tr>
<tr><td>3 160</td><td>1949 年</td><td>较可靠</td></tr>
<tr><td>1 940</td><td>1959 年</td><td>可靠</td></tr>
<tr><td>1 680</td><td>1956 年</td><td>较可靠</td></tr>
<tr><td>1 030</td><td>1963 年</td><td>较可靠</td></tr>
<tr><td>57</td><td>子牙河</td><td>桑掌河</td><td>桑掌</td><td>阳泉市平坦镇桑掌村</td><td></td><td>50.8</td><td>995</td><td>1966 年</td><td>可靠</td><td>原晋中区水文分站</td></tr>
<tr><td>58</td><td>子牙河</td><td>蒙村沟</td><td>沙坪</td><td>阳泉市北大街办事处沙坪村</td><td></td><td>24</td><td>278</td><td>1977 年</td><td>供参考</td><td>原晋中区水文分站</td></tr>
<tr><td>59</td><td>子牙河</td><td>五渡河</td><td>铝矾宿舍</td><td>阳泉市北大街办事处铝矾宿舍</td><td></td><td>19</td><td>341</td><td>1977 年</td><td>供参考</td><td>原晋中区水文分站</td></tr>
<tr><td rowspan="4">60</td><td rowspan="4">子牙河</td><td rowspan="4">温河</td><td rowspan="4">下董寨</td><td rowspan="4">平定县娘子关镇下董寨村</td><td rowspan="4"></td><td rowspan="4">1 183</td><td>3 800</td><td>1822 年</td><td>供参考</td><td rowspan="4">华北电力设计院</td></tr>
<tr><td>2 140</td><td>1932 年</td><td>较可靠</td></tr>
<tr><td>1 730</td><td>1949 年</td><td>较可靠</td></tr>
<tr><td>1 250</td><td>1938 年</td><td>较可靠</td></tr>
<tr><td>61</td><td>子牙河</td><td>松溪河</td><td>麻汇</td><td>昔阳县杜庄乡麻汇村下 500 m</td><td></td><td>150</td><td>202</td><td>1996 年 8 月 4 日</td><td>可靠</td><td>原山西省水文总站
原晋中区水文分站</td></tr>
<tr><td>62</td><td>子牙河</td><td>松溪河</td><td>松溪河洪水村</td><td>昔阳县洪水乡洪水村东北 1 km</td><td></td><td>233</td><td>234</td><td>1996 年 8 月 4 日</td><td>可靠</td><td>原山西省水文总站
原晋中区水文分站</td></tr>
<tr><td>63</td><td>子牙河</td><td>松溪河</td><td>建都</td><td>昔阳县城关镇建都村东 1.5 km</td><td></td><td>462</td><td>1 330</td><td>1996 年 8 月 4 日</td><td>可靠</td><td>原山西省水文总站
原晋中区水文分站</td></tr>
<tr><td>64</td><td>子牙河</td><td>松溪河</td><td>北界都</td><td>昔阳县界都乡北界都村西南 1 km</td><td></td><td>540</td><td>1 150</td><td>1996 年 8 月 4 日</td><td>可靠</td><td>原山西省水文总站
原晋中区水文分站</td></tr>
</table>

续表 2-2

编号	调查地点				河长(km)	集水面积(km^2)	调查洪水			调查单位
	水系	河名	河段名	地点			洪峰流量(m^3/s)	发生时间	可靠程度	
65	子牙河	松溪河	东冶头	昔阳县东冶头镇东冶头村南 300 m		1 167	1 240	1996 年 8 月 4 日	可靠	原山西省水文总站原晋中区水文分站
66	子牙河	松溪河	口上	昔阳县冶头镇口上村		1 476	4 100*	1996 年	可靠	原晋中区水文分站
							3 330	1939 年 7 月 10 日	较可靠	
							2 330**	1963 年 8 月	较可靠	
							1 400	1917 年	较可靠	
							—	1956 年		
67	子牙河	松溪河	南营	昔阳县丁峪乡南营村隧洞出口下 50 m		1 480	3 400	1996 年 8 月 4 日	可靠	原山西省水文总站原晋中区水文分站
68	子牙河	松溪河	大安垴庄	昔阳县丁峪乡大安垴庄旁		1 590	4 510	1996 年 8 月 4 日	可靠	原山西省水文总站原晋中区水文分站
69	子牙河	松溪河	红岭弯庄	昔阳县王寨乡红岭弯庄交界处		1 687	4 500	1996 年 8 月 4 日	可靠	原山西省水文总站原晋中区水文分站
70	子牙河	洪水河	洪水村	昔阳县洪水乡洪水村洪水中学旁		48.4	98.0	1996 年 8 月 4 日	可靠	原山西省水文总站原晋中区水文分站
71	子牙河	安坪河	坪上	昔阳县安坪乡坪上村桥下 150 m		66	137	1996 年 8 月 4 日	可靠	原山西省水文总站原晋中区水文分站
72	子牙河	巴洲河	北关	昔阳县城北关村东大桥下 70 m		101	229	1996 年 8 月 4 日	可靠	原山西省水文总站原晋中区水文分站
73	子牙河	三里沟	青岩头	昔阳县城关镇青岩头村西北 1.5 km 水库坝下		14.2	1 190	1996 年 8 月 4 日	可靠	原山西省水文总站原晋中区水文分站

续表 2-2

编号	调查地点				河长(km)	集水面积(km^2)	调查洪水			调查单位
	水系	河名	河段名	地点			洪峰流量(m^3/s)	发生时间	可靠程度	
74	子牙河	西丰稔沟	西丰稔	昔阳县赵壁乡西丰稔水库下游西丰稔村旁		9.7	130	1996 年 8 月 4 日	可靠	原山西省水文总站原晋中区水文分站
75	子牙河	赵壁河	川口	昔阳县风居乡川口村东 500 m		408	419	1996 年 8 月 4 日	可靠	原山西省水文总站原晋中区水文分站
76	子牙河	赵壁河	南界都	昔阳县界都乡南界都村南		493	705**	1963 年 8 月上旬	可靠	原山西省水文总站原晋中区水文分站
							453	1996 年 8 月 4 日	可靠	
77	子牙河	杨照河	河上水库(上)	昔阳县阎庄乡河上水库上游 2.5 km		93.4	346	1996 年 8 月 4 日	可靠	原山西省水文总站原晋中区水文分站
78	子牙河	杨照河	河上水库(下)	昔阳县阎庄乡河上水库下游 1.5 km		102	2 920	1996 年 8 月 4 日	可靠	原山西省水文总站原晋中区水文分站
79	子牙河	杨照河	葱窝	昔阳县东冶头镇葱窝村东		259	1 950	1996 年 8 月 4 日	可靠	原山西省水文总站原晋中区水文分站
80	子牙河	杓铺沟	杓铺	昔阳县丁峪乡杓铺村向阳坪水库下 500 m		12.8	719	1996 年 8 月 4 日	可靠	原山西省水文总站原晋中区水文分站
81	子牙河	刀把口河	丁峪	昔阳县丁峪乡丁峪村西南 0.5 km		100	1 200	1996 年 8 月 4 日	可靠	原山西省水文总站原晋中区水文分站

续表 2-2

编号	调查地点				河长(km)	集水面积(km^2)	调查洪水			调查单位
	水系	河名	河段名	地点			洪峰流量(m^3/s)	发生时间	可靠程度	
82	子牙河	王寨河	务种	昔阳县王寨乡务种村旁		43.7	707	1996年8月4日	可靠	原山西省水文总站 原晋中区水文分站
83	南运河	清漳河东源	紫罗	和顺县义兴镇紫罗村		194	162	1996年8月4日	可靠	原晋中区水文分站
84	南运河	清漳河东源	科举	和顺县义兴镇科举村		224	206	1996年8月4日	较可靠	原晋中区水文分站
85	南运河	清漳河东源	蔡家庄	和顺县义兴镇蔡家庄村		460	859	1914年	较可靠	原晋中区水文分站
							859	1941年	较可靠	
							—	1925年		
							694*	1963年8月6日	可靠	
							485**	1952年7月5日	供参考	
86	南运河	清漳河东源	托手沟	和顺县松烟镇托手沟村		779	719	1996年8月4日	较可靠	原晋中区水文分站
87	南运河	清漳河东源	马连曲	和顺县松烟镇马连曲村		1 045	1 720	1996年8月4日	较可靠	原晋中区水文分站
88	南运河	清漳河东源	乔庄	和顺县松烟镇乔庄村		1 181	2 160	1996年8月4日	较可靠	原晋中区水文分站
89	南运河	清漳河东源	五里铺	左权县芹泉镇五里铺村		1 580	3 520	1996年8月4日	较可靠	原晋中区水文分站
90	南运河	清漳河	口则	左权县粟城乡口则村		3 149	3 860	1996年8月4日	较可靠	原晋中区水文分站

续表 2-2

编号	调查地点				河长(km)	集水面积(km^2)	调查洪水			调查单位
	水系	河名	河段名	地点			洪峰流量(m^3/s)	发生时间	可靠程度	
91	南运河	清漳河	河北村	左权县麻田镇河北村		3 390	2 570	1956 年	较可靠	原水电部北京水利勘测设计院
							—	1928 年		
							—	1913 年		
							—	1943 年		
92	南运河	清漳河东源清河	牛郎峪	和顺县松烟镇牛郎峪村		182	1 210	1996 年 8 月 4 日	较可靠	原晋中区水文分站
93	南运河	清漳河东源清河	董坪	和顺县松烟镇董坪村		213	1 440	1996 年 8 月 4 日	可靠	原晋中区水文分站
94	南运河	清漳河西源	苏亭	左权县粟城乡苏亭村		1 425	4 460	1914 年 9 月 8 日	较可靠	原晋中区水文分站
							2 510	1938 年 8 月 20 日	较可靠	
							1 630	1956 年 5 月 18 日	较可靠	
							808 *	1960 年 7 月 4 日	可靠	
95	南运河	清漳河西源	南坡	左权县粟城乡南坡村		1 569	1 520	1996 年 8 月 4 日	可靠	原晋中区水文分站
96	南运河	浊漳河北源	双峰	榆社县社城镇双峰村		209	2.43	2006 年 7 月 14 日	可靠	原晋中区水文分站
97	南运河	榆社河	石栈道	榆社县箕城镇石栈道村		702	1 508**	1931 年 7 月 9 日		原晋中区水文分站
							1 240	1930	供参考	
							1 190*	1970 年 8 月 10 日	可靠	
							835**	1928 年 7 月 30 日		
							796**	1956 年		
							475**	1944 年		
							411	1952 年	较可靠	
							285**	1954 年		

续表 2-2

编号	调查地点 水系	河名	河段名	地点	河长(km)	集水面积(km^2)	调查洪水 洪峰流量(m^3/s)	发生时间	可靠程度	调查单位
98	南运河	浊漳河北源	西邯郸	襄垣县下良镇西邯郸村	106	3 669	—	1894 年		原水电部北京水利勘测设计院 原水电部海河水利勘测设计院 原水电部十三局设计院
							4 540	1928 年 8 月 31 日	供参考	
							3 870	1933 年	较可靠	
							—	1937 年		
							2 530	1943 年	供参考	
							1 800*	1956 年	可靠	
							1 200**	1944 年	可靠	
99	南运河	浊漳河	石梁	潞城市辛安泉镇石梁村	161	9 652	11 500**	1849 年	可靠	原水电部北京水利勘测设计院 原水电部海河水利勘测设计院
							6 620	1928 年	供参考	
							5 300	1937 年	供参考	
							—	1943 年		
							3 780*	1976 年	可靠	
							3 260	1932 年	供参考	
							1 880*	1956 年	可靠	
							—	1939 年		
100	南运河	浊漳河	辛安	潞城市黄牛蹄乡辛安村	180	10 060	—	1894 年		原水电部北京水利勘测设计院 原水电部海河院 原水电部十三局设计院
							6 550	1928 年	供参考	
							4 910	1937 年	供参考	
							4 420	1943 年	供参考	
101	南运河	浊漳河	阳高	平顺县阳高乡阳高村	205	10 960	6 610	1928 年	供参考	原水电部北京水利勘测设计院 原水电部海河水利勘测设计院
							4 030	1943 年	供参考	
							4 020	1937 年	供参考	
							2 210	1956 年	较可靠	
102	南运河	浊漳河	王家庄	平顺县石城镇王家庄村	219	11 150	—	1928 年		原水电部北京水利勘测设计院 原水电部海河水利勘测设计院
							4 230**	1 913 年	可靠	
							4 230**	1927 年	可靠	
							4 230	1937 年	供参考	
							—	1932 年		
							2 660	1956 年	较可靠	
							—	1943 年		

续表 2-2

<table>
<tr><th rowspan="2">编号</th><th colspan="4">调查地点</th><th rowspan="2">河长(km)</th><th rowspan="2">集水面积(km^2)</th><th colspan="3">调查洪水</th><th rowspan="2">调查单位</th></tr>
<tr><th>水系</th><th>河名</th><th>河段名</th><th>地点</th><th>洪峰流量(m^3/s)</th><th>发生时间</th><th>可靠程度</th></tr>
<tr><td>103</td><td>南运河</td><td>官上河</td><td>西河</td><td>榆社县社城镇西河村</td><td></td><td>77.6</td><td>9.79</td><td>2006 年 7 月 14 日</td><td>可靠</td><td>晋中市水文分局</td></tr>
<tr><td>104</td><td>南运河</td><td>西崖底河</td><td>西崖底</td><td>榆社县社城镇西崖底村</td><td></td><td>51.7</td><td>35.6</td><td>2006 年 7 月 14 日</td><td>可靠</td><td>晋中市水文分局</td></tr>
<tr><td>105</td><td>南运河</td><td>武源河</td><td>小河沟</td><td>榆社县西马乡小河沟村</td><td></td><td>67.5</td><td>838</td><td>2006 年 7 月 14 日</td><td>可靠</td><td>晋中市水文分局</td></tr>
<tr><td>106</td><td>南运河</td><td>泉水河</td><td>南河底</td><td>榆社县社城镇南河底村</td><td></td><td>203</td><td>7.26</td><td>2006 年 7 月 14 日</td><td>可靠</td><td>晋中市水文分局</td></tr>
<tr><td rowspan="2">107</td><td rowspan="2">南运河</td><td rowspan="2">涅河</td><td rowspan="2">磨里</td><td rowspan="2">武乡县故城镇磨里村</td><td rowspan="2"></td><td rowspan="2">29.7</td><td>249</td><td>1928 年 8 月 28 日</td><td>较可靠</td><td rowspan="2">原晋东南区水文分站</td></tr>
<tr><td>—</td><td>1966 年 8 月 7 日</td><td></td></tr>
<tr><td rowspan="2">108</td><td rowspan="2">南运河</td><td rowspan="2">高寨寺河</td><td rowspan="2">西良</td><td rowspan="2">武乡县故城镇西良村</td><td rowspan="2"></td><td rowspan="2">34.6</td><td>291</td><td>1928 年 7 月</td><td>较可靠</td><td rowspan="2">原晋东南区水文分站</td></tr>
<tr><td>252</td><td>1970 年 5 月 24 日</td><td>较可靠</td></tr>
<tr><td rowspan="2">109</td><td rowspan="2">南运河</td><td rowspan="2">高寨寺河</td><td rowspan="2">高台寺</td><td rowspan="2">武乡县故城镇高台寺村</td><td rowspan="2"></td><td rowspan="2">50.4</td><td>219</td><td>1962 年 8 月 16 日</td><td>较可靠</td><td rowspan="2">原晋东南区水文分站</td></tr>
<tr><td>153</td><td>1928 年 8 月</td><td>较可靠</td></tr>
<tr><td rowspan="2">110</td><td rowspan="2">南运河</td><td rowspan="2">涅河</td><td rowspan="2">硖石</td><td rowspan="2">沁县松村乡硖石村</td><td rowspan="2"></td><td rowspan="2">393</td><td>2 410</td><td>1930 年 7 月</td><td>较可靠</td><td rowspan="2">原晋东南区水文分站</td></tr>
<tr><td>1 260</td><td>1967 年</td><td>较可靠</td></tr>
<tr><td>111</td><td>南运河</td><td>洪水河</td><td>下北台</td><td>武乡县洪水镇下北台村</td><td></td><td>53.3</td><td>308</td><td>1927 年</td><td>较可靠</td><td>原晋东南区水文分站</td></tr>
<tr><td rowspan="3">112</td><td rowspan="3">南运河</td><td rowspan="3">柳泉河</td><td rowspan="3">半坡</td><td rowspan="3">武乡县洪水镇半坡村</td><td rowspan="3"></td><td rowspan="3">54.2</td><td>609</td><td>1911 年 7 月 1 日</td><td>较可靠</td><td rowspan="3">原晋东南区水文分站</td></tr>
<tr><td>488</td><td>1929 年 7 月 29 日</td><td>供参考</td></tr>
<tr><td>462</td><td>1963 年 8 月</td><td>可靠</td></tr>
<tr><td>113</td><td>南运河</td><td>水鱼沟</td><td>曹家庄</td><td>武乡县洪水镇曹家庄村</td><td></td><td>2.1</td><td>44</td><td>1929 年</td><td>较可靠</td><td>原晋东南区水文分站</td></tr>
<tr><td rowspan="3">114</td><td rowspan="3">南运河</td><td rowspan="3">水鱼沟</td><td rowspan="3">上广志</td><td rowspan="3">武乡县洪水镇上广志村</td><td rowspan="3"></td><td rowspan="3">3.5</td><td>85.8</td><td>1917 年</td><td>较可靠</td><td rowspan="3">原晋东南区水文分站</td></tr>
<tr><td>81.5</td><td>1963 年</td><td>供参考</td></tr>
<tr><td>—</td><td>1970 年</td><td></td></tr>
<tr><td rowspan="2">115</td><td rowspan="2">南运河</td><td rowspan="2">洪水河</td><td rowspan="2">蟠龙</td><td rowspan="2">武乡县蟠龙镇蟠龙村</td><td rowspan="2"></td><td rowspan="2">448</td><td>2 130</td><td>1946 年 8 月 16 日</td><td>供参考</td><td rowspan="2">原晋东南区水文分站</td></tr>
<tr><td>—</td><td>1927 年</td><td></td></tr>
<tr><td rowspan="2">116</td><td rowspan="2">南运河</td><td rowspan="2">陌峪沟</td><td rowspan="2">陌峪</td><td rowspan="2">武乡县蟠龙镇陌峪村</td><td rowspan="2"></td><td rowspan="2">46</td><td>246</td><td>1920 年 7 月</td><td>较可靠</td><td rowspan="2">原晋东南区水文分站</td></tr>
<tr><td>175</td><td>1952 年</td><td>较可靠</td></tr>
</table>

续表 2-2

编号	调查地点				河长(km)	集水面积(km²)	调查洪水			调查单位
	水系	河名	河段名	地点			洪峰流量(m^3/s)	发生时间	可靠程度	
117	南运河	西河	交口	沁县漳源镇交口村		16.5	93.5	1993年8月4日	可靠	原山西省水文总站
118	南运河	景村河	乔家湾	沁县漳源镇乔家湾村		48	443	1993年8月4日	可靠	原山西省水文总站
119	南运河	迎春河	上湾	沁县郭村镇上湾村		14	144	1993年8月4日	可靠	原山西省水文总站
120	南运河	端村河	端村	沁县郭村镇端村		5	39.9	1993年8月4日	可靠	原山西省水文总站
121	南运河	长盛沟	长盛	沁县段柳乡长盛村		9.5	456	1963年7月	较可靠	原晋东南区水文分站
							—	1937年		
122	南运河	青屯沟	青屯	沁县段柳乡青屯村		7.4	151	1970年7月	供参考	原晋东南区水文分站
123	南运河	赤水河	西底	襄垣县虒亭镇西底村		51	—	1937年		原晋东南区水文分站
							390	1973年5月27日	较可靠	
							—	1954年		
							—	1959年		
124	南运河	郭河	里闸	襄垣县上马乡里闸村		212	727	1922年9月6日	供参考	原晋东南区水文分站
							—	1916年		
							332	1945年7月	供参考	
							134*	1961年	可靠	
125	南运河	浊漳河西源	后湾	襄垣县虒亭镇后湾村	55	1 296	—	1826年		原水电部海河水利勘测设计院后湾水文站
							2 630	1932年	较可靠	
							1 760	1933年	供参考	
							1 300	1937年	供参考	
							1 280**	1911年	可靠	
							980**	1916年	可靠	
126	南运河	绛河	北张店	屯留县张店镇北张店村		270	1 228	1909年	供参考	原晋东南区水文分站
							868*	1964年7月4日	可靠	
							660	1927年	供参考	
							527	1922年8月2日	供参考	
							376	1932年	供参考	
							338	1943年	供参考	

续表 2-2

编号	调查地点				河长(km)	集水面积(km^2)	调查洪水			调查单位
	水系	河名	河段名	地点			洪峰流量(m^3/s)	发生时间	可靠程度	
127	南运河	绛河	西阳	屯留县河神乡西阳村		405	1 330	1909年5月21日	较可靠	山西省水利局调查队
							910	1927年7月10日	较可靠	
							—	1943年8月		
							—	1932年7月9日		
							—	1952年		
128	南运河	岚水河	西丰宜	屯留县丰宜镇西丰宜村		91.4	733	1932年6月20日	较可靠	山西省水利局调查队
							—	1895年		
							532	1914年7月28日	供参考	
							426	1943年8月	较可靠	
							—	1927年		
							—	1962年		
129	南运河	浊漳河南源	良坪	长子县石哲镇良坪村			92.1	2007年7月30日	可靠	长治市水文水资源勘测分局
130	南运河	晋义河	川口	长子县石哲镇川口村		85	—	1877年		原山西省水文总站
							—	1927年		
							742	1962年7月6日	供参考	
131	南运河	陶清河东源	神东	壶关县黄山乡神东村	8.3	39	—	1882年		山西省水利局调查队
							298	1962年	较可靠	
132	南运河	陶清河东源	寨上	壶关县黄山乡寨上村		223	1 880	1882年	供参考	山西省水利局调查队
							1 280	1932年8月	较可靠	
							—	1916年		
							—	1923年6月18日		
							—	1962年		
133	南运河	陶清河东源	西堡—西池	长治县西池乡西池村		85.2	731	1962年	供参考	山西省水利局调查队
							—	1952年		
							—	1943年9月		

续表 2-2

编号	调查地点				河长(km)	集水面积(km^2)	调查洪水			调查单位
	水系	河名	河段名	地点			洪峰流量(m^3/s)	发生时间	可靠程度	
134	南运河	陶清河	曹家沟	长治县东和乡曹家沟村		615	1 710	1851 年	供参考	山西省水利局调查队
							1 260	1900 年 9 月	较可靠	
							—	1962 年		
							—	1952 年		
							—	1943 年		
135	南运河	浊漳河南源	高河村	长治县郝家庄乡高河村		1 250	8 080	1482 年	供参考	原晋东南区水利局
							2 370	1927 年 7 月 10 日	较可靠	
							2 210	1962 年 7 月 13 日	较可靠	
136	南运河	浊漳河南源	店上	潞城市店上镇店上村			121	2007 年 7 月 31 日	可靠	长治市水文水资源勘测分局
137	南运河	龙丽河	北河	壶关县龙泉镇北河村		47.7	330	1927 年 5 月 16 日	供参考	山西省水利局调查队
							—	1913 年 8 月		
							—	1962 年 7 月		
							—	1943 年		
138	南运河	石子河	桃园	长治市郊区桃园		213	1 140	1950 年 7 月 13 日	较可靠	山西省水利局调查队
							837	1913 年 8 月 15 日	供参考	
							—	1906 年 6 月 27 日		
139	南运河	浊漳河南源	辛庄	长治市故县街道办辛庄村		3 146	5 400**	1482 年	可靠	山西省水利局调查队
							5 160**	1962 年 7 月 15 日	可靠	
							3 230	1927 年 7 月 11 日	较可靠	
							—	1890 年		
							2 080	1943 年	较可靠	
140	南运河	枣臻沟	店上	潞城市店上镇店上村		24.6	188	1993 年 8 月 4 日	可靠	原山西省水文总站
141	南运河	后江沟	桥堡	潞城市合室乡桥堡村		10.7	147	1993 年 8 月 4 日	可靠	原山西省水文总站
142	南运河	南大河	木瓜	潞城市成家川街办木瓜村		151	138	1993 年 8 月 4 日	可靠	原山西省水文总站

续表 2-2

编号	调查地点				河长(km)	集水面积(km^2)	调查洪水			调查单位
	水系	河名	河段名	地点			洪峰流量(m^3/s)	发生时间	可靠程度	
143	南运河	漫流河	王家庄	潞城市黄牛蹄乡王家庄村		59.2	317	1993年8月4日	可靠	原山西省水文总站
144	南运河	冯村沟	韩家园	潞城市微子镇韩家园村		18.8	285	1993年7月9日	可靠	原山西省水文总站
							112	1993年8月4日	可靠	
145	南运河	小东峪	小东峪	平顺县青羊镇小东峪村		4.5	62	1973年6月29日	较可靠	原晋东南区水文分站
146	南运河	寺头河	西湾	平顺县东寺头乡西湾村		67.2	446	1975年8月7日	较可靠	原晋东南区水文分站
147	南运河	寺头河	寺头	平顺县东寺头乡寺头村		125	1 040	1975年8月7日	较可靠	原晋东南区水文分站
148	南运河	棠梨沟	棠梨	平顺县东寺头乡棠梨村		18.1	274	1975年8月7日	较可靠	原晋东南区水文分站
149	南运河	横水河	甘河	陵川县马圪当乡甘河村		417	4 360	1917年8月11日	供参考	原晋东南区水文分站
							428*	1958年7月19日	可靠	

表 2-3　海河流域调查洪水成果表二

编号	调查地点				河长(km)	集水面积(km^2)	调查洪水			调查单位
	水系	河名	河段名	地点			洪峰流量(m^3/s)	发生时间	可靠程度	
1	永定河	桑干河	西寺院	山阴县薛圐圙乡西寺院村		3 394	3 000	1896年	供参考	原雁北区水文分站
							1 245**	1958年7月23日	可靠	
							1 212**	1949年7月	可靠	
2	永定河	桑干河	韩家坊	应县臧寨乡韩家坊村		6 688	2 152**	1922年7月	供参考	原雁北区水文分站
							1 940	1896年7月	供参考	
3	永定河	马关河	歇马关	平鲁县陶村乡歇马关村		110	820	1962年7月5日	供参考	原山西省水文总站
4	永定河	尹庄沟	上马石	朔州市小平易乡上马石村		25	610	1962年	供参考	原山西省水文总站
5	永定河	东易沟	东易村	平鲁县白堂乡东易村		22	196	1962年	供参考	原山西省水文总站

续表 2-3

编号	调查地点				河长(km)	集水面积(km²)	调查洪水			调查单位
	水系	河名	河段名	地点			洪峰流量(m³/s)	发生时间	可靠程度	
6	永定河	大沙沟河	大沟村	平鲁县西水界乡大沟村		331	875	1896 年	供参考	大有坪水库
							448	1924 年	供参考	
7	永定河	黄水河	后皇台	山阴县古城镇后皇台村		1 370	1 070	1929 年	较可靠	原雁北区水文分站
8	永定河	马岚峪	季家窑	应县下马峪乡季家窑村		47.1	—	1929 年		原雁北区水文分站
							775	1939 年	供参考	
9	永定河	茹越峪	孙家窑	应县南泉乡孙家窑村		40	665	1929 年 7 月	较可靠	原雁北区水文分站
							471	1939 年 7 月	供参考	
10	永定河	茹越峪	茹越口	应县南泉乡茹越口村		44.5	767	1936 年	供参考	原雁北区水文分站
							763	1929 年	较可靠	
11	永定河	浑河	吕花町	应县镇子梁乡吕花町村		1 689	2 130	1939 年 7 月 15 日	较可靠	浑河管理局
12	永定河	大石峪	杨欠	应县白马石乡杨欠村		71.2	859	1912 年 8 月	供参考	原雁北区水文分站
							724	1932 年 8 月	供参考	
13	永定河	十里河	李家堡	左云县云兴镇李家堡村		127	1 200	1934 年 8 月	供参考	原雁北区水文分站
14	永定河	十里河	观音堂	大同市马军营乡观音堂水文站		1 185	1 280	1922 年	较可靠	原雁北区水文分站
							988*	1992 年	可靠	
							973	1953 年 8 月	较可靠	
15	永定河	南洋河	永嘉堡	天镇县逯家湾镇永嘉堡村		2 607	3 278**	1920 年 8 月 9 日		原雁北区水文分站
							3 040	1922 年	供参考	
							1 280**	1954 年 7 月		
							335**	1958 年 8 月		
							187**	1942 年		
16	永定河	榆林口沟	榆林口	天镇县谷前堡镇榆林口村		7.6	118	1974 年 8 月	较可靠	原雁北区水文分站
17	永定河	黑马沟	朱家屯	天镇县张西河乡朱家屯村		23.2	424	1934 年	供参考	原雁北区水文分站
							333	1942 年	供参考	
							213	1956 年	供参考	

续表 2-3

编号	调查地点				河长(km)	集水面积(km^2)	调查洪水			调查单位
	水系	河名	河段名	地点			洪峰流量(m^3/s)	发生时间	可靠程度	
18	永定河	三沙河	季冯窑	天镇县南河堡乡季冯窑村		309	1 760	1895 年 7 月 23 日	供参考	孤峰山水库
							1 240	1896 年	供参考	
							620	1919 年 8 月	较可靠	
							196**	1956 年 7 月		
19	大清河	梨园河	小高石	灵丘县下关乡小高石村		21.2	629	1979 年 8 月 9 日	供参考	灵丘县水利局原雁北区水文分站
20	大清河	道八沟	道八	灵丘县上寨镇道八村		28.3	732	1979 年 8 月 9 日	供参考	灵丘县水利局原雁北区水文分站
21	大清河	龙须沟	龙须台	灵丘县上寨镇龙须台村		17.8	588	1979 年 8 月 9 日	较可靠	灵丘县水利局原雁北区水文分站
22	子牙河	滹沱河	边家庄	五台县神西乡边家庄村		11 811	7 040	1794 年	较可靠	河北省水利厅河北省海河院
							3 630	1892 年	较可靠	
							—	1935 年		
							2 510	1929 年	供参考	
							—	1944 年		
							2 090	1917 年	较可靠	
							2 070	1939 年	较可靠	
							—	1901 年		
							—	1940 年		
23	子牙河	滹沱河	王家庄	盂县北下庄乡王家庄村		13 250	—	1794 年		河北省水利厅
							3 820	1892 年	供参考	
							2 750	1929 年	供参考	
							2 590	1917 年 7 月 24 日	供参考	
							—	1920 年		
24	子牙河	滹沱河	蔡家坪	盂县梁家寨乡蔡家坪村		13 800	3 880	1892 年	供参考	河北省水利厅
							3 690	1929 年	供参考	
							2 420	1939 年	供参考	
							—	1895 年		

续表 2-3

编号	调查地点				河长（km）	集水面积（km^2）	调查洪水			调查单位
	水系	河名	河段名	地点			洪峰流量（m^3/s）	发生时间	可靠程度	
25	子牙河	小柏峪	小柏峪	繁峙县金山铺乡小柏峪村		49.7	544	1939 年 7 月	供参考	原忻县区水文分站
26	子牙河	羊眼河	水磨石（羊眼河）	繁峙县东山乡水磨村		133	—	1939 年		原忻县区水文分站
							1 430	1956 年 8 月 6 日	供参考	
27	子牙河	西峪河	水磨石（西峪河）	繁峙县东山乡水磨村		46.9	498	1956 年 8 月 6 日	供参考	原忻县区水文分站
							—	1939 年		
28	子牙河	前胡峪沟	胡峪	代县胡峪乡胡峪村		31.2	699	1939 年 7 月	较可靠	原忻县区水文分站
							606	1964 年	供参考	
							450**	1933 年	较可靠	
							239	1932 年	供参考	
29	子牙河	古城河	古城	代县阳明堡镇古城村		25	141	1964 年	供参考	原忻县区水文分站
30	子牙河	云中河	寺坪	忻府区阳坡乡寺坪村		192	1 650	1932 年 8 月	供参考	山西省水利厅
							573*	1974 年	可靠	
31	子牙河	云中河	米家寨	忻府区奇村镇米家寨村		305	2 100	1932 年	供参考	山西省水利厅 原忻县区水文分站
							1 790	1908 年	供参考	
							—	1939 年		
32	子牙河	牧马河	豆罗桥	忻府区兰村乡晏村		751	2 410	1932 年	供参考	原忻县区水文分站
							—	1925 年		
							—	1928 年		
							727	1939 年	供参考	
							656*	1958 年	可靠	
33	子牙河	刘定寺沟	刘定寺	五台县灵境乡刘定寺村		59	891	1954 年	较可靠	原忻县区水文分站
34	子牙河	移城河	砂崖	五台县陈家庄乡砂崖村		59.7	443	1939 年 7 月 22 日	供参考	原忻县区水文分站

续表2-3

编号	调查地点				河长(km)	集水面积(km^2)	调查洪水			调查单位
	水系	河名	河段名	地点			洪峰流量(m^3/s)	发生时间	可靠程度	
35	子牙河	桃河石坪沟	石坪	昔阳县李家庄乡石坪村		11.4	79.2	1971年7月6日	较可靠	原山西省水文总站
36	子牙河	温河	坡底村	平定县娘子关镇坡底村		1 220	1 720	1932年	较可靠	华北电力设计院
							999	1949年	较可靠	
37	子牙河	松溪河	南冶头	昔阳县大寨镇南冶头村		139	1 300	1933年8月25日	供参考	原晋中区水文分站
							625	1963年8月5日	供参考	
38	子牙河	松溪河	王寨	昔阳县孔氏乡王寨村		1 656	3 020	1963年	较可靠	山西省水利厅晋中水利局联合调查组
							2 880**	1963年8月上旬	供参考	
39	南运河	清漳河东源清河	井洼水库	和顺县青城镇井洼村		53	293	1996年8月4日	可靠	原晋中区水文分站
40	南运河	清漳河东源清河	西沟水库	和顺县青城镇西沟村		4.2	618	1996年8月4日	可靠	原晋中区水文分站
41	南运河	清漳河东源清河	土岭石窑	和顺县青城镇土岭村		142	735	1996年8月4日	较可靠	原晋中区水文分站
42	南运河	浊漳河北源	西营	襄垣县西营镇西营村		3 200	4 970	1928年	较可靠	原水电部北京水利勘测设计院原水电部海河院
							—	1882年		
							—	1913年		
							2 180	1937年	供参考	
							—	1919年		
43	南运河	银郊河	银郊	榆社县箕城镇银郊村		47.3	162	2006年7月14日	可靠	晋中市水资源勘测分局

续表 2-3

编号	调查地点				河长(km)	集水面积(km^2)	调查洪水			调查单位
	水系	河名	河段名	地点			洪峰流量(m^3/s)	发生时间	可靠程度	
44	南运河	枣林沟	枣林	武乡县韩北乡枣林沟村		10	105	1960 年 7 月	较可靠	原晋东南区水文分站
45	南运河	浊漳河北源张庄沟	张庄	武乡县上司乡张庄村		8.5	196	1927 年 7 月	供参考	原晋东南区水文分站
46	南运河	石板河	温庄	沁县册村镇温庄村		8	54.4	1993 年 8 月 4 日	可靠	原山西省水文总站
47	南运河	岳阳河	古兴	长子县石哲镇古兴村		70	506	1962 年	供参考	原山西省水文总站
48	南运河	浊漳河南源	城阳	长子县南陈乡城阳村		41	369	1962 年 7 月	供参考	原山西省水文总站
49	南运河	浊漳河南源	西河庄	长子县石哲镇西河庄村		236	1 150	1927 年	较可靠	山西省水利局调查队
							—	1895 年		
							953	1921 年	较可靠	
							—	1932 年		
							—	1962 年		
							—	1943 年		
50	南运河	浊漳河南源	北李村	长子县大堡头镇北李村		294	929	1927 年	供参考	山西省水利局调查队
							640	1897 年	供参考	
							608	1943 年	供参考	
51	南运河	浊漳河南源	东王内	长子县南漳镇东王内村		445	—	1892 年		原晋东南区水文分站
							1 220	1962 年 7 月 13 日	较可靠	
							1 180	1927 年 7 月 11 日	较可靠	
							1 100	1943 年 9 月 23 日	较可靠	
							288	1971 年	较可靠	

续表 2-3

编号	调查地点				河长(km)	集水面积(km^2)	调查洪水			调查单位
	水系	河名	河段名	地点			洪峰流量(m^3/s)	发生时间	可靠程度	
52	南运河	八义	西坪	长治县八义镇西坪村		105	1 530	1962 年	供参考	山西省水利局调查队
							1 170	1943 年	供参考	
53	南运河	荫城河	中村	长治县荫城镇中村		160	1 580	1962 年	供参考	山西省水利局调查队
54	南运河	陶清河	西韩	壶关县店上镇西韩村		158	747	1962 年	较可靠	山西省水利局调查队
55	南运河	小东河	七里店	黎城县停河铺乡七里店村			10.2	2008 年 6 月 27 日	可靠	长治市水文水资源勘测分局
56	南运河	小东河	赵店	黎城县西仵乡赵店村			36.5	2008 年 6 月 27 日	可靠	长治市水文水资源勘测分局
57	南运河	南河	王庄	平顺县青羊镇王庄村		60.7	659	1921 年	供参考	平顺县水利局
58	南运河	军寨	军寨	平顺县东寺头乡军寨村		19.9	213	1975 年 8 月 6 日	较可靠	原晋东南区水文分站
59	南运河	寺头河	虎窑	平顺县东寺头乡虎窑村		88	775	1975 年 8 月 6 日	较可靠	原晋东南区水文分站
60	南运河	露水河	窑底	平顺县东寺头乡窑底村		106	1 790	1932 年 7 月 30 日	较可靠	原晋东南区水文分站
							1 480	1933 年 7 月	较可靠	
							757	1975 年 8 月 6 日	较可靠	
61	南运河	郊沟河	西河桥上	壶关县桥上乡桥上村		403	2 950	1932 年 7 月 27 日	供参考	原晋东南区水文分站
							1 530	1975 年 8 月 6 日	较可靠	
62	南运河	后沟河	后沟桥上	壶关县桥上乡桥上村		78.8	1 120	1932 年 7 月 27 日	供参考	原晋东南区水文分站
							588	1975 年 8 月 6 日	较可靠	
63	南运河	郊沟河	郊沟河桥上	壶关县桥上乡桥上村		504	—	1932 年 7 月 27 日		原晋东南区水文分站
							2 040	1975 年 8 月 6 日	较可靠	

表 2-4　海河流域调查洪水成果表三

编号	调查地点				河长(km)	集水面积(km^2)	调查洪水			调查单位
	水系	河名	河段名	地点			洪峰流量(m^3/s)	发生时间	可靠程度	
1	永定河	桑干河	罗庄大坝	山阴县安荣乡罗庄大坝			806**	1958年7月23日	可靠	
2	永定河	桑干河	石匣里	阳原县石匣里村		23 944	4 800**	1892年7月15日	供参考	
3	永定河	恢河	太平窑	朔州市朔城区太平窑村		113.9	1 170	1944年		
							279**	1954年	可靠	
							115**	1956年	可靠	
4	永定河	恢河	许家河	朔州市朔城区许家河村		897	1 710	1892年7月		
							1 010	1929年7月		
							220**	1958年8月	较可靠	
5	永定河	七里河	邢家河	朔州市朔城区邢家河村		183	109**	1958年	可靠	
6	永定河	七里河	七里河	朔州市朔城区七里河村			1 810	1935年8月19日		
							151**	1958年8月26日	较可靠	
7	永定河	黄水河	滋润	朔州市滋润乡滋润村		442	181**	1912年	可靠	
							143**	1954年	可靠	
8	永定河	黄水河	黑圪塔	山阴县薛圐圙乡黑圪塔村			257**	1953年7月23日	较可靠	
9	永定河	黄水河	中射村	山阴县古城镇中射村		808	214**	1929年	可靠	
							137**	1942年	可靠	
10	永定河	大沙沟	小路庄	平鲁县西水界乡小路庄村		66	334**	1958年	供参考	
11	永定河	大沙沟	小路庄	平鲁县西水界乡小路庄村		178	485	1933年		
12	永定河	大沙沟	杨树坡	平鲁县向阳堡乡杨树坡村		378	614**	1896年	供参考	
							125**	1958年	可靠	
13	永定河	源子河	小京庄	左云县小京庄乡小京庄村		86.6	172**	1959年6月	可靠	

续表 2-4

编号	调查地点				河长(km)	集水面积(km^2)	调查洪水			调查单位
	水系	河名	河段名	地点			洪峰流量(m^3/s)	发生时间	可靠程度	
14	永定河	源子河	曾子坊	右玉县元堡子镇曾子坊村		55.1	396	1959 年 6 月		
15	永定河	源子河	赵庄	平鲁县向阳堡乡赵庄村			129**	1958 年	可靠	
16	永定河	源子河	西短川	山阴县吴马营乡西短川村		400	3 665**	1896 年	供参考	
							725	1954		
17	永定河	大沙沟	高阳坡	平鲁县高乡高阳坡村			1 907**	1896 年	供参考	
							1 045**	1958 年	供参考	
18	永定河	源子河	林家口	朔县小平易乡林家口村		886	2 230	1896 年		
							248**	1954 年	可靠	
							328**	1958 年	可靠	
19	永定河	尹庄沟	上马石	朔县小平易乡上马石村		19	408**	1962 年 7 月 5 日	可靠	
20	永定河	东支沟	白土窑	平鲁县陶村乡白土窑村		25	155**	1962 年 7 月 5 日	可靠	
21	永定河	木瓜河	郑庄	山阴县北周庄镇郑庄村		85	218**	1952 年	可靠	
22	永定河	七里河	窳家垚	山阴县北周庄镇窳家垚村		60	318**	1896 年	可靠	
							126**	1939 年	可靠	
23	永定河	浑河	花町	浑源县下韩乡花町村			2 090**	1939 年	较可靠	
24	永定河	浑河	田村	浑源县驼峰乡田村			1 600**	1939 年	较可靠	
25	永定河	浑河	镇子梁	应县镇子梁乡镇子梁村		1 840	2 120	1939 年 7 月 14 日		
							1 260	1902 年 6 月		
							940	1952 年 9 月 9 日		
							674	1917 年 7 月		
26	永定河	北楼峪	北楼口	应县大临河乡北楼口村		59.2	939	1932 年		

续表 2-4

编号	调查地点				河长(km)	集水面积(km^2)	调查洪水			调查单位
	水系	河名	河段名	地点			洪峰流量(m^3/s)	发生时间	可靠程度	
27	永定河	唐峪	三玉门	浑源县大磁窑镇三玉门村		67.1	1 090	1939 年		
28	永定河	凌云口峪	凌云口	浑源县裴村乡凌云口村		249	1 520	1900 年		
29	永定河	王千庄峪	岔口	浑源县大仁庄乡岔口村			2 080**	1939 年	较可靠	
							631**	1955 年	较可靠	
30	永定河	王千庄峪	南石坊	浑源县大仁庄乡南石坊村			2 080**	1939 年	较可靠	
							754**	1949 年	较可靠	
31	永定河	马兰峪	马兰口	应县下马峪乡马兰口村		38.7	391**	1958 年	较可靠	
32	永定河	茹越峪	茹越峪	应县南泉乡茹越峪村		31.6	767**	1936 年	可靠	
33	永定河	口泉河	刁窝咀	大同市南郊区刁窝咀村		374	331**	1950 年	较可靠	
							23.2**	1958 年	较可靠	
34	永定河	大峪河	奇峰山	怀仁县吴家窑镇奇峰山村			246**	1952 年	较可靠	
35	永定河	甘河	辛庄	左云县管家堡乡辛庄村		100	55.8**	1956 年	较可靠	
							14.7**	1958 年	较可靠	
36	永定河	十里河	前八里	左云县云兴镇前八里村		271	1 290	1934 年		
							386**	1959 年 7 月	可靠	
37	永定河	十里河	斗子湾	左云市管家堡乡斗子湾村		778	785**	1957 年 7 月 30 日	可靠	
							261**	1958 年	可靠	
38	永定河	宋家湾	曹家村	左云县张家场乡曹家村		55.6	1 000	1915 年		
							106**	1959 年	可靠	
39	永定河	庙沟河	北十里	左云县三屯堡乡北十里村		55.4	143**	1959 年	可靠	
							116**	1950 年	可靠	
40	永定河	六道河	北十里	左云县三屯堡乡北十里村		61.0	243**	1959 年	供参考	

续表 2-4

编号	调查地点				河长(km)	集水面积(km^2)	调查洪水			调查单位
	水系	河名	河段名	地点			洪峰流量(m^3/s)	发生时间	可靠程度	
41	永定河	西湾河	段家村	左云县三屯堡乡段家村		27.5	34.3**	1959年	可靠	
42	永定河	小河	张家场	左云县张家场乡张家场村		28.3	16.3**	1959年	可靠	
							84.9**	1930年8月	可靠	
43	永定河	廖家堡河	梅家窑	左云县张家场乡梅家窑村		165	106**	1959年	可靠	
44	永定河	七磨河	旧高山	左云县张家场乡旧高山村		165	221**	1959年	可靠	
45	永定河	十里河	青磁窑	大同市云岗镇青磁窑村			1 520**	1922年	可靠	
46	永定河	饮马河	新城湾	丰镇县新城湾乡新城湾村			1 540**	1931年	供参考	
47	永定河	御河	河东窑	大同市堡子湾乡河东窑村		2 090	1 260	1896年		
							880	1929年		
							756	1958年		
48	永定河	御河	塔儿村	大同市水泊寺乡塔儿村		5 038	3 970	1939年		
							2 420**	1932年	较可靠	
							790**	1958年	较可靠	
49	永定河	镇川河	三百户营	大同市花园屯乡三百户营村		57	305	1922年		
							72.7**	1956年	较可靠	
50	永定河	淤泥河	羊坊	大同市古店镇羊坊村		304	598	1945年		
							257**	1954年	较可靠	
							113**	1957年	较可靠	
51	永定河	麻峪沟	麻峪口	大同县吉家庄乡麻峪口村		361	412**	1952年	供参考	
52	永定河	瓮城口沟	瓮城口	大同县吉家庄乡瓮城口村		422	250**	1954年	较可靠	

续表 2-4

编号	调查地点				河长（km）	集水面积（km^2）	调查洪水			调查单位
	水系	河名	河段名	地点			洪峰流量（m^3/s）	发生时间	可靠程度	
53	永定河	后子口河	东后子口	大同县峰峪乡东后子口村		156	573	1952 年		
54	永定河	黄水河	二十六	阳高县长城乡二十六村		40.3	287	1933 年		
							98.5**	1939 年	可靠	
55	永定河	白登河	吴家河	阳高县狮子屯乡吴家河村			1 610	1933 年		
							733**	1954 年		
56	永定河	黑水河	太师庄	阳高县龙泉镇太师庄村		369	624	1912 年		
							74.2**	1944 年	供参考	
							64.2**	1958 年 8 月	供参考	
57	永定河	西洋河	大营盘	天镇县新平堡镇大营盘村		533	1 490	1892 年		
							290	1939 年		
58	永定河	龙池堡河	龙池堡	阳高县马家皂乡龙池堡村		51	448	1896 年 7 月		
59	永定河	壶流河	南村	广灵县南村镇南村			354	1956 年		
60	永定河	壶流河	南土岭	广灵县南村镇上南土岭村		518	444**	1960 年	可靠	
61	永定河	壶流河	西石门	广灵县加斗乡西石门村			519**	1958 年 7 月 10 日	可靠	
							291.7**	1939 年 7 月 15 日	可靠	
62	永定河	长江峪	上林关	广灵县南村镇上林关村		184	1 090	1900 年		
63	永定河	直峪	冯家沟	广灵县宜兴乡冯家沟村		100	1 040	1939 年		
64	永定河	直峪	邵家庄	广灵县宜兴乡邵家庄村		115	1 090	1939 年		
65	永定河	直峪	翟町	广灵县壶泉镇翟町村		147	1 950	1939 年		

续表 2-4

编号	调查地点				河长(km)	集水面积(km^2)	调查洪水			调查单位
	水系	河名	河段名	地点			洪峰流量(m^3/s)	发生时间	可靠程度	
66	永定河	长江峪	上林关	广灵县南村镇上林关村		184	1 090**	1900年	供参考	
67	大清河	唐河	金峰店	浑源县千佛岭乡金峰店村		88	810	1939年		
68	大清河	唐河	水磨	浑源县王庄堡镇水磨村		224	1 780	1939年		
69	大清河	唐河	韩淤地	灵丘县东河南镇韩淤地村		457	295**	1964年	可靠	
70	大清河	唐河	古树	灵丘县东河南镇古树村			394**	1966年	可靠	
							195**	1967年	供参考	
							49.0**	1970年	供参考	
							34.0**	1971年	供参考	
71	大清河	唐河	城头会	灵丘县红石塄乡城头会村		1 611	8 460**	1939年	供参考	
72	大清河	唐河	下北泉	灵丘县红石塄乡下北泉村		2 030	11 600**	1939年	供参考	
73	大清河	西河	龙咀	浑源县千佛岭乡龙咀村		77.3	930	1939年		
74	大清河	赵北河	养家会	灵丘县赵北乡养家会村		180	1 750	1939年		
							280**	1958年7月	可靠	
75	大清河	华山峪	黑龙河	灵丘县武灵镇黑龙村		117	1 140	1939年		
							155**	1957年	可靠	
76	大清河	大东河	东张庄	灵丘县石家田乡东张庄村		277	887	1939年7月15日		
							219**	1954年7月	可靠	
77	大清河	冉庄河	冉庄	灵丘县白崖台乡冉庄村		184	1 600	1917年		
78	大清河	独峪河	河浙	灵丘县独峪乡河浙村		85.6	1 190	1838年		
							440**	1919年	可靠	

续表 2-4

编号	调查地点				河长(km)	集水面积(km²)	调查洪水			调查单位
	水系	河名	河段名	地点			洪峰流量(m³/s)	发生时间	可靠程度	
79	大清河	冉庄河	三楼	灵丘县独峪乡三楼村		682	2 840	1892 年		
							1 890	1917 年		
80	大清河	青羊河	娘子城	繁峙县神堂堡乡娘子城村		55.1	269	1939 年		
81	大清河	下关河	青羊口	灵丘县下关乡青羊口村			1 030	1838 年		
82	大清河	漕河北支	墨斗店	易县坡仑乡		91.0	2 620**	1892 年 7 月 14 日	供参考	
83	大清河	大沙河	阜平	阜平县城关		2 200	7 570**		供参考	
84	大清河	界河	石井	满城县石井镇		262	2 700**	1892 年 7 月 15 日	供参考	
85	子牙河	古城沟	东庄	繁峙县横涧乡东庄村		8.5	189	1973 年		
86	子牙河	滹沱河	赵家庄	定襄县赵家庄村			2 790**	1892 年	可靠	原忻县区水文分站
							1 560**	1931 年	可靠	
87	子牙河	滹沱河	小觉	平山县小觉镇小觉村		14 659	5 500**	1892 年 7 月	供参考	
88	子牙河	滹沱河	秘家庄	平山县小觉镇秘家庄村		14 880	5 890**	1892 年 7 月 11～21 日	较可靠	
89	子牙河	滹沱河	罗家会	平山县下西峪乡罗家会村		15 180	6 600**	1892 年 7 月	供参考	
90	子牙河	滹沱河	洪子店	平山县中古月乡洪子店村		15 750	6 930**	1892 年 7 月	较可靠	
91	子牙河	滹沱河	西岗南	平山县岗南乡西岗南村		16 221	6 930**	1892 年 7 月	较可靠	
92	子牙河	滹沱河	下茹越	繁峙县下茹越村	65.5	1 356	2 700**	1939 年	可靠	原忻县区水文分站

续表 2-4

编号	调查地点				河长(km)	集水面积(km^2)	调查洪水			调查单位
	水系	河名	河段名	地点			洪峰流量(m^3/s)	发生时间	可靠程度	
93	子牙河	七里河	七里铺	代县阳明堡镇七里铺村		54	244	1964 年		
94	子牙河	阳武河	黄甲堡	原平市轩岗镇黄甲堡村		408	352**	1892 年		原忻县区水文分站
							300**	1967 年	较可靠	
95	子牙河	田村河	田村	忻府区兰村乡田村		46.6	208	1966 年		
96	子牙河	清水河	红崖村	五台县耿镇红崖村	52.7	702	2 490**	1917 年	可靠	原忻县区水文分站
							1 700**	1956 年	可靠	
97	子牙河	险益河	王岸	平山县三家店乡		416	1 470**	1892 年 7 月	供参考	
98	子牙河	支都河	窑上	平山县唐家口乡		152	1 070**	1892 年 7 月	供参考	
99	子牙河	龙华河	北会里	盂县下社乡北会里村		475	1 600**	1924 年		
100	子牙河	秀水河	秀水村	盂县秀水镇秀水村			623.9**	1930 年		
							267**	1959 年		
101	子牙河	桃河		阳泉市桃河洋灰桥断面			132**	1966 年 8 月 23 日	较可靠	
102	子牙河	桃河		阳泉市工程公司预制厂下游			128**	1966 年 8 月 23 日	较可靠	
103	子牙河	桃河	桃河大桥	阳泉市桃河大桥		503	1 155**	1940 年	较可靠	
							2 810**	1945 年	较可靠	
							1 105**	1950 年	较可靠	
							1 175**	1951 年	较可靠	
							340**	1952 年	较可靠	
							570**	1953 年	较可靠	
							688**	1954 年	较可靠	
104	子牙河	桃河	阳泉	阳泉		533	1 300**	1818 年	较可靠	
							2 584**	1896 年	较可靠	

续表 2-4

编号	调查地点				河长（km）	集水面积（km^2）	调查洪水			调查单位
	水系	河名	河段名	地点			洪峰流量（m^3/s）	发生时间	可靠程度	
105	子牙河	桃河	蚕王山	阳泉市东 2.5 km 蚕王山村			2 128**	1904 年	较可靠	
106	子牙河	桃河	上五渡	阳泉市上五渡村东			2 147**	1928 年	较可靠	
							1 480**	1918 年	较可靠	
							939**	1925 年	较可靠	
							732**	1939 年	较可靠	
107	子牙河	桃河	下五渡	阳泉市下五渡铁道桥			2 720**	1904 年	较可靠	
108	子牙河	桃河	蚕王庙	阳泉市蚕王庙下			1 577**	1918 年	较可靠	
109	子牙河	桃河	石门口	平定县南川河阳胜河汇合后下游 200 m		491.1	525**	1966 年 8 月上旬	较可靠	
110	子牙河	桃河太平沟	戏头村	寿阳县尹灵芝镇戏头村		65.5	128**	1966 年 8 月 23 日	较可靠	
111	子牙河	泉寺河	大南山	寿阳县尹灵芝镇大南山村		94.2	1 020**	1966 年 8 月 23 日	较可靠	
112	子牙河	桃河葫芦沟	坡头	阳泉市平坦镇坡头村		33.1	130**	1966 年 8 月 23 日	较可靠	
113	子牙河	马家坡沟	辛兴	阳泉市平坦镇辛兴		25.4	445**			山西省水利厅
							135**	1966 年 8 月 23 日	较可靠	
114	子牙河	官沟		阳泉市东方红		4.8	55**			山西省水利厅
115	子牙河	蒙村沟		阳泉市蒙村沟		24.9	660**			山西省水利厅
116	子牙河	老君庙沟		阳泉市老君庙沟		2.8	168**			山西省水利厅

续表 2-4

编号	调查地点				河长（km）	集水面积（km^2）	调查洪水			调查单位
	水系	河名	河段名	地点			洪峰流量（m^3/s）	发生时间	可靠程度	
117	子牙河	洪城沟		阳泉市洪城沟		7.1	62**			山西省水利厅
118	子牙河	候家沟		阳泉市候家沟		22.1	83**			山西省水利厅
119	子牙河	南大口沟		阳泉市南大口沟		3.6	27**			山西省水利厅
120	子牙河	保安沟	阳窑	阳泉市旧街乡阳窑村		54.4	215	1966 年		
121	子牙河	马家坡沟	马家坡	阳泉市矿区马家坡村		25.3	173	1977 年		
122	子牙河	荫营河	荫营	阳泉市荫营镇荫营村		40	158	1977 年		
123	子牙河	五渡河	李家庄	阳泉市李家庄乡李家庄村		3.8	61.8	1977 年		
124	子牙河	洪城河	电器厂	阳泉市电器厂		5.5	46.3	1977 年		
125	子牙河	温河	娘子关	平定县娘子关镇娘子关村		1 326	208	1977 年		
126	子牙河	贵石沟	宋家庄	平定县冠山镇宋家庄村		29.5	82**	1966 年 8 月上旬	较可靠	
127	子牙河	南川河	小南坳	平定县冠山镇小南坳村		162.1	160**	1966 年 8 月上旬	可靠	
128	子牙河	南川河	西郊村	平定县石门口乡西郊村		237.5	270**	1966 年 8 月上旬	较可靠	

续表 2-4

编号	调查地点				河长(km)	集水面积(km²)	调查洪水			调查单位
	水系	河名	河段名	地点			洪峰流量(m³/s)	发生时间	可靠程度	
129	子牙河	阳胜河	立壁村	平定县锁簧镇立壁村		107	192**	1966年8月上旬	较可靠	
130	子牙河	阳胜河	大石门水库	平定县石门口乡大石门水库		143	426.6**	1954年7月18日		
							240**	1966年8月上旬	可靠	
131	子牙河	阳胜河	西郊村	平定县石门口乡西郊村		253.6	328**	1966年8月上旬	较可靠	
132	子牙河	松溪河	沙谷陀	和顺县李阳镇沙谷陀村			244**	1957年		
							453**	1963年		
133	子牙河	松溪河	杨家坡水库	昔阳县大寨镇杨家坡水库			510**	1963年8月5日晨		
134	子牙河	松溪河	杨家坡	昔阳县大寨镇杨家坡村			1 180**	1933年农历7月3日晨		
							561**	1963年8月5日晨		
135	子牙河	松溪河	杜庄村	昔阳县大寨镇杜庄村			324**	1963年8月上旬	较可靠	
136	子牙河	松溪河	郭庄水库	昔阳县大寨镇郭庄水库		173	957**	1933年7月初		
							480**	1963年8月上旬	可靠	
137	子牙河	杨家川	石山	昔阳县乐坪镇石山村		4.5	61**	1971年7月31日		
138	子牙河	库屯沟	北掌城	昔阳县乐坪镇北掌城		11	81.3**	1963年8月1日	供参考	
139	子牙河	巴州河	赵家沟	昔阳县乐坪镇赵家沟村边		83.4	215**	1963年		
							48**	1970年		
140	子牙河	城西沟	南掌城	昔阳县乐坪镇南掌城			59.6**	1971年7月31日		
141	子牙河	洪水河	耿秦宫	昔阳县大寨镇耿秦宫村		44.3	244**	1963年		
							113**	1970年		

续表 2-4

编号	调查地点				河长（km）	集水面积（km^2）	调查洪水			调查单位
	水系	河名	河段名	地点			洪峰流量（m^3/s）	发生时间	可靠程度	
142	子牙河	安坪河	安坪	昔阳县乐坪镇安坪村上游 500 m		63	285**	1963 年		
							236**	1966 年		
							35.2**	1970 年		
143	子牙河	张家庄河		昔阳县张家庄河距河口 1 km		76.2	8.89**	1970 年		
144	子牙河	东寨河		昔阳县赵壁乡川口村上游 200 m		136	13.5**	1970 年		
145	子牙河	掌沟		昔阳县李家庄乡石坪村		2.25	10.2**	1971 年 6 月	可靠	
146	子牙河	贾叉沟		昔阳县李家庄乡石坪村		2.2	15**	1971 年 6 月	可靠	
147	子牙河	石寨沟		昔阳县李家庄乡石寨沟村		1.12	11.5**	1971 年 6 月	可靠	
148	子牙河	松林沟		昔阳县李家庄乡石坪村		1.75	14.1**	1971 年 6 月	可靠	
149	子牙河	沙沙沟		昔阳县李家庄乡石坪村		1.44	9.2**	1971 年 6 月	可靠	
150	子牙河	石坪河		昔阳县李家庄乡石坪村		11.4	82**	1971 年 6 月	可靠	
151	子牙河	松溪河	北界都(二)	昔阳县界都乡北界都村		516	721	1963 年		
							716**	1963 年 8 月上旬	可靠	
152	子牙河	松溪河	柏叶底	昔阳县界都乡柏叶底村		1 088	906**	1963 年 8 月上旬	较可靠	
153	子牙河	东峪沟	东峪村	昔阳县赵壁乡东峪村		15.9	91**	1963 年 8 月上旬	较可靠	

续表 2-4

编号	调查地点				河长(km)	集水面积(km²)	调查洪水			调查单位
	水系	河名	河段名	地点			洪峰流量(m³/s)	发生时间	可靠程度	
154	子牙河	东峪沟		昔阳县赵壁川东峪沟距沟口 1 km		24.6	5.27**	1970 年		
155	子牙河	白羊峪	后口庄	昔阳县赵壁乡后口庄村		39	344**(垮坝)	1963 年 8 月上旬		
							21.1**	1970 年		
156	子牙河	赵壁河	后口庄	昔阳县赵壁乡后口庄村		144	536	1963 年		
157	子牙河	赵壁河	东石龛村	昔阳县赵壁乡东石龛村		144	530**	1963 年 8 月上旬	供参考	
158	子牙河	楼坪沟	北石龛	昔阳县赵壁乡北石龛村		40.0	107**	1963 年 8 月上旬	较可靠	
							3.05**	1970		
159	子牙河	赵壁河		昔阳县赵壁乡北石龛村北 500 m			7.31**	1970 年		
160	子牙河	赵壁河	北思贤	昔阳县赵壁乡北思贤村		206.4	411**	1963 年 8 月上旬	较可靠	
							54**	1970 年		
161	子牙河	梭罗峪	赵壁	昔阳县赵壁乡赵壁村		5	70.1**	1969 年		
							17**	1963 年 8 月上旬	较可靠	
							5.03**	1970 年		
162	子牙河	赵壁河	赵壁	昔阳县赵壁乡赵壁村		300	555	1963 年		
163	子牙河	平原河	平原	昔阳县赵壁乡平原村		70.2	299	1963 年		
164	子牙河	川口河	翟絮	昔阳县三都乡翟絮村			254**	1937 年	供参考	
							250**	1963 年	供参考	
							37.8**	1971 年	供参考	
165	子牙河	川口河	小咀墹地	昔阳县三都乡小咀墹地			722**	1928 年	供参考	
							291**	1963 年	供参考	
							132**	1975 年	供参考	
							91.4**	1971 年	供参考	

续表 2-4

编号	调查地点				河长(km)	集水面积(km^2)	调查洪水			调查单位
	水系	河名	河段名	地点			洪峰流量(m^3/s)	发生时间	可靠程度	
166	子牙河	西峪沟	西峪	昔阳县三都乡西峪村			16.1^{**}	1971年	供参考	
167	子牙河	川口河	西峪	昔阳县三都乡西峪村			571^{**}	1898年农历3月28日	供参考	
							169^{**}	1932年5月26日	供参考	
							76.5^{**}	1918年	供参考	
168	子牙河	川口沟	川口村	昔阳县赵壁乡川口村		136	258^{**}	1963年8月上旬	较可靠	
169	子牙河	赵壁河	川口(二)	昔阳县赵壁乡川口村		488	716	1963年		
170	子牙河	赵壁河	赵壁河沟口	昔阳县赵壁乡赵壁川沟口		540	540^{**}	1970年		
171	子牙河	平原河	平原河沟口	昔阳县赵壁乡平原河沟口		76.2	252^{**}	1963年8月上旬	较可靠	
172	子牙河	赵壁河	风居	昔阳县赵壁乡风居村		540	742	1963年		
							46.1^{**}	1970年		
173	子牙河	横岭沟	黄岩村	昔阳县赵壁乡黄岩村		15.2	65.7^{**}	1963年8月上旬	较可靠	
							13.7^{**}	1970年		
174	子牙河	阳照河	阳照河沟口	昔阳县冶头镇阳照河沟口		237.2	433^{**}	1963年		
							7.93^{**}	1970年		
175	子牙河	杨家川	石山	昔阳县乐坪镇石山村		4.5	61^{**}	1971年7月31日		
176	子牙河	峪掌河	峪掌河沟口	昔阳县冶头镇峪掌河沟口		40.8	291^{**}	1963年		
							10.4^{**}	1970年		
177	南运河	翼河	九京村	和顺县义兴镇九京村下		270.5	296^{**}	1963年8月	较可靠	

续表 2-4

编号	调查地点				河长(km)	集水面积(km^2)	调查洪水			调查单位
	水系	河名	河段名	地点			洪峰流量(m^3/s)	发生时间	可靠程度	
178	南运河	梁余河	任元汗	和顺县义兴镇任元汗村		165	232**	1963年8月	较可靠	
179	南运河	温源河	邢村	和顺县义兴镇邢村		85	186**	1963年8月	较可靠	
180	南运河	清漳河东源	白泉	和顺县平松乡白泉村		544	1 010	1963年		
181	南运河	互房河	平松村	和顺县平松乡平松村		72.4	220**	1963年8月	可靠	
182	南运河	喂马河	玉女村	和顺县平松乡玉女村		79.8	224**	1963年8月	较可靠	
183	南运河	清漳河东源	小南会	和顺县平松乡小南会村		734	992	1963年		
184	南运河	青河	东坪村	和顺县松烟镇东坪村		211.5	1 000**	1963年8月	较可靠	
185	南运河	暖窑河	暖窑	和顺县松烟镇暖窑村		35	225	1963年		
186	南运河	西沟	许村	和顺县松烟镇许村		51.3	436	1963年		
187	南运河	富峪河	富峪村	和顺县松烟镇富峪村		26.1	229**	1963年8月	较可靠	
188	南运河	东沟	乔庄(东)	和顺县松烟镇乔庄村		38.1	202	1963年		
189	南运河	清漳河东源	路家庄	左权县拐儿镇路家庄村		1 024	1 740	1963年		

续表 2-4

编号	调查地点				河长(km)	集水面积(km^2)	调查洪水			调查单位
	水系	河名	河段名	地点			洪峰流量(m^3/s)	发生时间	可靠程度	
190	南运河	清漳河东源	芹泉	左权县芹泉镇芹泉村		1 532	2 680	1963 年		
191	南运河	芹泉东沟	芹泉村	左权县芹泉镇芹泉村		62	218**	1963 年 8 月	较可靠	
192	南运河	后堖沟	口则	左权县芹泉镇口则村		104	217**	1963 年 8 月	较可靠	
193	南运河	半坡沟	半坡村	左权县麻田镇半坡村		380	42.3**	1963 年 8 月	较可靠	
194	南运河	清漳河	泽城	左权县麻田镇泽城村		3 269	2 850	1963 年		
195	南运河	拐儿西沟	拐儿村	左权县拐儿镇拐儿村		103.1	230**	1963 年 8 月	较可靠	
196	南运河	拐儿东沟	阪上村	左权县拐儿镇阪上村		110	181**	1963 年 8 月	可靠	
197	南运河	清漳东河	水唯村	左权县水唯村		1 023.5	1 760**	1963 年 8 月	可靠	
198	南运河	清漳河东源	东五指	左权县拐儿镇东五指村		1 182	1 770	1963 年		

续表 2-4

编号	调查地点				河长(km)	集水面积(km^2)	调查洪水			调查单位
	水系	河名	河段名	地点			洪峰流量(m^3/s)	发生时间	可靠程度	
199	南运河	清漳河	麻田村	左权县麻田镇麻田村			2 430**	1913 年		
							2 090**	1918 年		
							1 860**	1943 年		
							279**	1953 年		
							630**	1954 年		
							357**	1955 年		
							1 406**	1956 年		
							283**	1957 年		
200	南运河	清漳河	云头底	左权县麻田镇云头底村		3 611	2 730	1963 年		
201	南运河	清漳河	云头底	左权县麻田镇云头底村		3 651	2 850**	1963 年 8 月	较可靠	
202	南运河	马家庄沟	马家庄	左权县石匣乡马家庄村		53.9	56.9**	1963 年 8 月	较可靠	
203	南运河	清漳西河	蒿沟村	左权县石匣乡蒿沟村		46.8	189**	1963 年 8 月	较可靠	
204	南运河	清漳西河	石匣水库	左权县石匣乡石匣水库		811.6	380**	1963 年 8 月	可靠	
205	南运河	清漳西河	上交漳村	左权县粟城乡石上交漳村		1 641	770**	1963 年 8 月	可靠	
206	南运河	清漳西河	川口村	左权县石匣乡川口村			1 250**	1941 年		
207	南运河	小岭底沟	小岭底	左权县石匣乡小岭底村		61.3	32.7**	1963 年 8 月	较可靠	
208	南运河	熟峪沟	熟峪沟	左权县麻田镇熟峪沟沟口		750	110**	1963 年 8 月	可靠	
209	南运河	桐峪沟	上口村	左权县麻田镇上口村		155.3	245**	1963 年 8 月		
210	南运河	小岭底沟	小岭底	左权县石匣乡小岭底村		61.3	32.7**	1963 年 8 月	较可靠	

续表 2-4

编号	调查地点				河长(km)	集水面积(km^2)	调查洪水			调查单位
	水系	河名	河段名	地点			洪峰流量(m^3/s)	发生时间	可靠程度	
211	南运河	东河	板坡村	榆社县箕城镇板坡村		122	1 225.9**	1915 年 6 月 20 日		
							1 053.3**	1929 年 8 月 22 日		
							535.8**	1944 年		
							204.5**	1956 年		
							202.5**	1957 年 8 月 29 日		
212	南运河	云簇河	海金山水库	榆社县云簇镇海金山水库		323	2 580**	1928 年	供参考	
							273**	1957 年	供参考	
							323**	1958 年	供参考	
213	南运河	郭河	固村	襄垣县上马乡固村			752**	1922 年 9 月 6 日	可靠	原晋东南区水文分站
214	南运河	浊漳河西源	桥坡	襄垣县虒亭镇桥坡村		1 300	2 600**	1932 年	供参考	原水电部海河院
							1 970**	1933 年	供参考	
							1 360**	1937 年	供参考	
215	南运河	浊漳河北源	东邯郸	襄垣县下良镇东邯郸村			4 060**	1928 年	可靠	原水电部海河院
							2 640**	1937 年	可靠	
216	南运河	陶清河	曹家沟	长治县东和乡曹家沟村		374	3 310**	1962 年 7 月 15 日	可靠	山西省水利局调查队
							1 480**	1851 年 7 月	供参考	
							1 100**	1900 年 7 月	可靠	
							920**	1952 年 5 月	可靠	
							400**	1943 年 8 月	可靠	
217	南运河	陶清河	西堡	壶关县龙泉镇西堡村		230	1 810**	1882 年	供参考	山西省水利局调查队
							1 260**	1932 年 7 月	可靠	
							1 160**	1962 年 7 月 15 日	可靠	
							499**	1916 年	可靠	
							287**	1923 年 6 月	可靠	
218	南运河	石子河	杜家河	壶关县龙泉镇杜家河村		135	1 430**	1913 年 8 月 16 日	供参考	山西省水利局调查队
							407**	1943 年 8 月	可靠	
							—**	1962 年 7 月	供参考	

续表 2-4

编号	调查地点				河长(km)	集水面积(km^2)	调查洪水			调查单位
	水系	河名	河段名	地点			洪峰流量(m^3/s)	发生时间	可靠程度	
219	南运河	浊漳河南源	申村	长子县石哲镇申村		236	1 530**	1962 年 7 月 15 日	可靠	山西省水利局调查队
							1 500**	1927 年 7 月 10 日	可靠	
							1 210**	1919 年 6 月 10 日	可靠	
							320**	1943 年 8 月	可靠	
220	南运河	西河	西河	平顺县西河			660**	1921 年	可靠	原平顺县水利局
221	南运河	东峪河	东峪沟	平顺县西沟乡东峪沟			65.9**	1973 年 6 月 29 日	可靠	原晋东南区水文分站
222	南运河	南河	城关	平顺县青羊镇城关村			496**	1971 年 7 月 25 日	可靠	原晋东南区水文分站
223	南运河	北大河	山南底	平顺县青羊镇山南底村			515**	1971 年 7 月 25 日	可靠	原晋东南区水文分站
224	南运河	北大河	天脚	平顺县中五井乡天脚村			438**	1971 年 7 月 25 日	可靠	原晋东南区水文分站
225	南运河	北大河	下五井	平顺县中五井乡下五井村			363**	1971 年 7 月 25 日	可靠	原晋东南区水文分站
226	南运河	北大河	留村	平顺县中五井乡留村			317**	1971 年 7 月 25 日	可靠	原晋东南区水文分站
227	南运河	浊漳河	奥治	平顺县阳高乡奥治村			7 380**	1928	可靠	原水电部海河设计院
							4 260**	1937	可靠	
							1 530**	1956	可靠	

表 2-5　黄河流域调查洪水成果表一

编号	调查地点				河长(km)	集水面积(km^2)	调查洪水			调查单位
	水系	河名	河段名	地点			洪峰流量(m^3/s)	发生时间	可靠程度	
1	沿黄支流	苍头河	毛家窑	平鲁区高石庄乡毛家窑村	10.0	68.0	397	1971 年 7 月 23 日	可靠	原雁北区水文分站

续表 2-5

编号	调查地点				河长(km)	集水面积(km^2)	调查洪水			调查单位
	水系	河名	河段名	地点			洪峰流量(m^3/s)	发生时间	可靠程度	
2	沿黄支流	偏关河	沈家村	偏关县新关镇沈家村	112	1 915	—	1892年	供参考	原忻县区水文分站
							2 470	1937年	较可靠	
							2 140*	1979年8月11日	可靠	
							1 950*	1967年	可靠	
							1 770	1954年	较可靠	
3	沿黄支流	川峁河	水泉	偏关县水泉乡水泉村	10.7	50.5	278	1954年7月	较可靠	原忻县区水文分站
							—	1978年		
4	沿黄支流	莱岭沟	阳坡店	偏关县窑头乡阳坡店村	17.2	69.3	851	1948年7月	较可靠	原忻县区水文分站
							—	1954年		
5	沿黄支流	杨家沟	响水	偏关县窑头乡响水村	12.0	21.8	268	1946年7月18日	较可靠	原忻县区水文分站
							—	1954年		
6	沿黄支流	韩家窊沟	长畛	神池县长畛乡长畛村	22.7	76.5	478	1958年7月23日	较可靠	原忻县区水文分站
7	沿黄支流	红崖子沟	铺儿坪	神池县长畛乡铺儿坪村	34.0	214	1 290	1958年7月23日	较可靠	原忻县区水文分站
8	沿黄支流	草庵沟	狼窝	偏关县楼沟乡狼窝村	11.0	32.5	356	1958年7月23日	较可靠	原忻县区水文分站
							—	1977年		
9	沿黄支流	偏关河	偏关	偏关县新关镇沙石沟村		1 883	400**	1995年7月28日	可靠	原山西省水文总站
10	沿黄支流	洞沟	巡镇	河曲县巡镇镇		32	345**	1995年7月28日	可靠	原山西省水文总站
11	沿黄支流	县川河	塔子会	五寨县三岔镇塔子会		730	216**	1995年7月28日	可靠	原山西省水文总站

续表 2-5

编号	调查地点				河长（km）	集水面积（km^2）	调查洪水			调查单位
	水系	河名	河段名	地点			洪峰流量（m^3/s）	发生时间	可靠程度	
12	沿黄支流	县川河	沙宅	河曲县单寨乡沙宅村		1 285	2 410**	1995 年 7 月 28 日	可靠	原山西省水文总站
13	沿黄支流	县川河	旧县	河曲县旧县乡旧县村		1 562	1 880**	1995 年 7 月 28 日	可靠	原山西省水文总站
14	沿黄支流	尚峪沟	磨老洼	偏关县楼沟乡磨老洼村		259	764**	1995 年 7 月 28 日	可靠	原山西省水文总站
15	沿黄支流	尚峪沟	黑豆洼	河曲县土沟乡黑豆洼村		1 188	2 070**	1995 年 7 月 28 日	可靠	原山西省水文总站
16	沿黄支流	黄石崖沟	天桥	保德县义门镇天桥电站沟口（桥上游）	12.5	42.0	537**	1995 年 7 月 28 日	可靠	原山西省水文总站
17	沿黄支流	大河沟	前新窑村南	保德县义门镇前新窑村南		42.0	482**	1995 年 7 月 28 日	可靠	原山西省水文总站
18	沿黄支流	腰庄沟	郭家滩	保德县东关镇郭家滩村		64.0	124**	1995 年 7 月 28 日	可靠	原山西省水文总站
19	沿黄支流	梅花沟	徐家湾	保德县东关镇徐家湾村	6.3	12.4	132**	1995 年 7 月 28 日	可靠	原山西省水文总站
20	沿黄支流	朱家川	桥头	保德县桥头镇桥头村		2 913	1 210**	1995 年 7 月 28 日	可靠	原山西省水文总站
21	沿黄支流	大河沟	康家沟	保德县义门镇康家沟村	16.1	42.0	519	1949 年 8 月 15 日	较可靠	原忻县区水文分站
22	沿黄支流	大桥遗沟	庙峁	保德县义门镇庙峁村	11.1	42.0	432	1949 年 8 月	较可靠	原忻县区水文分站

续表 2-5

编号	调查地点				河长（km）	集水面积（km^2）	调查洪水			调查单位
	水系	河名	河段名	地点			洪峰流量（m^3/s）	发生时间	可靠程度	
23	沿黄支流	腰庄河	郭家滩	保德县东关镇郭家滩村	20.0	64.0	655	1949 年 8 月 15 日	较可靠	原忻县区水文分站
24	沿黄支流	清莲河	小口子	五寨县砚城镇小口子村		144	—	1892 年 6 月	供参考	山西省水利勘测设计院
							951	1933 年 8 月 6 日	可靠	
							385	1942 年	较可靠	
25	沿黄支流	张家沟	张家坪	五寨县胡会乡张家坪村	7.8	24.8	996	1933 年	供参考	原忻县区水文分站
							513	1947 年	较可靠	
							233	1967 年	较可靠	
26	沿黄支流	泥彩河	窑瓦	保德县窑瓦乡窑瓦村	36.3	195	839	1937 年 8 月 20 日	供参考	原忻县区水文分站
27	沿黄支流	柴家湾	柴家湾	保德县韩家川乡柴家湾村	13.2	30.0	257	1936 年 9 月 1 日	较可靠	原忻县区水文分站
							—	1977 年 8 月 2 日	较可靠	
28	沿黄支流	石塘河	韩家川	保德县韩家川乡韩家川村	26.9	83.8	482	1967 年 8 月	较可靠	原忻县区水文分站
							—	1929 年 7 月		
29	沿黄支流	小河沟	神山村	保德县冯家川乡神山村	42.2	165	786	1909 年 8 月 30 日	较可靠	原忻县区水文分站
							—	1959 年 8 月 19 日		
30	沿黄支流	元塔沟	王家辿	保德县冯家川乡王家辿村	22	68.4	633	1929 年 7 月 12 日	较可靠	原忻县区水文分站
31	沿黄支流	东川河	东关	岢岚县岚漪镇东关	43.8	476	923	1905 年	可靠	原忻县区水文分站
							—	1937 年		
							353*	1961 年	可靠	
32	沿黄支流	蔚汾河	水磨滩	兴县蔚汾镇水磨滩村		832	1 630	1996 年 7 月 23 日	可靠	山西省水文水资源勘测局

续表 2-5

编号	调查地点				河长(km)	集水面积(km²)	调查洪水			调查单位
	水系	河名	河段名	地点			洪峰流量(m³/s)	发生时间	可靠程度	
33	沿黄支流	蔚汾河	南沟门前	兴县蔚汾镇南沟门前村		841	1 440	1996年7月23日	可靠	山西省水文水资源勘测局
34	沿黄支流	蔚汾河	南通	兴县蔚汾镇南通村		974	1 540	1996年7月23日	可靠	山西省水文水资源勘测局
35	沿黄支流	曲家沟	曲家沟	兴县奥家湾乡曲家沟村		18.1	484	1996年7月23日	可靠	山西省水文水资源勘测局
36	沿黄支流	太平沟	车家庄	兴县奥家湾乡车家庄村		69.1	614	1996年7月23日	可靠	山西省水文水资源勘测局
37	沿黄支流	雁子沟	鸦儿窝	兴县蔚汾镇鸦儿窝村		48.6	183	1996年7月23日	可靠	山西省水文水资源勘测局
38	沿黄支流	关家崖沟	郭家峁	兴县城关镇郭家峁村		34.5	235	1996年7月23日	可靠	山西省水文水资源勘测局
39	沿黄支流	马尾沟	西滩坪	兴县蔚汾镇西滩坪村		89.1	399	1996年7月23日	可靠	山西省水文水资源勘测局
40	沿黄支流	清凉寺河	杨家坡	临县从罗峪乡杨家坡村	43.5	283	2 400	1951年8月15日	可靠	原吕梁区水文分站
							—	1821年		
							1 670*	1961年7月21日	可靠	
41	沿黄支流	湫水河	林家坪	临县林家坪镇林家坪村	109	1 873	7 700	1875年7月17日	较可靠	黄河水利委员会
							5 200	1951年8月15日	较可靠	
							3 670*	1967年8月22日	可靠	
							—	1932年		

续表 2-5

编号	调查地点				河长(km)	集水面积(km^2)	调查洪水			调查单位
	水系	河名	河段名	地点			洪峰流量(m^3/s)	发生时间	可靠程度	
42	沿黄支流	北川河	南村	方山县峪口镇南村	70.0	1 133	738	1933 年 8 月 8 日	较可靠	黄河水利委员会设计院
							197	1953 年 8 月 31 日	较可靠	
43	沿黄支流	三川河	后大成	柳林县薛村镇后大成村	152	4 102	5 580	1875 年 7 月 17 日	供参考	黄河水利委员会
							4 260	1942 年 8 月 2 日	较可靠	
							4 070*	1966 年 7 月 18 日	可靠	
							3 420	1933 年 8 月 8 日	较可靠	
							2 050	1953 年	较可靠	
44	沿黄支流	小东川	车家湾	离石市车家湾村		414	526	1933 年	供参考	黄河水利委员会设计院
							178	1948 年	供参考	
							118	1953 年 8 月 13 日	供参考	
45	沿黄支流	小东川	小东川口	离石市交口镇小东川口	36.0	428	163	1979 年 6 月 29 日	可靠	原吕梁区水文分站
46	沿黄支流	大东川	上楼桥	离石市田家会街道办上楼桥		448	747	1933 年 7 月	供参考	黄河水利委员会
							496	1942 年 8 月	供参考	
47	沿黄支流	东川河	下楼桥	离石市田家会街道办下楼桥	40.0	884	259	1979 年 6 月 29 日	可靠	原吕梁区水文分站
48	沿黄支流	田家会沟	田家会	离石市田家会街道办田家会村	8.0	1.4	91.9	1979 年 6 月 29 日	可靠	原吕梁区水文分站
49	沿黄支流	火石沟	王家塔	离石市田家会街道办王家塔村	7.9	9.5	218	1979 年 6 月 29 日	可靠	原吕梁区水文分站
50	沿黄支流	大沟里沟	七里滩	离石市滨河街道办七里滩村	6.3	7.2	382	1979 年 6 月 29 日	可靠	原吕梁区水文分站

续表 2-5

编号	调查地点				河长(km)	集水面积(km^2)	调查洪水			调查单位
	水系	河名	河段名	地点			洪峰流量(m^3/s)	发生时间	可靠程度	
51	沿黄支流	炭窑沟	七里滩煤矿	离石市滨河街道办七里滩煤矿	4.6	4.5	245	1979年6月29日	可靠	原吕梁区水文分站
52	沿黄支流	东川河	桥下	离石市凤山街道办城内桥下	50.0	952	1 050	1979年6月29日	可靠	原吕梁区水文分站
53	沿黄支流	南川河	万年饱	中阳县车鸣峪乡万年饱村	27.2	286	516	1909年7月	较可靠	原吕梁区水文分站
							436	1933年8月	较可靠	
							270*	2004年7月29日	供参考	
54	沿黄支流	南川河	吕梁水泥厂	中阳县吕梁水泥厂		396	276	2004年7月29日	可靠	吕梁市水文水资源勘测分局
55	沿黄支流	南川河	柳沟	中阳县宁乡镇柳沟村		264	147	2004年7月29日	可靠	吕梁市水文水资源勘测分局
56	沿黄支流	洪水沟	李家湾	柳林县李家湾乡李家湾村	15.2	36.0	210	1965年	较可靠	原吕梁区水文分站
57	沿黄支流	罗候沟	下罗候	柳林县陈家湾乡下罗候村	13.1	43.4	438	1926年	供参考	原吕梁区水文分站
58	沿黄支流	留誉川	留誉	柳林县留誉镇留誉村	26.5	112	2 080	1919年7月13日	供参考	原吕梁区水文分站
59	沿黄支流	坪头沟	沟口桥上	柳林县下三交镇沟口桥上	10.0	24.2	425	1926年7月30日	较可靠	原吕梁区水文分站
							—	1977年		
60	沿黄支流	宋家沟	后段庄	石楼县灵泉镇后段庄村	14.8	48.4	—	1891年		原吕梁区水文分站
							640	1931年8月	较可靠	
							3 380*	1969年7月27日	可靠	

续表 2-5

编号	调查地点				河长(km)	集水面积(km^2)	调查洪水			调查单位
	水系	河名	河段名	地点			洪峰流量(m^3/s)	发生时间	可靠程度	
61	沿黄支流	屈产河	村底	石楼县裴沟乡村底村		232	437	2004年7月29日	可靠	吕梁市水文水资源勘测分局
62	沿黄支流	屈产河	裴沟	石楼县裴沟乡裴沟村	60.2	1 023	5 270	1888年	较可靠	原吕梁区水文分站
							3 380*	1969年7月27日	可靠	
63	沿黄支流	小蒜河	小蒜村	石楼县小蒜乡小蒜村	8.8	37.0	447	1977年8月6日	可靠	原吕梁区水文分站
64	沿黄支流	西峪沟	留村	石楼县义牒镇留村	15.0	30.0	—	1875年		原吕梁区水文分站
							114	1977年8月6日	可靠	
65	沿黄支流	曹家河	长岭	石楼县义牒镇长岭村	20.0	33.0	—	1875年		原吕梁区水文分站
							384	1977年8月6日	较可靠	
66	沿黄支流	义牒河	义牒	石楼县义牒镇义牒村	20.5	191	1 790	1875年	供参考	原吕梁区水文分站
							1 220	1977年8月6日	较可靠	
67	沿黄支流	芝河	城关桥	永和县芝河镇城关桥		297	979	1977年7月6日	较可靠	原临汾区水文分站
68	沿黄支流	芝河	城西	永和县芝河镇城西		413	1 620	1977年7月6日	供参考	原临汾区水文分站
69	沿黄支流	芝河	交口	永和县交口乡交口村		535	1 700	1977年7月6日	较可靠	原临汾区水文分站
70	沿黄支流	千只沟	千只沟	永和县交口乡交口村南		736	1 980	1977年7月6日	较可靠	原临汾区水文分站
71	沿黄支流	桑壁河	交口(桑壁河)	永和县交口乡交口村东		185	227	1977年7月6日	供参考	原临汾区水文分站

续表 2-5

编号	调查地点				河长（km）	集水面积（km²）	调查洪水			调查单位
	水系	河名	河段名	地点			洪峰流量（m³/s）	发生时间	可靠程度	
72	沿黄支流	昕水河	大宁	大宁县昕水镇葛口村		3 992	5 290	1868 年	供参考	黄河水利委员会大宁水文站 原临汾区水文分站
							2 880*	1969 年 7 月 27 日	较可靠	
							2 740	1915 年	较可靠	
							2 740**	1958	可靠	
73	沿黄支流	州川河	吉县	吉县吉昌镇		434	1 480	1937 年 8 月 2 日	供参考	原临汾区水文分站
							1 050*	1971 年 9 月 2 日	可靠	
							623**	1958 年	可靠	
74	沿黄支流	晋庄沟	晋庄	闻喜县郭家庄镇晋庄村		23.0	410	1977 年 7 月 29 日	较可靠	原运城区水利局 原运城区水文分站
75	沿黄支流	沙沟	堆后	闻喜县郭家庄镇堆后村		35.2	295	1977 年 7 月 29 日	较可靠	原运城区水文分站
76	沿黄支流	水磨沟	陈村	夏县瑶峰镇陈村		14.8	206	1971 年 6 月 28 日	较可靠	原运城区水文分站
77	沿黄支流	红沙河	北山底	夏县瑶峰镇北山底村		9.5	139	1971 年 6 月 28 日	较可靠	原运城区水文分站 夏县水利局
							129**	1961 年		
							126**	1958 年		
78	沿黄支流	赤峪河	赤峪	夏县瑶峰镇赤峪村		7.2	89.0	1971 年 6 月 28 日	较可靠	原运城区水文分站
79	沿黄支流	姚暹渠	王峪口	夏县庙前镇王峪口村		20.4	185	1971 年 6 月 28 日	较可靠	原运城区水文分站
							99.0**	1934 年		
							93.0**	1956 年		
80	沿黄支流	太宽河	下涧	平陆县曹川镇下涧村		39.0	181	2007 年 7 月 29 日	可靠	运城市水文水资源勘测分局

续表 2-5

编号	调查地点				河长(km)	集水面积(km^2)	调查洪水			调查单位
	水系	河名	河段名	地点			洪峰流量(m^3/s)	发生时间	可靠程度	
81	沿黄支流	塞里河	塞里	夏县泗交镇泗交村		65.8	234	2007年7月29日	可靠	运城市水文水资源勘测分局
82	沿黄支流	泗交河	麻岔	夏县祁家河乡麻岔村		339	980	2007年7月29日	可靠	运城市水文水资源勘测分局
83	沿黄支流	泗交河	老鸦石	平陆县曹家川镇老鸦石村	40.0	398	3 830	1932年7月30日	较可靠	黄河水利委员会
							1 190	1933年8月	较可靠	
							537	1935年	较可靠	
							410	1954年8月21日	较可靠	
							267	1931年	较可靠	
							267	1937年7月19日	较可靠	
84	沿黄支流	马村河	王家村	夏县祁家河乡王家村		28.8	271	2007年7月29日	可靠	运城市水文水资源勘测分局
85	沿黄支流	清水河	曹家庄	夏县曹家庄乡曹家庄村		20.0	190	2007年7月29日	可靠	运城市水文水资源勘测分局
86	沿黄支流	清水河	温峪	夏县曹家庄乡温峪村		80.1	686	2007年7月29日	可靠	运城市水文水资源勘测分局
87	沿黄支流	清水河	五福涧	垣曲县解峪乡五福涧村	35.0	205	684	1933年7月		黄河水利委员会
							684	1958年7月17日		
							508	1932年		
							323	1954年8月10日		
							158	1953年8月14日		
88	沿黄支流	板涧河	石门	闻喜县石门乡石门村	38.2	73.1	2007年7月29日	可靠		运城市水文水资源勘测分局

续表 2-5

编号	调查地点				河长(km)	集水面积(km^2)	调查洪水			调查单位
	水系	河名	河段名	地点			洪峰流量(m^3/s)	发生时间	可靠程度	
89	沿黄支流	板涧河	清泉	垣曲县毛家湾镇清泉村		174	631	2007年7月29日	可靠	运城市水文水资源勘测分局
90	沿黄支流	板涧河	峪里	垣曲县解峪乡峪里村		368	3 080	1933年8月		黄河水利委员会
							1 170	1919年7月28日		
							1 030	1958年7月17日		
							403	1954年8月21日		
							323	1953年8月23日		
91	沿黄支流	亳清河	长直	垣曲县长直乡长直村		308	1 950	1895年		黄河水利委员会设计院
							1 670	1924年		
							1 500	1929年		
							1 150	1943年		
							741	1937年		
							420**	1896年		
							388**	1917年		
92	沿黄支流	板涧河	朱家庄	垣曲县毛家镇朱家庄村		162	1 980	1865年		黄河水利委员会设计院
							1 080	1917年		
							198	1929年		
							198	1937年		
93	沿黄支流	梁家河	梁家河	垣曲县英言乡梁家河村	10.0	12.8	267	1977年7月4日	较可靠	原运城区水文分站
94	沿黄支流	西洋河	下马村	垣曲县蒲掌乡下马村	60.0	419	3 110	1933年8月10日	供参考	黄河水利委员会
							2 180	1944年8月17日	供参考	
							1 800	1949年7月19日	供参考	
							717	1958年7月17日	可靠	
							680	1954年	供参考	
95	汾河	汾河	沙会	静乐县鹅城镇沙会村	83.8	2 799	—	1892年		原忻县区水文分站
							3 840	1929年	较可靠	
							—	1942年		
							2 230*	1967年8月10日	可靠	

续表 2-5

编号	调查地点				河长（km）	集水面积（km^2）	调查洪水			调查单位
	水系	河名	河段名	地点			洪峰流量（m^3/s）	发生时间	可靠程度	
96	汾河	汾河	下静游	娄烦县静游镇下静游村		4 423	4 500	1892 年 8 月 7 日	可靠	山西省水利厅
							2 150	1942 年	可靠	
							1 270*	1954 年 9 月 2 日	可靠	
97	汾河	汾河	罗家曲	娄烦县杜交曲镇罗家曲村		5 357	4 220	1892 年	供参考	山西省水利厅
98	汾河	汾河	下槐	太原市尖草坪区柴村街道办事处下槐村		7 504	4 000	1892 年 8 月 7 日	供参考	山西省水利厅
							3 010	1942 年 8 月 24 日	供参考	
99	汾河	汾河	柏崖头	太原市尖草坪区柴村街道办事处柏崖头村		7 541	3 530	1942 年 8 月 3 日	较可靠	山西省水利厅
							2 770	1942 年 8 月 24 日	较可靠	
100	汾河	汾河	上兰村	太原市尖草坪区上兰村街道办事处上兰村		7 705	3 000	1892 年 8 月 7 日	供参考	山西省水利厅
							—	1942 年		
							1 950*	1967 年 8 月 22 日	可靠	
101	汾河	汾河	向阳店	太原市尖草坪区向阳店镇向阳店村		7 971	2 370	1942 年	供参考	山西省水利厅
102	汾河	汾河	杨家堡	太原市迎泽区平阳路街道办事处杨家堡村		9 564	3 690	1928 年	供参考	山西省水利厅
							1 590	1942 年	供参考	
103	汾河	汾河	杨洼庄	洪洞县堤村乡杨洼庄村		27 466	1 510	1954 年	较可靠	山西省水利厅
							—	1936 年		
							—	1940 年		
							—	1932 年		
104	汾河	汾河	石滩	洪洞县赵城镇石滩村		28 214	5 450	1843 年	供参考	原临汾区水文分站
							5 040**	1837～1840	较可靠	
							3 972**	1895 年	较可靠	
							3 740	1917 年	供参考	
							3 740	1942 年 7 月 16 日	供参考	
							2 800*	1957 年 7 月 25 日	可靠	
							2 475**	1937 年	较可靠	

续表 2-5

编号	调查地点				河长(km)	集水面积(km^2)	调查洪水			调查单位
	水系	河名	河段名	地点			洪峰流量(m^3/s)	发生时间	可靠程度	
105	汾河	汾河	史村	襄汾县新城镇史村		33 528	3 620	1895 年 6 月 18 日	较可靠	山西省水利厅
							1 780*	1954 年 9 月 5 日	可靠	
							1 670	1937 年	较可靠	
106	汾河	汾河	柴庄	襄汾县新城镇柴庄村		33 932	3 520	1895 年 6 月 18 日	较可靠	山西省水利厅
							2 830**	1937	较可靠	
							2 450*	1958 年 7 月 16 日	可靠	
107	汾河	大石洞沟	大石洞	宁武县涔山乡大石洞村	8.0	37.6	294	1937 年 8 月 10 日	可靠	原忻县区水文分站
108	汾河	大石洞沟	沤泥湾	宁武县涔山乡沤泥湾村	16.5	94.0	818	1892 年		原忻县区水文分站
							357	1929 年		
							197	1937 年 8 月 10 日	可靠	
109	汾河	西贺沟	西河沟	静乐县鹅城镇西河沟村	19.7	38.3	301	1961 年	较可靠	原忻县区水文分站
110	汾河	西碾河	上高崖	静乐县王村乡上高崖村	22.8	92.5	—	1900 年		原忻县区水文分站
							—	1892 年		
							347	1967 年	较可靠	
							—	1954 年		
							—	1942		
							—	1928 年		
111	汾河	东碾河	城关	静乐县鹅城镇城关	56.2	506	—	1892 年		原忻县区水文分站
							—	1928 年		
							402	1967 年	供参考	
							—	1954 年		
							307*	1957 年 7 月 6 日	可靠	
112	汾河	界桥河	上店	静乐县鹅城镇上店村	27.5	87.5	606	1919 年	供参考	原忻县区水文分站
							—	1962 年		
113	汾河	张贵村	张贵	静乐县神峪沟乡张贵村	12.9	48.7	—	1977 年 5 月 9 日		原忻县区水文分站
							416	1922 年	供参考	
							—	1915 年		

续表 2-5

编号	调查地点				河长(km)	集水面积(km^2)	调查洪水			调查单位
	水系	河名	河段名	地点			洪峰流量(m^3/s)	发生时间	可靠程度	
114	汾河	庆鲁沟	李家会	静乐县丰润镇李家会村	12.7	31.3	278	1949年8月	供参考	原忻县区水文分站
115	汾河	岚河	上静游	娄烦县静游镇上静游村		1 140	1 860	1934年8月22日	较可靠	上静游水文站
							935*	1973年7月17日	可靠	
116	汾河	长足上沟	长足上	古交市镇城底镇长足上村		9.4	167	1971年7月31日	较可靠	寨上水文站
117	汾河	天池河	顺道	娄烦县天池店乡顺道村		181	1 010	1977年	较可靠	原太原市水文分站
118	汾河	成家曲沟	成家曲	古交市镇城底镇成家曲村		5.6	457	1971年7月31日	较可靠	寨上水文站
119	汾河	阴家沟	阴家沟	古交市镇城底镇阴家沟村		15.0	499	1971年7月31日	较可靠	寨上水文站
120	汾河	屯兰河	木瓜会	古交市屯兰街道办事处木瓜会村		220	895	1941年7月	供参考	寨上水文站
121	汾河	原平河	石家河	古交市桃园街道办石家河村		217	1 650	1911年8月	供参考	寨上水文站
							1 090	1941年8月	较可靠	
122	汾河	虎峪沟	大虎峪	太原市万柏林区西铭乡大虎峪村		37.0	632	1922年8月4日	供参考	山西省水利厅
123	汾河	虎峪沟	河涝湾	太原市万柏林区西铭乡河涝湾村		39.0	1 360	1929年9月7日	供参考	山西省水利厅
							1 080	1933年7月	供参考	
							462	1938年7月	供参考	
							385**	1996年8月4日	较可靠	
124	汾河	虎峪沟	南寒	太原市万柏林区西铭乡南寒村		43.0	396	1928年7月31日	可靠	山西省水利厅

续表 2-5

编号	调查地点				河长(km)	集水面积(km^2)	调查洪水			调查单位
	水系	河名	河段名	地点			洪峰流量(m^3/s)	发生时间	可靠程度	
125	汾河	冶峪沟	冶峪	太原市晋源区金胜镇冶峪村		16.1	—	1398 年		董茹径流站
							—	1537 年		
							—	1918 年		
							511	1944 年 7 月 29 日	较可靠	
							—	1924 年		
							120*	1959 年 8 月 20 日	可靠	
126	汾河	风峪沟	王家庄	太原市晋源区晋源街道办事处王家庄村		14.4	409	1929 年 8 月 10 日	可靠	原太原市水文分站
							83.8*	1979 年 8 月 12 日	可靠	
127	汾河	白马河	水磨	寿阳县上湖乡水磨村		965	838	1962 年	供参考	山西省水利设计院
							373	1977 年	较可靠	
							186	1978 年	可靠	
128	汾河	松塔河	独堆	寿阳县羊头崖乡独堆村		1 152	1 550*	1963 年 7 月 23 日	可靠	独堆水文站
							1 460	1878 年	供参考	
129	汾河	涂河	蔺郊	晋中市榆次区长凝镇蔺郊村		268	2 820	1934 年	供参考	晋中水利局
							1 460	1940 年	供参考	
							1 140	1915 年 6 月	供参考	
							1 140	1922 年 9 月	供参考	
							602	1956 年 7 月	供参考	
130	汾河	乌马河	官寨	太谷县阳邑乡官寨村		242	1 430	1914 年	较可靠	山西省水利设计院
							791	1927 年 7 月 13 日	较可靠	
							178	1966 年	较可靠	
131	汾河	乌马河	庞庄	太谷县阳邑乡庞庄村		278	1 340	1855 年	较可靠	山西省水利设计院
132	汾河	白石河	仁义	清徐县马峪乡仁义村		64	731	1911 年 7 月 31 日	较可靠	汾河二坝水文站
133	汾河	昌源河	池家庄	平遥县孟山乡池家庄		51.5	739	1977 年 7 月 6 日	可靠	原晋中区水文分站
134	汾河	昌源河	西郊	武乡县分水岭乡西郊村		195	1 040	1977 年 7 月 6 日	可靠	原晋中区水文分站

续表 2-5

编号	调查地点				河长（km）	集水面积（km^2）	调查洪水			调查单位
	水系	河名	河段名	地点			洪峰流量（m^3/s）	发生时间	可靠程度	
135	汾河	昌源河	南关	武乡县分水岭乡南关村		268	1 320	1977 年 7 月 6 日	可靠	原晋中区水文分站
136	汾河	昌源河	北关	祁县来远镇北关村		350	1 470	1977 年 7 月 6 日	可靠	原晋中区水文分站
137	汾河	谷峪河	谷峪口	祁县来远镇谷峪口村		21.2	279	1974 年	可靠	原晋中区水文分站
138	汾河	樱涧河	长则	平遥县襄垣乡长则村		67.6	607	1977 年 8 月 5 日	较可靠	原晋中区水文分站
139	汾河	惠济河	尹回	平遥县岳壁乡尹回村		276	674	1977 年 8 月 5 日	较可靠	原晋中区水文分站
140	汾河	柳根河	高林	平遥县岳壁乡高林村		70.7	383	1977 年 8 月 5 日	较可靠	原晋中区水文分站
141	汾河	官沟河西支	段村	平遥县段村镇段村		24.4	159	1977 年 8 月 5 日	可靠	原晋中区水文分站
142	汾河	方山	方山	清徐县东于镇方山村		25.0	768	1931 年 8 月 19 日	供参考	山西省水利设计院
							651	1919 年 8 月	供参考	
							121	1963 年 7 月 23 日	可靠	
143	汾河	浮萍石河	口子上	清徐县东于镇口子上村		15.0	414	1919 年 8 月	供参考	山西省水利设计院
							325	1931 年 8 月 19 日	供参考	
							136	1963 年 7 月 23 日	可靠	
144	汾河	浮萍石河	武家坡	清徐县东于镇武家坡村	9.2	14.5	—	1932 年		原吕梁区水文分站
							603	1969 年 7 月 27 日	供参考	
145	汾河	磁窑河	磁窑	交城县天宁镇磁窑村		95.0	505	1963 年 7 月 23 日	可靠	山西省水利设计院
							226	1932 年 8 月 22 日	较可靠	
146	汾河	瓦窑河	瓦窑	交城县天宁镇瓦窑村		50.0	352	1932 年 8 月 22 日	较可靠	山西省水利设计院
							293	1963 年 7 月 23 日	可靠	
147	汾河	瓦窑河	城关	交城县天宁镇城关	21.8	52.8	176	1973 年 8 月 8 日	较可靠	原吕梁区水文分站

续表 2-5

编号	调查地点				河长（km）	集水面积（km^2）	调查洪水			调查单位
	水系	河名	河段名	地点			洪峰流量（m^3/s）	发生时间	可靠程度	
148	汾河	石壁沟	洪相	交城县洪相乡洪相村		13.5	—	1932 年 8 月 7 日		原吕梁区水文分站
							393	1973 年 8 月 8 日	可靠	
149	汾河	东葫芦河	王家沟	交城县东坡底乡王家沟村		32.3	133	1978 年 7 月 17 日	较可靠	原吕梁区水文分站
150	汾河	中西河	岔口	文水县开栅镇岔口村	54.5	492	645	1930 年	较可靠	原吕梁区水文分站
							—	1959 年		
							341*	1969 年 7 月 27 日	可靠	
151	汾河	窑儿河	禅寺塔	文水县开栅镇禅寺塔村	24.6	113	257	1930 年 7 月 14 日	供参考	原吕梁区水文分站
152	汾河	三道川	温家庄	文水县开栅镇温家庄村	44.5	220	—	1879 年		原吕梁区水文分站
							339	1930 年 7 月 15 日	较可靠	
							—	1977 年		
153	汾河	向阳河	坡头	汾阳县峪道河镇褚家沟水库以上约 100 m		43.0	26.2	1988 年 8 月 6 日	可靠	原山西省水文总站
154	汾河	峪道河	白草坡	汾阳县峪道河镇白草坡村	6.0	9.6	—	1922 年		原吕梁区水文分站
							—	1942 年		
							153	1966 年 8 月	可靠	
155	汾河	峪道河	王盛庄	汾阳县峪道河镇王盛庄村	11.8	14.7	319	1929 年 5 月 30 日	较可靠	原吕梁区水文分站
156	汾河	峪道河	田褚	汾阳县峪道河镇田褚村东北		26.3	146	1988 年 8 月 6 日		原山西省水文总站
157	汾河	安上河	安上河	汾阳县杏花村镇汾酒厂以上约 600 m		18.9	121	1988 年 8 月 6 日	较可靠	原山西省水文总站
158	汾河	石门沟	石门沟	汾阳县永田渠上游约 600 m		1.4	7.75	1988 年 8 月 6 日	较可靠	原山西省水文总站
159	汾河	黄沙沟	黄沙沟	汾阳县永田渠上游约 300 m 处		2.7	40.3	1988 年 8 月 6 日	可靠	原山西省水文总站

续表2-5

编号	调查地点				河长(km)	集水面积(km^2)	调查洪水			调查单位
	水系	河名	河段名	地点			洪峰流量(m^3/s)	发生时间	可靠程度	
160	汾河	小相河	小相	汾阳县杏花村镇小相村北约400 m处		7.2	190	1988年8月6日	可靠	原山西省水文总站
161	汾河	炭窑沟	炭窑沟	汾阳县永田渠上游约300 m		3.0	102	1988年8月6日	可靠	原山西省水文总站
162	汾河	东南沟	东南沟	汾阳县贾家庄镇朝阳坡村东		4.6	102	1988年8月6日		原山西省水文总站
163	汾河	脖子沟	脖子沟	汾阳县贾家庄镇朝阳坡村西		3.4	93	1988年8月6日	较可靠	原山西省水文总站
164	汾河	寺头河	水泥厂	汾阳县水泥厂上游200 m		15.0	193	1988年8月6日	可靠	原山西省水文总站
165	汾河	旱地沟	蓄水池上游	汾阳县永田渠以上		13.1	71.3	1988年8月6日	可靠	原山西省水文总站
166	汾河	旱地沟	蓄水池下游	汾阳县永田渠以上		13.6	162	1988年8月6日	可靠	原山西省水文总站
167	汾河	向阳河	圪垛	汾阳县峪道河镇圪垛村西		67.6	218	1922年		原山西省水文总站
							141	1988年8月6日		
168	汾河	禹门河	河堤村	汾阳县栗家庄乡河堤村	8.8	53.0	468	1953年7月16日	较可靠	原吕梁区水文分站
169	汾河	禹门河	南垣	汾阳县栗家庄乡南垣村	10.5	57.0	—	1922年		原吕梁区水文分站
							—	1942年8月		
							267	1977年8月6日	可靠	
170	汾河	禹门河	富民桥	汾阳县富民桥上游约300 m		68.3	272	1988年8月6日		原山西省水文总站

续表 2-5

编号	调查地点				河长(km)	集水面积(km²)	调查洪水			调查单位
	水系	河名	河段名	地点			洪峰流量(m³/s)	发生时间	可靠程度	
171	汾河	北川沟	花豹里	汾阳县栗家庄乡花豹里村	11.2	26.8	—	1932 年		原吕梁区水文分站
							—	1942 年 7 月 18 日		
							175	1977 年 8 月 6 日	较可靠	
172	汾河	董寺河北支	石家庄	汾阳县栗家庄乡石家庄永田渠渡槽以上		14.2	245	1988 年 8 月 6 日	较可靠	原山西省水文总站
173	汾河	董寺河	洪南社	汾阳县西河乡洪南社汾离公路桥以上		29.4	863	1988 年 8 月 6 日		原山西省水文总站
174	汾河	阳城河	汇合口(北支)	汾阳县栗家庄乡河北村以上约 700 m		107	686	1988 年 8 月 6 日		原山西省水文总站
175	汾河	三泉河	张家庄	汾阳县石庄镇张家庄村	28.4	65.0	499	1942 年 8 月	可靠	原吕梁区水文分站
							216	1977 年 8 月 5 日	可靠	
176	汾河	虢义河	任家庄	汾阳县峪道河镇任家庄村	33.1	70.0	—	1922 年		原吕梁区水文分站
							379	1977 年 8 月 6 日	供参考	
							—	1976 年 8 月 18 日		
177	汾河	虢义河(支)	仁道	汾阳县三泉镇仁道村南渡槽桥上游		146	85.8	1988 年 8 月 6 日		原山西省水文总站
178	汾河	三泉河	聂生	汾阳县三泉镇聂生村南偏西		96.3	239	1988 年 8 月 6 日	可靠	原山西省水文总站
179	汾河	虢义河(干)	张多	汾阳县三泉镇张多村西北		274	456	1988 年 8 月 6 日		原山西省水文总站
180	汾河	下堡川	三多	孝义市高阳镇三多村	32.8	199	1 580	1937 年 7 月 30 日	较可靠	原晋中区水利局
							320	1958 年		
							—	1922 年		
							—	1907 年		

续表 2-5

编号	调查地点				河长(km)	集水面积(km^2)	调查洪水			调查单位
	水系	河名	河段名	地点			洪峰流量(m^3/s)	发生时间	可靠程度	
181	汾河	黄文沟	后庄	孝义市兑镇后庄村	6.0	14.0	—	1937 年		原吕梁区水文分站
							—	1958 年		
							178	1971 年 7 月 25 日	较可靠	
182	汾河	兑镇河	上吐京	孝义市兑镇上吐京村	28.7	145	356	1922 年 7 月 24 日	较可靠	原晋中区水利局
							106	1907 年	供参考	
							106	1958 年	供参考	
183	汾河	柱濮河	下令狐	孝义市兑镇下令狐村	13.0	53.0	722	1915 年 8 月	供参考	原吕梁区水文分站
							—	1937 年		
							—	1958 年 8 月		
							248	1942 年 8 月	供参考	
							—	1977 年		
							—	1974 年		
184	汾河	孝河	张家庄	孝义市新义街道办张家庄村	88.0	452	1 760	1937 年 7 月 30 日	供参考	原晋中区水利局
							—	1907 年		
							—	1922 年		
							—	1958 年		
185	汾河	曹溪河	必独	孝义市梧桐镇必独村	9.7	22.8	247	1937 年	供参考	原吕梁区水文分站
							86.0	1968 年 9 月	供参考	
186	汾河	王马河	王马	孝义市下栅乡王马村	9.4	34.0	—	1922 年 7 月 24 日		原吕梁区水文分站
							512	1937 年 8 月	供参考	
							—	1967 年 8 月 19 日		
							333	1973 年	供参考	
							—	1977 年 8 月 5 日		
187	汾河	崔家沟	崔家沟	灵石县两渡镇崔家沟村		13.8	192	1966 年 7 月 23 日	较可靠	原晋中区水文分站
188	汾河	静升河	延安村	灵石县翠峰镇延安村		193	1 460	1917 年	较可靠	原晋中区水文分站
							562	1927 年	较可靠	
							117	1940 年	较可靠	
							117	1950 年	较可靠	

续表 2-5

编号	调查地点				河长（km）	集水面积（km²）	调查洪水			调查单位
	水系	河名	河段名	地点			洪峰流量（m³/s）	发生时间	可靠程度	
189	汾河	后会河	南王中	灵石县翠峰镇南王中村		55.1	1 560	1950 年 7 月 24 日	供参考	原晋中区水文分站
190	汾河	小河	交口	灵石县交口乡交口村		67.8	280	1971 年 7 月 31 日	供参考	原晋中区水文分站
191	汾河	交口河	寨头	灵石县夏门镇寨头村		354	2 010	1851 年	供参考	原晋中区水文分站
							1 520	1936 年	供参考	
							1 470	1945 年	供参考	
							1 190	1957 年	供参考	
192	汾河	唐院川	秦王岭	交口县回龙乡秦王岭村	32.3	262	859	1971 年 7 月 31 日	较可靠	原晋中区水文分站
193	汾河	西庄河	西庄	交口县双池镇西庄村	14.8	56.9	328	1971 年 7 月 31 日	较可靠	原晋中区水文分站
194	汾河	双池河	官桑园	交口县双池镇官桑园村	35	940	2 230	1900 年 7 月 2 日	较可靠	原晋中区水文分站
							1 860	1927 年 6 月 29 日	可靠	
							1 380	1957 年	较可靠	
							1 030	1971 年 7 月 31 日	可靠	
							681	1966 年 7 月 26 日	较可靠	
195	汾河	仁义河	南关	灵石县南关镇南关村		257	1 120	1918 年 8 月 16 日	较可靠	原晋中区水文分站
							998	1957 年 7 月	较可靠	
							460*	1970 年 8 月 11 日	可靠	
196	汾河	龙王庙沟	道美	灵石县南关镇道美村		15.0	193	1970 年 8 月 10 日	可靠	原晋中区水文分站
197	汾河	炭窑沟	石柜	灵石县南关镇石柜村		9.2	204	1970 年 8 月 10 日	较可靠	原晋中区水文分站
198	汾河	洪安涧河	南铁沟	洪洞县苏堡镇南铁沟村		1 002	—	1869 年		山西省水利设计院
							4 580	1916 年	供参考	
							865*	1960 年 7 月 22 日	可靠	

续表2-5

编号	调查地点				河长(km)	集水面积(km²)	调查洪水			调查单位
	水系	河名	河段名	地点			洪峰流量(m³/s)	发生时间	可靠程度	
199	汾河	洰河	南合理庄	临汾市尧都区县底镇南合理庄村		322	2 400	1895年	供参考	黄河水利委员会
200	汾河	续鲁峪	西闫	翼城县西闫镇西闫村			194	1982年7月30日	较可靠	原临汾区水文分站
201	汾河	续鲁峪	杨家门	绛县大交镇杨家门村			275	1982年7月30日	较可靠	原临汾区水文分站
202	汾河	浍河	辛村	翼城县王庄乡辛村		337	2 660	1900年7月	供参考	原临汾区水利局
							2 450	1941年	供参考	
							1 920	1920年	供参考	
							526	1955年	供参考	
203	汾河	浍河	卫村	曲沃县史村镇卫村		1 302	4 410	1892年	供参考	原临汾区水利局
							2 920	1914年	供参考	
							2 520	1920年8月30日	较可靠	
							1 300	1927年	较可靠	
204	汾河	里册峪河	西桑坪	绛县卫庄镇西桑坪村	10.0	60.0	350	1958年7月16日	较可靠	原晋南区水文分站
205	汾河	石佛沟	长岭	稷山县太阳乡长岭村	15.1	10.0	149	1977年7月29日	较可靠	原运城区水文分站
206	汾河	石佛沟	石佛	稷山县太阳乡石佛村	5.6	15.2	201	1977年7月29日	较可靠	运城水利局
207	沁河	沁河	自强	沁源县交口乡自强村西		1 102	1 780	1993年8月4日	可靠	原山西省水文总站
208	沁河	沁河	孔家坡	沁源县沁河镇孔家坡村		1 358	2 510	1896年8月3日	供参考	原晋东南区水文分站
							2 210*	1993年8月4日	可靠	
							2 190**	1932年	可靠	
							1 210	1929年7月8日	供参考	
							728**	1925年8月4日	可靠	

续表 2-5

编号	调查地点				河长(km)	集水面积(km^2)	调查洪水			调查单位
	水系	河名	河段名	地点			洪峰流量(m^3/s)	发生时间	可靠程度	
209	沁河	沁河	荆村	安泽县和川镇荆村		2 500	2 390	1917 年	供参考	原临汾区水利局
							1 610	1937 年	供参考	
							1 080	1945 年	供参考	
210	沁河	沁河	飞岭	安泽县府城镇飞岭村		2 683	2 960	1910 年	供参考	原临汾区水利局 原临汾区水文分站
							2 160*	1993 年 8 月 5 日	供参考	
							1 540	1937 年	可靠	
211	沁河	沁河	王壁	沁水县郑庄镇王壁村		4 935	4 190	1892 年 9 月	供参考	沁河灌区指挥部
							3 760	1916 年 7 月	供参考	
							3 280	1937 年 9 月 7 日	供参考	
							2 100	1943 年	供参考	
							1 110	1954 年	供参考	
							888	1971 年	供参考	
							—	1955 年 6 月 23 日		
212	沁河	沁河	张峰	沁水县郑庄镇张峰村		4 990	4 810	1892 年	供参考	沁河灌区指挥部
							—	1916 年		
							3 140	1937 年	供参考	
							2 250	1943 年	供参考	
							989	1971 年	供参考	
213	沁河	沁河	石室	沁水县郑庄镇石室村		5 190	3 650	1916 年 7 月	供参考	沁河灌区指挥部 原山西省水文总站 沁水县水利局
							2 540	1943 年	供参考	
							1 840	1982 年 8 月 2 日	可靠	
							919	1971 年	供参考	
214	沁河	沁河	东郎	沁水县郑庄镇东郎村		5 230	4 090	1892 年	供参考	黄河水利委员会
							2 030	1943 年	供参考	
							1 900	1954 年	供参考	
							—	1955 年		
215	沁河	沁河	郑庄	沁水县郑庄镇郑庄村			4 100	1982 年 8 月 2 日	较可靠	原山西省水文总站 沁水县水利局

续表 2-5

编号	调查地点				河长(km)	集水面积(km^2)	调查洪水			调查单位
	水系	河名	河段名	地点			洪峰流量(m^3/s)	发生时间	可靠程度	
216	沁河	沁河	下河村	阳城县润城镇下河村		7 273	—	1482 年 7 月 3 日		黄河水利委员会
							—	1751 年 6 月		
							5 030	1895 年 8 月 8 日	较可靠	
							—	1761 年 8 月 17 日		
							—	1626 年 7 月 22 日		
							3 870	1943 年 9 月 21 日	较可靠	
							—	1860 年 8 月 5 日		
							2 750*	1982 年	可靠	
							2 200*	1954 年 8 月 13 日	可靠	
							—	1913 年 7 月 31 日		
							—	1932 年 7 月		
							—	1933 年 7 月 27 日		
217	沁河	沁河	北留	阳城县北留镇北留村			2 330	1982 年 8 月 2 日	可靠	阳城县水利局
218	沁河	沁河	九女台	阳城县东冶镇九女台		8 405	14 000	1482 年 7 月 13 日	供参考	黄河水利委员会
							5 270	1895 年	供参考	
							4 290	1943 年	供参考	
							1 970	1954 年	较可靠	
219	沁河	沁河	金滩	阳城县东冶镇金滩村		8 731	5 700	1895 年 8 月 8 日	供参考	黄河水利委员会
							3 780	1943 年 9 月 21 日	供参考	
							2 130	1954 年	较可靠	
220	沁河	沁河	五龙口	河南省济源县五龙口镇五龙头村		9 245	5 940	1895 年	可靠	黄河水利委员会
							4 100	1943 年	可靠	
							2 520*	1954 年	可靠	
							2 500	1932 年	可靠	
221	沁河	沁河	水磨上	沁源县韩洪乡水磨上村北		73.6	62.9	1993 年 8 月 4 日	可靠	原山西省水文总站

续表 2-5

编号	调查地点				河长(km)	集水面积(km²)	调查洪水			调查单位
	水系	河名	河段名	地点			洪峰流量(m^3/s)	发生时间	可靠程度	
222	沁河	沁河	隽河	沁源县韩洪乡隽河村下游700 m		96.1	104	1993年8月4日	可靠	原山西省水文总站
223	沁河	沁河	郭道	沁源县郭道镇郭道村西1 000 m		267	448	1993年8月4日	可靠	原山西省水文总站
224	沁河	聪子峪河	棉上	沁源县郭道镇棉上村南		174	334	1993年8月4日	可靠	原山西省水文总站
225	沁河	赤石桥河	桃坡底	沁源县赤石桥乡桃坡底村北		199	337	1993年8月4日	可靠	原山西省水文总站
226	沁河	紫红河	永和	沁源县郭道镇永和村西	40.0	380	713	1993年8月4日	可靠	原晋东南区水文分站
							523	1925年8月13日	供参考	原山西省水文总站
							446	1916年8月13日	供参考	
227	沁河	白狐窑沟	交口	沁源县交口乡交口村北		116	260	1993年8月4日	可靠	原山西省水文总站
228	沁河	狼尾河	长乐	沁源县沁河镇长乐村西		128	387	1993年8月4日	可靠	原山西省水文总站
229	沁河	龙渠河	沟则	沁水县郑庄镇沟则村	45.0	460	2 980	1867年	供参考	黄河水利委员会
							261	1954年	供参考	
230	沁河	梅河	东沟铁厂	沁水县王寨乡东沟铁厂		32.3	218	1996年	可靠	原晋东南区水文分站
231	沁河	梅河	农产品	沁水县龙港镇农产品背后		100	882	1982年8月2日	可靠	原山西省水文总站
232	沁河	杏河	万庆元	沁水县龙港镇万庆元村		123	645	1982年8月2日	可靠	原山西省水文总站

续表 2-5

编号	调查地点				河长(km)	集水面积(km^2)	调查洪水			调查单位
	水系	河名	河段名	地点			洪峰流量(m^3/s)	发生时间	可靠程度	
233	沁河	杏河	五柳庄	沁水县龙港镇五柳庄村		158	1 270	1982 年 8 月 2 日	可靠	原山西省水文总站
234	沁河	县河	监理站	沁水县龙港镇监理站		264	2 690	1982 年 8 月 2 日	可靠	原山西省水文总站
235	沁河	县河	小岭底	沁水县龙港镇小岭底村		313	2 870	1982 年 8 月 2 日	可靠	原山西省水文总站
236	沁河	南沟	南沟口	沁水县龙港镇南沟口村		11.5	132	1982 年 8 月 2 日	可靠	原山西省水文总站
237	沁河	沁水河	油房	沁水县郑庄镇油房村		414	2 500*	1982 年 8 月 2 日	可靠	原晋东南区水文分站
							1 110	1918 年 6 月 28 日	供参考	
238	沁河	峪沟河	峪沟	沁水县郑庄镇峪沟村		7.5	139	1941 年 8 月	供参考	原晋东南区水文分站
							80.4	1970 年 7 月 18 日	可靠	
239	沁河	大端河	张村南	沁水县柿庄镇张村(南)		58.3	120	2007 年	可靠	长治市水文水资源勘测分局
240	沁河	杨庄河	张村西	沁水县柿庄镇张村(西)		36.9	53.6	2007 年	可靠	长治市水文水资源勘测分局
241	沁河	杨庄河	柿庄	沁水县柿庄镇柿庄村		109	265	1996 年	可靠	原晋东南区水文分站
242	沁河	柿庄河	丁家村	沁水县柿庄镇丁家村		180	376	2007 年	可靠	长治市水文水资源勘测分局
243	沁河	峪里河	柳树湾	沁水县柿庄镇柳树湾村		14.6	52.9	2007 年	可靠	长治市水文水资源勘测分局
244	沁河	端氏河	河北村	沁水县端氏镇河北村		700	271	1996 年	可靠	原晋东南区水文分站

续表 2-5

编号	调查地点				河长 (km)	集水面积 (km^2)	调查洪水			调查单位
	水系	河名	河段名	地点			洪峰流量 (m^3/s)	发生时间	可靠程度	
245	沁河	端氏河	河北庄	沁水县端氏镇河北庄村南		781	560	2007 年	可靠	长治市水文水资源勘测分局
246	沁河	端氏河	端氏	沁水县端氏镇端氏村	47.0	807	1 790	1892 年 7 月 11 日	较可靠	黄河水利委员会原晋东南区水文分站
							1 080	1954	供参考	
							190	1982 年 8 月 2 日	较可靠	
247	沁河	芦苇河	吕家村	阳城县芹池镇吕家村			693	1982 年 8 月 2 日	可靠	阳城县水利局
248	沁河	芦苇河	刘村	阳城县芹池镇刘村			981	1982 年 8 月 2 日	可靠	阳城县水利局
249	沁河	芦苇河	小庄	阳城县凤城镇小庄村			1 480	1982 年 8 月 2 日	可靠	阳城县水利局
250	沁河	芦苇河	下孔	阳城县凤城镇下孔村		355	233	1996 年	可靠	原晋东南区水文分站
251	沁河	护泽河	董封	阳城县董封乡董封村		338	2 570	1935 年	较可靠	阳城县水利局
							751	1956 年	较可靠	
							—	1927 年		
							—	1941 年		
252	沁河	吊猪崖	吊猪崖	阳城县驾岭乡吊猪崖		99.1	648	1982 年 8 月 2 日	可靠	阳城县水利局
253	沁河	护泽河	城关桥	阳城县大桥下 50 m 处		795	2 440	1982 年 8 月 2 日	可靠	阳城县水利局
254	沁河	护泽河	石门口	阳城县石门口上下川村下 500 m		745	2 160	1982 年 8 月 2 日	较可靠	阳城县水利局
255	沁河	护泽河	涝泉	阳城县白桑乡涝泉村		818	2 910	1982 年 8 月 2 日	可靠	原晋东南区水文分站
							1 960	1895 年 8 月 8 日	供参考	
							420	1942 年 8 月	供参考	
							261 *	1958 年 7 月 17 日	可靠	

续表 2-5

编号	调查地点				河长(km)	集水面积(km^2)	调查洪水			调查单位
	水系	河名	河段名	地点			洪峰流量(m^3/s)	发生时间	可靠程度	
256	沁河	护泽河	常甲	阳城县白桑乡常甲村		820	1 730	1895 年	供参考	黄河水利委员会沁河查勘队
							1 270	1935 年 9 月 23 日	供参考	
							991	1954 年	供参考	
							366	1953 年	供参考	
257	沁河	护泽河	东庄	阳城县白桑乡东庄村		835	546	1996 年	可靠	原晋东南区水文分站
258	沁河	涧河	西冶水库	阳城县东冶乡西冶村		131	841	1982 年 8 月 2 日	较可靠	原山西省水文总站
259	沁河	西冶河	延河泉	阳城县东冶乡延河泉村		259	1 288	1996 年	可靠	原晋东南区水文分站
260	沁河	丹河	沙河	泽州县高都镇沙河村		1 299	3 450	1895 年	供参考	原晋东南区水文分站
							2 460	1867 年	供参考	
							1 930	1954 年	供参考	
261	沁河	北石店河	北石店	泽州县北石店镇北石店村		24.0	28.7	1995 年	可靠	原晋东南区水文分站
262	沁河	西城河	上元社	晋城市城区上元社村中桥下		42.8	21.6	1995 年	可靠	原晋东南区水文分站
263	沁河	东城河	东关	晋城市城区东关桥下		5.5	15.6	1995 年	可靠	原晋东南区水文分站
264	沁河	白水河	白水	泽州县白水村		113	46.0	1995	可靠	原晋东南区水文分站

表 2-6　黄河流域调查洪水成果表二

编号	调查地点				河长（km）	集水面积（km^2）	调查洪水			调查单位
	水系	河名	河段名	地点			洪峰流量（m^3/s）	发生时间	可靠程度	
1	沿黄支流	苍头河	三层洞	平鲁县凤凰城镇三层洞村		213	976	1971 年 7 月 23 日	较可靠	原雁北区水文分站
							660	1933 年	供参考	
							—	1900 年		
							370	1958 年	供参考	
2	沿黄支流	青莲河	窑子上	五寨县前所乡窑子上村		131	675	1892 年	供参考	山西省水利设计院
3	沿黄支流	泥采河	崔家窑洼	保德县窑洼乡崔家窑洼		217	788	1955 年	供参考	原忻县区水文分站
							—	1936 年		
4	沿黄支流	王家庄沟	王家庄	离石县凤山街办王家庄村		5.1	103	1979 年	可靠	原吕梁区水文分站
5	沿黄支流	留誉川	后杜家庄	柳林县留誉镇后杜家庄村		87.2	796	1919 年	供参考	原吕梁区水文分站
6	沿黄支流	郝家山沟	郝家山村	石楼县前山乡郝家山村		6	—	1875 年		原吕梁区水文分站
							67.7	1977 年	供参考	
7	沿黄支流	芝河	午门	永和县坡头乡午门村		224	767	1977 年	供参考	原临汾区水文分站
8	沿黄支流	芝河	河口	永和县芝河镇河口村		102	486	1977 年	较可靠	原临汾区水文分站
9	沿黄支流	元沟河	下滂底	夏县瑶峰镇下滂底村		3.8	61.1	1971 年	较可靠	原运城区水文分站
10	沿黄支流	六里涧	岳家庄	平陆县三门镇岳家庄村		83	1 300	1928 年	较可靠	黄河水利委员会
							1 170	1934 年	较可靠	
							298	1954 年	较可靠	
							102	1958 年	较可靠	
							—	1933 年		
							—	1953 年		

续表2-6

编号	调查地点				河长(km)	集水面积(km^2)	调查洪水			调查单位
	水系	河名	河段名	地点			洪峰流量(m^3/s)	发生时间	可靠程度	
11	沿黄支流	坡底河	仪家浮沱	平陆县坡底乡仪家浮沱村		22	346	1933年		黄河水利委员会
							245	1953年		
							140	1954年		
12	沿黄支流	干沟	下砖庙	夏县泗交镇下砖庙村		6.8	50.8	1978年	较可靠	原运城区水文分站
13	沿黄支流	下涧河	曹家河	平陆县曹川镇曹家河村		36	1 020	1933年	较可靠	黄河水利委员会
							901	1918年	较可靠	
							623	1932年	较可靠	
							293	1958年	较可靠	
							87.6	1954年	较可靠	
14	沿黄支流	亳清河	皋落	垣曲县皋落乡皋落村		144	1 990	1895年	较可靠	黄河水利委员会设计院
							1 170	1924年	较可靠	
							578	1937年	较可靠	
							497	1929年	较可靠	
							393	1943年	较可靠	
15	沿黄支流	亳清河	下亳城	垣曲县王茅镇下亳城村		628	4 410	1958年	较可靠	黄河水利委员会
							2 720	1934年	较可靠	
							2 330	1914年	较可靠	
16	沿黄支流	沇西河	北姚庄	垣曲县古城镇北姚庄村		575	4 140	1914年	较可靠	黄河水利委员会
							2 130	1958年	较可靠	
							1 970	1937年	较可靠	
							1 090	1943年	较可靠	
							693	1954年	较可靠	
							500	1935年	较可靠	
17	沿黄支流	大丘家沟	核桃庄	垣曲县蒲掌乡大丘家沟		3.5	89.5	1977年	较可靠	原运城区水文分站
18	汾河	汾河	宁化堡	宁武县化北屯乡宁化堡村		1 056	—	1892年		原忻县区水文分站
							1 120	1967年	较可靠	
							—	1954年		
							—	1942年		

续表 2-6

编号	调查地点				河长（km）	集水面积（km²）	调查洪水			调查单位
	水系	河名	河段名	地点			洪峰流量（m³/s）	发生时间	可靠程度	
19	汾河	汾河	娄庄	新绛县龙兴镇娄庄村		34 193	2 040	1843 年	较可靠	山西省水利厅
							—	1895 年		
							—	1937 年		
20	汾河	汾河	河津	河津市黄村乡柏底村		38 728	3 970	1895 年	供参考	河津水文站
							3 320*	1954 年	可靠	
							2 720	1936 年	供参考	
							1 870	1933 年	供参考	
21	汾河	鸣水河	杜家村	静乐县杜家村镇杜家村		230	—	1892 年		原忻县区水文分站
							1 200	1915 年	供参考	
							—	1920 年		
							—	1929 年		
							268	1967 年	较可靠	
							—	1954 年		
							—	1964 年		
22	汾河	南川河	米峪镇	娄烦县米峪镇乡米峪镇村		114	479	1930 年	供参考	上静游水文站
							237	1971 年	较可靠	
23	汾河	涂河	石圪塔	榆次市长凝镇石圪塔村		250	3 300	1929 年	较可靠	晋中区水利局
24	汾河	官沟河东支	段村	平遥县段村镇		13.2	207	1977 年 8 月	供参考	原晋中区水文分站
25	汾河	磁窑河	东沟岭底	交城县岭底乡东沟岭底村		42.1	512	1969 年	较可靠	原晋中区水文分站
26	汾河	石洪沟	安定村	交城县洪相乡安定村		4.8	376	1972 年	供参考	原吕梁区水文分站
27	汾河	二道川	大村	文水县开栅镇大村		87.6	—	1823 年		原吕梁区水文分站
							213	1913 年	较可靠	
28	汾河	兑镇河	阳泉曲	孝义市阳泉曲镇		69	734	1937 年	供参考	原吕梁区水文分站
							296	1968 年	较可靠	
							269	1971 年	较可靠	
							—	1977 年		

续表 2-6

编号	调查地点				河长(km)	集水面积(km^2)	调查洪水			调查单位
	水系	河名	河段名	地点			洪峰流量(m^3/s)	发生时间	可靠程度	
29	汾河	义棠沟	前活丹村	孝义市南阳乡前活丹村		49	—	1910年		原吕梁区水文分站
							—	1876年		
							—	1937年		
							591	1953年	供参考	
30	汾河	柱濮沟	寺家庄	孝义市高阳镇寺家庄村		62.8	749	1907年	供参考	晋中水利局
							186	1922年	供参考	
							—	1958年		
							—	1937年		
31	汾河	静升河	水头	灵石县城翠峰镇水头村		282	819	1950年	供参考	原晋中区水文分站
							—	1917年		
							—	1927年		
							527	1957年	供参考	
32	汾河	大麦郊河	石口村	交口县双池镇石口村		143	357	1971年	较可靠	原晋中区水文分站
33	汾河	仁义河	三教	灵石县南关镇三教村		247	979	1933年	较可靠	原晋中区水文分站
							436	1970	较可靠	
34	汾河	杨村河	下马庄	临汾市尧都区大阳镇下马庄村		195	1 430	1941年	较可靠	山西省水利设计院
35	汾河	泊沟	石佛沟	稷山县太阳乡石佛沟村		2.3	32.8	1977年	较可靠	原运城区水文分站
36	沁河	沁河	官军	沁源县交口乡官军村		1 249	1 060	1937年	供参考	黄河水利委员会
							437	1954年	供参考	
							—	1953年		
37	沁河	沁河	岭南	安泽县和川镇岭南村		2 503	1 530	1917年	供参考	黄河水利委员会
							1 340	1937年	供参考	
							890	1953年	供参考	
							650	1954年	供参考	

续表 2-6

编号	调查地点				河长(km)	集水面积(km^2)	调查洪水			调查单位
	水系	河名	河段名	地点			洪峰流量(m^3/s)	发生时间	可靠程度	
38	沁河	沁河	高壁	安泽县府城镇高壁村		2 824	2 870	1937 年	供参考	黄河水利委员会
							2 000	1917 年	供参考	
							1 650	1943 年	供参考	
							980	1953 年	供参考	
							565	1954 年	供参考	
39	沁河	沁河	半道	安泽县冀氏镇半道村		3 265	1 600	1937 年	供参考	黄河水利委员会
							1 460	1943 年	供参考	
							1 100	1953 年	供参考	
							778	1954 年	供参考	
40	沁河	沁河	中韩王	沁水县端氏镇中韩王村		5 803	4 750	1895 年	供参考	黄河水利委员会
							3 510	1943 年	供参考	
							1 260	1954 年	供参考	
41	沁河	泗河	关上	安泽县冀氏镇关上村		260	1 730	1917 年	供参考	黄河水利委员会
							1 110	1943 年	供参考	
42	沁河	兰河	圈门口	安泽县杜村乡圈门口村		332	2 090	1917 年	供参考	黄河水利委员会
							816	1953 年	供参考	
43	沁河	沁水河	湾则	沁水县郑庄镇湾则村			1 220	1918 年	较可靠	黄河水利委员会
							366	1954 年	供参考	
44	沁河	丹河	南王庄	高平市寺庄镇南王庄		183	255	2007 年	可靠	长治市水文水资源勘测分局
45	沁河	丹河	河西	高平市河西镇河西村		716	328	2007 年	可靠	长治市水文水资源勘测分局

表 2-7　黄河流域调查洪水成果表三

编号	调查地点				河长(km)	集水面积(km^2)	调查洪水			调查单位
	水系	河名	河段名	地点			洪峰流量(m^3/s)	发生时间	可靠程度	
1	沿黄支流	苍头河	王家堡	右玉县威远镇王家堡村		488	77.5**	1959 年	可靠	

续表 2-7

编号	调查地点				河长(km)	集水面积(km^2)	调查洪水			调查单位
	水系	河名	河段名	地点			洪峰流量(m^3/s)	发生时间	可靠程度	
2	沿黄支流	南大河	城关	右玉县新城镇城关村		101	1 640**	1929年	供参考	
							98**	1959年7月30日	可靠	
3	沿黄支流	大沙河	小蒲州营	右玉县杨千河乡小蒲州营村		99	79.3**	1959年	供参考	
4	沿黄支流	施官屯河	咀流屯	右玉县右卫镇咀流屯村		52.9	62.7**	1959年	可靠	
							102**	1929年	可靠	
5	沿黄支流	十里河	红土堡	右玉县右卫镇红土堡村		467	251**	1933年	可靠	
							51.8**	1959年7月30日	可靠	
6	沿黄支流	马营河	马营河	右玉县右卫镇马营河村		271	471**	1929年	可靠	
							284**	1959年7月	可靠	
7	沿黄支流	苍头河	杀虎口	右玉县右卫镇杀虎口村			925**	1933年8月14日	较可靠	
							652**	1958年7月	可靠	
8	沿黄支流	下木角沟	边庄	平鲁县下木角乡边庄村			247**	1941年	可靠	
							209**	1954年	可靠	
							130**	1958年	可靠	
9	沿黄支流	下木角沟	下木角	平鲁县下木角乡下木角村		273	344**	1941年	可靠	
							233**	1954年	可靠	
							102**	1958年	可靠	
10	沿黄支流	另山沟	另山	平鲁县下水头乡另山村		56	319	1937年		
							161**	1958年	供参考	
11	沿黄支流	偏关河	口子上	平鲁县下水头乡口子上村		571	698**	1937年	可靠	
							433**	1958年6月	可靠	
							284**	1954年	可靠	
12	沿黄支流	偏关河	老营	偏关县老营镇老营村		889	1 370**	1896年		原忻县水利局
							780**	1958年		
							758**	1967年		
							730**	1892年		

续表 2-7

编号	调查地点				河长(km)	集水面积(km^2)	调查洪水			调查单位
	水系	河名	河段名	地点			洪峰流量(m^3/s)	发生时间	可靠程度	
13	沿黄支流	偏关河	偏关	偏关县新关镇		1 883	2 465**	1935 年	较可靠	原忻县区水文分站
							1 768**	1954 年	较可靠	
14	沿黄支流	弓家背沟	弓家背	偏关县水泉乡弓家背村		27.9	96.4	1970 年		
15	沿黄支流	北堡沟	水泉(北)	偏关县水泉乡水泉村		121	327	1978 年		
16	沿黄支流	火头沟	岳家	偏关县窑头乡岳家村		86.7	295	1948 年		
17	沿黄支流	尚峪沟	仓皇坪	偏关县楼沟乡仓皇坪村		21.8	70	1954 年		
18	沿黄支流	刘家窑沟	甲咀	偏关县楼沟乡甲咀村		39.5	134	1978 年		
19	沿黄支流	马坊沟	八角	神池县八角镇八角村		68	164	1973 年		
20	沿黄支流	鹿角河	上鹿角	五寨县杏岭子乡上鹿角村		188	450**	1933 年	较可靠	原忻县区水文分站
21	沿黄支流	神堂坪沟	新民	岢岚县神堂坪乡新民村		57.3	256	1959 年		
22	沿黄支流	湫水河	阳坡	临县白文镇阳坡村		243	1 345	1951 年		
23	沿黄支流	湫水河	青唐村	临县安业乡青唐村			7 620**	1875 年 7 月 17 日	供参考	
24	沿黄支流	神头沟	开府	方山县马坊镇开府村		49	228	1925 年		

续表 2-7

编号	调查地点				河长(km)	集水面积(km^2)	调查洪水			调查单位
	水系	河名	河段名	地点			洪峰流量(m^3/s)	发生时间	可靠程度	
25	沿黄支流	北川河	马坊	方山县马坊镇马坊村		156	1 770	1920 年		
26	沿黄支流	南阳沟	刘家庄	方山县圪洞镇刘家庄村		85	750	1864 年		
27	沿黄支流	圪洞沟	高家庄	方山县圪洞镇高家庄村		87	326	1936 年		
28	沿黄支流	北川河	班庄	方山县圪洞镇班庄村		800	1 615	1875 年 7 月 17 日		
29	沿黄支流	郝家咀沟	庄上	方山县圪洞镇庄上村		77	174	1959 年		
30	沿黄支流	峪口沟	下昔	方山县北武当镇下昔村		182	834	1930 年		
31	沿黄支流	峪口沟	峪口	方山县峪口镇峪口村		238	530	1930 年		
32	沿黄支流	峪口沟	南村	方山县峪口镇南村		246	584	1933 年		
33	沿黄支流	北川河	下水西	离石县凤山街办下水西村		1 440	2 070	1932 年		
							2 047**	1875 年 7 月 17 日	供参考	
34	沿黄支流	三川河	李家湾	柳林县李家湾乡李家湾村		2 780	4 250	1933 年		
							3 200	1953 年		
35	沿黄支流	高家沟	高家沟	中阳县金罗镇高家沟村		14.1	243	1959 年		

续表 2-7

编号	调查地点				河长(km)	集水面积(km^2)	调查洪水			调查单位
	水系	河名	河段名	地点			洪峰流量(m^3/s)	发生时间	可靠程度	
36	沿黄支流	屈产河	郭村	石楼县灵泉镇郭村		1 212	1 993**	1933 年		
							4 152**	1892 年		
							749**	1925 年		
							188**	1957 年		
37	沿黄支流	芝河	城关	永和县芝河镇城关村		1 246	1 100**	1925 年		
							586**	1918 年		
							586**	1956 年		
							555**	1923 年		
							205**	1957 年		
38	沿黄支流	豁都峪	湾里	乡宁县光华镇湾里村		320	124**	1957 年		
							155**	1958 年		
39	沿黄支流	鄂河	乡宁	乡宁县昌宁镇乡宁村		333	2 450	1937 年		
							317**	1953 年		
40	沿黄支流	涑水河	宋庄北堡	绛县冷口乡宋庄北堡村		25	121	1971 年		
41	沿黄支流	涑水河	东门外	绛县横水镇横水东门外		51	153	1971 年		
42	沿黄支流	涑水河	杨家园水库	闻喜县杨家园水库溢洪道			148**	1971 年 6 月 28 日	较可靠	原运城地区水文分站
43	沿黄支流	小河	堡园	闻喜县东锁镇堡园村		28.4	79.2**	1971 年 6 月 28 日	较可靠	原运城地区水文分站
							18.4**	1972 年 7 月 6 日	较可靠	
44	沿黄支流	沙渠河	孙村	闻喜县河底镇孙村		254	667**	1969 年 7 月 25 日	较可靠	原运城地区水文分站
45	沿黄支流	关村沟	坡底村东	闻喜县阳隅镇坡底村		37.3	182**	1971 年 8 月 20 日	较可靠	原运城地区水文分站

续表 2-7

编号	调查地点				河长(km)	集水面积(km^2)	调查洪水			调查单位
	水系	河名	河段名	地点			洪峰流量(m^3/s)	发生时间	可靠程度	
46	沿黄支流	石佛沟	坡底村西	闻喜县阳隅镇坡底村		17.4	116**	1971 年 8 月 20 日	较可靠	原运城地区水文分站
47	沿黄支流	沙沟	杨家庄	闻喜县郭家庄镇杨家庄村		40.7	67.2**	1966 年 8 月 30 日	较可靠	原运城地区水文分站
							30.1**	1971 年 6 月 28 日	较可靠	
48	沿黄支流	青龙河	圪塔	夏县埝掌镇圪塔村			200**	1929 年		夏县水利局
49	沿黄支流	刘家坡底北河	刘家坡底	夏县埝掌镇刘家坡底村		2.7	13.1**	1971 年 6 月 28 日	较可靠	原运城地区水文分站
50	沿黄支流	刘家坡底南河	东下冯	夏县埝掌镇东下冯村		4.5	6.16**	1971 年 6 月 28 日	较可靠	原运城地区水文分站
51	沿黄支流	赵村北沟	赵村水磨	夏县埝掌镇赵村		29.1	47.6**	1971 年 6 月 28 日	较可靠	原运城地区水文分站
52	沿黄支流	赵村南沟	赵村羊圈	夏县埝掌镇赵村		4.2	31**	1971 年 6 月 28 日	较可靠	原运城地区水文分站
53	沿黄支流	南晋沟	南晋	夏县埝掌镇南晋村		19.1	71.2**	1971 年 6 月 28 日	较可靠	原运城地区水文分站
54	沿黄支流	水沟垣	南垣村	夏县埝掌镇南垣村		8.1	58.5	1971 年		
55	沿黄支流	龙王沟	大洋	夏县瑶峰镇大洋村		7.9	61.1**	1971 年 6 月 28 日	较可靠	原运城地区水文分站
56	沿黄支流	洞崖沟	北师	夏县瑶峰镇北师村		7.4	58**	1971 年 6 月 28 日	较可靠	原运城地区水文分站

续表 2-7

编号	调查地点				河长(km)	集水面积(km^2)	调查洪水			调查单位
	水系	河名	河段名	地点			洪峰流量(m^3/s)	发生时间	可靠程度	
57	沿黄支流	寺儿沟	南师	夏县瑶峰镇南师村		9.8	79**	1971年6月28日	较可靠	原运城地区水文分站
58	沿黄支流	李峪河	文德	夏县瑶峰镇文德村		6.9	100**	1971年6月28日	较可靠	原运城地区水文分站
59	沿黄支流	柳沟	中吴村	夏县庙前镇中吴村		7.3	146	1956年		
							95.5	1971年		
							72	1934年		
60	沿黄支流	寺沟	南吴	夏县庙前镇南吴村		3.9	55**	1971年6月28日	较可靠	原运城地区水文分站
							36**	1929年		
							23**	1934年		
							19**	1956年7月22日		
61	沿黄支流	史家河	史家	夏县庙前镇史家村		28.9	209**	1956年7月22日		原运城地区水文分站
							113**	1934年		
							41**	1971年6月28日	较可靠	
62	沿黄支流	姚暹渠	张郭店	夏县庙前镇张郭店村		65.2	284	1971年		
63	沿黄支流	刁崖河	上滽底	夏县庙前镇上滽底村		14.2	113	1971年		
							112	1956年		
							93	1934年		
64	沿黄支流	王家沟	王家沟	平陆县坡底乡王家沟村		31	546	1953年		
65	沿黄支流	泗交河	祁家河	夏县祁家河乡祁家河村		362	1 000	1958年		
66	沿黄支流	亳清河	西坡	垣曲县华峰乡西坡村		280	4 060	1958年		

续表 2-7

编号	调查地点				河长(km)	集水面积(km^2)	调查洪水			调查单位
	水系	河名	河段名	地点			洪峰流量(m^3/s)	发生时间	可靠程度	
67	沿黄支流	亳清河	五龙泉	垣曲县皋落乡五龙泉村		344	582**	1941 年		垣曲县水利局
							500**	1943 年		
							424**	1917 年		
							417**	1907 年		
68	沿黄支流	亳清河	皋落	垣曲县皋落乡皋落村		94	438**	1924 年		垣曲县水利局
							346**	1941 年		
							287**	1896 年		
							268**	1907 年		
							268**	1917 年		
							231**	1943 年		
69	汾河	汾河	宫家庄	宁武县东寨镇宫家庄村		306	612	1954 年 6 月		
70	汾河	店儿上	店儿上	宁武县东寨镇店儿上村		29.6	139	1954 年 7 月		
71	汾河	天池河	石庄	宁武县迭台寺乡石庄村		50	252	1939 年 8 月		
72	汾河	东马坊河	口子	宁武县圪嵺乡口子村		155	467	1939 年 8 月		
73	汾河	黄松沟河	中马坊	宁武县怀道乡中马坊村		128	317	1934 年 7 月		
74	汾河	吴家沟	细腰	宁武县西马坊乡细腰村		87.8	253	1965 年		
75	汾河	西马坊河	坝门口	宁武县化北屯乡坝门口村		156	497	1892 年		
76	汾河	鸣水河	沟口	宁武县石家庄镇沟口村		289	387	1967 年		

续表 2-7

编号	调查地点				河长(km)	集水面积(km²)	调查洪水			调查单位
	水系	河名	河段名	地点			洪峰流量(m³/s)	发生时间	可靠程度	
77	汾河	东大树沟	东大树	静乐县鹅城镇东大树村		28.8	157	1955 年		
78	汾河	普明河	哈蚂神	岚县王狮乡哈蚂神村		59	648	1929 年		
79	汾河	西河	娄烦	娄烦县城关镇娄烦村		572	519	1892 年		
80	汾河	西河	西果园	娄烦县城关镇西果园村		665	637	1892 年		
81	汾河	大川河	郝家庄	古交市桃园街办郝家庄村		325	1 070	1911 年 8 月		
							590	1966 年 8 月		
82	汾河	柳林河	柏崖头(柳)	尖草坪区干河沟柏崖头村		472	1 000	1942 年 8 月		
83	汾河	杨兴河	堂儿上	阳曲县杨兴乡堂儿上村		15.6	282	1937 年		
							282	1944 年		
84	汾河	杨兴河	石坡头(杨)	阳曲县杨兴乡石坡头村		31.6	649	1937 年		
							640	1927 年		
85	汾河	石坡头沟	石坡头	阳曲县杨兴乡石坡头村		23.6	215	1927 年		
86	汾河	杨兴河	杨庄	阳曲县杨兴乡杨庄村		58.3	802	1940 年 8 月		
							279	1944 年		
87	汾河	杨兴河	窑坪	阳曲县杨兴乡窑坪村		81	3 310	1927 年 7 月		
							695	1940 年 9 月		
							228	1967 年		
							225	1950 年 8 月		
							157	1953 年		

续表 2-7

编号	调查地点				河长(km)	集水面积(km^2)	调查洪水			调查单位
	水系	河名	河段名	地点			洪峰流量(m^3/s)	发生时间	可靠程度	
88	汾河	麻淤沟	窑坪(麻)	阳曲县杨兴乡窑坪村		4.8	32.3	1967年		
89	汾河	杨兴河	阴山	阳曲县大盂镇阴山村		92.4	280	1967年6月		
90	汾河	后峪沟	柏井	阳曲县黄寨镇柏井村		26.6	244	1935年		
91	汾河	后峪沟	柏井水库坝下	阳曲县黄寨镇柏井水库坝下		26.6	105	1965年7月		
92	汾河	风声河	风声河	太原市万柏林区风声河		8.36	631**	1929年	较可靠	
93	汾河	虎峪河	实验小学	太原市西山矿务局实验小学			331**	1996年8月4日	较可靠	
94	汾河	虎峪河	锅炉厂	太原市第二锅炉厂			246**	1996年8月4日	较可靠	
95	汾河	九院沙河	官地矿	太原市官地矿			33.5**	1996年8月4日	可靠	
96	汾河	九院沙河	二中	太原市西山矿务局局二中		19.1	82.1**	1996年8月4日	可靠	
97	汾河	安丰河	明水头	昔阳县沾尚镇明水头村			116**	1973年8月26日		
98	汾河	安丰河	瑶村	昔阳县沾尚镇瑶村			214**	1928年	供参考	
99	汾河	松塔河	曲旺	寿阳县松塔镇曲旺村			810**	1928年	供参考	
							557**	1963年		

续表 2-7

编号	调查地点				河长(km)	集水面积(km^2)	调查洪水			调查单位
	水系	河名	河段名	地点			洪峰流量(m^3/s)	发生时间	可靠程度	
100	汾河	松塔河	下许庄村	寿阳县松塔镇下许庄村			320**(偏小)	1914年		
101	汾河	北沟	下龙泉	寿阳县松塔镇下龙泉村			63.2**(垮坝)			
102	汾河	顺化沟	顺化	寿阳县松塔镇顺化村			116**	1973年8月26日		
103	汾河	西马泉河	马坊	和顺县马坊乡马坊村			266**	1973年6月27日		
104	汾河	里思河	马坊	和顺县马坊乡马坊村			115**	1973年8月26日		
105	汾河	木瓜河	横岭	寿阳县松塔镇横岭村			890**	1935年	供参考	
106	汾河	木瓜河	里思村	寿阳县松塔镇里思村			1 000**	1913~1914年	供参考	
107	汾河	里思河	独堆	寿阳县羊头崖乡独堆村			302**	1928年	供参考	
108	汾河	潇河	芦家庄	寿阳县上湖乡芦家庄村		2 367	2 500**	1907年	较可靠	
							2 960**	1913年		
							1 650**	1916年		
							1 897**	1917年		
							2 027**	1928年		
							1 100**	1933年		
							1 685**	1943年		

续表 2-7

编号	调查地点				河长(km)	集水面积(km^2)	调查洪水			调查单位
	水系	河名	河段名	地点			洪峰流量(m^3/s)	发生时间	可靠程度	
109	汾河	涧河	田家湾水库	榆次市乌金山镇田家湾水库		96	694**	1918 年 6 月		
							435**	1914 年 6 月		
							396**	1957 年 8 月		
							360**	1962 年 7 月 15 日	可靠	
110	汾河	白石河	涧沟	清徐县马峪乡涧沟村		52.5	1 130	1943 年 7 月		
							832	1952 年 7 月		
							710	1959 年 9 月		
111	汾河	白石河	白龙庙	清徐县马峪乡白龙庙村		62.9	1 660	1963 年		
							228	1911 年 7 月		
112	汾河	象峪河	王公村	太谷县范村镇王公村		228.8	1 168**	1899 年		
							1 168**	1901 年		
							582**	1946 年		
							419**	1933 年		
							306**	1957 年		
113	汾河	乌马河	五科村上	太谷县阳邑乡五科村上			1 410**	1914 年	较可靠	
114	汾河	乌马河	五科村下	太谷县阳邑乡五科村下			1 320**	1914 年	较可靠	
115	汾河	乌马河	庞庄村	太谷县阳邑乡庞庄村		290	1 670**	1865 年	较可靠	
							1 000**	1914 年		
							858**	1921 年		
							545**	1926 年		
							335**	1937 年		
116	汾河	昌源河仁义沟	旗家掌村	平遥县孟山乡旗家掌村		51.5	928**	1966 年 8 月 3 日	可靠	
117	汾河	石板沟	旗家掌村	平遥县孟山乡旗家掌村		79.8	459**	1966 年 8 月 3 日	可靠	

续表 2-7

编号	调查地点				河长(km)	集水面积(km²)	调查洪水			调查单位
	水系	河名	河段名	地点			洪峰流量(m³/s)	发生时间	可靠程度	
118	汾河	南岭沟	南岭村	平遥县孟山乡南岭村			37.2**	1966年8月3日	可靠	
119	汾河	昌源河西郊沟	石圐圙	平遥县孟山乡石圐圙村			435**	1970年8月2日	可靠	
120	汾河	昌源河西郊沟	南关	武乡县分水岭乡南关村			415**	1966年8月3日		
121	汾河	昌源河南河	南关	武乡县分水岭乡南关村		194.8	130**	1970年8月2日	可靠	
							83**	1966年8月3日		
122	汾河	南洪沟	柳贝村	武乡县分水岭乡柳贝村		47.9	360**	1966年8月1日		
							88.7**	1970年8月1日		
123	汾河	昌源河	盘陀	祁县来远镇盘陀村		525	1 085**	1923年		
							1 017**	1919年		
							1 014**	1933年		
							956**	1930年		
							252**	1952年		
124	汾河	东峪沟	石崖村	祁县来远镇石崖村		116.3	191**	1966年8月1日		
125	汾河	昌源河	贾令	祁县贾令镇贾令村			956**	1929年		
							232**	1952年		
126	汾河	磁窑河	窑底	交城县岭底乡窑底村		23	383	1963年		
127	汾河	磁窑河	马庄	交城县岭底乡马庄村		30.4	241	1969年		
128	汾河	磁窑河	石家庄	交城县岭底乡石家庄村		43.1	238	1969年		

续表 2-7

编号	调查地点				河长(km)	集水面积(km^2)	调查洪水			调查单位
	水系	河名	河段名	地点			洪峰流量(m^3/s)	发生时间	可靠程度	
129	汾河	磁窑河	东西岭底	交城县岭底乡东西岭底汇合处		88.1	237	1970 年		
130	汾河	瓦窑河	马岭	交城县岭底乡马岭村		9.2	150	1925 年		
							92.4	1969 年		
131	汾河	瓦窑河	郑家庄	交城县天宁镇郑家庄村		38.7	244	1969 年		
132	汾河	瓦窑河	杨家底	交城县天宁镇杨家底村		50.8	305	1969 年		
133	汾河	葫芦河	逯家岩	交城县会立乡逯家岩村		342	459	1932 年 8 月		
134	汾河	窑头沟	双龙	交城县水峪贯镇双龙村		34.3	122	1922 年		
135	汾河	西冶沟	北塔	交城县水峪贯镇北塔村		38.5	456	1917 年		
136	汾河	大水沟	水峪贯(大)	交城县水峪贯镇水峪贯村		7.9	256	1935 年 7 月		
137	汾河	西冶沟	水峪贯	交城县水峪贯镇水峪贯村		159	951	1929 年 7 月		
138	汾河	官庄沟	青沿	交城县水峪贯镇青沿村		159	951	1929 年 7 月		
139	汾河	鲁沿河	鲁沿	交城县水峪贯镇鲁沿村		16.8	690	1935 年 7 月		
140	汾河	文峪河	开栅	文水县开栅镇开栅村		1 928	1 260	1886 年		

续表 2-7

编号	调查地点				河长(km)	集水面积(km^2)	调查洪水			调查单位
	水系	河名	河段名	地点			洪峰流量(m^3/s)	发生时间	可靠程度	
141	汾河	靛头沟	靛头	文水县凤城镇靛头村			228	1933 年 7 月		
142	汾河	峪口沟	峪口村	灵石县夏门镇峪口村			197**	1971 年 8 月 15 日		
143	汾河	交口河	峪口村	灵石县夏门镇峪口村			351**	1971 年 8 月 15 日		
144	汾河	交口河	夏门	灵石县夏门镇夏门村			377**	1971 年 8 月 15 日		
145	汾河	双池河	段纯	灵石县段纯镇段纯村		974.7	2 150**	1971 年 7 月 31 日		
146	汾河	郝家川	段纯	灵石县段纯镇段纯村		34.1	367**	1971 年 7 月 31 日		
147	汾河	逮家沟	段纯	灵石县段纯镇段纯村		21.5	163**	1971 年 7 月 31 日		
148	汾河	双池河	堡子塘	灵石县坛镇乡堡子塘村		1 095.4	1 930**	1971 年 7 月 31 日		
149	汾河	双池河	堡子塘	灵石县坛镇乡堡子塘村		1 105.7	1 810**	1971 年 7 月 31 日		
150	汾河	汾河	道美	灵石县南关镇道美村			1 780**	1971 年 7 月 31 日		
151	汾河	下村川河	交口	交口县水头镇交口村		22.9	92.0	1971 年		
152	汾河	下村川河	十二盘	交口县石口乡十二盘村		245	388	1971 年		

续表 2-7

编号	调查地点				河长(km)	集水面积(km²)	调查洪水			调查单位
	水系	河名	河段名	地点			洪峰流量(m³/s)	发生时间	可靠程度	
153	汾河	下村川河	罗泊山	交口县回龙乡罗泊山村		263	347	1971 年		
154	汾河	唐院川	张家川	交口县石口乡张家川村		73	201	1971 年		
155	汾河	唐院川	康城	交口县康城镇康城村		163	483	1971 年		
156	汾河	唐院川	土寺	交口县康城镇土寺村		24.3	188	1971 年		
157	汾河	唐院川	茶坊	交口县回龙乡茶坊村		11.1	154	1971 年		
158	汾河	回龙河	回龙	交口县回龙乡回龙村		660	859	1900 年		
159	汾河	双池河	西庄(双)	交口县双池镇西庄村		56.9	1 280	1900 年		
							821	1917 年		
							651	1927 年		
							544	1957 年		
							478	1959 年		
160	汾河	下石沟	官桑园	交口县双池镇官桑园村		7.6	59.9**	1971 年 7 月 31 日		
161	汾河	大凹沟	官桑园	交口县双池镇官桑园村		3.8	77.4**	1971 年 7 月 31 日		
162	汾河	北涧河	西牧村	霍县西牧村		428	486**	1908 年		
							175**	1929 年		
							189**	1932 年		
163	汾河	南涧河		霍县城关村		379	312**	1928 年		
							141**	1929 年		
							138**	1930 年		

续表 2-7

编号	调查地点				河长(km)	集水面积(km^2)	调查洪水			调查单位
	水系	河名	河段名	地点			洪峰流量(m^3/s)	发生时间	可靠程度	
164	汾河	对竹河	白龙村	霍县白龙镇白龙村		1 757	823**	1942 年		
							469**	1958 年		
165	汾河	团柏涧河	上团柏	汾西县团柏乡上团柏村		670	2 760	1942 年		
							891	1920 年		
							404**	1958 年		
166	汾河	午阳涧河	许村	洪洞县堤村乡许村		250	800	1937 年		
							722	1952 年		
							140**	1958 年		
167	汾河	洪安涧河	涧上	古县岳阳镇涧上村			4 960**	1917 年		
168	汾河	三交河		洪洞县		123	370**	1927 年		
							251**	1949 年		
169	汾河	曲亭河		洪洞县		220	156**	1916 年		
							69**	1937 年		
170	汾河	轰阳河		洪洞县		81	396**	1936 年		
							478**	1614 年		
171	汾河	东梁涧河		洪洞县		121	248**	1927 年		
							110**	1936 年		
172	汾河	龙马涧河		洪洞县		83	960**	1917 年		
							169**	1953 年		
173	汾河	刁底河				83	545**	1953 年		
174	汾河	北庄沟				23.5	27.9**	1956 年		
175	汾河	东庄家营沟				25.5	79.0**	1956 年		

续表 2-7

编号	调查地点				河长(km)	集水面积(km^2)	调查洪水			调查单位
	水系	河名	河段名	地点			洪峰流量(m^3/s)	发生时间	可靠程度	
176	汾河	碑玉河				144.5	318**	1939 年		
177	汾河	柏村河	承相	浮山县北王乡承相村		123	238	1944 年		
178	汾河	柏村河	臣南	浮山县北王乡臣南村		127	656	1944 年		
179	汾河	柏村河	马台	浮山县北王乡马台村		181	1 720	1944 年		
180	汾河	涝河	河堤	临汾县大阳镇河堤村		561	2 820	1895 年		
							1 200	1892 年		
							876**	1958 年	可靠	
181	汾河	洰河	合理庄	临汾县城院乡合理庄村		344	1 224	1931 年		
							1 040	1940 年		
182	汾河	浍河	辛村	曲沃县史村镇辛村		1 301	1 374**	1900 年	较可靠	
							2 930**	1892 年	较可靠	
							2 200**	1920 年	较可靠	
183	汾河	续鲁峪	续鲁峪	绛县大交镇续鲁峪村		70.6	400	1971 年		
184	汾河	浍河	香邑	侯马市凤城乡		1 900	2 600**	1895 年 8 月		
185	汾河	三交河	马庄	新绛县阳王镇马庄村			1 650**	1971 年 8 月 21 日	较可靠	原运城地区水文分站
186	汾河	三交河	三交水库	稷山县三交河水库坝下		70.8	1 810**	1971 年 8 月 21 日	较可靠	原运城地区水文分站
187	汾河	干沟	修善	稷山县修善镇修善村南			30.4**	1971 年 8 月 20 日	较可靠	原运城地区水文分站
188	汾河	柏木沟	熏重	稷山县太阳镇熏重村			6.36**	1971 年 8 月 20 日	较可靠	原运城地区水文分站
189	汾河	瓜峪	化肥厂	河津市樊村镇化肥厂		80	188**	1971 年 6 月 28 日	较可靠	原运城地区水文分站

续表 2-7

编号	调查地点				河长(km)	集水面积(km^2)	调查洪水			调查单位
	水系	河名	河段名	地点			洪峰流量(m^3/s)	发生时间	可靠程度	
190	汾河	遮马峪	西硙	河津市樊村镇西硙村		110	269**	1971年6月28日	较可靠	原运城地区水文分站
191	沁河	沁河	川坡(一)	沁水县郑庄镇川坡村			4 530**	1892年	可靠	沁河灌区
							2 350**	1916年	可靠	
							750**	1971年	可靠	
192	沁河	沁河	川坡(二)	沁水县郑庄镇川坡村			2 080**	1937年	可靠	沁河灌区
							1 070**	1943年	可靠	
							550**	1971年	可靠	
193	沁河	沁河	玉沟	沁水县郑庄镇玉沟村			132**	1941年7月	可靠	沁河灌区
							80.4**	1970年7月18日	可靠	
194	沁河	沁河	王村	沁水县润城镇王村			4 120**	1895年	可靠	黄河水利委员会
							2 600**	1943年	可靠	原晋东南区水文分站
195	沁河	莲花沟	莲花	阳城县董封乡莲花村		3.8	71.8**	1973年7月7日	可靠	原晋东南区水文分站
196	沁河	周壁河	周壁	阳城县次营镇周壁村			30.0**	1973年7月7日	可靠	原晋东南区水文分站
197	沁河	小南坡沟	小南坡	阳城县次营镇小南坡村		8.4	87.2**	1973年7月7日	可靠	原晋东南区水文分站
198	沁河	吊猪崖河	和平	阳城县驾岭乡和平村		96.6	490**	1973年7月7日	可靠	原晋东南区水文分站
199	沁河	丹河	任庄	泽州县高都镇任庄村		1 313	3 280**	1895年	可靠	
							600**	1959年	可靠	
200	沁河	丹河	李庄	泽州县高都镇李庄村			2 700**	1954年	可靠	
							1 320**	1958年	可靠	
201	沁河	丹河	沙河	泽州县高都镇沙河村			2 760**	1868年	可靠	

续表 2-7

编号	调查地点				河长(km)	集水面积(km^2)	调查洪水			调查单位
	水系	河名	河段名	地点			洪峰流量(m^3/s)	发生时间	可靠程度	
202	沁河	东丹河	白洋泉	泽州县东下村乡白洋泉村			1 390**	1957年7月25日	可靠	原晋东南区水文分站
203	沁河	河西沟	董封(河)	阳城县董封乡董封村		40.7	329	1973年		
204	沁河	柳泉沟	柳泉	阳城县董封乡柳泉村		28.7	448	1973年		
205	沁河	护泽河	辽河	阳城县次营乡辽河村		130	706	1973年		

第3章　场次大洪水

场次大洪水是以一次连续性降雨所产生的洪水作为编制对象,在暴雨笼罩区域内,通过雨情、水情、灾情的综合分析,用文字和图表阐明洪水的形成条件、规模、量级以及成灾程度等,是一项资料性成果。

洪水的选编,要求在以往众多洪水中选取具有代表性的大洪水进行分析。选编的原则,首先是量级大、灾情重,对国民经济影响较大的洪水,尤其在大洪水频发的地区应适当多选。其次,在时间上,尽可能远年与近年兼顾,即既有远年的历史大洪水,也有近期大洪水。对于历史大洪水,其资料条件应该能满足雨洪特性分析的需要,对调查洪水资料和历史文献资料过少,进行雨洪特性分析有困难的洪水不予选编。

遵循以上原则,本书共选编8场大洪水进行分析,包括4场历史大洪水和4场近期大洪水。其中,发生时间最远的是山西东南部明成化十八年六月("148207")特大洪水,最近的是山西中东部"19960804"特大暴雨洪水,所选大洪水基本覆盖了全省。

3.1　山西东南部明成化十八年六月("148207")特大洪水

明成化十八年(1482年)山西省东南部地区发生了一场异常大洪水,沁河九女台调查河段洪峰流量达14 000 m^3/s,为近500年来最大的一场洪水。与此同时,丹、卫河以及河南省境内的伊、洛河也普遍发生了大洪水。

该年气候极为反常,大汛期间降雨持续时间长达数月之久,农历六、七、八3个月,连续多次出现灾害性大洪水。沁、伊、洛河下游地区灾情极为惨重,淹死万余人,而在山西省其他地区及陕西省却出现了严重的旱情。由此可见,该年汛期降雨的时空分布也很特殊,这种情况在历史上非常罕见。

虽然洪水发生的年代相去久远,但由于洪水特别大,灾情异常严重,各类史籍如地方志、《明实录》、《明史》、《明通鉴》、《御批历代通鉴辑览》、《行水金鉴》、《续文献通考》等都有记载。除此以外,在沁河流域还调查到4处有关该年最高洪水位的题刻、碑记以及至今还流传的洪水民谣。

现将该年暴雨、洪水情况简要归纳如下。

3.1.1　雨情

3.1.1.1　降水发生时间[1]及过程

本次降雨持续时间较长,属连绵淫雨。从表3-1所列的记载可以看到该年汛期雨量特别丰沛,河南省洛阳、沁阳等地六至八月淫雨长达3个月之久,六月中旬至七月又连续

[1] 本节以下内容均按农历时间进行叙述。

发生大强度暴雨，伊、洛、沁、丹河多次发生大洪水。八月大雨区逐渐移至漳、卫、滹沱河流域，同时黄河下游河南、河北、山东等省也发生了暴雨洪水。

表3-1　“148207”特大洪水雨、洪、灾情记载摘要

时间	地点	雨洪灾情摘要
六至八月	河南（今洛阳）	河南霖雨，自六至八月，居民淹没者无算，淹死数万人。
六月	高平	夏六月丁未大水，……城郭几为荡没。
	翼城	六月翼城大风雨坏庐舍伤稼。
	汲县	六月二十三日河溢，淹没田庐漂没人畜甚众。
	淇县	六月二十三日诸河溢，漂没田禾民舍，卫辉等境尤甚。
	荥阳	六月水溢。
七月	潞州（今长治）	秋，潞州大雨连旬，高河水溢，漂没民舍，溺死人畜甚众。
	怀庆	七月霖雨大作，沁河暴涨决堤，毁郡城摧房垣漂人畜不可胜计。
八月	卫、漳、滹沱河	八月卫、漳、滹沱河并溢。

这一年，与沁河紧邻的汾河流域特别是上中游，出现严重旱情。霍州、浮山等州县均有“六月旱”的记载，晋中旱情更为严重，《寿阳县志》记载“夏五月不雨至秋七月，苗尽槁，大旱。”山西省其他地区以及整个陕西省也出现大范围的旱情。

3.1.1.2　雨区范围

这次降雨的范围很广，六月大雨笼罩地区有汾河下游东侧，沁河中下游，丹河流域，卫河上游及伊、洛河流域等，由此可见，六、七月暴雨主要位于黄河三门峡至花园口区间。暴雨中心区在沁河中下游及丹河流域。

六至八月，雨区逐步扩展到河南、河北、山东等广大地区，在海河流域又形成了一个大雨区。暴雨区位置大致如图3-1所示。

三门峡至花园口区间（简称三花区间）是黄河流域主要的暴雨区之一，历史上著名的1761年特大洪水，以及近期的1958年、1982年洪水，均由该区间的大暴雨所产生。与1958年、1982年比较，1482年暴雨区位置偏北，因而沁、丹等诸河的洪水特别大。

3.1.1.3　暴雨强度

本次降雨在山西省境内上述大雨区（包括浊漳南源流域）以及沁河下游区降雨强度相当大。根据文献记载，结合洪水调查资料，可了解到当时降雨强度的概貌。如：“翼城十八年六月雨伤稼坏庐舍”；“临汾成化十八年六月雨伤稼”；“晋城六至八月淫雨，丹、黄同时涨水”；沁河下游怀庆府（现沁阳）府志中记载“十八年夏秋之交，霖雨大作”。

在其他地区，多为绵霪雨。如《河南府志》记述“河南，夏秋霪雨三月”；《明实录》中记述“……久雨卫漳滹沱等涨溢……乙卯（八月十九）河南至六月以来雨水大作……”；《行水金》中有“……河南、山东等处大雨成灾河溢……”的记载。

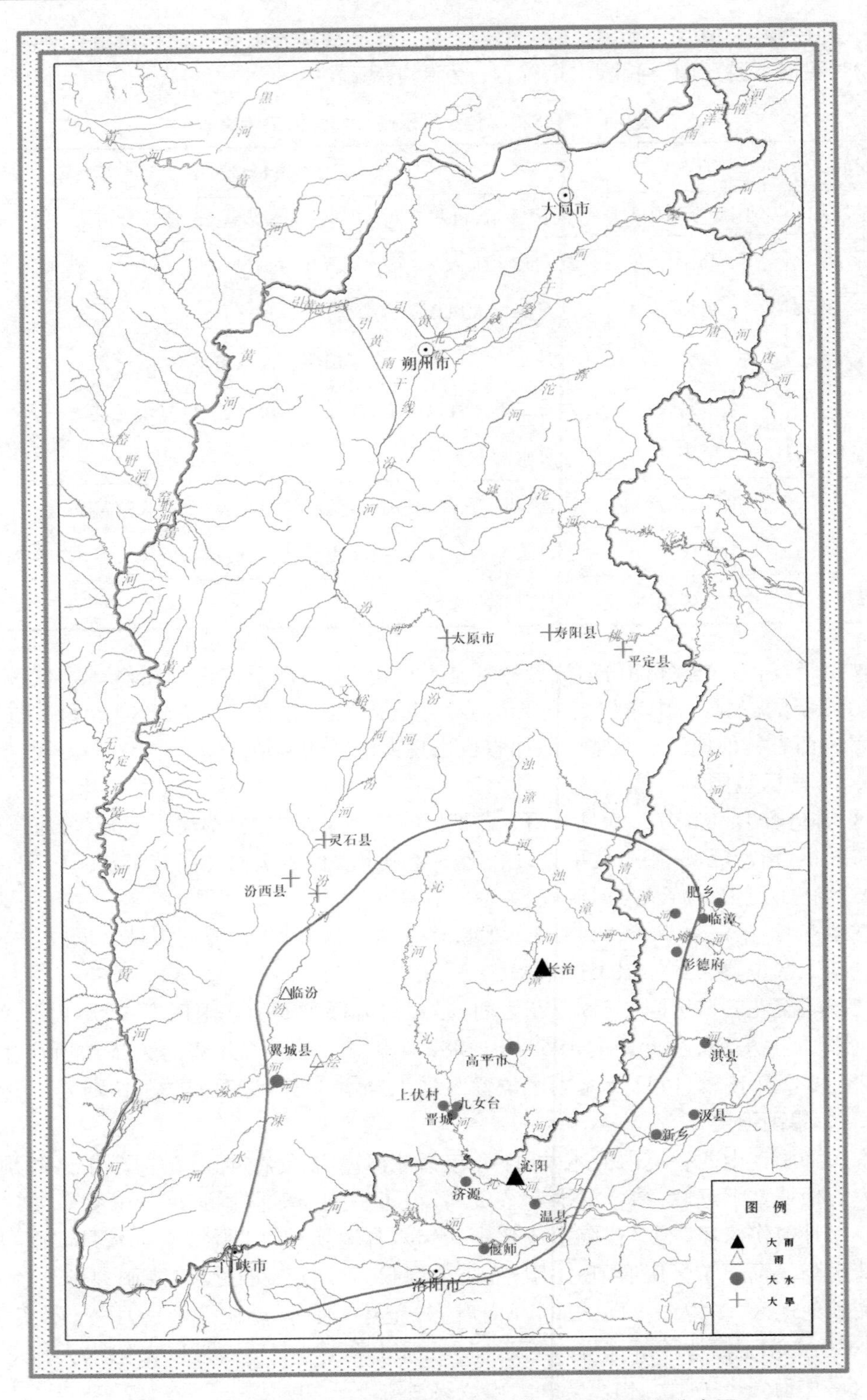

图 3-1　山西东南部明成化十八年六月（“148207”）雨区分布图

3.1.2　水情

3.1.2.1　洪水发生时间

从六月开始,三花区间各支流普遍发生大洪水,各条河流洪峰出现的时间不尽相同,丹河最大洪水出现在六月初十(6月25日),沁河出现在六月十八日(7月3日),卫河则在六月二十三日(7月8日),伊、洛河亦有"六月水溢"的记载。七月沁河再次发生大洪水,《怀庆府志》记载:"七月霖雨大作,沁河暴涨,决堤毁郡城,摧房垣、漂人畜不可胜计"。自六月中旬至七月,伊、洛、沁、丹、卫等诸河连续出现多次大洪水。沁河有"大水围困九女台四十多天"的传说。九女台河段位于阳城县沁河河头村下游10 km处。九女台为一孤立突矗于沁河左岸的天然高台,台高约30 m,通过一道石梁(中高水即淹没)与左岸相连,台上建有庙宇。相传明成化年间,九女台被大水围困40多天,与外界断绝,庙内断炊,饿死了两个小和尚。大水过后,老和尚在庙门迎面的崖壁上刻下"成化十八年河水至此"的题刻,还为两个小和尚塑了泥像,1955年泥像尚存。联系到历史文献中"大雨连旬","霖雨三月"等记载,以上传说是有一定根据的。

华北地区中小河流,大洪水一般多表现为峰型尖瘦陡涨陡落的过程。1482年洪水不仅峰值很大,而且洪水持续时间极长,连续出现多峰过程。

3.1.2.2　最高洪水位和洪峰流量

1482年洪水距今年代久远,洪水位的调查较困难,调查中只在沁河中游查找到四处碑记和洪水刻记。碑记、题刻的地点和内容如表3-2和图3-2所示。

表3-2　沁河流域1482年洪水碑记、题刻

编号	所在地点	洪水刻记内容	注释
1	阳城县河头村沁河渡口	明成化十八年六月十八日大水至此	洪水碑,1941年初日寇修公路时所毁
2	阳城县上伏村	明成化壬寅沁水汜涨淹没古迹明万历年立	崖壁刻字
3	阳城县瓜底村(沁河支流)	明成化十八年大水过崖头	崖壁刻字,已毁
4	九女台	明成化十八年河水至此	崖壁刻字

沁河河头村渡口洪水碑于1941年为日本人扩建公路时所毁,当地居民对碑文及碑座的位置记忆很清楚,根据所指认的位置,测得碑座地基高程432.70 m(润城水文站假定基面),高出河底约27.0 m。

九女台刻字位置高程464.78 m(大沽基面),高出河底约23.7 m,图3-3为明成化十八年(1482年)洪痕题刻。

阳城县瓜底村洪水刻字"成化十八年大水过崖头"(已毁),位于沁河支流阳城河上,刻字的位置高于河底约7.0 m。

根据这些洪水碑刻,对沁河洪峰流量作出估算。沁河干流有两处较为可靠的洪水位资料,但河头村渡口河段由于断面变化较大,不宜推算洪峰流量。九女台河段断面稳定,

控制流域面积 8 405 km^2，因此历次估算洪峰流量都以九女台河段作为依据。1979 年经黄河水利委员会勘测规划设计院（简称黄委设计院）估算洪峰流量在 12 000 ~ 14 000 m^3/s，1981 年黄委设计院再次作了分析计算，认为 14 000 m^3/s 较为合理。

在浊漳河南源高河村河段，控制流域面积 1 250 km^2，据传明成化十八年水淹屋脊，据此求得洪峰流量为 8 080 m^3/s。

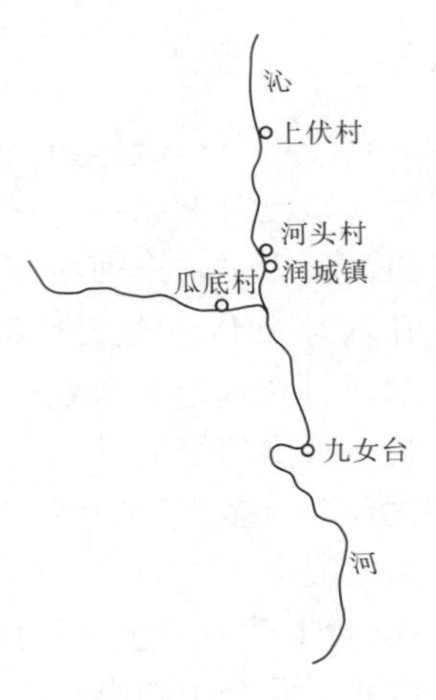

图 3-2　洪水碑记、题刻地点示意图

3.1.2.3　洪水稀遇程度

从表 3-3 可以看到，沁河 1482 年洪水与其他历史大洪水比较，它的量级异常大。1895 年为近百年内最大的洪水，在沁河河头村 1482 年水位比 1895 年水位高 14.5 m，在九女台比 1982 年洪水位高 10.3 m（1982 年与 1895 年洪水量级接近）。在润城镇及附近村庄调查到 1626 年（明天启六年）、1751 年（清乾隆十六年）、1761 年（清乾隆廿六年）、1860 年（清咸丰十年）和 1895 年（清光绪廿一）等年大洪水的指水碑和壁字。这些大洪水的最高洪水位除 1751 年略高于 1895 年外，其余年份均低于 1895 年。由此表明，自 1626 年以后的 300 年间不曾发生过接近或超过 1482 年这样大的洪水。

(a)沁河九女台石壁刻字

(b)九女台侧景

(c)阳城县瓜底村南石灰岩崖洪水刻字位置（最下一人所指处）

图 3-3　明成化十八年（1482 年）洪痕题刻

表 3-3　沁河历史大洪水洪峰流量

河段名称	集水面积（km^2）	洪峰流量（m^3/s）				
		1482 年	1895 年	1943 年	1982 年	1954 年
下河村	7 273	—	5 030	3 870	2 750*	2 200*
九女台	8 405	14 000	5 270	4 290		1 970
五龙口	9 245		5 940	4 100		2 520*

注：* 为实测值。

1482～1626年期间，据文献记载大水年份有1495年、1517年、1537年、1553年、1563年、1607年等。各年洪水情节摘要见表3-4。

表3-4 1482～1626年间洪水情节摘要

时间	洪水情节摘要	资料来源
1495年	秋淫雨三月不绝，沁河泛溢漂人畜庐舍。	《怀庆府志》
1517年	沁河决，怀庆城外居民受害。	《河南省历代旱情年表》
1537年	七月内因大雨连绵，沁河水势汹涌，大樊口堤岸冲决，怀庆及本府（卫辉府）所属遭淹没之患。	《河南省西汉以来历史灾情史料》
1553年	怀庆河溢漂没朽木棺、枯骨不计其数。	《怀庆府志》
1563年	秋，怀庆大雨，倾官民庐舍万余间。	《怀庆府志》
1607年	怀庆府大水。	《怀庆府志》

从表3-4中的记载可以看出，各年洪水及所造成灾害远不如1482年严重。由此可见，1482年沁河洪水是一次极其稀遇的特大洪水，在沁河中下游，至少是近500年来（洪水发生年份迄今）最大的一次。

3.1.3 灾情

由于该年洪水峰高量大、持续时间长，因此无论是上游山区还是下游平川地区均形成严重灾害。

丹河上游高平县“夏六月丁未大水，……城郭几为荡没”，漳河上游“秋，潞州（今长治）大雨连旬，高河水溢，漂没民舍，溺死人畜甚众”。

伊、洛、沁河下游灾情更为严重，怀庆府城“决堤毁城”。河南（今洛阳）“塌城垣、公署、坛庙、民舍无算”。“怀庆等府，宣武等卫所塌城垣一千一百八十八丈，漂流军卫有司衙门、坛庙、民舍无算”。“怀庆等府，宣武等卫所塌城垣一千一百八十八丈，漂流军卫有司衙门、坛庙、民舍房屋共卅一万四千有奇，淹死者一万一千八百五十七，漂流骡马等畜一十八万五千四百六十九”。这样严重的灾害在其历史上是极为罕见的。

这年水灾之重，还可以从当时减免赋税的情况得到佐证。据《明实录》记载，因水灾免：山西潞城及孝义等十二州县共粮六万九十余石，草十三万六千三百八十余束。泽州（晋城）及曲沃等十六州县卫所，粮三万六千四百余石，草六万七千九百六十余束于内免十之七。河南免税粮子粒，共六十六万余石内十分之八。

3.1.4 结语

1482年洪水虽年代久远，但文献资料相对丰富，且几处洪水位资料真实可靠，沁河九女台河段洪峰流量14 000 m^3/s是合理的。

本次洪水有以下几个特点：一是量级特大，沁河九女台的洪峰流量相当于近百年来最大洪水（1895年5 270 m^3/s）的2.5倍，表明北方地区中小河流洪峰流量变幅是非常大的；二是降雨持续时间超长，连续长达几个月，因此洪水过程峰高量大，不同于一般陡涨陡落的类型；三是暴雨区主要停滞在黄河三花区间，与1958年、1982年比较，其位置偏北，但随着暴雨中心位置的移动各支流洪水形成错峰，因此在黄河干流没有造成大洪水。

3.2 山西西部清光绪元年六月十五日（"18750717"）特大洪水

清光绪元年农历六月十五日（1875 年 7 月 17 日），在黄河晋陕峡谷东侧、吕梁山以西的蔚汾河、湫水河、三川河、义牒河等黄河支流上发生了一次特大暴雨洪水。

该地区植被覆盖差，下垫面多属黄土丘陵或黄土丘陵沟壑区，水土流失严重，为黄河中游泥沙主要来源地区。暴雨区内的几条主要河流大致平行，由东北向西南流入黄河。

该次暴雨笼罩范围相对较小，强度大，历时约一天。洪水陡涨陡落，来势迅猛。洪水稀遇程度较高，在各调查河段均为 1875 年以来的首位洪水。

本次暴雨洪水资料较少，仅有 10 个调查河段，其中 6 个河段推算了洪峰流量，多数河段调查到一些雨、水、灾情资料。历史上兴县、临县、离石（永宁州）三县（州）志对这次暴雨洪水也有记载。

3.2.1 雨情

3.2.1.1 降水发生时间及过程

本次暴雨发生在清光绪元年农历六月十五日（1875 年 7 月 17 日），历时约一天。《临县志》载："夏六月十五日迟明，大雨如注达旦，湫河暴涨"。《永宁州志》（离石县）载："六月十五日卯刻，东北两川同时暴涨"。

3.2.1.2 雨区范围

该次降雨的大雨区在晋西沿黄的蔚汾河、湫水河、三川河等流域，大雨笼罩了兴县、临县、方山、离石、柳林等五县。暴雨中心在湫水河、义牒河流域。雨区范围还波及汾河上游、滹沱河部分支流及沿黄两岸部分地区。还应指出，同日在山西省东北部的阳高、天镇、浑源等县也分别得雨二至三寸[1]不等（山西巡抚鲍远深奏折）。雨区分布见图 3-4。

3.2.1.3 暴雨强度

这次降雨的强度很大，持续时间约 12 h。《临县志》有"大雨如注达旦"的记载。

3.2.2 水情

3.2.2.1 洪水发生时间及过程

暴雨与洪水都发生在 7 月 17 日，从文献资料可知，三川河与湫水河的洪水约在06:00暴涨。

3.2.2.2 洪峰流量

各河段洪峰流量见图 3-5 和表 3-5。其中，湫水河林家坪站流域面积 1 873 km^2，调查洪峰流量为 7 700 m^3/s，是实测最大洪峰流量 3 670 m^3/s（1967 年）的 2 倍多。三川河后大成站流域面积 4 102 km^2，洪峰流量 5 580 m^3/s，大于该站实测最大洪峰流量 4 070 m^3/s（1966 年）。

---

[1] 指雨水入土深度。

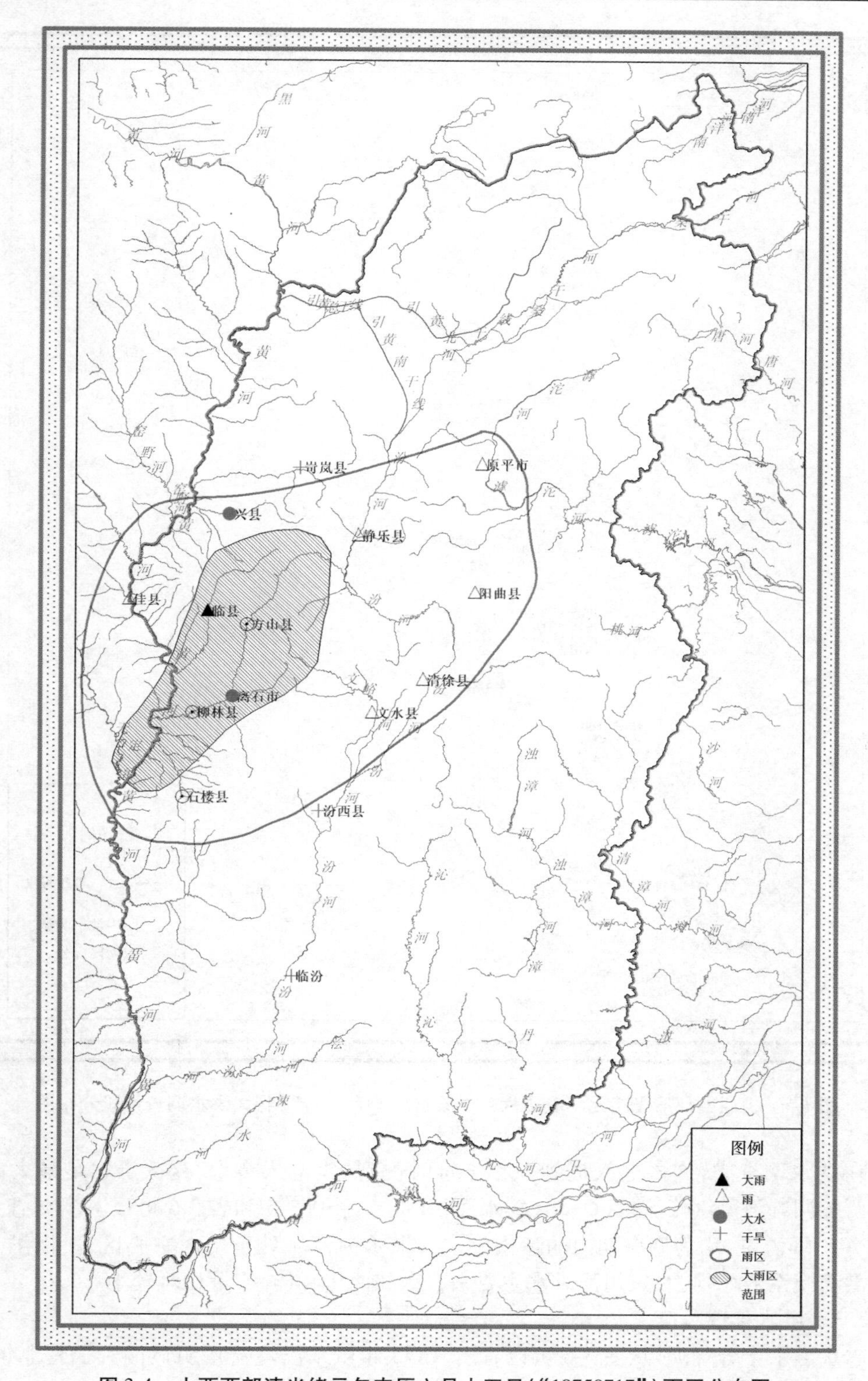

图3-4　山西西部清光绪元年农历六月十五日（"18750717"）雨区分布图

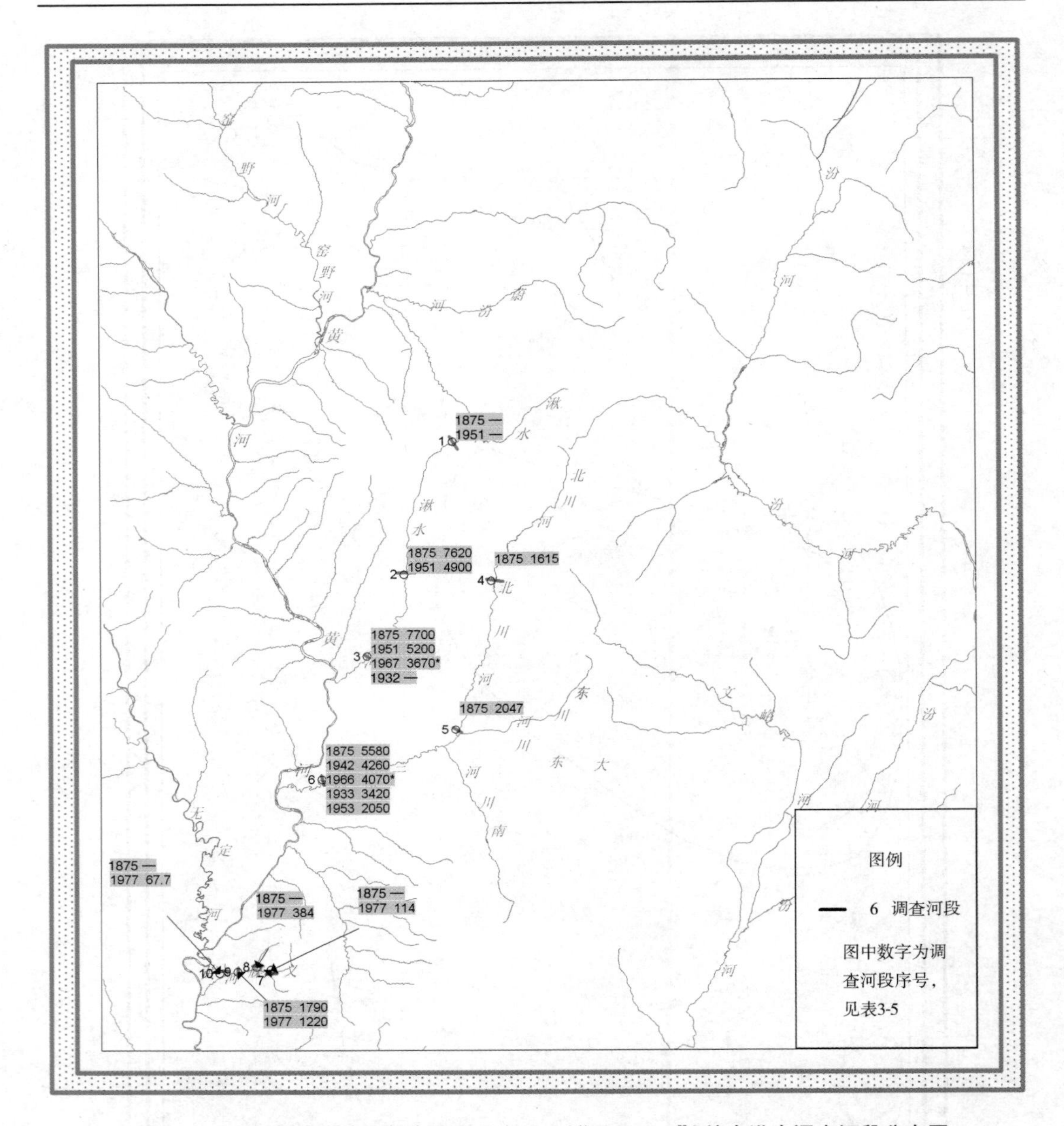

图 3-5　山西西部清光绪元年农历六月十五日（“18750717”）特大洪水调查河段分布图

在洪水调查中，许多老人提到该年洪水时说到“据老人传说，这次洪水是最大的”。从晋西各调查河段洪峰流量（Q_m）与集水面积（A）关系图 3-6 和表 3-6 可以看出调查到的 1875 年洪峰流量，均为调查期内的最大洪水。湫水河流域处于暴雨中心区，所以洪峰流量和洪峰模系数均很大，三川河洪水主要来自东北两川，洪峰流量相对较小。

3. 2. 2. 3　洪水稀遇程度

本次洪水十分稀遇，从图 3-6 可以看出，1875 年洪水洪峰流量明显偏大于其他年份。由表 3-6 可以看出，1875 年洪水在山西省西部诸河中至少是 1875 年以来的首位洪水。

表 3-5 "18750717"特大洪水调查成果

编号	调查地点				集水面积(km²)	调查成果		
	水系	河名	河段名	所在地点		发生时间	洪峰流量(m³/s)	可靠程度
1	沿黄支流	湫水河	白文镇	临县白文镇		7月17日	—	
2	沿黄支流	湫水河	青唐村	临县青唐村		7月17日	7 620	供参考
3	沿黄支流	湫水河	林家坪	临县林家坪	1 873	7月17日	7 700	较可靠
4	沿黄支流	北川河	班庄	方山县班庄村	800	7月17日	1 615	
5	沿黄支流	北川河	下水西	离石县下水西	1 440	7月17日	2 047	供参考
6	沿黄支流	三川河	后大成	柳林县后大成	4 102	7月17日	5 580	供参考
7	沿黄支流	西峪沟	留村	石楼县留村	30		—	
8	沿黄支流	曹家河	长岭	石楼县长岭村	33		—	
9	沿黄支流	义牒河	义牒	石楼县义牒	191		1 790	供参考
10	沿黄支流	郝家山沟	郝家山村	石楼县郝家山村	6.0		—	

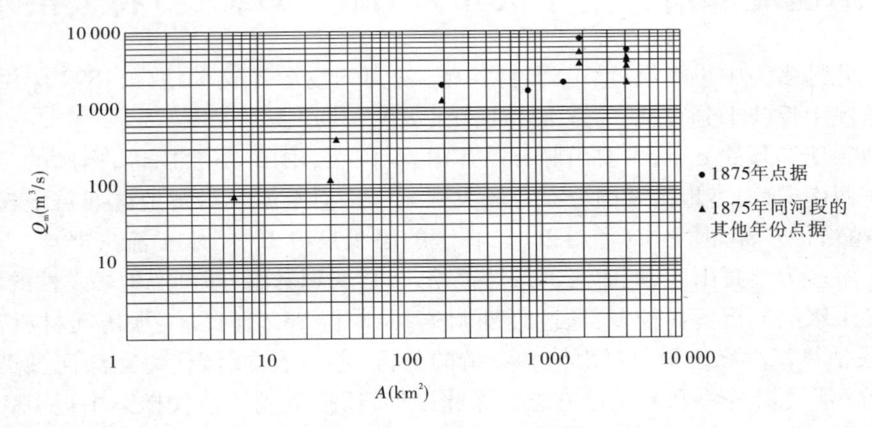

图 3-6 山西西部"18750717"特大洪水 $Q_m \sim A$ 关系图

表 3-6 各调查河段洪峰流量序位

河名	站名	集水面积(km²)	洪峰序位(年份/洪峰流量(m³/s))				
湫水河	林家坪	1 873	1875/7 700	1951/5 200	1967/3 670*	1932/—	
北川河	班庄	800	1875/1 615				
三川河	后大成	4 102	1875/5 580	1942/4 260	1966/4 070*	1933/3 420	1953/2 050
义牒河	义牒	191	1875/1 790	1977/1 220			
西峪河	留村	30	1875/—	1977/114			
曹家河	长岭	33	1875/—	1977/384			
郝家山沟	郝家山村	6.0	1875/—	1977/67.7			

注：* 为实测值。

3.2.3　灾情

本次洪水来势迅猛,洪水区各河均有不同程度的灾情。《兴县志》载"前令徐所筑护城实堤被冲坏十余丈",《临县志》载"湫河暴涨,漫天无涯,冲没河堤河神祠,水不及女墙者数尺,城内二道街房屋均被水伤。"《永宁州志》有"东北两川同时暴涨,水高三丈,淹没村舍地亩无算"的记载。洪水调查时,居民对这次洪水也有一些记忆和传说,如三川河沿岸的贺水、后大成一带老百姓反映,1875 年洪水进了房屋窑洞,家里水缸等物都漂了起来,有的房屋内墙壁上还留有水印。

3.2.4　结语

1875 年洪水发生范围虽较小,但来势迅猛,大雨区内各河至少是 1875 年以来的首位洪水。该场暴雨洪水,在山西西部地区有较好的代表性,对研究山西西部地区暴雨洪水有一定的参考价值。

3.3　山西北部清光绪十八年六月("189207")特大洪水

山西北部多为中小河流,桑干河、滹沱河、汾河均发源于这一地区,1892 年洪水在当地沿河居民中反映十分普遍,为近 100 年来最大的一场洪水。

该地区地形条件复杂,主要山脉有芦芽山、恒山、云中山、五台山等,山脉的走向大致呈东北—西南向,对本地区暴雨分布有较大影响。汾河上游及沿黄地区属黄土丘陵沟壑区,一般植被很差,汾河上游(兰村以上)林区的面积只占 10%,水土流失严重。桑干河、滹沱河上游多为土石山区,地面滞蓄条件很差,一旦遇到暴雨,即可产生暴发性的洪水。

这场洪水的分析资料较多,通过野外调查,共取得 56 个河段洪水访问材料,其中有 38 个河段估算了洪峰流量。对雨情和灾情的分析,主要依据《清代海河滦河洪涝档案史料》(简称《清代档案》)和有关地方志。除此以外,还搜集到了清代档案中近 100 个州县的"雨泽粮价"记载,有助于对雨情的分析。

3.3.1　雨情

3.3.1.1　**降雨发生时间及过程**

从清宫档案奏折及其他文献和调查资料中可知,7 月 9 日(农历六月十六日)至 8 月 22 日(农历闰六月三十日)一个半月期间内,山西省各地及邻省有关地区降雨时断时续、此停彼降、时大时小,属典型的淫雨天气,这期间有两次较大的降雨过程[1](见图 3-7)。

第一次暴雨发生在 7 月 9 ~ 15 日(农历六月十六日至二十二日)之间,降雨范围较大。除山西省外,还包括陕西、河南、河北、内蒙古等相邻省(区)的部分地区。其大雨区位置

[1]"雨泽粮价"情况中雨情记载,如"×县六月十七日至十九日得雨五寸",并非实际降雨深,而是指雨水入土深度。

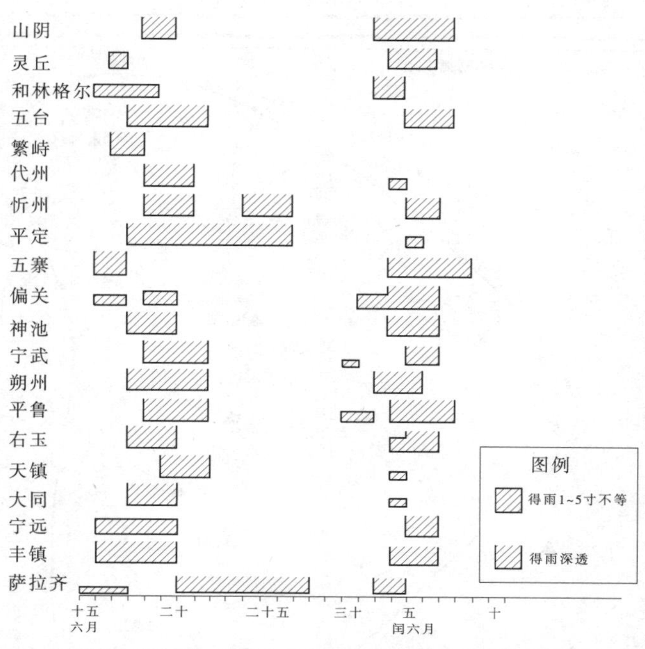

图3-7　1892年7月9日至8月22日各州县雨情图

主要在山西省北部地区的南洋河、桑干河、大清河及滹沱河上游。雨区分布如图3-8所示。

第二次暴雨发生在7月27～29日(农历闰六月四日至六日),降雨范围较第一次为小。大雨区主要在晋、陕、蒙交界带的内蒙托克托到陕西佳县黄河两岸及汾河上游与恢河一带。暴雨中心在宁武、静乐。雨区分布见图3-9。

3.3.1.2　雨区范围

本次降雨的第一次降雨过程雨区笼罩了整个山西省及邻省区的部分地区。大雨区范围分布在山西省东北部地区的南洋河、御河、桑干河上游、大沙河上游、汾河静乐以上及整个滹沱河流域,河北省境内的滹沱河黄壁庄以上、大沙河中上游、唐河中游及界河、漕河上游,与山西省交界的内蒙古自治区部分地区也在大雨区内。由调查洪水资料及文献资料分析可知,暴雨中心在晋冀两省交界处的清水河流域与大沙河中上游区。桑干河上游及相邻的南洋河流域也可能是又一暴雨高值区。

本次降雨的第二次降雨过程包括山西省大部分地区,陕西省的榆林、神木一带及内蒙古自治区的托克托和林格尔一带。大雨区分布在陕、晋、蒙交界带的托克托至佳县黄河两岸及其以东的汾河上游区与恢河流域,暴雨中心在宁武、静乐一带。据文献资料分析,在黄河以西的陕西省榆林地区也可能是另一暴雨高值区。

3.3.1.3　暴雨强度

许多文献资料对本次降雨的强度做了描述,如桑干河支流、御河上游相邻的内蒙古自治区察哈右翼前旗“前六月十五日下雨,下了七天七夜麻绳头雨……雨下了七尺深,地下塌了,人不能进”(《华北东北近五百年旱涝史料》);1892年闰六月初二李鸿章奏:“据永定河道……禀称,自六月十八日起,至二十四日连日大雨如注”;六月二十日载迁等奏:“易州……本年大雨自六月初旬,连续不止……雨势之滂沱,以十八至二十一日为尤甚”;

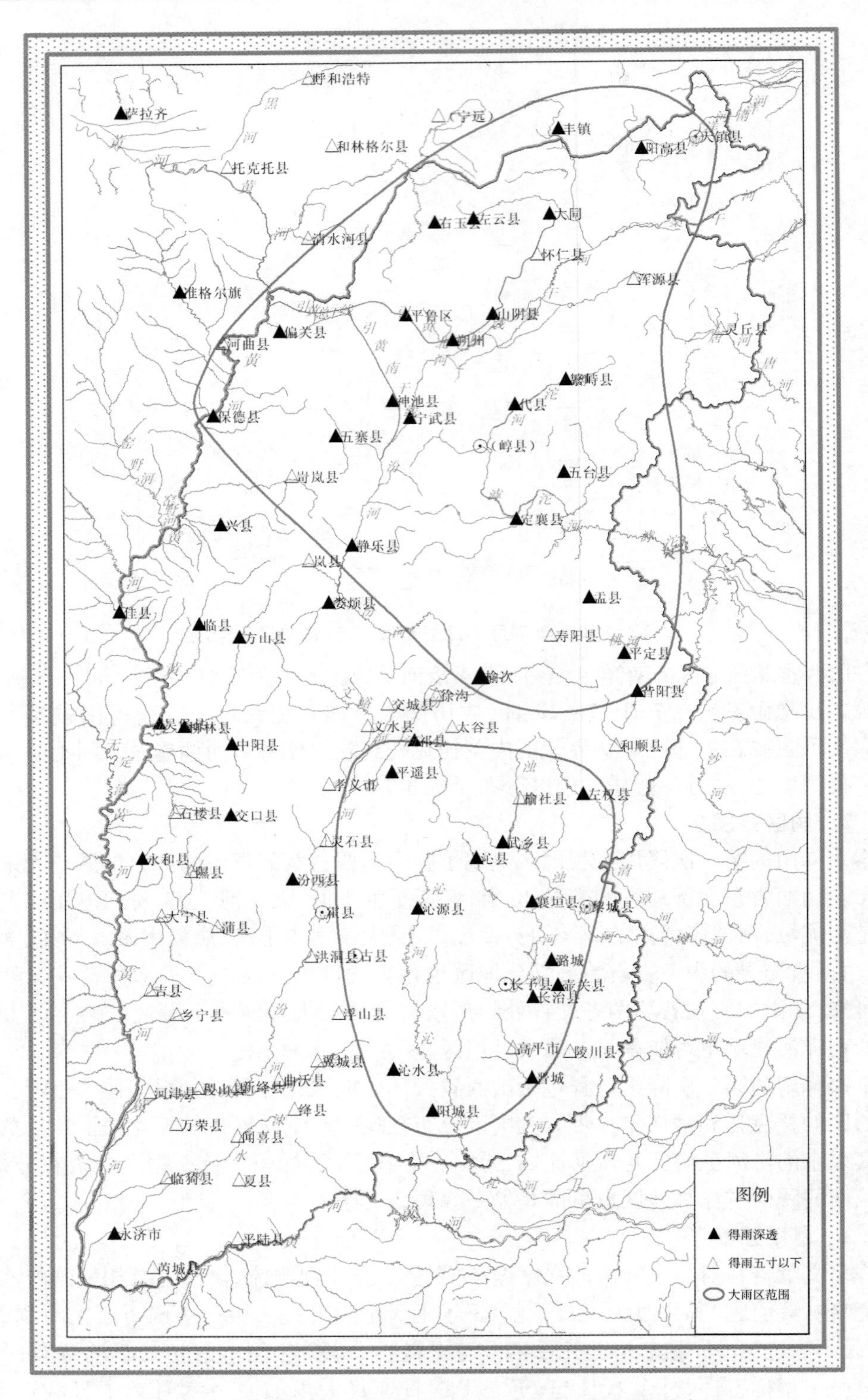

图 3-8　山西北部清光绪十八年六月（“189207”）雨区分布图

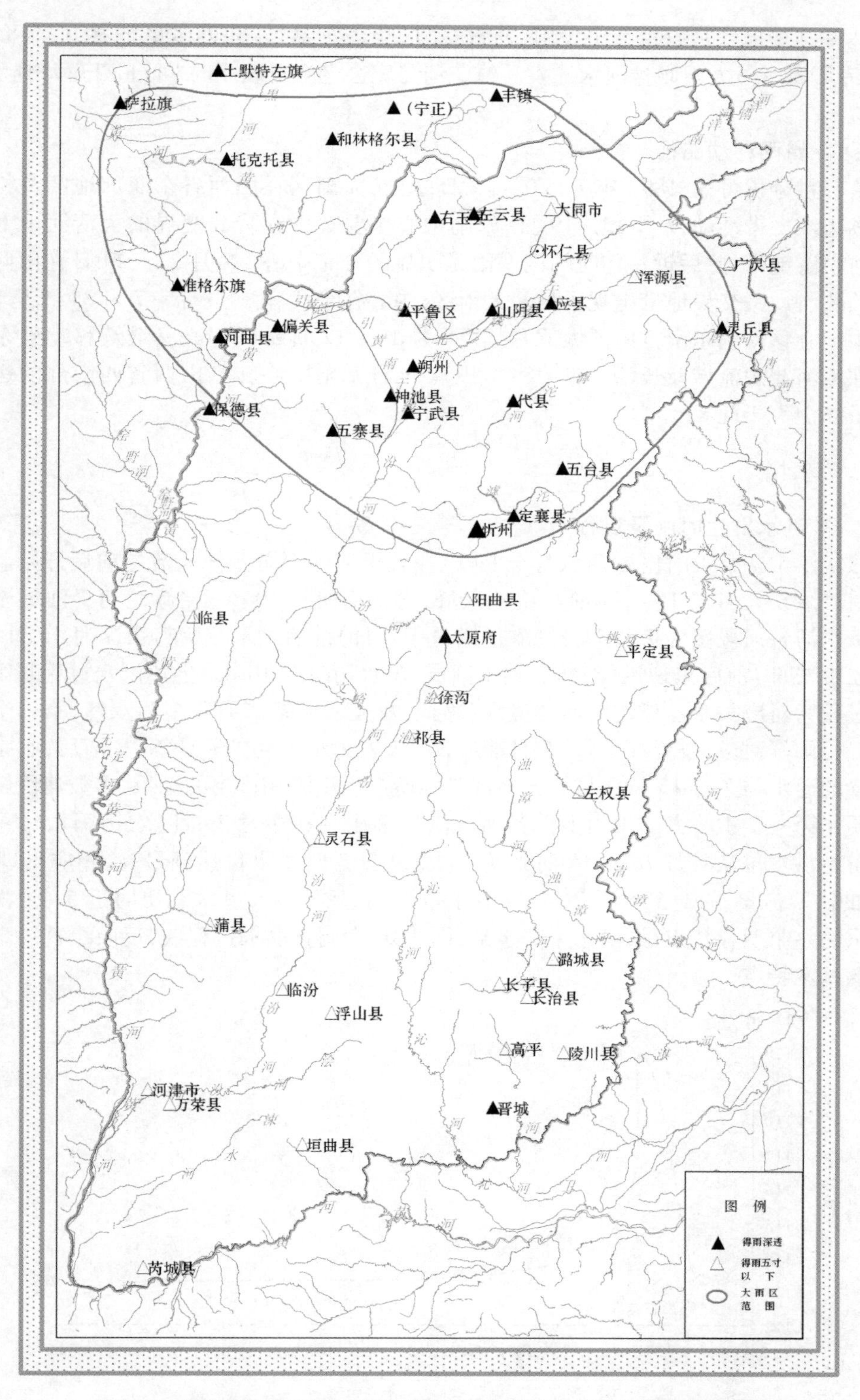

图3-9　山西北部清光绪十八年闰六月四日("18920727")雨区分布图

“保定、任县等地六月以后节次大雨,通宵达旦,势若倾盆”。陕西省的榆林、府谷润六月初五(7 月 28 日)大雨倾盆河水涨发。滹沱河秘家会老乡反映当时“下了四五天铺天盖地大雨”。

3.3.1.4　暴雨移动路径

由资料分析可知,1892 年 7 月 9～15 日暴雨,大雨区在山西省东北部地区及相邻的河北省边缘一带活动,7 月 15～19 日,暴雨中心主要集中在晋冀交界的大清河中上游及滹沱河中游地带,此后近一旬时间内暴雨无明显的分布中心。7 月 27～29 日在山西省西北部的陕、晋、蒙交界地带出现了另一大雨区,中心在宁武、静乐一带。7 月 31 日至 8 月 2 日暴雨中心移动到东南方向的太原盆地。8 月 10～12 日暴雨中心又继续移动到东南方向的浊漳河北源流域及长治一带。8 月 19～21 日暴雨中心转到山西省西南部的运城盆地并最终消失于此。

3.3.2　水情

3.3.2.1　洪水发生时间及过程

该次洪水 7 月 10 日(农历六月十七日)在桑干河中下游及洋河流域前后开始起涨,7 月 16 日(农历六月二十三日)前后出现洪峰,洪水历时约 10 d。在滹沱河界河铺至省界段及清水河各河段多为 7 月 11 日(农历六月十八日)前后洪水开始起涨,7 月 15 日(农历六月二十二日)前后出现洪峰,然后洪水渐退,洪水历时约 10 d。上述洪水过程与第一次降水过程为对应关系。滹沱河河北境内各河段及大清河系诸河段多为双峰,第一个洪峰与第一个雨峰对应,发生在 7 月 15 日前后;第二个洪峰发生在 7 月 20 日前后,它是第一个洪峰的退水与 7 月 15～19 日间该地区降雨所产生洪峰相遭遇的结果,多数河段第二个洪峰要比第一个洪峰大。汾河上游各河段洪峰多出现在 7 月 29 日(农历闰六月六日)。下静游站洪水位从 7 月 28 日 15 时开始上涨,29 日 3 时洪水位达到最高,相应出现4 500 m^3/s 的洪峰流量,一直到 8 月 2 日 10 时水位退到起涨水位,洪水总历时近 5 d。汾河上游洪水的一个明显特点是,洪水来势迅猛,图 3-10 为调查洪水过程线,反映了这一地区大洪水的基本特点。

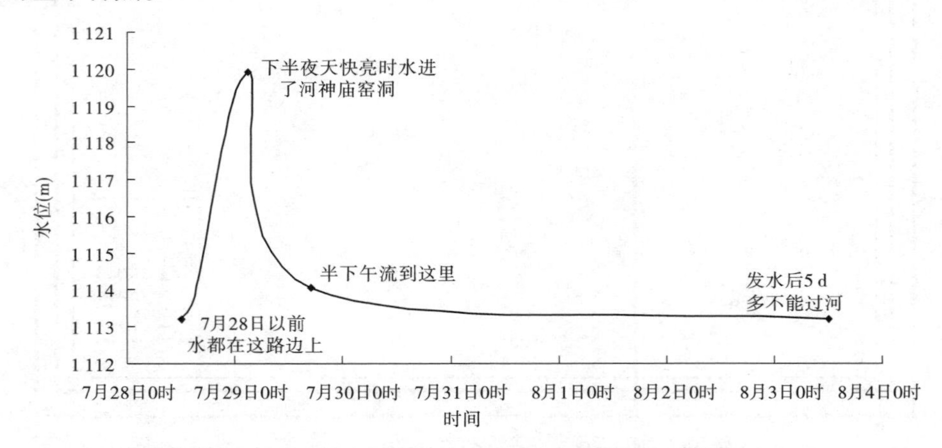

图 3-10　“18920709”特大洪水汾河下静游河段水位过程线

3.3.2.2　洪峰流量

洪水主要发生在永定河、大清河、滹沱河，汾河上游山区，对其中的38个河段估算了最大洪峰流量。各河段调查洪峰流量如表3-7所示。

表3-7　"18920709"特大洪水调查洪水成果

编号	调查地点				集水面积（km^2）	调查成果			
	水系	河名	河段名	所在地点		发生时间	洪峰流量（m^3/s）	可靠程度	稀遇程度
1	永定河	桑干河	小渡口	阳原县小渡口村	19 700	7月14日前后	—		1871年来第2位
2	永定河	桑干河	石匣里	阳原县石匣里村	23 944	7月14日前后	4 800	供参考	1801年来第4位
3	永定河	恢河	阳方口	宁武县阳方口镇	318		6 310	供参考	
4	永定河	恢河	许家河	朔州市朔城区	897		1 710		
5	永定河	西洋河	大营盘	天镇县新平堡镇	533	7月14日前后	1 490		
6	永定河	东洋河	石板台	尖和县石板台村	2 030	7月14日前后	—		
7	大清河	沙河	法华	阜平县法华村	2 182		—		1794年来第2位
8	大清河	沙河	阜平	阜平县城关	2 200		7 570	供参考	1892年来首位
9	大清河	沙河	东庄	阜平县东庄村	2 614		—		1892年来首位
10	大清河	沙河	郑家庄	曲阳县郑家庄	3 770		—		1892年来第2位
11	大清河	冉庄河	三楼	灵丘县独峪乡	682		2 840		1892年来首位
12	大清河	胭脂河	新房	阜平县新房村	364		—		1892年来第3位
13	大清河	界河	石井	满城县石井镇	262	7月15日	2 700	供参考	1892年来首位
14	大清河	漕河北支	墨斗店	易县破仑乡	91	7月14日前后	2 620	供参考	1892年来首位
15	子牙河	滹沱河	界河铺	原平县王家庄乡	6 031	7月10日以后	3 170	供参考	1892年来首位
16	子牙河	滹沱河	瑶池	五台县建安乡	9 141	7月	2 540	供参考	
17	子牙河	滹沱河	刘家庄	五台县神西乡	9 466	7月	2 760	供参考	
18	子牙河	滹沱河	段家庄	五台县神西乡	9 541	7月	2 670	供参考	1794年来第2位
19	子牙河	滹沱河	坪上	五台县神西乡	11 750		3 980	供参考	1794年来第2位
20	子牙河	滹沱河	边家庄	五台县神西乡	11 811		3 630		
21	子牙河	滹沱河	南庄	定襄县南庄镇	11 936	7月15日	3 650	较可靠	1794年来第3位
22	子牙河	滹沱河	王家庄	盂县北下庄乡	13 250	7月9日以后	3 820		
23	子牙河	滹沱河	鳌头	盂县梁家寨乡	13 800		5 240	供参考	
24	子牙河	滹沱河	活川口	盂县梁家寨乡	13 965		4 980	供参考	1794年来第2位
25	子牙河	滹沱河	大坪	平山县杨家桥乡	14 095	7月	—		
26	子牙河	滹沱河	康庄	平山县杨家桥乡	14 100	7月20日	—		

续表 3-7

编号	调查地点				集水面积（km²）	调查成果			
	水系	河名	河段名	所在地点		发生时间	洪峰流量（m³/s）	可靠程度	稀遇程度
27	子牙河	滹沱河	小觉	平山县小觉镇	14 659	7月	5 500	供参考	1794年来第3位
28	子牙河	滹沱河	秘家庄	平山县小觉镇	14 880	7月11～21日	5 890	较可靠	
29	子牙河	滹沱河	罗家会	平山县下槐镇	15 180	7月	6 600	供参考	
30	子牙河	滹沱河	西黄泥	平山县下槐镇	15 750	7月21日	—		
31	子牙河	滹沱河	洪子店	平山县平山镇	15 750	7月	6 930	较可靠	1794年来第4位
32	子牙河	滹沱河	西岗南	平山县岗南镇	16 221	7月	6 930	较可靠	1794年来第4位
33	子牙河	滹沱河	黄壁庄	获鹿县黄壁庄镇	23 272	7月	—		
34	子牙河	阳武河	红池	原平市段家堡乡	272	7月14日	—		
35	子牙河	阳武河	芦庄	原平市段家堡乡	746	7月14日	2 740	较可靠	1892年来首位
36	子牙河	永兴河	观上	原平市楼板寨乡	150	7月	2 240	较可靠	1892年来首位
37	子牙河	清水河	耿家会	五台县陈家庄乡	2 370	7月12日	4 160	供参考	1794年来第3位
38	子牙河	柳林河	建都口	平山县下槐镇	176	7月	—		
39	子牙河	险益河	王岸	平山县古月镇	416	7月	1 470	供参考	
40	子牙河	支都河	窑上	平山县西柏坡乡	152	7月	1 070	供参考	
41	黄河	青莲河	窑子上	五寨县前所乡	131		675		
42	汾河	汾河	宁化堡	宁武县化北屯乡	1 056	7月29日	—		1892年来首位
43	汾河	汾河	沙会	静乐县鹅城镇	2 799	7月29日	—		
44	汾河	汾河	下静游	娄烦县静游镇	4 423	7月29日	4 500	可靠	1892年来首位
45	汾河	汾河	罗家曲	娄烦县杜交曲镇	5 357	7月29日	4 220	供参考	
46	汾河	汾河	下槐	太原市尖草坪区	7 504	7月29日	4 000	供参考	
47	汾河	汾河	上兰村	太原市尖草坪区	7 705	7月29日	3 000	供参考	1892年来首位
48	汾河	大石洞沟	沤泥湾	宁武县涔山乡	94		818	较可靠	
49	汾河	西马坊河	坝门口	宁武县化北屯乡	156		497		
50	汾河	鸣水河	杜家村	静乐县杜家村镇	230		—		1892年来首位
51	汾河	东碾河	城关	静乐县鹅城镇城关	506	7月29日	—		
52	汾河	西碾河	上高崖	静乐县王村乡	92.5	7月29日	—		
53	汾河	西河	娄烦	娄烦县城关镇	572		519		
54	汾河	西河	西果园	娄烦县城关镇	665		637		
55	汾河	涝河	河堤	临汾县大阳镇	479		1 200		
56	沁河	端氏河	端氏	沁水县端氏镇	807	7月11日	1 790	较可靠	

在永定河流域,洪水主要来自桑干河及洋河中上游;大清河水系洪水主要来自大沙河中上游地区;滹沱河洪水主要来自界河铺以上流域及支流清水河;汾河洪水主要来自静乐以上。

通过分析汾河和滹沱河该年洪水的沿程变化情况可以发现,随着集水面积的增大,洪峰流量反而出现递减的反常现象。这可能是大暴雨的范围比较局部,各水系的洪水主要来源于上游山区,向下游演进过程中沿程坦化的结果。在一些小流域,调查到的洪峰值很大。例如:漕河墨斗店河段,集水面积91.0 km^2,洪峰流量2 620 m^3/s。恢河阳方口河段,集水面积318 km^2,洪峰流量6 310 m^3/s。中、小流域最大洪峰流量择要列于表3-8。

表3-8　山西北部"18920709"特大洪水中、小流域洪峰流量

水系	河名	河段名	集水面积(km^2)	洪峰流量(m^3/s)
大清河	漕河北支	墨斗店	91	2 620
汾河	大石洞沟	沤泥湾	94	818
黄河	青莲河	窑子上	131	675
子牙河	永兴河	观上	150	2 240
子牙河	支都河	窑上	152	1 070
大清河	界河	石井	262	2 700
永定河	恢河	阳方口	318	6 310
子牙河	险益河	王岸	416	1 470
汾河	涝河	河堤	479	1 200
永定河	西洋河	大营盘	533	1 490
大清河	冉庄河	三楼	682	2 840
子牙河	阳武河	芦庄	746	2 740
沁河	端氏河	端氏	807	1 790
大清河	大沙河	阜平	2 200	7 570

3.3.2.3　洪水稀遇程度

桑干河上游支流恢河洪水量级很大,阳方口河段洪峰流量接近全国最大洪水同等面积的外包值。据当地居民反映,"光绪十八年(1892年)洪水最大,此后没有比它更大的洪水",在桑干河的下游石匣里则为1801年以来的第4位大洪水。

大清河水系的漕河、界河、大沙河,为近百年来的最大洪水。

滹沱河上游界河铺为近百年来首位洪水,南庄以下则居于1794年以来第2位或第3位大洪水,到洪子店为1794年以来第4位洪水,到黄壁庄,已属于一般的洪水。

汾河上游上兰村以上,为近百年内调查到的首位洪水。但据当地居民反映,在道光和同治年间曾发生过类似的大洪水,因缺少具体的洪痕水位,难以作出比较(见图3-11)。

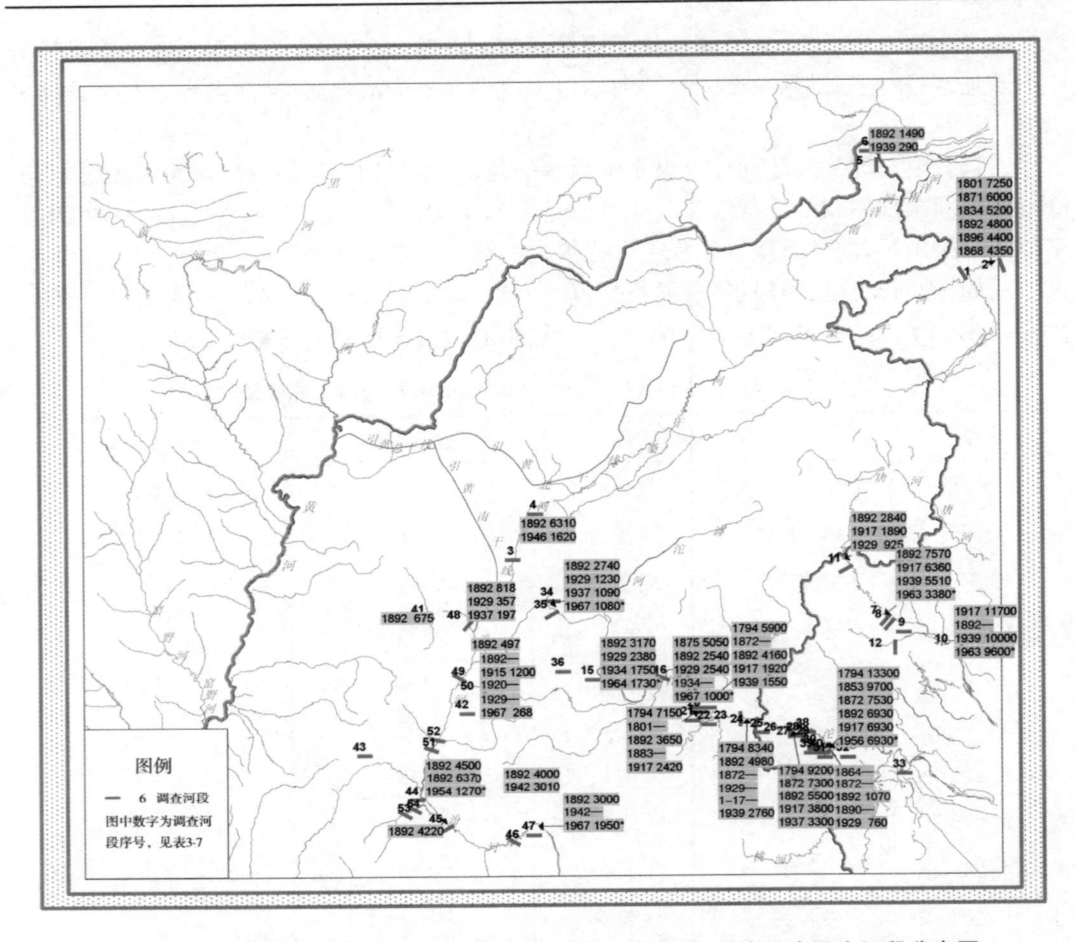

图 3-11　山西北部清光绪十八年六月十六日(“18920709”)特大洪水调查河段分布图

3.3.3　灾情

本次暴雨洪水量级大，分布广，持续时间长，山西省及相邻各省的许多地区均遭受了严重灾害，特别是山西省北部地区及相邻的河北省京广铁路以西地区灾害更甚。

汾河上中游灾情亦重，《静乐县志》记载：“汾水大涨，淹没两岸民田无数”。据实地查勘，太原到清徐河段两岸淹没耕地、漂没村庄房屋以及淹毙人口甚多，洪泛区面积达 23.6 万亩。

山西北部桑干河、滹沱河流域多为山区，滨河堤防、田亩、村庄多被冲毁，有 30 余州县受灾。该年在河北省境，亦出现较重的灾情，顺天、保定、河间、天津等府属，平地水深数尺至丈余不等，田亩多被淹没，房屋倒塌甚多。

3.3.4　结语

1892 年洪水降雨范围广，在 20 d 内有两次大的降雨过程，由此在山西省东北和西北两地区产生了大洪水。在山西省北部中小流域，该次洪水的稀遇程度居 1892 年以来之首位。

本次洪水调查资料和历史文献资料相对较多,经上下游对比,大部分河段的调查洪水成果比较合理。

3.4 山西南部清光绪廿一年六月十六日("18950806")特大洪水

1895年8月,山西省南部地区发生了一场近百年来的最大洪水,汾河、沁河、丹河于8月8日同时出现洪峰,汾河柴庄站最大流量3 520 m^3/s,沁河五龙口站最大流量5 940 m^3/s,丹河沙河站最大流量3 450 m^3/s。

汾河是山西省境内最大的一条河流,集水面积39 471 km^2,发育于太行山、吕梁山、太岳山之间,流经太原盆地、临汾盆地,两侧支沟众多,河道平缓,干流平均比降1.11‰,于河津县境汇入黄河。沁河为黄河三花区间北岸的最大支流,发育于太岳山与太行山之间,集水面积13 532 km^2,属山溪性河流,坡陡流急。丹河是沁河的主要支流,于河南省沁阳县境汇入沁河。虽然汾河流域面积是沁河流域面积的3倍,但由于河道特征和地形条件的显著差异,沁河洪峰流量常大于汾河。

这场洪水在汾河、沁河以及沿黄小支流共调查到14个河段洪水资料,有13个河段估算了洪峰流量。与此同时,根据清代档案、地方志,以及私人家书或"账本"等所搜集到的有关当年雨情、水情的记载,均有助于对该场洪水的特征作出综合分析。

3.4.1 雨情

3.4.1.1 降雨发生时间及过程

汾河汾城史村《漂大王殿碑记》明确记载了暴雨"降于六月十六日午刻,止于十八日早晨"。从"清代档案"中"雨泽粮价"可以大致看出该次大雨的起止时间和空间分布情况。"雨泽粮价"中雨情的记载如"赵城六月十一日至十二日得雨四寸,十六至十八日得雨深透"(以雨水入土深度来反映雨量的大小)。由70个州县"雨泽粮价"记载可以看到,在六月十六日至十九日期间,有一次集中的降雨过程(见图3-12),在汾河流域平遥以南地区,降雨多从六月十六日开始,十八日结束(8月6~8日),历时3 d左右。随着雨区东移,沁河以及丹河流域降雨多从六月十七日开始,十九日结束。

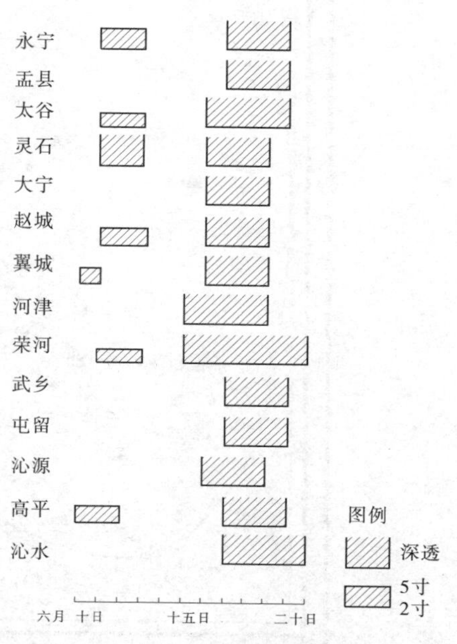

图3-12 1895年六月十日至二十日山西南部部分县雨情图

从洪水发生时间看,与降雨发生的时间吻合。汾河、沁河的中上游在六月十八日(8月8日)洪水暴涨,沁河下游武陟、河内等地于六月十九日出现溃堤漫溢,各河流几乎同时暴发洪水,总的来看大雨起止时间在地区上比较一致。

3.4.1.2　雨区范围

根据各地“雨泽粮价”中雨情的记载，大体可以看出该场大雨的空间分布情况（见图3-13）。从图3-13可以看到，雨区覆盖了山西省西起三川河、汾河太原以及滹沱河干流

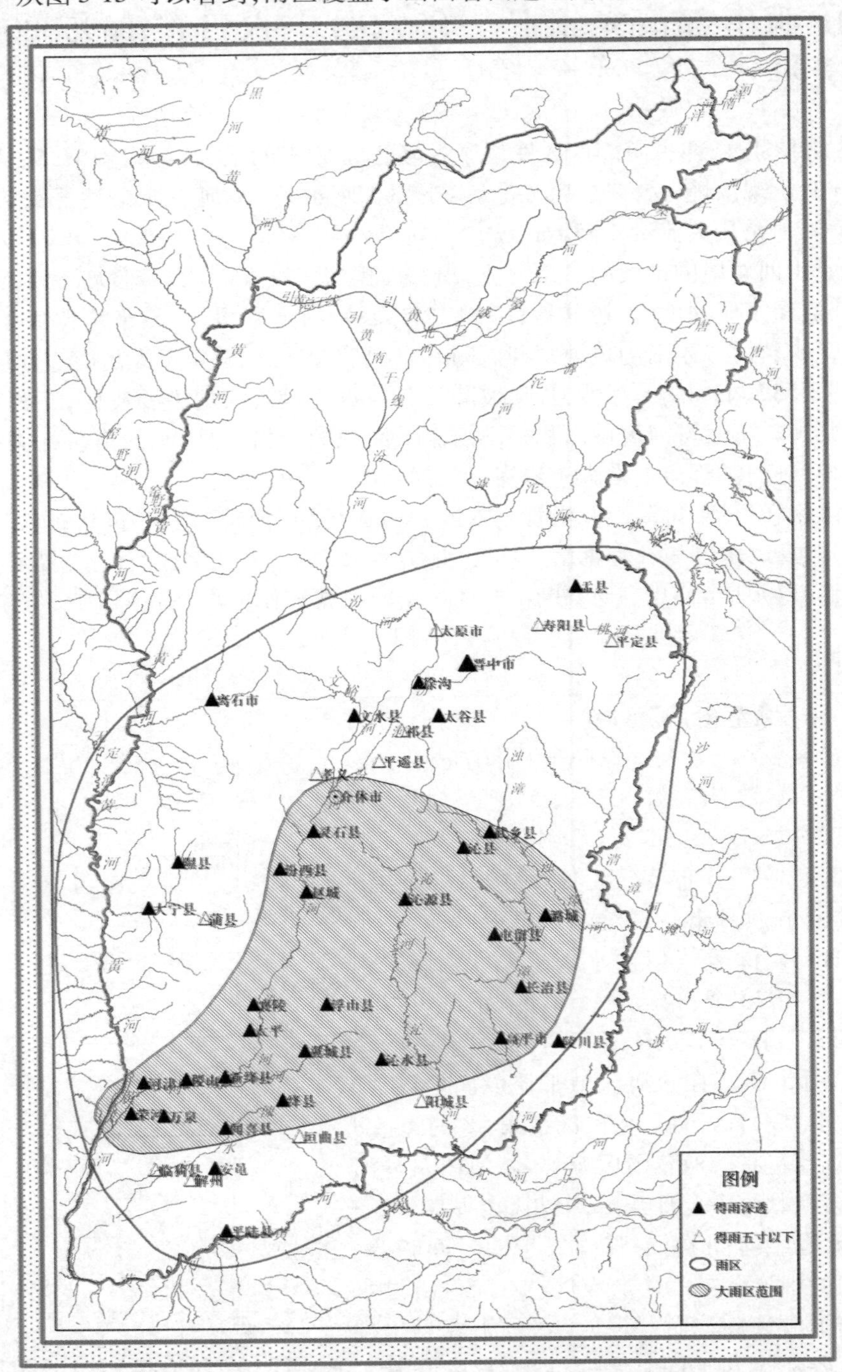

图3-13　山西南部清光绪廿一年六月十六日（“18950806”）雨区分布图

下游以南的大部分地区，而暴雨中心则位于汾河下游东侧的涝河、浍河、浍河以及沁河流域和浊漳河的上游。

3.4.1.3 暴雨强度

从所搜集的资料分析，即使在暴雨中心地带，本次降雨的强度也并非特大，但降雨在时程和地区分配上比较均匀。如汾河下游汾城（今襄汾）《漂大王殿碑记》记述："六月间大雨施行。降于十六日午刻，止于十八日早晨"；新绛县大李树碑文中有"光绪二十一年大雨伤坡"的记载；位于暴雨中心区的浍河南合理庄老乡反映："光绪二十一年大雨三天三夜"。当时署理山西巡抚员风林奏："长子县禀报……因六月间连朝大雨，山水河水同时并发……"

3.4.2 水情

3.4.2.1 洪水发生时间及过程

本次洪水各河多从8月6日开始涨水，8月7日涨率增大，至8月8日，汾河、沁河相继出现洪峰。在汾河下游柴庄河段调查到本次洪水的涨落过程：8月7日15时洪水陡涨，8日21时水位最高，相应洪峰流量3 520 m^3/s，以后水位渐落，至8月15日零时水位基本落平，洪水历时约7 d，水位过程见图3-14。

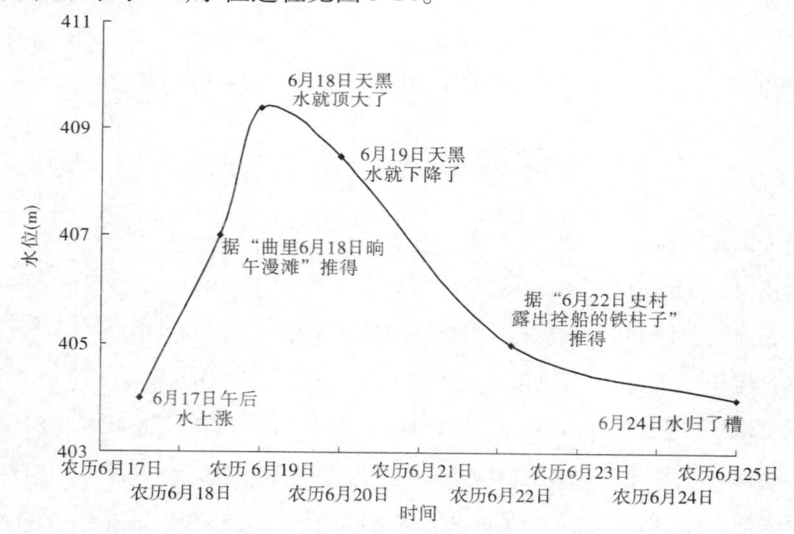

图3-14 "18950806"特大洪水汾河柴庄站洪水水位（大沽基面）过程线

3.4.2.2 洪水峰量

各主要河段调查洪峰流量见表3-9。从表3-9可以看出，汾河干流柴庄至河津河段，虽有浍河加入，但此段属平原河道，洪峰削减量大，故二站洪峰流量相差不大。汾河支流涝河与浍河流域面积都不大，由于处于本次暴雨中心地带，洪峰流量较大。沁河五龙口以上为山区，大雨区基本笼罩全流域，加之暴雨出现的时间上游早于下游，造成上下游洪水叠加，因此虽流域面积较汾河小很多，但洪峰流量却比汾河大。各河段调查洪水成果见表3-10。

表 3-9 “18950806”特大洪水各主要河段调查洪峰流量

水系	河名	河段名	集水面积(km²)	洪峰流量(m³/s)	可靠程度
汾河	汾河	史村	33 528	3 620	较可靠
汾河	汾河	柴庄	33 932	3 520	可靠
汾河	汾河	河津	38 723	3 970	供参考
汾河	涝河	东河堤	479	2 820	
汾河	洰河	南合理庄	322	2 400	供参考
沁河	沁河	下河村	7 273	5 030	较可靠
沁河	沁河	五龙口	9 245	5 940	可靠

表 3-10 “18950806”特大洪水调查洪水成果

编号	调查地点				集水面积(km²)	调查成果			
	水系	河名	河段名	所在地点		发生时间	洪峰流量(m³/s)	可靠程度	稀遇程度
1	沿黄支流	亳清河	皋落	垣曲县皋落乡	114		1 990		
2	沿黄支流	亳清河	长直	垣曲县长直乡	308		1 950		
3	汾河	洪安涧河	北营	洪洞县冯张村			—		
4	汾河	涝河	东河堤	临汾县郭行村	479		2 820		
5	汾河	洰河	南合理庄	临汾县大阳镇	322	8 月	2 400	供参考	
6	汾河	浍河	香邑	侯马市凤城乡	1 900	8 月	2 600		
7	汾河	汾河	史村	襄汾县新城镇	33 528	8 月 8 日	3 620	较可靠	1843 年以来首位
8	汾河	汾河	柴庄	襄汾县新城镇	33 932	8 月 8 日	3 520	可靠	1843 年以来首位
9	汾河	汾河	河津	河津县黄村	38 728		3 970	供参考	1843 年以来首位
10	沁河	阳城河	涝泉	阳城县白桑乡	818	8 月 8 日	1 960	供参考	
11	沁河	沁河	下河村	阳城县润城镇	7 273	8 月 8 日	5 030	较可靠	1482 年以来第 3 位
12	沁河	沁河	金滩村	阳城县东冶镇	8 731	8 月 8 日	5 700	供参考	
13	沁河	沁河	五龙口	济源县庄村	9 245	8 月 8 日	5 940	可靠	
14	沁河	丹河	沙河	晋城市高都镇	1 299	8 月 8 日	3 450	供参考	1867 年以来首位

3.4.2.3 洪水稀遇程度

汾河下游娄庄吕文稭家书记载:“光绪二十一年六月十九日汾水大发至咱门前,比二十三年(道光)大二尺……",1954年在新绛县中社村调查时,73岁农民李清泰说:"光绪二十一年我父亲已经81岁了,他说从来未见过那样大的水"(李清泰之父生于清嘉庆十八年,即1813年)。

沁河下河村河段调查洪水资料中有自明成化十八年(1482年)至光绪二十一年间共六次大水的指水碑或墙记,本次洪水排位第三。"清代档案"中该年洪水记载"查本年沁河异涨,为向来所未有"。

从图3-15也可明显看出,大多数河段本年洪峰流量都比其他年份洪峰流量大。

各主要调查河段历次大洪水洪峰流量及其序位分布见图3-16,结合文献记载和调查访问记录,该年洪水在山西南部地区,沁河流域下河村以下和汾河流域柴庄以下,其重现期接近200年。

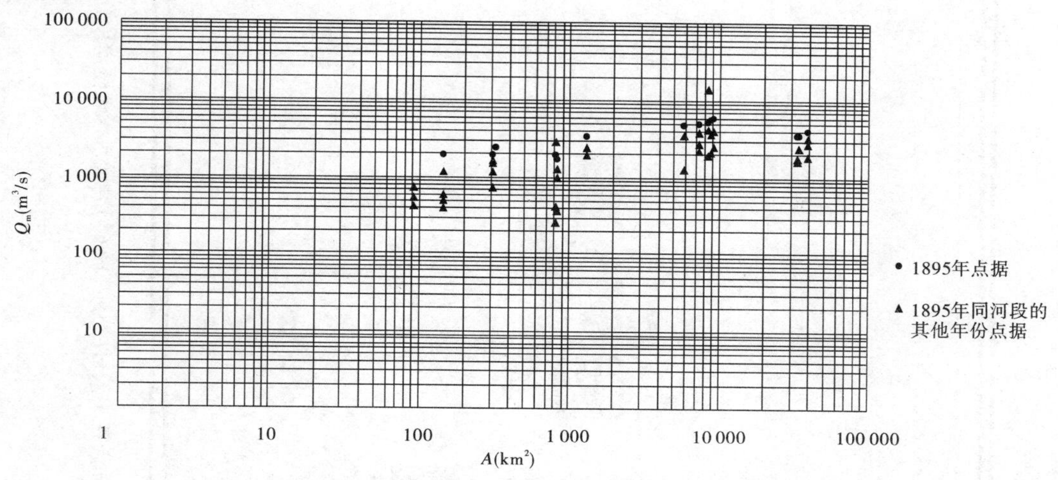

图3-15　山西南部地区"18950806"特大洪水 $Q_m \sim A$ 关系

3.4.3　灾情

这场洪水所造成的灾害在地方志、碑文、墙记及"清代档案"中都有记载。汾河下游《绛州志》载"汾浍暴涨,房屋倒塌无算";在新绛县南里村庙壁上记有"六月汾水异涨,沦塌民房四百余间,庙里戏房,戏楼尽已泡塌";沁河下游,由于"沁河异涨,……水高于堤,人力难施,以致(沁阳、武陟)两县同时失事"。漳河上游长子县"山水河水同时并发,或浸灌衙署,或冲塌民房,淹毙人口,或田禾被损"。

从以上记载可以看出,暴雨区范围各条河流均有不同程度的洪水灾害,只是由于历史条件所限,没有较系统全面的记载而已。

3.4.4　结语

1895年洪水在汾河下游及沁河中下游为近百年来首位洪水,记载本场洪水的资料较多,各种资料反映的雨、水情况相互吻合,各河段调查洪峰流量进行了上下游及干支流的平衡分析,故本场洪水成果较为可靠。

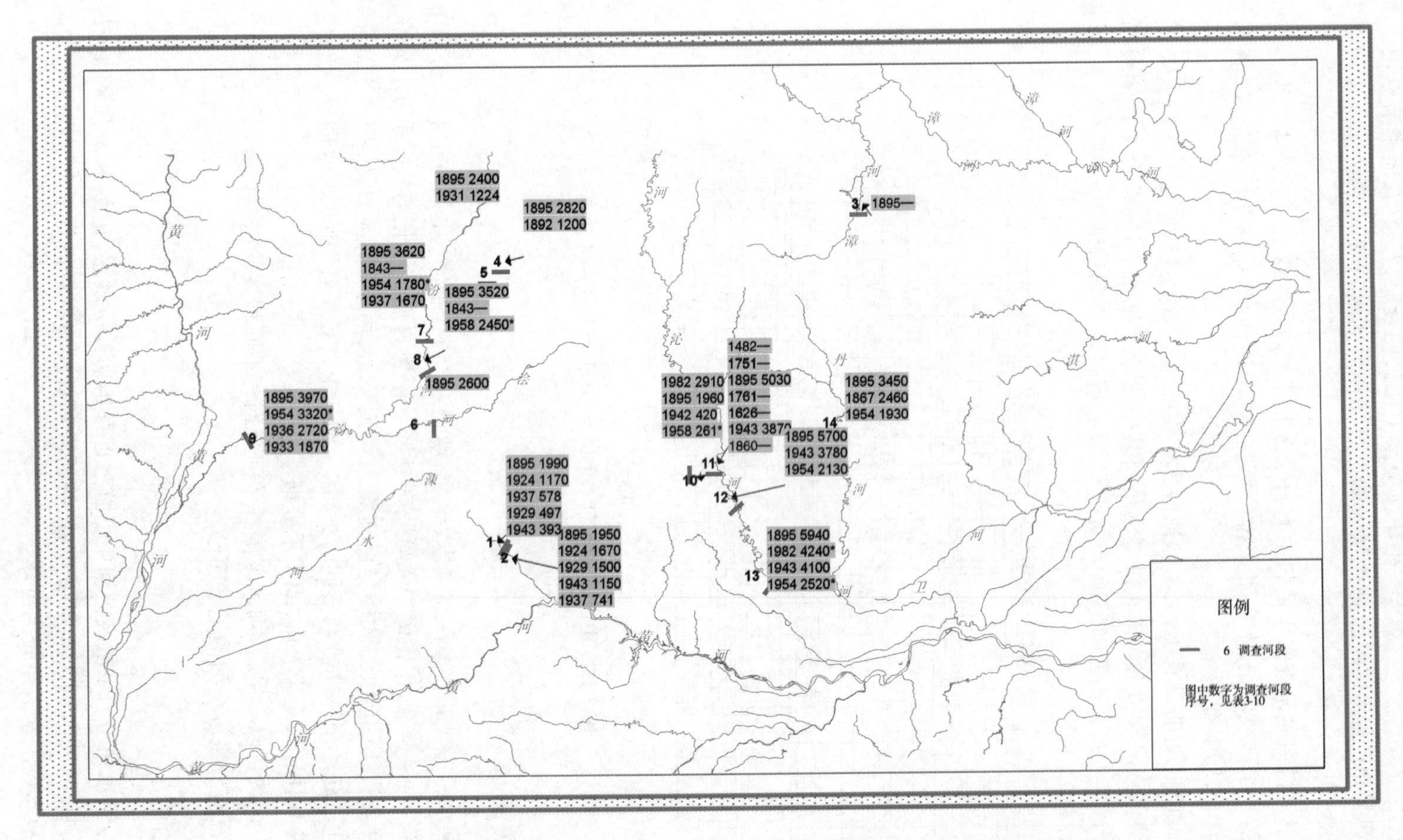

图 3-16 山西南部清光绪廿一年六月十六日（“18950806”）特大洪水调查河段分布图

3.5　山西东南部“19820802”特大暴雨洪水

1982年7月29日至8月4日,山西省普降暴雨。有68个县7 d内累计降水量超过100 mm,16个县超过200 mm。其中,阳城、垣曲、平顺、晋城、沁水、绛县、翼城、陵川、浮山等县普降大暴雨,24 h降雨量超过100 mm,阳城、垣曲境内出现24 h降雨量超过200 mm的特大暴雨区。

此次降雨过程山西省主雨区在沁河流域,它是黄河流域三花区间大范围暴雨的组成部分,暴雨范围同时覆盖了海河流域南运河上游和淮河沙颍河上游等广大地区。三花区间暴雨中心在河南省伊河的禹山站一带,山西省特大暴雨中心在沁河中下游西侧区域。累计次降水量大于200 mm的中心有多个,覆盖山西省大清河、滹沱河、南运河、汾河、涑水河、三门峡至沁河沿黄各支流、沁河及丹河中下游。其中,沁河流域下游暴雨中心次降雨量超过500 mm,暴雨中心位于阳城县西交雨量站,降水量达599.2 mm;南运河暴雨中心次降雨量超过450 mm,暴雨中心位于黎城县石城雨量站,降水量达469.1 mm;沁河、丹河下游,次降水量超过350 mm;三门峡至沁河沿黄支流区间出现降水量超过300~350 mm的高值区。暴雨范围之大、历时之长、中心雨量强度之大,是山西省新中国成立以来前所未有的。

8月2日,山西省沁水县、阳城县一带发生特大洪水的主要区域,位于东经112°~113°,北纬35°~36°。在王必至五龙口之间的沁水河、护泽河、芦苇河及沁河干流均产生了罕见的特大洪水。洪水范围内大部属土石山区,海拔在1 000 m左右,阳城县以西的中条山山脉最高海拔2 300 m,河流两岸多为岩石和石壁,河床大部由砂卵石、间有块石、砾石组成。调查河段最大洪峰流量4 100 m^3/s,发生在沁河干流的沁水县郑庄河段;沁水河小岭底河段流域面积仅313 km^2,调查洪峰流量达2 870 m^3/s,为该河流1918年以来有历史调查洪水的首位;沁河干流润城水文站实测洪峰流量2 710 m^3/s,五龙口水文站实测洪峰流量4 240 m^3/s,均为有实测资料以来的最大值。护泽河以及沁河流域中下游洪水均为1895年以来的罕见大洪水。沁水县城被淹,沿途桥梁被毁;阳城县桥断屋塌,各河堤防被毁,人民生命和财产遭受巨大损失。

3.5.1　雨情

3.5.1.1　降雨发生时间及过程

本次降雨主要集中在7月29日至8月4日,在此之前降雨稀少。7月29日伊洛河及黄河中游普降暴雨,暴雨区由南向北推移至沁河流域,并向汾河、涑水河等流域扩展。表3-11列出了7月29日至8月4日各暴雨中心区的逐日降雨量。由表可见,29日大部分地区降雨量在50 mm以下,30日多处雨量站的日降雨量超过100 mm,零星分布于沁河、汾河、三门峡至沁河沿黄各支流、南运河、子牙河等流域,其中中条山东侧迎风坡一带至沁河中下游普降大暴雨,暴雨中心垣曲县古城雨量站,日降雨量达192.2 mm;31日暴雨中心位置有所移动,大暴雨范围逐渐扩大,暴雨强度进一步加强,其中阳城县西交雨量站日降雨量205.4 mm,达到特大暴雨量级;8月1日大暴雨持续,大暴雨范围和降雨强度继续加强，阳城县多处降雨量接近或达到特大暴雨量级，其中董封雨量站日雨量达 255.7 mm，次营雨量站达 231.7 mm，洞底雨量站达 200.8 mm；8 月 2 日降雨量及强度逐渐减弱，大部分地区日降雨量下降到 30 mm 左右，个别雨量站降雨停止；到 8 月 4 日大部分站停止降雨。

表 3-11　“19820802”特大暴雨中心区 7 月 29 日至 8 月 4 日逐日降雨量（单位：mm）

水系	站名	7 月 29 日	7 月 30 日	7 月 31 日	8 月 1 日	8 月 2 日	8 月 3 日	8 月 4 日	累计
沁河	马邑	5.0	130.5	83.2	144.7	2.8	1.4	3.4	371.0
沁河	油房	7.9	108.2	81.3	113.8	5.0	4.0	3.6	323.8
沁河	上沃泉	11.9	123.9	72.8	137.7	13.3	4.5	4.3	368.4
沁河	沁水	4.5	95.4	94.1	197.1	7.9	5.5	6.4	410.9
沁河	王寨	86.2	7.2	8.4	149.0	48.1	10.5	18.2	327.6
沁河	羊泉	60.0	70.0	100.0	193.0	31.0			454.0
沁河	固隆	58.0	60.0	167.0	130.0	10.0			425.0
沁河	交口	18.2	150.2	97.4	150.4	18.2		4.5	438.9
沁河	次营	7.6	34.4	39.0	231.7	62.1	49.8		424.6
沁河	董封	18.8	137.9	107.0	255.7	28.6			548.0
沁河	阳城	13.9	102.2	85.9	126.9	8.8		2.1	339.8
沁河	李圪塔	30.0	80.0	150.0	180.0	30.0			470.0
沁河	横河	33.5	138.1	101.0	116.3	30.1	1.6	9.6	430.2
沁河	西交	3.8	151.8	205.4	189.5	46.0	2.7		599.2
沁河	紫院	29.1	161.6	93.9	128.5	44.2	6.4	19.0	482.7
沁河	杨柏	63.6	131.6	144.2	183.5	35.0	3.7	8.5	570.1
沁河	桑林	40.0	60.0	150.0	70.0	60.0	30.0		410.0
沁河	西冶	54.0	56.2	178.7	107.2	16.0			412.1
沁河	洞底	22.5	62.1	152.3	200.8	30.6	1.1	10.6	480.0
沁河	河北	38.0	57.0	136.0	193.0	31.7	14.0		469.7
沿黄支流	石塔子	24.7	126.7	71.7	84.9	54.2		18.3	382.1
沿黄支流	长直	34.9	177.6	52.4	61.3	46.3	0.2	13.0	392.8
沿黄支流	王茅	35.6	170.1	51.1	58.9	31.4		11.1	358.9
沿黄支流	古城	58.0	192.2	85.2	18.7	15.7		22.4	395.3
沿黄支流	解州	49.5	67.9	86.3	28.0	68.7	20.0		320.9
沿黄支流	东黄草坡	25.9	74.9	112.5	48.0	51.5		24.1	339.1
沿黄支流	刘吕窑	18.0	69.8	171.3	8.8	79.8		13.8	365.0
沿黄支流	井上		76.6	80.6	67.7	7.0		3.8	235.7
沿黄支流	小寨	38.9	52.9	64.8	56.9		9.9		223.4

续表 3-11

水系	站名	7月29日	7月30日	7月31日	8月1日	8月2日	8月3日	8月4日	累计
涑水河	姚村庄	13.9	37.7	49.8	30.7	66.5		35.6	234.7
涑水河	大阎	9.5	25.2	60.2	32.9	57.5		44.9	230.2
汾河	下马城	40.9	94.3	17.4	75.6	1.4	1.6	3.3	234.5
汾河	邢家社	21.1	101.4	9.3	114.4	3.9		3.8	253.9
汾河	中庄	8.6	42.0	28.9	134.6	3.0		41.2	258.3
汾河	对竹	25.8	48.7	28.3	69.4	5.5		31.2	208.9
汾河	关王庙	31.0	15.7	39.3	117.9	46.3		6.8	257.0
汾河	河底	1.4	51.9	40.0	120.9	7.2	0.7	2.1	224.2
汾河	关上	3.1	78.6	47.4	79.0	11.5	39.0	5.4	264.0
南运河	石城	17.7	138.7	119.3	115.3	75.0	3.1		469.1
南运河	寺头	13.4	97.1	120.4	47.7	70.3	2.9		351.8
南运河	沙场	20.9	62.9	138.7	79.8	28.5	35.4		366.2
子牙河	芦庄	87.6	66.8	19.6	43.3	1.2	2.9	2.1	223.5
子牙河	小岭上	44.3	107.4	33.9	74.1	9.1	2.1	31.0	301.9
大清河	神堂堡	8.5	60.7	51.7	5.5	108.8	19.3	8.0	262.5

3.5.1.2 雨区范围

1.暴雨笼罩范围

1982年7月29日至8月4日降雨范围几乎覆盖山西全省。由次降水量等值线图(见图3-17)可见,大雨区主要分布在南部、中部和东部地区。汾河、涑水河及相邻沿黄支流、沁河、大清河、滹沱河中下游、南运河均在100 mm降雨的笼罩范围内。汾河流域除太原盆地降雨量小于100 mm外,大部分降雨量超过100 mm,降雨量超过200 mm的暴雨中心有10处,沿河从上游往下游呈线状分布,上游主要分布在汾河以东地区,下游则左右两翼均有分布,但仍以汾河以东地区降雨量较大。涑水河及相邻沿黄支流大部分降雨量在200 mm以上,暴雨中心降雨量达320 mm,位于运城市解州雨量站。沁、丹河地区除上游部分地区降雨偏少外,大部分在200 mm降雨的笼罩范围内。特大暴雨主要分布在中条山东侧的迎风坡,暴雨中心在阳城县西南的董封水库至西交一带,向南推至阳城县的杨柏,向北伸至沁水县城关,方向大致与沁河异行。沁河以东降雨量较小,大部分地区降雨量在200 mm左右,沁河以西降雨量较大,均在300 mm左右,暴雨中心降雨量大于500 mm的站有:董封水库548.0 mm,西交599.2 mm,杨柏570.1 mm。大清河流域的大沙河,降雨量超过100 mm,暴雨中心位于灵丘县神堂堡雨量站,次降雨量达262.5 mm。滹沱河支流阳武河、云中河、牧马河及滹沱河下游降雨量超过100 mm,其中阳武河芦庄雨量站为223.5 mm,云中河小岭上雨量站为301.9 mm。南运河大部分地区降雨量大于100 mm,其中在晋、冀、豫三省交界处为暴雨中心,黎城县石城雨量站,次降雨量达469.1 mm,大暴雨范围从北到南包括昔阳、左权、黎城、平顺和陵川等县。

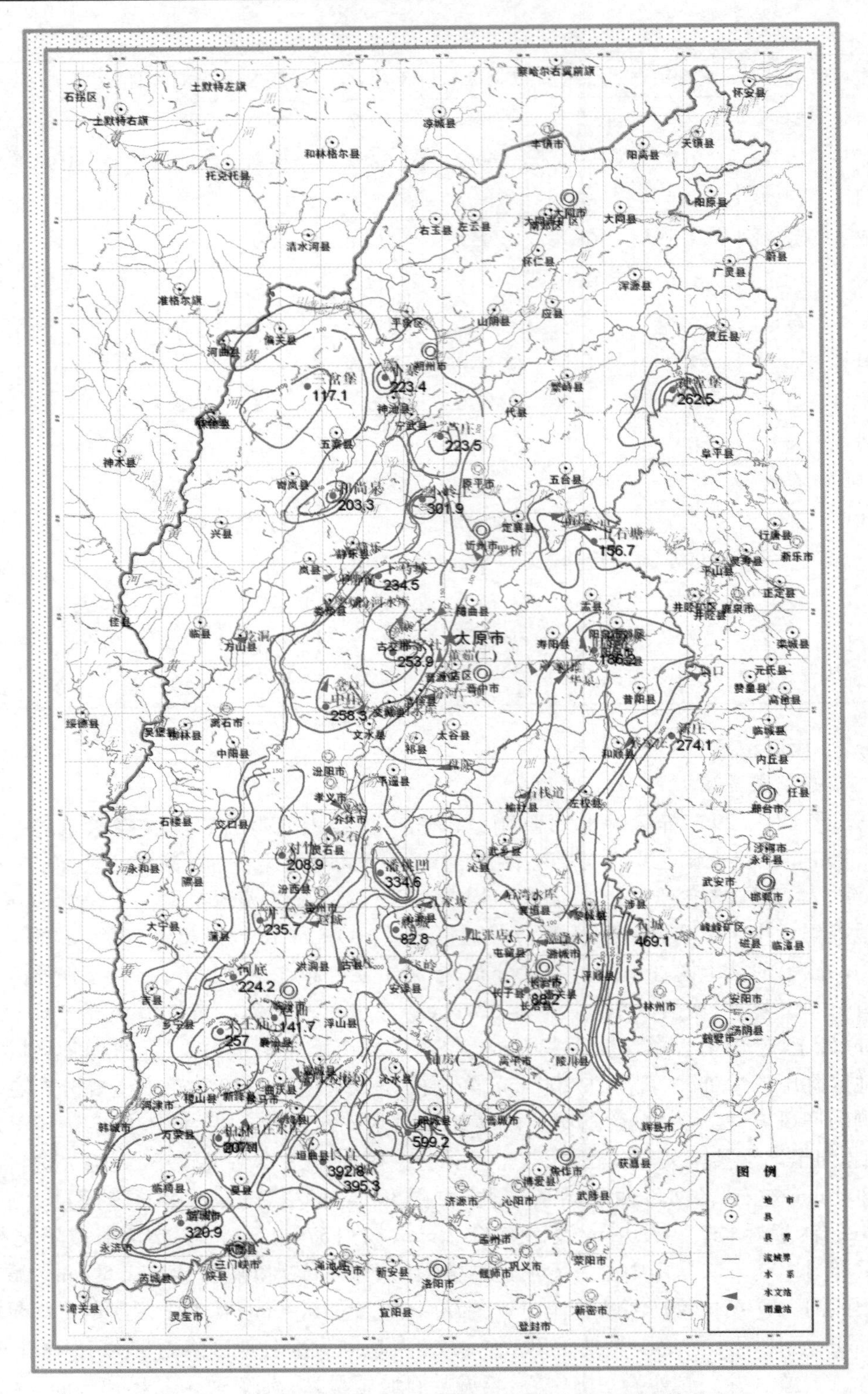

图 3-17　山西东南部“19820802”特大暴雨次降水量等值线图

本次暴雨降雨量在 500 mm 以上的控制面积为 226. 6 km^2，平均雨量为 540. 0 mm；降雨量在 400 mm 以上的控制面积为 2 053. 3 km^2，平均雨量为 451. 4 mm；300 mm 以上的控制面积为 7 766. 5 km^2，平均雨量为 373. 8 mm；200 mm 以上的控制面积为 25 848. 9 km^2，平均雨量为 277. 8 mm；100 mm 以上的控制面积为 85 518. 1 km^2，占到全省土地面积的 55%，平均雨量为 186. 5 mm。

由"19820802"特大暴雨洪水最大 3 d 降雨量等值线图（见图 3-18）可见，100 mm 降雨的笼罩范围涉及的水系与次暴雨等值线图大致相同，只是分布范围和面积有所减小。汾河流域最大 3 d 降雨量超过 200 mm 的暴雨中心有所减少，其他流域暴雨中心基本与次暴雨中心相对应。

由"19820802"特大暴雨洪水最大 24 h 降雨量等值线图（见图 3-19），可明显看出不同量级暴雨分布范围。大暴雨分布在汾河流域、沿黄支流潼关至沁河段、沁河、南运河等流域，特大暴雨分布在沁河下游右翼及相邻的沿黄支流。

2. 暴雨时面深关系

为了进一步分析本次暴雨的时空变化特点，分别量算次暴雨、最大 3 d 和 24 h 暴雨笼罩面积及平均雨深（见表 3-12 ~ 表 3-14），暴雨历时—面积—雨深关系曲线如图 3-20 所示。

由图 3-20 可见，当降雨历时一定时，面积越大，平均雨深越小；当面积一定时，历时越长，则平均雨量越大。

表 3-12　"19820802"特大暴雨次雨量（7 d）笼罩面积及平均雨深统计

等值线雨深（mm）	笼罩面积（km^2）	累计降雨量（万 m^3）	平均雨深（mm）
500	226.6	12 236.4	540.0
450	882.9	42 948.3	486.4
400	2 053.3	92 690.3	451.4
350	4 660.9	189 873.3	407.4
300	7 766.5	290 321.8	373.8
250	12 362.8	415 560.4	336.1
200	25 848.9	718 010.3	277.8
150	52 532.0	1 183 954	225.4
100	85 518.1	1 594 767.7	186.5

表 3-13　"19820802"特大暴雨 3 d 雨量笼罩面积及平均雨深统计

等值线雨深（mm）	笼罩面积（km^2）	累计降雨量（万 m^3）	平均雨深（mm）
450	67.2	3 193.0	475.0
400	1 111.8	47 645.2	428.5
350	2 584.6	102 523.4	396.7
300	2 812.1	109 940.1	391.0
250	6 912.6	222 403.4	321.7
200	12 920.7	356 587.6	276.0
150	27 411.3	609 815	222.5
100	61 180.7	1 031 196.9	168.5

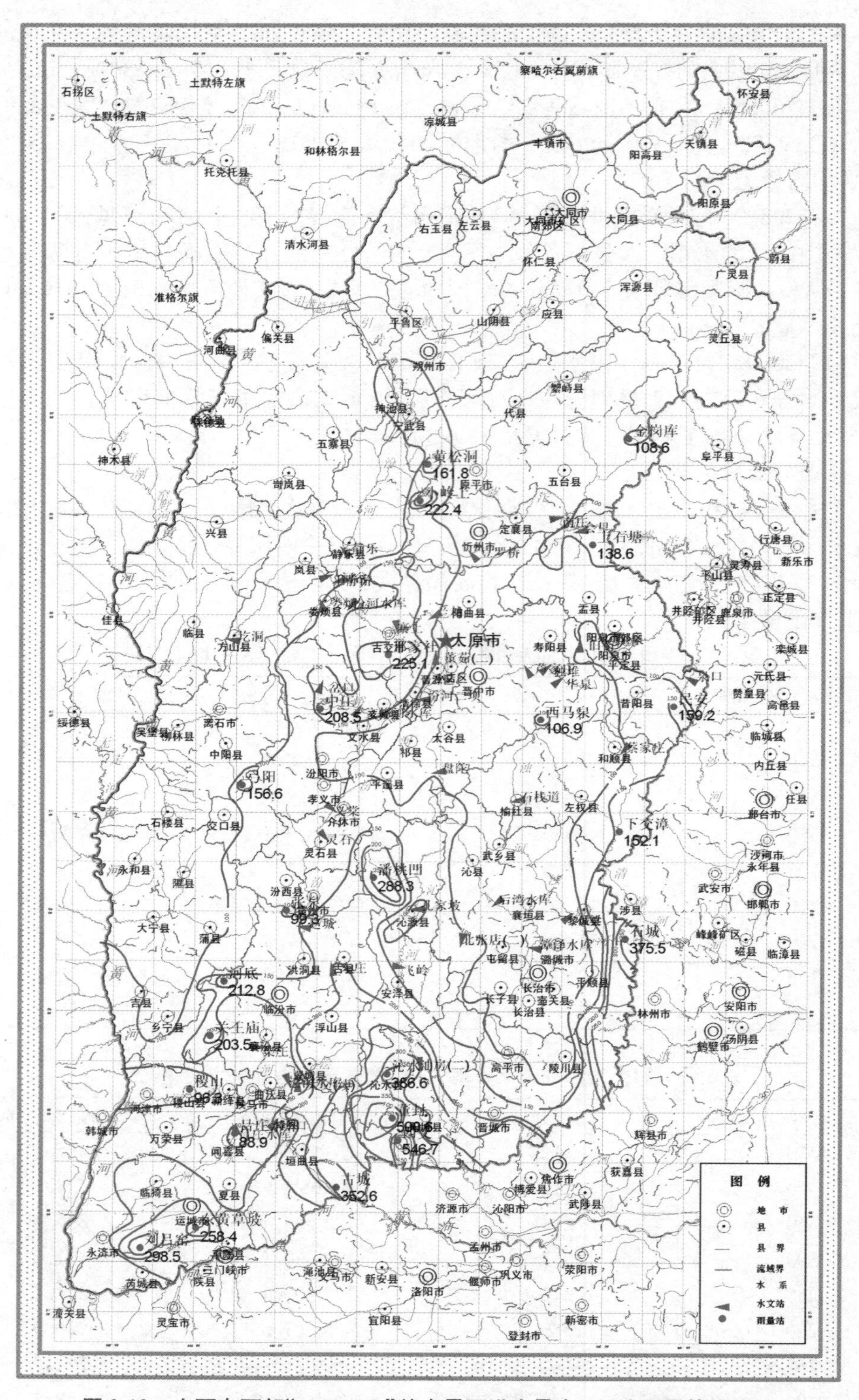

图 3-18　山西东西部“19820802”特大暴雨洪水最大 3 d 降雨量等值线图

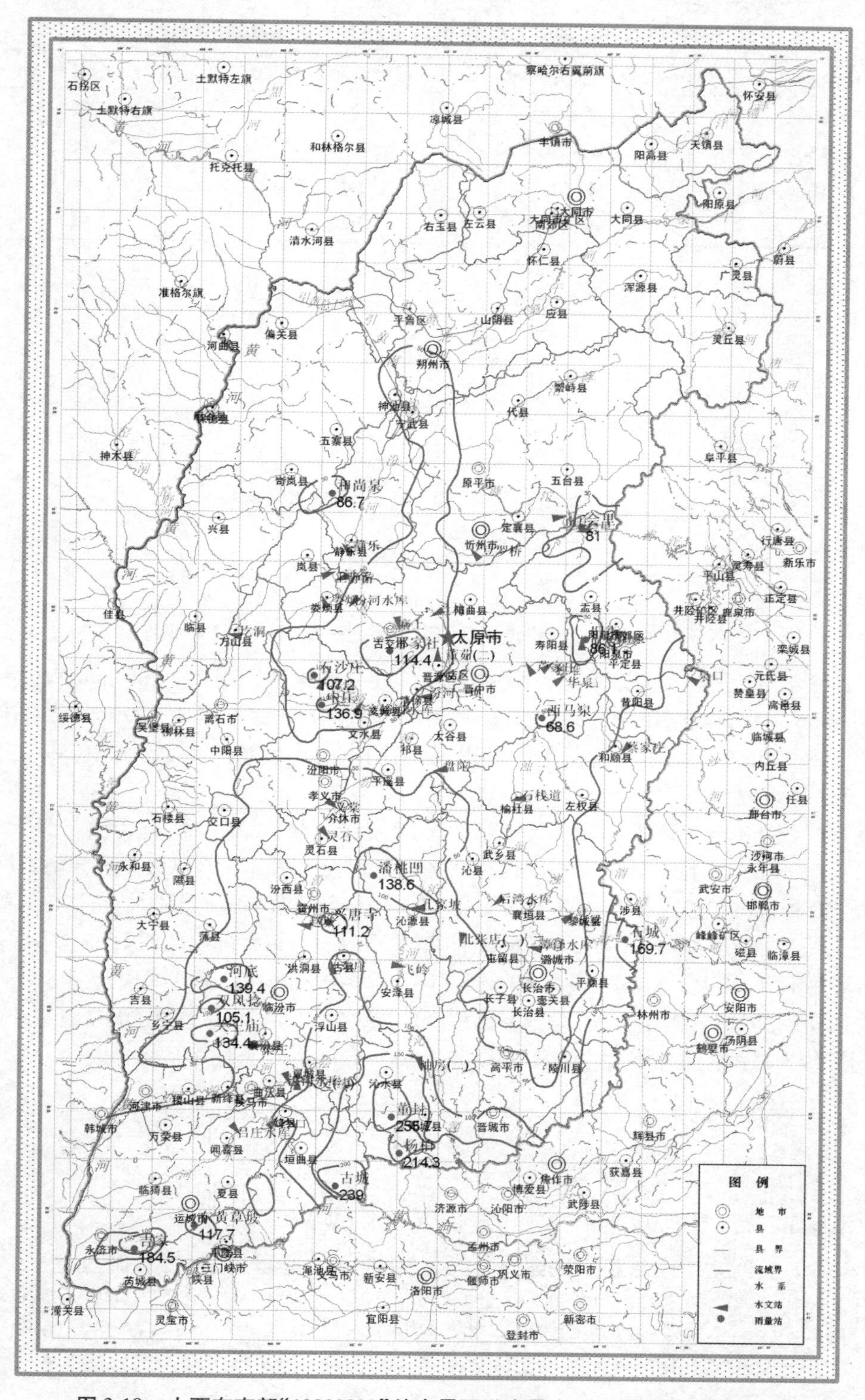

图3-19　山西东南部"19820802"特大暴雨洪水最大24 h降雨量等值线图

表 3-14　"19820802"特大暴雨洪水 24 h 雨量笼罩面积统计

等值线雨深(mm)	笼罩面积(km^2)	累计降雨量(万 m^3)	平均雨深(mm)
200	590.6	13 075.5	221.4
150	988.0	19 588.1	198.3
100	13 978.3	179 542.6	128.4
50	65 368.8	560 990.4	85.8

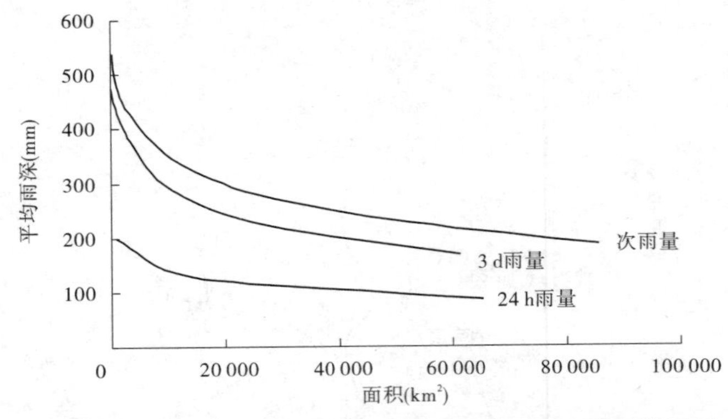

图 3-20　"19820802"特大暴雨洪水历时—面积—雨深关系图

从表 3-12 ~ 表 3-14 可以看出,次雨量 100 mm 所包围面积与 3 d 100 mm 所包围的面积分别为 85 518.1 km^2 和 61 180.7 km^2,两者相差较小,而 24 h 暴雨 100 mm 所包围的面积为13 978.3 km^2,比前者雨量的范围小很多,说明本次特大暴雨主要集中在 3 d 之内。

3.5.1.3　暴雨强度

此次暴雨历时长、笼罩范围广,3 d 降雨量所占比例很大,在山西省历史上是罕见的。图 3-21为"19820802"特大暴雨中心区代表站降雨过程柱状图,由图可见,本次暴雨有两次降雨过程,以油房站为例,第一次发生在 7 月 29 日 22:00 至 7 月 30 日 23:00,历时 26 h,第二次发生在 7 月 31 日 20:00 至 8 月 2 日 10:00,历时 39 h 左右,累计降雨历时 65 h。本次暴雨 1 h 降雨量并不大,最大 1 h 暴雨量为 30 mm 左右,但降雨历时长,累计降雨历时 80 h 以上。随着降雨历时的加长,雨量剧增,雨量稀遇程度愈高,各站 24 h 雨量均在 200 mm 上下,接近或达到了特大暴雨标准。各站 3 d 降雨量多在 300 ~ 500 mm,其量级是相当大的。

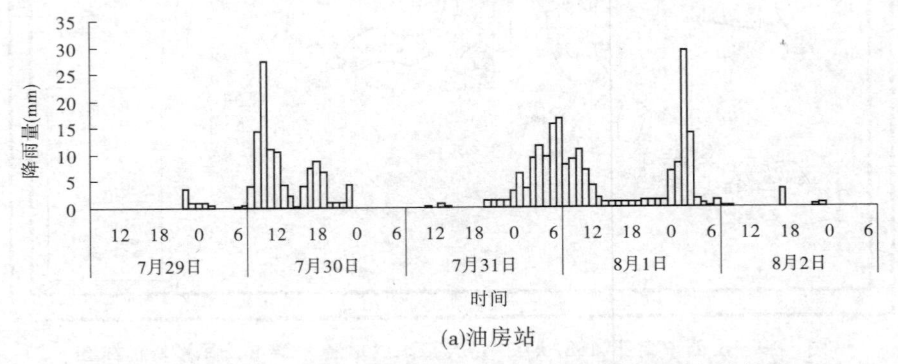

(a)油房站

图 3-21　"19820802"特大暴雨洪水中心区代表站降雨过程柱状图

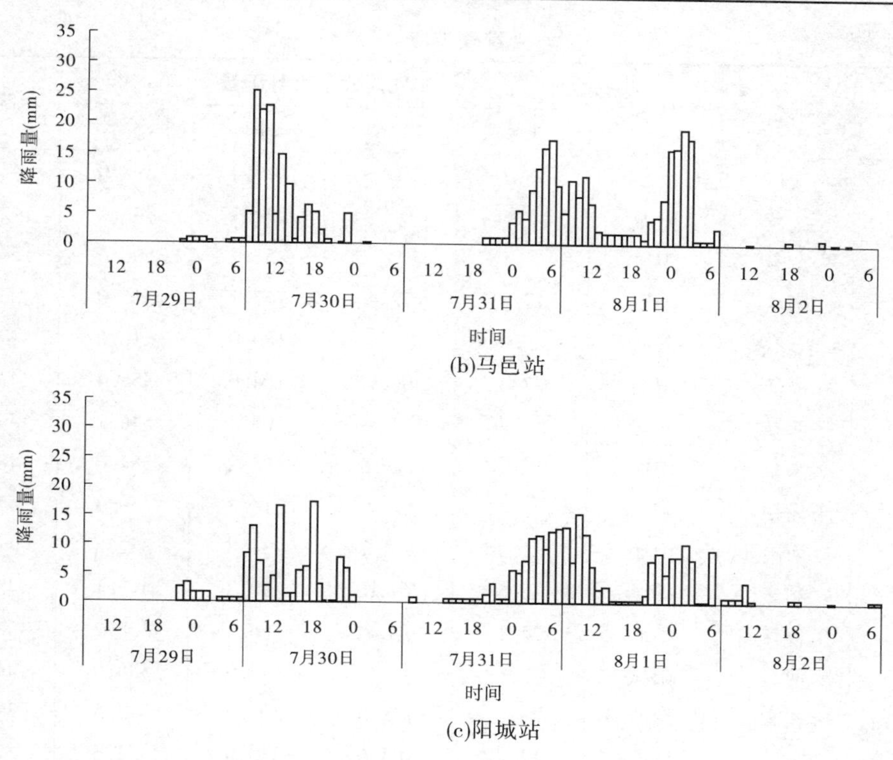

(b)马邑站

(c)阳城站

续图 3-21

特大暴雨中心代表雨量站不同时段最大降雨量统计见表 3-15。表中 24 h 最大降雨量为 255. 7 mm,位于阳城县董封水库;3 d 实测最大降雨量为 546. 7 mm,发生在阳城县西交雨量站。根据推算,董封水库最大 24 h 百年一遇降雨量为 250. 6 mm,西交雨量站最大 3 d 百年一遇降雨量为 345. 3 mm,由此可见,1982 年最大 24 h 降雨量略大于百年一遇的雨量,而最大 3 d 降雨量则远超过百年一遇。

表 3-15　"19820802"特大暴雨洪水中心代表雨量站不同时段最大降雨量统计　(单位:mm)

水系	站名	县名	不同时段最大降雨量				次降雨量
			1 h	6 h	24 h	3 d	
沁河	中村	沁水	14.7	80.6	174.6	369.9	395.9
沁河	石桥	沁水	27.7	96.3	184.7	343.5	362.8
沁河	马邑	沁水	25.4	99.4	197.6	358.4	371.0
沁河	油房	沁水	30.6	71.7	163.4	303.3	323.8
沁河	上沃泉	沁水	17.0	90.5	161.1	334.4	368.4
沁河	沁水	沁水			197.1	386.6	410.9
沁河	羊泉	阳城			193.0	363.0	454.0
沁河	固隆	阳城			167.0	357.0	425.0

续表 3-15

水系	站名	县名	不同时段最大降雨量				次降雨量
			1 h	6 h	24 h	3 d	
沁河	交口	阳城	18.7	107.3	170.4	398.0	438.9
沁河	次营	阳城			231.7	343.6	424.6
沁河	董封	阳城			255.7	500.6	548.0
沁河	阳城	阳城	17.3	72.4	167.1	315.0	339.8
沁河	李圪塔	阳城			180.0	410.0	470.0
沁河	横河	阳城	37.3	96.9	164.0	355.4	430.2
沁河	西交	阳城			205.4	546.7	599.2
沁河	紫院	阳城		111.6	185.2	384.0	482.7
沁河	杨柏	阳城		94.4	214.3	459.3	570.1
沁河	西冶	阳城	21.3	114.1	231.3	352.8	412.1
沁河	洞底	阳城	13.5	61.0	209.3	415.1	480.0
沁河	神坪	阳城	24.1	94.8	156.3	308.2	380.3
沁河	河北	阳城			193.0	386.0	469.7
沿黄支流	长直	垣曲	48.6	148.6	202.0	313.5	392.8
沿黄支流	古城	垣曲	17.4	104.6	239.0	352.6	395.3
沿黄支流	落凹	垣曲	13.4	51.1	189.5	306.3	396.6
南运河	石城	黎城	11.8	59.5	169.7	375.5	469.1

3.5.1.4　天气系统

1. 环流系统及暴雨天气系统

本次暴雨的发生与东亚上空的环流形势调整有联系，暴雨持续于径向环流稳定期。7月29日20时，北上副高与我国东北上空的大陆高压合并，在120°E建立径向高压坝。西部高压槽受阻变慢，径向环流建立。伴随着东亚高纬区形势的调整和稳定径向环流的建立，8209号台风于7月29日晚在福建登陆后，经江西、湖北深入黄淮。该环流形势为本次暴雨的出现和持续提供了有利的大尺度环流背景，而暴雨过程是在中低纬多个天气系统活动的情况下出现的。表3-16列举了暴雨过程中不同时间内起作用的天气系统。

表 3-16　暴雨期间各层天气系统相互配置

时间	29日20时至30日8时	30日8时至31日14时	31日14时至1日8时	1日8时至2日20时
地面	冷峰			
850 hPa	切变线、低空东风急流、东风扰动	台风倒槽、低空急流、东风扰动	台风低压、低空急流、东风扰动	台风低压、东风急流
500 hPa	西风槽	西风槽	西风槽	西南风急流、西风槽

2. 水汽输送与地形影响

本次暴雨过程中,强盛东风低空急流的建立和维持,为暴雨提供了源源不断的水汽和大量不稳定能量,成为水汽的输送通道。暴雨的落区受地形影响极为显著,从山西省情况看,主要分布在中条山东侧的迎风坡。地形对暴雨中心的制约作用及对暴雨强度的增幅作用非常显著。

3.5.2　水情

"19820802"暴雨笼罩范围内都产生了不同量级的洪水。由于暴雨区中心在山西省南部沿黄一带至沁河中下游,因此该区域洪水量级最大,灾害最严重。

3.5.2.1　洪水过程

据调查和实测资料,本次洪水有多条河流从7月30日前后开始涨水,8月2日出现洪峰。各调查河段洪水过程详见表3-17。

表3-17　"19820802"特大暴雨洪水调查访问情况

河名	河段名	地点	被调查人	调查人	洪水访问情况
沁河	石室	沁水县郑庄镇石室村	郭民义(70岁)等多位老人	杨致强(原山西省水文总站)、秦银和(沁水县水利局)	当年洪水,洪痕明显。为了解今年洪水与历史洪水的序位关系,访问了石室村及其邻村(沁河边)的几位老人,他们一致认为今年是新中国成立后所发生的最大洪水,与民国卅二年量级差不多。70岁的郭民义老人讲:"今年为中水,我记得与今年差不多大的水发过两次,我八九岁时涨过一次大河,比今年大很多,民国卅二年洪水与今年差不多"。
县河	监理站	沁水县龙港镇监理站		杨致强(原山西省水文总站)、秦银和(沁水县水利局)	当年一次灾害性洪水,人人皆知,洪痕明显。特别是左洪1在县监理站院墙东南角墙上,洪痕十分清晰。
县河	小岭底	沁水县龙港镇小岭底村		杨致强(原山西省水文总站)、秦银和(沁水县水利局)	当年一次灾害性洪水,人人皆知,洪痕明显。特别是右洪7在小岭底一院大门门楼墙上,洪痕明显、准确、可靠。
端氏河	端氏	沁水县端氏镇端氏村	梁聚福77岁河北村	杨致强(原山西省水文总站)、秦银和(沁水县水利局)	1982年8月2日洪水,在我们这条河内无大水,主要大水在沁河上。当时我们还到沁河上看过大洪水,我们这个河是我20岁和47岁时发过大水,当时河槽不是现在的河槽。当时还访问了64岁的贺田成老人和端氏中学教师贾兴光同志。

续表 3-17

河名	河段名	地点	被调查人	调查人	洪水访问情况
芦苇河	小庄	阳城县凤城镇小庄	王相生 55岁 下孔纸厂党委书记	阳城县水利局洪水调查队	7月29日下午至31日有小到中雨,31日晚上水涨至大坝下段的坝上,上段无水(坝长约500 m),下游约150 m处,31日晚坝上进水。31日水涨的时间不长,第2天8月1日看时,下游为空心,坝已冲平,8月1日上午,上级通知防汛,说上游有大暴雨,2日02:00 河水涨至距坝顶1市尺左右。02:30~03:00水进入坝后,03:00 水为最高峰,04:30 水开始下降,05:00 大坝里水变化不大,07:00 后开会,其时坝内外水仍大,09:00 左右,水落可看见河滩。1日下午水时落时涨,晚09:00 开始涨大。
护泽河	城关桥	阳城县大桥下50 m处		阳城县水利局洪水调查队	当年洪水,洪痕清晰,自认洪痕。洪水最大发生在8月2日03:30。
护泽河	石门口	阳城县石门口上下川村下500 m	卫本荣 50岁 阳城县下川生产队主任	阳城县水利局洪水调查队	1982年8月2日03:00左右发现河里涨了大水,我当时立即到石门口看,最高洪水位出现延续约10 min,当时石门口因卡口排不出全部洪水,左岸公路8 m宽,过水1市尺深,右岸缺口也过水,但水量不大,石门口水位比1973年7月7日洪水高2 m。 据传在三四辈之前,发过一次洪水,比这次大,在他舅舅住的楼房上写有“水淹花园”等字,现已重修,无法寻找原来洪痕(花园指武举人的住处)。

图3-22为沁河流域三个水文站实测洪水过程线。可见,上下游各站峰型对应较好,受洪水传播的影响,下游峰值出现的时间滞后,由于沿程不断有洪水加入,峰型逐渐增高变胖。

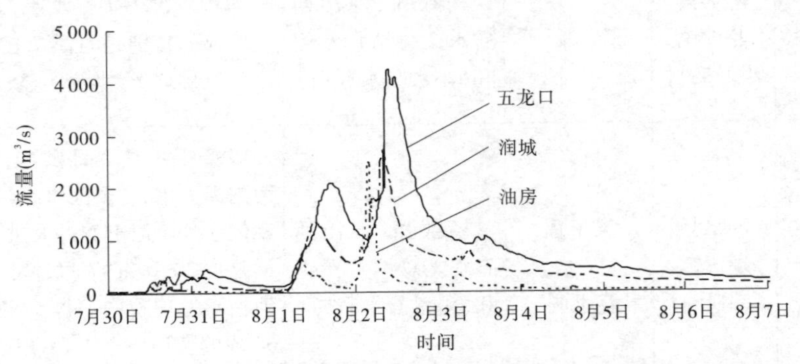

图3-22 “19820802”特大暴雨洪水沁河流域三个水文站实测洪水过程线

沁河干流五龙口站自7月30日15:48起涨至8月7日落平,历时约9 d。洪水有4次涨水过程,第一次涨水为多峰型,由7月30日18:00、7月31日00:00、7月31日04:30三个峰组成,洪峰流量分别为111 m^3/s、312 m^3/s、443 m^3/s;第二个洪峰出现在8月1日16:18,流量为2 080 m^3/s;第三个洪峰出现在8月2日09:42,为本次洪水的主峰,流量为4 240 m^3/s,峰顶持续18 min,大于3 000 m^3/s的流量持续5个多小时;第四个为双峰型,由8月3日11:18和14:00两个峰组成,洪峰流量分别为1 030 m^3/s、1 060 m^3/s。五龙口上游润城水文站,7月29日19:24起涨至8月6日落平,历时约9 d。洪水过程由四个峰组成,第一次涨水为多峰型,由7月30日13:00、15:03、17:06、20:54四个峰组成,洪峰流量分别为208 m^3/s、232 m^3/s、303 m^3/s、395 m^3/s;第二次洪峰出现在8月1日12:00,洪峰流量为1 340 m^3/s;第三个洪峰出现在8月2日08:00,为本次洪水的主峰,流量为2 710 m^3/s,峰顶持续约20 min,大于2 000 m^3/s的流量持续2个多小时;第四个洪峰亦为双峰,由8月3日06:00和09:00两个峰组成,洪峰流量分别为646 m^3/s、756 m^3/s。

沁水河又名县河,是沁河的一级支流,油房水文站位于梅、杏两河交汇后的沁水河下游,自7月30日10:30起涨至8月5日落平,历时约7 d。实测到的洪峰共四个。第一次涨水为双峰型,由7月30日11:48、15:54两个峰组成,洪峰流量分别为113 m^3/s、246 m^3/s;第二个洪峰出现在8月1日07:48,洪峰流量为650 m^3/s;第三个洪峰亦即这次的主峰,出现在8月2日03:30,洪峰流量2 500 m^3/s,顶峰持续18 min;第四个洪峰出现在8月3日04:30,洪峰流量为360 m^3/s。

由此可见,本次洪水上下游各站洪水过程有非常好的对应性。

丹河山路平水文站实测洪水过程如图3-23所示。洪水自7月30日19:30起涨至8月5日落平,历时约6 d。受上游降雨的影响出现三次峰值。第一次涨水在7月30日20:04出现峰值,洪峰流量233 m^3/s,随后退落,21:10落至57 m^3/s,23:00再涨水至331 m^3/s,出现第一个峰值;第二个峰值出现在8月1日7:00,最大洪峰流量480 m^3/s,为本次洪水的主峰;第三次涨水8月2日14:37,洪峰流量373 m^3/s,随后回落,17:42洪水再次涨至第三个峰值,洪峰流量404 m^3/s;之后洪水逐渐回落,至8月5日后落平。

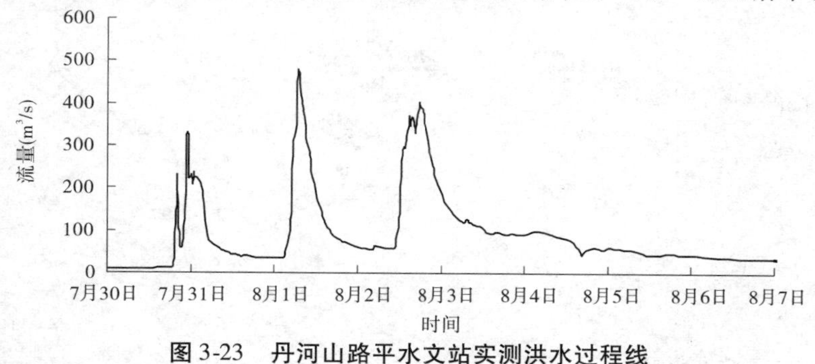

图3-23 丹河山路平水文站实测洪水过程线

3.5.2.2 洪峰及洪量

共收集到调查、实测洪水46个河段(站),其中18个调查河段,主要分布在沁河流域,其余28个水文站分布于整个暴雨区内。各调查河段位置和水文站分布见图3-24,洪水调查成果见表3-18,洪水实测成果见表3-19。主暴雨区各河洪峰洪量情况如下。

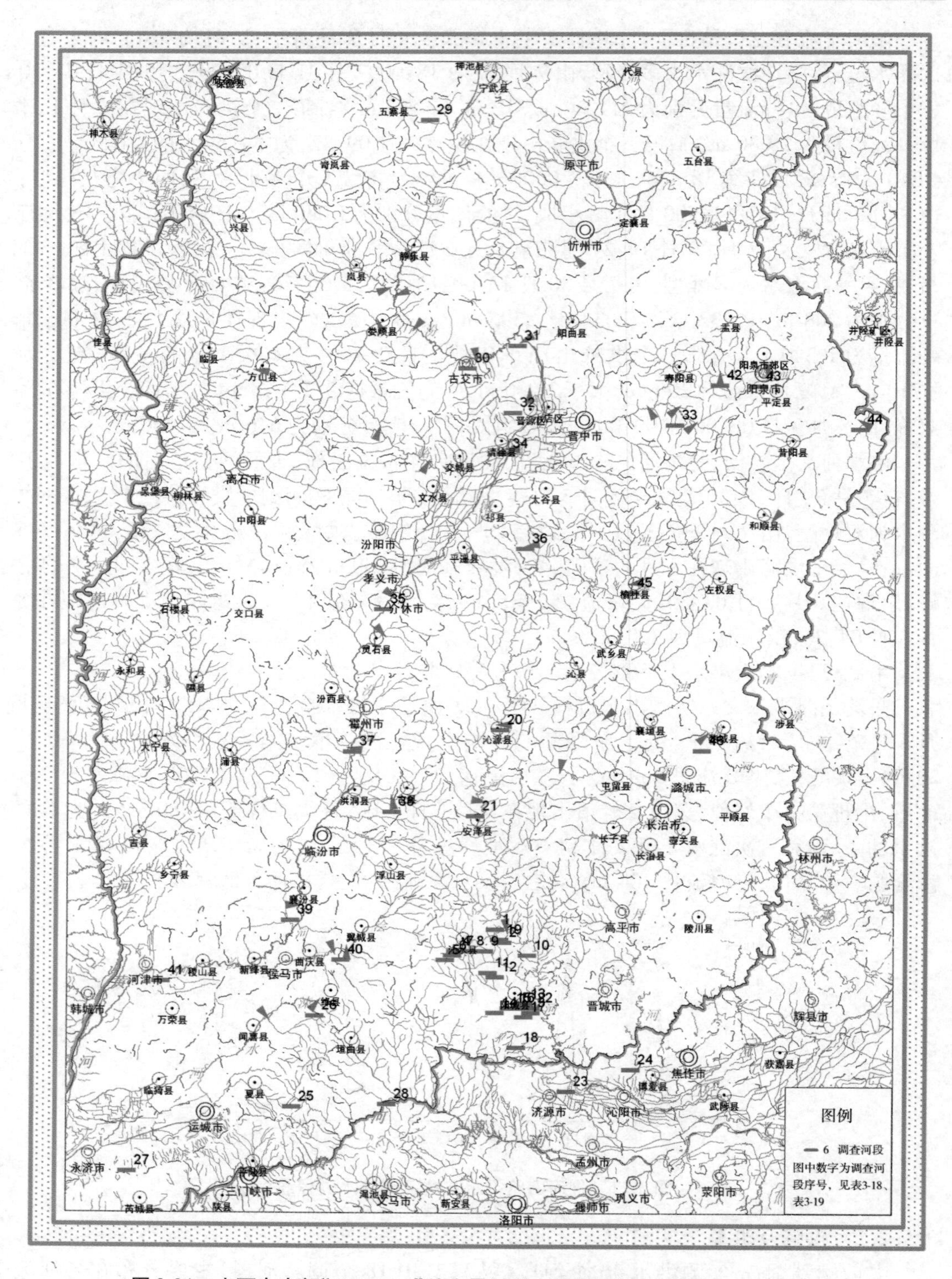

图 3-24 山西东南部“19820802”特大暴雨洪水调查河段位置和水文站分布图

表 3-18 "19820802"特大暴雨洪水洪峰流量调查成果

序号	调查地点			集水面积（km^2）	洪峰流量（m^3/s）	可靠程度
	河名	河段名	地点			
1	沁河	石室	沁水县郑庄镇石室村	5 190	1 840	可靠
2	沁河	郑庄	沁水县郑庄镇郑庄村		4 100	较可靠
3	沁河	北留提水站	阳城县北留镇北留村		2 330	可靠
4	梅河	农产品	沁水县龙港镇农产品背后	100	882	可靠
5	杏河	万庆元	沁水县龙港镇万庆元村	123	645	可靠
6	杏河	五柳庄	沁水县龙港镇五柳庄村	158	1 270	可靠
7	县河	监理站	沁水县龙港镇监理站	264	2 690	可靠
8	县河	小岭底	沁水县龙港镇小岭底村	313	2 870	可靠
9	南沟	南沟口	沁水县龙港镇南沟口村	11.5	132	可靠
10	端氏河	端氏	沁水县端氏镇端氏村	807	190	较可靠
11	芦苇河	吕家村	阳城县芹池镇吕家村		693	可靠
12	芦苇河	刘村	阳城县芹池镇刘村		981	可靠
13	芦苇河	小庄	阳城县凤城镇小庄		1 480	可靠
14	吊猪崖	吊猪崖	阳城县驾岭乡吊猪崖	99.1	648	可靠
15	护泽河	城关桥	阳城县大桥下 50 m 处	795	2 440	可靠
16	护泽河	石门口	阳城县石门口上下川村下 500 m	745	2 160	较可靠
17	护泽河	涝泉	阳城县白桑乡涝泉村	818	2 910	可靠
18	涧河	西冶水库	阳城县东冶乡西冶村	131	841	较可靠

表 3-19 "19820802"特大暴雨洪水各站实测洪峰流量成果

序号	水系	河名	站名	地点	集水面积（km^2）	洪峰流量（m^3/s）	发生时间（月-日T时:分）	稀遇程度	
								实测系列中排位	重现期（年）
19	沁河	沁水	油房	沁水县郑庄镇油房村	414	2 500	08-02T03:30	1965 年以来第 1 位	500
20	沁河	沁河	孔家坡	沁源县沁河镇孔家坡村	1 358	214	08-02T09:12	一般洪水	4.4
21	沁河	沁河	飞岭	安泽县府城镇飞岭村	2 683	306	08-02T10:30	一般洪水	3.8
22	沁河	沁河	润城	阳城县润城镇下河村	7 273	2 710	08-02T08:00	1950 年以来第 1 位	
23	沁河	沁河	五龙口	河南省济源市辛庄乡	9 245	4 240	08-02T09:42	1951 年以来第 1 位	
24	丹河	丹河	山路平	河南省沁阳市常平乡四渡村	3 049	480	08-01T07:00	1954 年以来第 2 位	
25	黄河	王家河	泗交	夏县泗交镇泗交村	13.9	29.3	08-02T19:00	1973 年以来第 1 位	12.7
26	黄河	洮水河	冷口	绛县冷口乡东冷口村	76	209	08-03T06:00	1976 年以来第 3 位	17.8
27	黄河	风伯峪	风伯峪	永济县虞乡镇风伯峪村	15.9	23.5	08-02T16:00	1976 年以来第 1 位	10

续表 3-19

序号	水系	河名	站名	地点	集水面积（km^2）	洪峰流量（m^3/s）	发生时间（月-日T时:分）	稀遇程度	
								实测系列中排位	重现期（年）
28	黄河	亳清河	垣曲	垣曲县古城乡宁家坡村	555	1 500	08-03T04:58	1965 年以来第 1 位	18
29	汾河	北石河	岔上	宁武县涔山乡岔上村	31.7	4.95	08-04T09:00	一般洪水	3.1
30	汾河	汾河	寨上	古交市河口镇寨上村	6 819	914	08-02T06:06	1954 年以来第 6 位	7.3
31	汾河	汾河	兰村	太原市上兰镇上兰村	7 705	1 420	08-02T09:00	1950 年以来第 6 位	3.2
32	汾河	风峪沟	店头	太原市晋源区店头村	33.9	54.7	08-02T04:24	1975 年以来第 5 位	6.7
33	汾河	潇河	独堆	寿阳县羊头崖乡独堆村	1 152	141	08-02T12:30	一般洪水	2.1
34	汾河	汾河	汾河二坝	清徐县西谷乡汾河二坝	14 030	634	08-02T22:00	1964 年以来第 7 位	6.6
35	汾河	汾河	义棠	介休市义棠镇义棠村	23 945	392	08-04T11:00	一般洪水	3.1
36	汾河	昌源河	盘陀	祁县来远镇盘陀村	533	103	08-04T18:00	一般洪水	2.4
37	汾河	汾河	石滩	洪洞县赵城镇石滩村	27 700	431	08-04T22:00	一般洪水	2.4
38	汾河	洪安涧河	东庄	古县岳阳镇东庄村	987	499	08-02T03:12	一般洪水	4.8
39	汾河	汾河	柴庄	襄汾县南贾镇上鲁村	33 932	680	08-03T04:00	一般洪水	3.2
40	汾河	浍河	河运(二)	翼城县南塘乡河运村	1 167	363	08-02T5:00	1959 年以来第 2 位	8.2
41	汾河	汾河	河津	河津市城区街办柏底村	38 728	473	08-04T16:00	一般洪水	
42	子牙河	桃河	旧街	阳泉市旧街乡旧街村	274	209	08-02T12:00	1955 年以来第 5 位	3.6
43	子牙河	桃河	阳泉	阳泉市桃南中路简子沟	490	733	07-29T17:36	1952 年以来第 5 位	6.5
44	子牙河	松溪河	泉口	昔阳县孔氏乡泉口村	1 627	234	08-04T19:00	一般洪水	3.8
45	南运河	榆社河	榆社	榆社县箕城镇太邢西街	702	281	08-02T11:00	一般洪水	2.2
46	南运河	浊漳河	石梁	潞城市辛安泉镇石梁村	9 652	164	08-02T20:18	一般洪水	1.5

1. 沁水河

沁水河油房水文站，集水面积 414 km^2，河长 46.6 km，坡降 10‰，7 月 30 日 10:30 涨水，8 月 2 日 03:30 涨至峰顶，实测洪峰流量 2 500 m^3/s，洪水总量 0.75 亿 m^3，流域平均降水量 368.8 mm，降水总量 1.53 亿 m^3，洪水径流深 181 mm，洪水径流系数 0.49。

2. 芦苇河

芦苇河八角口断面以上集水面积 351 km^2，河长 45 km，流域平均降雨量 359.7 mm，降水总量 1.263 亿 m^3。7 月 30 日 12:00 开始涨水，8 月 2 日 3 时涨至峰顶，洪峰流量 1 440 m^3/s，洪水总量 0.533 亿 m^3，洪水径流深 152 mm，洪水径流系数 0.42。

3. 护泽河

护泽河又名阳城河，涝泉断面以上集水面积 818 km^2，河长 84.5 km，坡降 5.3‰，流域平均降水量 432.1 mm，降水总量 3.527 亿 m^3，7 月 30 日 08:00 开始涨水，8 月 2 日 03:30 涨至峰顶，洪峰流量 2 910 m^3/s，洪水总量 1.479 8 亿 m^3，洪水径流深 181 mm，洪水径流系数 0.42。

4. 沁河润城至五龙门

由于沁水河、芦苇河等支流的汇入以及沁河上游来水，润城水文站8月2日08:00出现顶峰，实测洪峰流量2 710 m^3/s，洪水总量2.95亿m^3；润城下游护泽河汇入后，五龙口水文站8月2日09:42出现顶峰，实测洪峰流量4 240 m^3/s，洪水总量5.01亿m^3；润城—五龙口区间流域平均降水量351.4 mm，降水总量6.60亿m^3，洪水总量2.06亿m^3，洪水径流深109.7 mm，洪水径流系数0.31。

5. 董封水库

董封水库位于护泽河上游，集水面积331.8 km^2，流域平均降水量430.6 mm。7月30日8时库水位由770.65 m（大沽基面）开始上涨，当时蓄水量29.35万m^3，8月2日04:00库水位涨到最高784.60 m，最大蓄水量1 311万m^3，入库最大流量为1 150 m^3/s，当时最大出库流量为680 m^3/s，到8月5日08:00库内水位基本稳定。出库水量0.517 9亿m^3，水库拦蓄0.077 7亿m^3，合计洪水径流量0.595 6亿m^3，洪水径流深180 mm，洪水径流系数0.42。

6. 丹河

丹河山路平水文站，集水面积3 049 km^2，流域平均降水量194.8 mm，降水总量5.94亿m^3。8月1日07:00出现顶峰，实测洪峰流量480 m^3/s，洪水总量0.66亿m^3，洪水径流深21.6 mm，洪水径流系数0.11。

上述调查成果洪水径流系数最大的为沁水河流域，降水量最大的流域为护泽河流域和董封水库流域，洪水径流系数最小的流域为丹河流域。从降水量和水文下垫面综合分析，沁水河流域虽然降水量较护泽河和董封水库流域小，但其流域下垫面为砂页岩山区，产流条件较好，而护泽河、董封水库流域下垫面以灰岩山地为主，漏水较强烈，产流条件差，所以沁水河流域洪水径流系数大是合理的。而丹河流域因其降水量小，流域多为灰岩丘陵，故洪水径流系数最小也是合理的。

3.5.2.3 其他流域洪水

如前所述，本次降雨范围还涉及汾河、沿黄支流、子牙河及南运河，因此还收录了相关流域的实测洪水资料，见表3-19。可以看出，本次暴雨在非主雨区也产生了较大洪水。尤其是山西省南部沿黄小支流，洪峰流量均为实测系列中的首位洪水。沿黄支流王家河泗交水文站，集水面积13.9 km^2，实测洪峰流量29.3 m^3/s，为1973年建站以来实测系列中的首位洪水。沿黄支流风伯峪河风伯峪水文站，集水面积15.9 km^2，实测洪峰流量23.5 m^3/s，为1976年建站以来实测系列中的首位洪水。沿黄支流亳清河垣曲水文站，集水面积555 km^2，实测洪峰流量1 500 m^3/s，为1965年建站以来实测系列中的首位洪水。

3.5.2.4 暴雨、洪水的重现期估算

1. 暴雨重现期估算

暴雨重现期是依据《山西省水文计算手册》中各种历时设计暴雨均值、C_v等值线图，绘制各站各历时暴雨频率曲线，然后由分析站各历时降雨量查频率曲线而得。“19820802”暴雨中心区点雨量重现期成果列于表3-20。

表 3-20 "19820802"暴雨中心区代表雨量站雨量重现期估算

水系	站名	县名	1 h		6 h		24 h		3 d	
			降雨量(mm)	重现期(年)	降雨量(mm)	重现期(年)	降雨量(mm)	重现期(年)	降雨量(mm)	重现期(年)
沁河	中村	沁水	14.7	1	80.6	7	174.6	123	369.9	435
	石桥	沁水	27.7	2	96.3	13	184.7	49	343.5	206
	马邑	沁水	25.4	2	99.4	15	197.6	37	358.4	310
	油房	沁水	30.6	3	71.7	8	163.4	42	303.3	225
	上沃泉	沁水	17.0	1	90.5	9	161.1	33	334.4	234
	沁水	沁水					197.1	51	386.6	592
	羊泉	阳城					193.0	35	363.0	273
	固隆	阳城					167.0	22	357.0	143
	交口	阳城	18.7	1	107.3	14	170.4	32	398.0	395
	次营	阳城					231.7	74	343.6	125
	董封	阳城					255.7	110	500.6	1 186
	阳城	阳城	17.3	1	72.4	14	167.1	38	315.0	64
	李圪塔	阳城					180.0	26	410.0	306
	横河	阳城	37.3		96.9		164.0	17	355.4	116
	西交	阳城					205.4	32	546.7	1 852
	紫院	阳城			111.6	12	185.2	23	384.0	175
	杨柏	阳城			94.4	7	214.3	32	459.3	435
	西冶	阳城	21.3	1	114.1	11	231.3	29	352.8	67
	洞底	阳城	13.5	1	61.0	3	209.3	29	415.1	150
	神坪	阳城	24.1	2	94.8	12	156.3	12	308.2	52
	河北	阳城					193.0	38	386.0	111
沿黄支流	长直	垣曲	48.6	6	148.6	35	202.0	35	313.5	185
	古城	垣曲	17.4	1	104.6	15	239.0	85	352.6	417
	落凹	垣曲	13.4		51.1		189.5	26	306.3	67
南运河	石城	黎城	11.8	1	59.5	4	169.7	55	375.5	714

由表 3-20 可见,暴雨中心区最大 1 h 降雨量常遇,各站重现期一般为 1 ~ 3 年,最高重现期为 6 年;各站最大 6 h 降雨量重现期一般为 10 年左右,沁河流域最高为 15 年,沿黄支流最高为 35 年;各站最大 24 h 降雨量重现期,一般在 50 年上下,沁河流域最高为 123 年,沿黄支流最高为 85 年,南运河黎城县石城雨量站为 55 年;最大 3 d 降雨量重现期,沁河流域最高的西交和董封两雨量站超 1 000 年一遇,沿黄支流最高的超过 400 年一遇,南运河水系超过 700 年一遇。可见这次暴雨最大 3 d 的重现期是十分稀遇的,多在 200 ~

1 000年。

2. 洪水重现期的考证和估算

沁水河调查到历史洪水发生的年份为1918年和1954年,其中湾则调查河段,1918年洪峰流量1 220 m^3/s,1954年洪峰流量366 m^3/s,沁水河油房水文站1918年调查洪峰流量1 100 m^3/s,1982年实测洪峰流量2 500 m^3/s。经在上游梅杏两河访问60~90岁的多位老人(见表3-21),他们讲:据老辈人说没有见过像1918年那么大的洪水,同时他们一致认为1918年的水没有1982年的水大。为查明1982年洪峰流量在更远期内的排位顺序,查阅了1639年以来沁水县的雨、洪、雹、旱、荒等旱涝灾害资料,300多年的文献资料记载基本是连续的。其中,记载大洪水灾情程度严重的有1694年、1782年、1797年3个年份,比较严重的有1650年、1734年、1759年、1761年、1770年、1865年和1918年共7个年份。据沁水县县志记载:1694年(清康熙卅三年),县水河暴涨,冲塌堤坝城墙和居民房屋,知县赵风诏改掘河道,沿碧峰山下南流,另修筑堤坝、大石桥两座以便行人,一桥跨梅河之末东西行,一桥跨杏河之涯南北行,百姓称便。1782年(清乾隆廿六年),梅、杏两河暴涨,冲塌石桥、城墙和西关民房。1797年(清嘉庆二年)河水暴涨,冲坏城墙和民居田舍。由于文献资料受历史条件及当时科学文化水平的限制,相对于历史洪水,只能做到定性、粗略地划等,而要对每一个等级定量排队是非常困难的。根据前面1918年和1982年对比分析,1982年洪水相对于历史上7个年份的大洪水要大,与灾情程度严重的3个年份相比,重现期在100~400年。通过对油房水文站调查及实测洪水资料进行频率分析,1982年油房水文站洪峰流量的重现期约为500年。综合以上分析,1982年油房站洪峰流量重现期约300年。

表3-21　沁水县杏河历史洪水调查

调查日期:1982年11月12日　　调查人:陈照发　秦银和

所在村镇及地点	洪水发生时间		被调查人情况	洪水发生情况	备注
	阴历	阳历			
沁水县龙港镇梁庄村	民国七年	1918年	张克宽75岁、吉新刚65岁	张克宽说:民国七年大水冲走了玉皇庙前的土地庙和庙前的一颗大槐树。冲到石塘被捞出,后打官司两村平分。今年这次大水比那年大。因河道管理打了河坝水没来到村里,如果庙在冲不了,如果是原来的河道,庙一定要冲走。	经调查评定1982年为最大,1918年次大,1929年第三。
	民国十八年	1929年		民国十八年也有过一次大水,水进村里牛书效家院,水比现在还高,是因为河道不一样,那时河道在村边,现在在对岸的石坝内。如果说水的大小,我看今年大民国七年小,民国十八年比民国七年小。 吉新刚老汉也反映了以上情况,以前没过大水,因为覆盖好,现在山上没树了。	

续表 3-21

所在村镇及地点	洪水发生时间		被调查人情况	洪水发生情况	备注
	阴历	阳历			
沁水县龙港镇东石堂村	民国七年	1918 年	李玉珂 75 岁 李家珠 70 岁 东石堂村	他们说：民国七年发一次大水，当时大水上到村前李玉珂门前麻地里，这次（1982 年 8 月 2 日）没上来，要看水位今年比民国七年低，可这次水要比七年那次大。那时对岸为滩地，河槽在村这边，现在河槽在那边并打了河坝，这边都成了地。民国七年是下了几天小雨，接着又下了一黑夜大雨，又下了一顿饭工夫的特大雨才发了大水，冲了渠庄庙和一颗大槐树，我村捞住 30 多人才把它抬回来，后来打官司两村平分了。这次雨情和那次差不多。	这些情况有多位老人旁证
沁水县龙港镇东石堂村	民国七年	1918 年	吉文玉，女，90 岁 东石堂村	她说：我活了这一辈子见发过好几次大水，还数刮渠庄庙（1918 年）那一次大。但那一次还没有这回（1982 年 8 月 2 日）的河大。听上辈人说，他们也没有见过刮渠庄庙那样大的河。	
沁水县龙港镇定都村	民国卅一年	1942 年	裴玉山，男，68 岁 定都村	刮定都庙是日本第二次扫荡（1942 年）那一年，那一次涨河没有今年这么大，冲大庙主要是河水把基础下的砂淘空了，同时还冲走了一株 3 个人也抱不住的大杨树。 民国二十年（1931 年）有一天下了猛雨，当天就涨了大水，把谭连成两口冲走了。	
沁水县龙港镇下苏庄村	民国二十四年	1935 年	张菊，女，63 岁，下苏庄村	张菊说：我生大儿子那年（她的大儿子今年 47 岁）的初秋，洪水涨得很大，冲塌了村边豆占奎、崔要远的两座房，也把我大哥崔文远村西头河边的两座楼房冲塌，河滩地也被冲了 20 余亩。	经调查评定 1982 年为最大，1918 年为次大，1935 年为第三
沁水县龙港镇张家坡村	民国二十四年	1935 年	张海云，男，60 岁 张家坡村	张海云说：我 12 岁那年，土匪王占荣的队伍过河，河水大涨，河水中冲有炮弹和白面等，河水把延家的河滩地冲掉 10 余亩，不过河滩中间那高出的砂滩未冲，水只有这次（指 1982 年 8 月 2 日洪水）洪水的一半，他还说：据我祖父说民国七年和民国十八年涨过大河。	

芦苇河只调查到1982年洪水,无法判定其稀遇程度。

护泽河董封河段调查到的历史洪水,根据洪水量级排序,发生洪水的年份依次为1935年、1982年、1956年、1927年、1941年,其中排首位的1935年洪峰流量2 570 m^3/s。可见,1982年洪峰流量1 150 m^3/s排1927年以来第二位,重现期大约为40年。护泽河下游河段调查到历史洪水发生的年份有1895年、1935年、1942年、1953年、1954年、1958年、1982年。其中,1982年涝泉河段,洪峰流量2 910 m^3/s排首位;1895年洪峰流量1 960 m^3/s排第二位。可见,1982年洪水为1895年以来首位洪水,重现期超过100年。

沁河干流省内润城水文站流域面积7 273 km^2,1950年设站以来,以1982年实测洪峰流量2 750 m^3/s为最大。该河段调查到的历史洪水,发生年份根据洪水量级排序依次为:1482年、1751年、1895年、1761年、1626年、1943年、1860年、1982年、1954年、1913年、1932年、1933年。可见1982年排1482年以来第8位,重现期约70年。下游五龙口水文站流域面积9 245 km^2,亦是以1982年洪峰流量4 240 m^3/s,为1951年设站以来最大值。沁河下游干流上调查到的历史洪水年份有:1482年、1895年、1943年、1954年。其中洪水较大的有:1482年九女台调查河段,流域面积8 405 km^2,洪峰流量14 000 m^3/s;1895年5 270 m^3/s、1943年4 290 m^3/s、1954年1 970 m^3/s,1982年洪峰与1943年洪水相当,排1482年以来第三位或第四位,洪水重现期约150年。

丹河山路平水文站1954年实测洪峰流量1 880 m^3/s;1982年实测洪峰流量480 m^3/s,为有实测资料以来的第2位洪水。丹河上游沙河(任村水库)河段调查到的历史洪水有:1895年调查洪峰流量3 450 m^3/s、1867年调查洪峰流量2 460 m^3/s、1954年调查洪峰流量1 930 m^3/s。1982年丹河洪水为1867年以来的第4位,考虑到1982年洪水与前三场洪水量级相差较大,故其1982年洪水重现期应小于40年。

其他流域水文站实测洪峰流量的重现期,根据各水文站实测和调查系列进行频率分析,成果列于表3-19。由表可见,与沁、丹河流域相比,其他流域水文站1982年洪水,实测洪峰流量的重现期都相对较低,中条山西侧及沿黄支流各站的重现期相对高一些,均超过了10年,其余各水文站1982年洪水的重现期均在10年以下。

沁河、丹河流域历史调查洪水成果一览见表3-22。

3.5.3　灾情

"19820802"特大暴雨洪水在山西省沁河流域各县造成了巨大的经济损失和人员伤亡。

暴雨造成了沁水县和阳城县的沁水河、护泽河、芦苇河以及沁河流域1895年以来历史上罕见的大洪水。沁水县城被淹,沿途桥梁被毁;阳城县桥断屋塌,各河道堤防工程被毁,人民的生命财产遭受惨重损失,经济损失约2.4亿元。

3.5.3.1　阳城县全县受暴雨洪水损失

阳城县全县受暴雨洪水损失情况为35人死亡,185人受伤,经济损失12 841万元。

(1)农村群众受灾情况。24个公社498个大队2万多户8万多人,经济损失1 681万元。倒塌房屋17 740间(孔),20 714人的房裂下陷,危房17 224间(孔)。冲走粮食70多万斤(1斤=0.5 kg,下同),3 466人衣物被冲走,灶具冲坏9 500件。其中马寨大队冲毁土地622亩,冲走滩地467亩。

表 3-22　沁河、丹河流域历史调查洪水一览

河名	河段名	流域面积（km^2）	调查成果（按大小顺序）（洪峰流量，m^3/s；洪峰模数，年，$m^3/(s \cdot km^2)$）					
沁水河	湾则		时间	1918 年	1954 年			
			洪峰流量	1 220	366			
			洪峰模数	—	—			
沁水河	油房	414	时间	1982 年 8 月 2 日	1918 年 6 月 28 日			
			洪峰流量	2 500*	1 110			
			洪峰模数	6.04	2.68			
护泽河	董封	338	时间	1935 年	1982 年	1956 年	1927 年	1941 年
			洪峰流量	2 570	1 150	751	—	—
			洪峰模数	7.60	3.40	2.22		
护泽河	涝泉	818	时间	1982 年	1895 年	1942 年	1958 年	
			洪峰流量	2 910	1 960	420	261*	
			洪峰模数	3.56	2.40	0.51	0.32	
护泽河	常甲	820	时间	1895 年	1935 年	1954 年	1953 年	
			洪峰流量	1 730	1 270	991	366	
			洪峰模数	2.11	1.55	1.21	0.45	
沁河	下河村（润城）	7 273	时间	1482 年	1751 年	1895 年	1761 年	1626 年
			洪峰流量	—	—	5 030	—	—
			洪峰模数			0.69		
			时间	1943 年	1860 年	1982 年	1954 年	1913 年
			洪峰流量	3 870	—	2 750*	2 200*	—
			洪峰模数	0.53		0.38	0.30	
			时间	1932 年	1933 年			
			洪峰流量	—	—			
			洪峰模数					
沁河	九女台	8 405	时间	1482 年	1895 年	1943 年	1954 年	
			洪峰流量	14 000	5 270	4 290	1 970	
			洪峰模数	1.67	0.63	0.51	0.23	
沁河	五龙口	9 245	时间	1895 年	1982 年	1943 年	1954 年	1932 年
			洪峰流量	5 940	4 240*	4 100	2 520*	2 500
			洪峰模数	0.64	0.46	0.44	0.27	0.27
丹河	沙河	1 299	时间	1895 年	1867 年	1954 年		
			洪峰流量	3 450	2 460	1 930		
			洪峰模数	2.66	1.89	1.49		
丹河	山路平	3 049	时间	1954 年	1982 年			
			洪峰流量	1 880	480*			
			洪峰模数	0.62	0.16			

(2)农业生产受灾情况。经济损失7 712万元。冲走土地95 778亩,冲毁桑村79.8万株,冲毁桑苗1 051万亩,粮食减收1.043 1亿斤、棉花45万斤、油料69.4万斤、菜9 597万斤、果品78万斤。死亡大牲畜151头、猪1 787头、羊1 615只、鸡35 100只、兔5 500只,受伤的9 297头。冲毁工程设施931处,电井139眼,机电灌站210处,水轮泵站5座,小型水利设施5万处。冲走汽车3辆、拖拉机15台、水泵247台、柴油机22台、电动机378台。

(3)工业方面。工业损失达2 529万元,倒塌厂房3 160 m^2,冲走原煤14 658 t、化肥720 t、水泥559 t、磺矿59.4 t、陶瓷半成品8.91万件、钢材12 t,手工业塌房5 220 m^2,社队企业塌房31 400 m^2。

(4)财贸方面损失79.3万元。

(5)文教方面损失423万元。

(6)城镇建设损失203万元。

(7)广播事业损失74万元。

(8)其他损失110万元。

全县影响财政上交利润144.6万元,工商税减收221.3万元,农业税90.2万元。

3.5.3.2 沁水县全县暴雨洪水损失

沁水县全县暴雨洪水损失情况为:受灾范围涉及21个公社的293个大队1 644个生产队1 270个核算单位31 243户140 593人,死亡30人、受伤207人,经济损失11 122.4万元,人均546元。

倒塌房屋10 998间(孔),危房22 885间(孔),损失达1 945.6万元;冲地88 164亩,损失1 670.3万元;冲毁河坝229条,长11.76万m,渠道367条,长220 935 m,机电泵灌站312处,小型电站15处,损失1 749.5万元;冲走木材树393.4万株,山林1.94万亩,木材苗4 824亩,果木31.2万株,损失1 351.2万元;冲走、死亡大牲畜194头、猪3 281头、羊8 521只、蜂1 260群,损失52.5万元;冲走社队企业263个,损失288万元;冲毁粮食作物119 366亩,棉花35 000亩,桑田8 000亩,地硬桑124万株,其他4 800亩,损失858.5万元;冲毁公路407 km,桥梁107座,涵洞82处,防护工程81处、7 770 m,损失794万元;损坏输电线路208 km,损失118.7万元;损坏通信电话线路508.9杆km,损失67万元;广播12 967根,损失47.33万元;县城冲毁街道3 950 m,桥2座,护城坝10 500 m,损失884.4万元;冲走汽车10辆、拖拉机15台、各种机床21台、机电设备324台(件),其他机械627件,损失190.1万元;冲走煤炭3.91万t,化肥200 t,其他工业成品半成品损失98.3万元;冲走木材233万 m^3,各种钢材483 t,水泥576 t,损失220.1万元;粮食、油品、百货、糖烟、农产品、医药损失289.2万元;机械、教学、化验仪器,损失26.6万元;办公用品、社队公物损失327.4万元;冲走个人财产143.7万元。

3.5.4 结语

1982年7月29日至8月4日暴雨洪水特点:

(1)雨区范围大。全省100 mm降雨量笼罩面积达85 518.1 km^2,占全省一半以上的面积,沁河流域几乎全部被200 mm降雨量等值线笼罩。

(2)降雨历时长,本次降雨过程断续 7 d,累计降雨历时 80 h 以上,连续降雨历时最长超过 40 h。

(3)最大 3 d 降雨强度大,稀遇程度高。阳城县董封雨量站最大 24 h 降雨量 255.7 mm,阳城县西交雨量站最大 3 d 降雨量 546.7 mm,为沁河流域有实测资料以来的最大值。暴雨中心最大 24 h 降雨量重现期超过 100 年一遇,最大 3 d 降雨量重现期超过 1 000 年一遇。历时越短,降雨强度越小,稀遇程度越低。

(4)洪水量级大,重现期高。沁水河重现期 300 年左右,护泽河、沁河干流下游段重现期均超过了 100 年。

(5)灾情重。沁水县城被淹,沿途桥梁被毁,阳城县桥断屋塌,各河道堤防工程被毁,经济损失约 2.4 亿元。与历史记载洪水灾情相比,灾情是最严重的。

3.6　汾阳县"19880806"特大暴雨洪水

1988 年入伏以来,山西省汾阳县连降暴雨,汾阳气象站 7 月 1 日至 8 月 4 日累计降雨量达 380.4 mm,8 月 6 日又降特大暴雨,暴雨中心的北花枝(调查点)降雨量达 260 mm 以上。暴雨给汾阳县造成严重灾害。这场暴雨和洪水的特点是历时短,分布范围小,降雨强度大,洪水来势凶猛,损失惨重。它是山西省新中国成立以来边山峪口洪水灾害最严重的洪水之一,在山西省边山峪口区具有典型代表意义。

3.6.1　雨情

3.6.1.1　降雨发生时间及过程

据雨量观测记录,在山区丘陵分界线的南端(南偏城)6 日 0 时(夏令时)开始下雨,雨区沿山区丘陵分界线往东北方向推移,转向杏花一带后又沿丘陵平川一线南下并扩大,汾阳城主雨从 6 日 1 时开始,暴雨区边缘孝义从 2 时开始。主雨结束大致为 7～8 时,降雨历时 6～7 h。整个降雨过程从 3 时前后有两段大强度降雨,其中有 3 h 降雨量最为集中。因特大暴雨区内唯一的自记雨量计(汾阳气象站)被洪水冲倒使记录中断,故未获得降水全过程。

3.6.1.2　雨区范围

特大暴雨区分布大致呈葫芦形,呈东北—西南向分布;有两个暴雨中心,其一分布在东北部,暴雨中心位于朝阳坡,雨量在 250 mm 以上,呈椭圆分布,轴向为东北—西南向;其二高值中心位于南部北花枝一带,中心点雨量在 260 mm 以上,呈西北—东南向分布。汾阳县"19880806"特大暴雨次降雨量等值线图见图 3-25。

本次暴雨 200 mm 等值线所包围的面积 55.8 km^2,平均降雨量 225 mm;175 mm 等值线包围面积 142.1 km^2,平均降雨量 202.7 mm;150 mm 等值线包围面积 276.5 km^2,平均降雨量 183 mm;100 mm 等值线包围面积 455.8 km^2(占全县面积的 38.7%),平均降雨量 159.7 mm;30 mm 等值线笼罩面积包括了整个汾阳县 1 178 km^2,平均降雨量 99 mm,各等雨深所包围的面积及其平均雨深详见表 3-23。

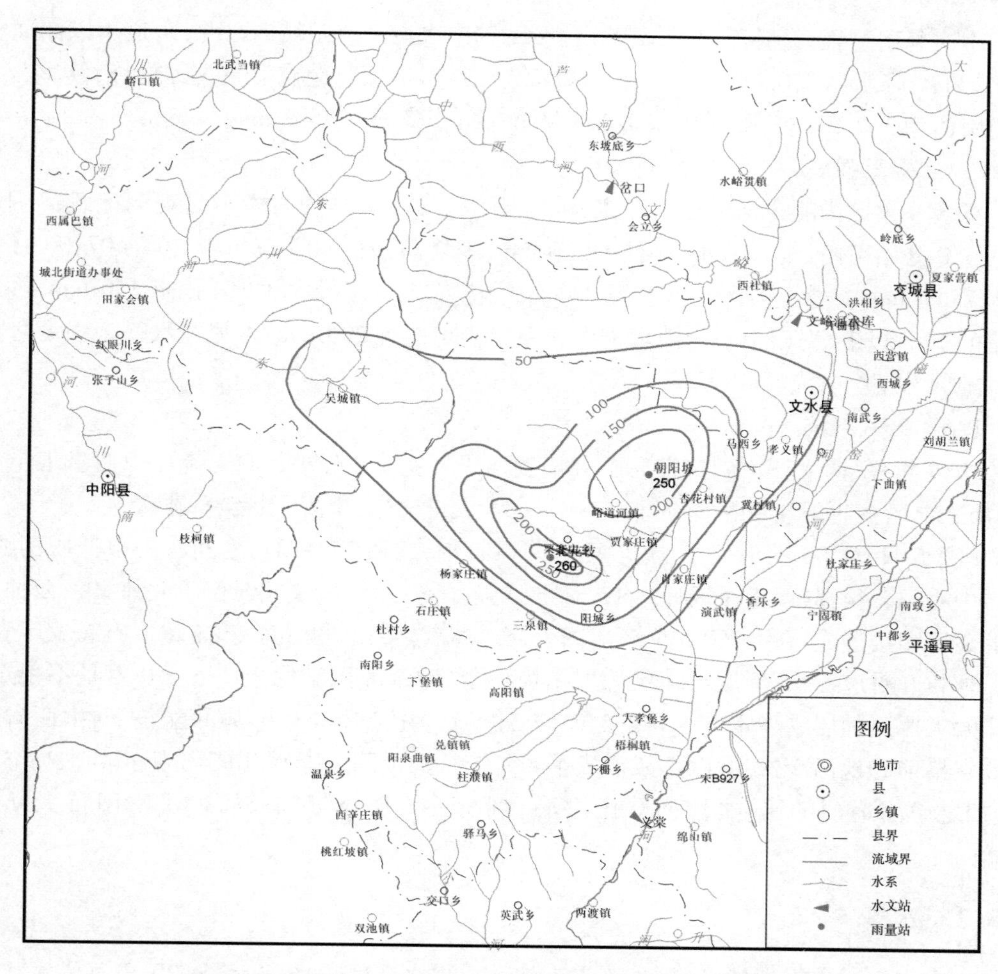

图3-25　汾阳县“19880806”特大暴雨洪水次降雨量等值线图

表3-23　汾阳县“19880806”暴雨笼罩面积统计

等值线雨深(mm)	笼罩面积(km^2)	累计降雨量(亿 m^3)	平均雨深(mm)
200	55.8	0.126	225.0
175	142.1	0.288	202.7
150	276.5	0.506	183.0
125	357.5	0.617	172.6
100	455.8	0.728	159.7
75	655.4	0.903	137.8
50	893.8	1.052	117.7
30	1 178	1.166	99.0

本次暴雨过程，全县降水量1.166亿m^3，其中太汾公路阳城河以北，头道川以南面积483.2 km^2，降水体积0.667亿m^3，折合降雨深138 mm；太汾公路、汾三公路以南、以东、平川丘陵面积362.2 km^2，降水体积0.309亿m^3，折合降雨深85.3 mm。

3.6.1.3　暴雨强度

据大暴雨区内峪道河上游上金庄（非暴雨中心）雨量站的时段雨量观测记载，8月6日00:50开始下雨，至02:00降雨量为70 mm，平均雨强为60 mm/h，02:00～07:00降雨量为74.9 mm，参考主雨区外围南偏城站自记记录，上金庄最大3 h暴雨近110 mm，占总雨量的76%以上，暴雨中心的雨量更大，3 h暴雨可能近200 mm，可见该次暴雨强度之大在本地区乃至全省实属罕见。

3.6.1.4　天气系统

1988年夏，西太平洋副热带高压大幅度西进北上，与北方南下气流在山西省上空交绥，加之台风在我国江浙一带登陆，有利于水汽大量输送，出现了持续降雨天气。

8月5日02:00的地面图上，东经107°～111°，北纬33°～37°之间有一条低压槽线，槽区中心辐合很强，西南风风速达12 m/s，且湿度较大。588线北缘位于北纬50°，西伸与大陆高压相接连成一片，500 hPa环流图上有冷温度槽，在700 hPa环流图上有暖温度脊，明显地相互对应，大气低层与高层的层结极不稳定，一般层结稳定度$S_i<0$就是不稳定，而当时太原站的层结稳定度$S_i=-3.7$。8月5日，在上述天气形势的配置下，山西省处在高空槽前和地面冷锋的前缘，故形成了8月6日大范围的降水，由于汾阳正处在高空槽前，加之局部地形的影响，因而暴雨中心在此集中，形成了“19880806”汾阳特大暴雨洪水。

3.6.2　水情

本次洪水调查南到虢义河，北至安上河，共调查了大小16条河沟，20个河段。其中流域面积最大的虢义河张多河段，流域面积为274 km^2，最小的石门沟永田渠河段，流域面积仅1.4 km^2，各调查河段位置见图3-26。各调查河段洪峰流量成果见表3-24。

3.6.2.1　洪水过程及峰、量

位于暴雨中心地区的河流均为小河沟，流程短，坡度大，洪水暴涨暴落。据石家庄村党委书记讲“董寺河洪水起涨在晚上12:00到01:00之间，洪峰出现在02:10（汾阳艺校2:20水位剧涨）到早上05:00左右，水面宽8 m，最深处1.2 m，09:00水已很小，人们能容易地过河”。雨洪过程调查结果见表3-25。根据调查资料绘制董寺河（北支）石家庄河段及禹门河富民桥河段洪水过程线见图3-27。

本次暴雨历时短、强度大，因而小流域洪峰值较大。炭窑沟永田渠河段，流域面积仅3.0 km^2，洪峰流量达102 m^3/s。各调查河段最大洪峰流量依次为：董寺河洪南社河段863 m^3/s，阳城河汇合口河段686 m^3/s，虢义河张多河段456 m^3/s，禹门河富民桥河段272 m^3/s；洪峰流量最小的石门沟河段，洪峰流量7.75 m^3/s。

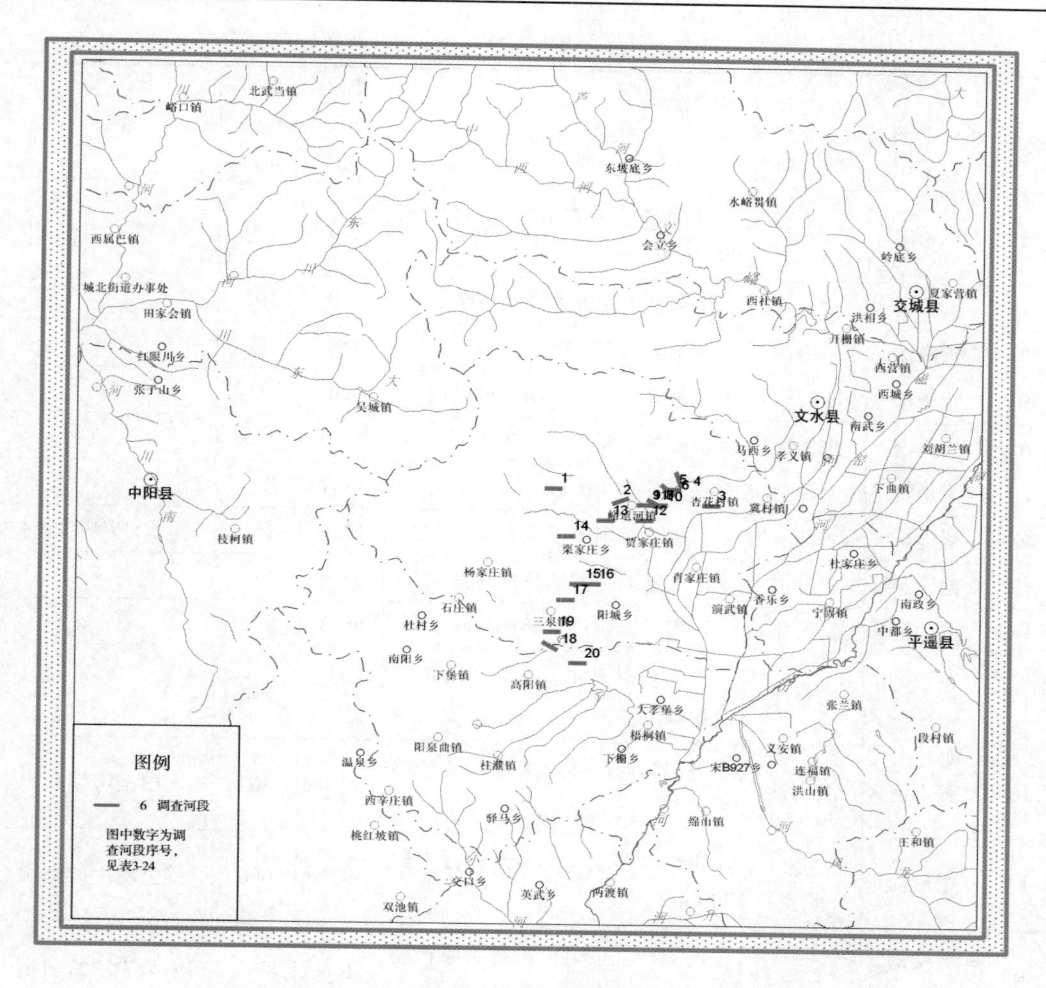

图 3-26　汾阳县“19880806”特大暴雨洪水调查河段分布图

表 3-24　汾阳县“19880806”洪水调查成果

编号	调查地点			集水面积（km^2）	洪峰流量（m^3/s）	备注
	河名	河段名	地点			
1	向阳河	坡头	汾阳县峪道河镇褚家沟水库以上约100 m	43.0	26.2	
2	峪道河	田褚	汾阳县峪道河镇田褚村东北	26.3	146	
3	安上河	安上河	汾阳县杏花村镇汾酒厂以上约600 m	18.9	121	
4	石门沟	石门沟	汾阳县永田渠上游约600 m	1.4	7.75	
5	黄沙沟	黄沙沟	汾阳县永田渠上游约300 m处	2.7	40.3	

续表 3-24

编号	调查地点			集水面积（km^2）	洪峰流量（m^3/s）	备注
	河名	河段名	地点			
6	小相河	小相	汾阳县杏花村镇小相村北约400 m处	7.2	190	
7	炭窑沟	炭窑沟	汾阳县永田渠上游约300 m	3.0	102	
8	东南沟	东南沟	汾阳县贾家庄镇朝阳坡村东	4.6	102	
9	脖子沟	脖子沟	汾阳县贾家庄镇朝阳坡村西	3.4	93	
10	寺头河	水泥厂	汾阳县水泥厂上游200 m	15.0	193	
11	旱地沟	蓄水池上游	汾阳县永田渠以上	13.1	71.3	
12	旱地沟	蓄水池下游	汾阳县永田渠以上	13.6	162	蓄水池垮坝影响
13	向阳河	圪垛	汾阳县峪道河镇圪垛村西	67.6	141	
14	禹门河	富民桥	汾阳县富民桥上游约300 m	68.3	272	
15	董寺河北支	石家庄	汾阳县栗家庄乡石家庄永田渠渡槽以上	14.2	245	
16	董寺河	洪南社	汾阳县西河乡洪南社汾离公路桥以上	29.4	863	永田渠垮坝影响
17	阳城河	汇合口（北支）	汾阳县栗家庄乡河北村以上约700 m	107	686	受公路决口影响
18	虢义河（支）	仁道	汾阳县三泉镇仁道村南渡槽桥上游	146	85.8	可能为7月23日洪水
19	三泉河	聂生	汾阳县三泉镇聂生村南偏西	96.3	239	
20	虢义河（干）	张多	汾阳县三泉镇张多村西北	274	456	

注:1. 阳城河调查河段在北支汇合口以上300 m处,但因南支筑坝开洞,故将合口改在调查河段以上约200 m处。
2. 虢义河8月6日暴雨不及7月23日大,调查到的洪峰可能是7月23日洪水。

表 3-25　汾阳县“19880806”特大洪水过程调查资料

河名	被调查人	洪峰流量（m^3/s）	雨洪过程调查
董寺河	石家庄村党支部总书记 1988年8月25日	245	洪水起涨在00:00到01:00之间,洪峰出现在02:10(汾阳艺校02:20水位剧涨)到第二天05:00左右,水面宽8 m,最深处1.2 m,09:00水已很小,人们能容易地过河。

续表 3-25

河名	被调查人	洪峰流量 (m^3/s)	雨洪过程调查
禹门河	禹门河灌区负责人朱学长	358	8 月 6 日 03:00(夏令时)开始下雨,04:00 雷急,但雨不大;04:30～05:00 雨最急,05:30 以后雨又小了,06:00 雨停。降雨中心由东往西走,故洪水来得较晚,5 时半流量约有 100 个,06:30～08:00 之间出现洪峰,此后开始降落,12:00 约有 100 个流量,晚上 18:00 多约有 30 个流量,8 月 9 日变成清水。
峪道河	峪道河水委会 1988 年 8 月 23 日	189	8 月 6 日 00:10 开始下雨,01:30 下的最大,04:00 后雨变小,雨是一阵大,一阵小。洪水 00:00 多开始渐涨,01:30 涨率加大,03:00 出现洪峰,洪峰持续时间约 30 min,第二天 09:30 约有 20 多个流量,下午 04:00 多落平(约有 1 个流量)。
寺头河	水泥厂厂长等 3 人 1988 年 8 月 23 日	193	12:20 开始下雨,越下越大,到 01:00 左右,雨小了约 10 min,后又下急了,01:30 到 04:00 雨最大,04:30 雨又小了,洪水 01:00 下来,当时较小,01:30 就大了,02:30～03:00水最大(当时雨也很大),05:30 洪水小多了,08:30 洪水就不流了。
脖子沟	朝阳坡党支部书记孙自荣	93	8 月 6 日 00:00 点开始下雨,雨不大,02:00 雨强加大,02:40到 03:00 雨小了,03:00 后雨更大,04:30 后雨小了,05:30 雨停,最大洪水估计接近 04:00,06:00 河水不大,09:00 左右河干。
东南沟		102	
安上河	杏花镇田副镇长	121	8 月 6 日 00:30 后下雨,直下到 01:40 小了些,02:00多到 03:00 雨强又大了,03:00 多至 06:00 雨较小,06:00 雨停,洪水 01:40 已下来了,洪峰约在 03:00 出现,早上 05:00～06:00 洪水小多了,约有 20 个流量,08:00 约有一个流量,09:00 河干。

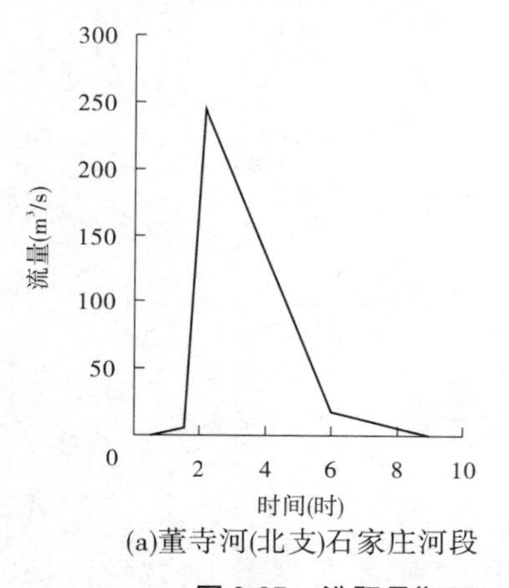

(a)董寺河(北支)石家庄河段

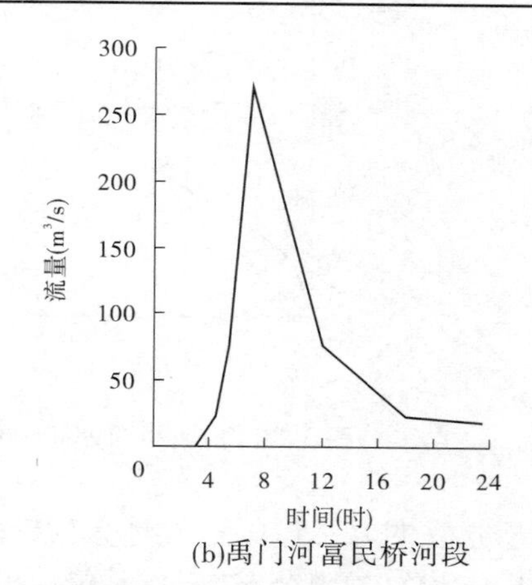

(b)禹门河富民桥河段

图 3-27　汾阳县“19880806”特大暴雨洪水过程线图

通过对董寺河、禹门河、峪道河、寺头河、脖子沟、东南沟、安上河等七条河沟的洪水过程进行的调查,即对起涨、峰顶、落平或洪水过程中某个时刻的水面宽、水深、流量等要素进行的调查以及根据洪水过程的一般规律,计算了各河段洪水总量,见表3-26。由此所建立的 $P\sim R$ 关系,其产流公式采用双曲正切模型拟合良好,即

$$R = P - 50\text{th}\frac{P}{50}$$

式中:R 为径流深;P 为流域平均降水量。

当 $P\geqslant120$ mm 时,可表达为更简单的经验公式,即

$$R = P - 50$$

表 3-26　汾阳县诸河沟河段洪水总量调查计算成果

河名	河段名	流域面积(km²)	洪峰流量(m³/s)	洪量(万 m³)	径流深(mm)	平均雨量(mm)	降雨总量(万 m³)	洪水径流系数
董寺河(北)	石家庄	14.2	245	226	159	225	320	0.71
禹门河	民富桥	68.3	272	917	134	170	1 161	0.79
峪道河	田褚	26.3	189	213	81	127	334	0.64
寺头河	水泥厂	15.0	193	195	130	170	255	0.76
脖子沟	朝阳坡	3.4	93	70	206	250	85	0.82
东南沟	朝阳坡	4.6	102	84	183	240	110	0.76
安上河	汾酒厂一号井	18.9	121	99	52	110	208	0.48
合计		150.7		1 804	120	164	2 473	0.73

汾阳县"19880806"特大暴雨洪水 $P\sim R$ 关系见图3-28。

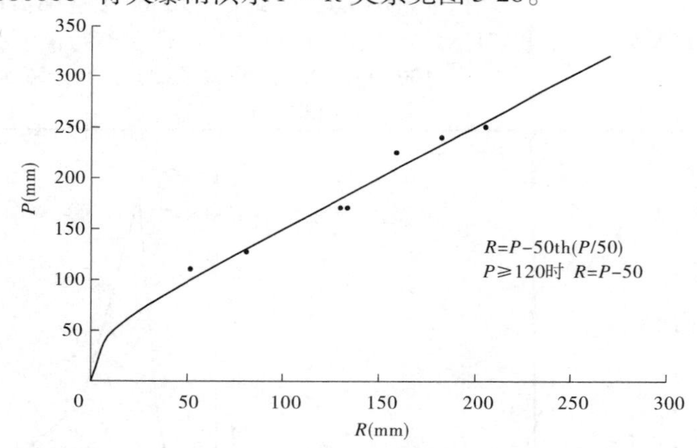

图 3-28　汾阳县"19880806"特大暴雨洪水 $P\sim R$ 关系图

根据所建立的 $P\sim R$ 关系,经计算分析得出以下结论:

(1)太汾公路、汾离公路以北(不包括头道川,但基本包括了阳城河)流域面积 483.2 km²,降雨量 138 mm,径流深 88 mm,洪水总量 4 250 万 m³,洪水径流系数 0.64。

(2)太汾公路以南,汾三公路以东平川丘陵区面积362.2 km^2,降雨量85.3 mm,径流深25.6 mm,洪水总量927万 m^3,洪水径流系数0.30。

(3)汾阳主灾区内洪水5 180万 m^3,洪水径流深61.3 mm,洪水径流系数0.53。

(4)根据表3-26计算成果,结合各调查河段流域水文下垫面特性可以看出,本次暴雨笼罩范围内流域地形多属丘陵低山区,地质条件多为黄土覆盖上的基岩出露区,但多属灰岩漏水区,产流条件并不好,然而在高强度持续暴雨下,洪水径流系数却很高,暴雨中心次暴雨洪水径流系数可达0.8左右,这是典型的丘陵低山区高强度短历时暴雨形成的特大洪水,本次暴雨洪水的分析结论对小流域稀遇洪水计算成果的合理性分析,具有很大的参考价值。

3.6.2.2　暴雨洪水重现期估算

1.暴雨重现期估算

为了分析不同历时的重现期,根据汾阳气象站观测资料,统计了汾阳站各种历时年最大降雨量,并进行频率分析。24 h暴雨的重现期为:暴雨中心点雨量260 mm,重现期为400年,暴雨中心区约有75 km^2,其重现期在100年以上,外围尚有70 km^2,其重现期为50~100年。

由于本次暴雨的降雨历时为6~7 h,按6 h暴雨估算,其重现期为:处在暴雨中心的董寺河、东南沟、脖子沟流域平均降水量分别为225 mm、250 mm、240 mm,其稀遇程度均超过了500年;处在暴雨中心边缘的禹门河、寺头河,其重现期均超过了100年;其他诸河6 h暴雨的重现期均不足100年,杏花以北、阳城河以南不足50年。由于实际降雨历时多大于6 h,所以重现期推算可能稍有偏高。

2.洪水重现期的考证和估算

由于汾阳从未设过水文站,缺乏实测水文资料,历史洪水调查资料也很少,计算洪水重现期比较困难,只能根据历史文献记载做粗略考证和估算。据故宫档案、汾阳县志等历史文献考证,从元泰定元年(1324年)以来,汾阳在元明清期间共发生洪涝灾害25次,民国年间5次,新中国成立后5次,共计35次,664年中平均19年发生一次。其中,以文峪河决口、汾河改道等灾害居多,约占3/4。其余1/4为当地边山暴雨洪水灾害,而后者较大的灾害为6次。据汾阳县志记载:明正德八年(1513年)"平地水深丈余";明嘉靖二十三年(1544年),"汾阳大水,平地数尺";清道光九年(1829年),"西北山水猝入群城,西门平地数深尺,南郊居民淹没无数";清道光十八年(1838年)"山水复入群城,府县水深数尺,城东被淹";民国二年(1913年)"七月下旬大雨如注,连绵数日遂致汾阳五十余村具窪水患"。

据以上记载,从1324~1988年665年中,汾阳县西北部地区共发生6次特大洪灾,平均110年发生一次。由于文献资料只有关于雨、水、灾的定性描述,没有定量记载,所以要确定本次洪水在六次特大洪水中的序位是比较困难的,而且每次大暴雨洪水的暴雨中心和边缘地区的重现期也有很大差别,所以本场暴雨中心区洪水的重现期只能粗略讲大于100年一遇。

在峪道河水泉村访问了一个93岁的老妇人,此人神志清晰,据她讲:"29岁时生的二女儿,二女儿四岁时发了一场大水,冲走了河两岸的大树,冲坏了水磨,上游泉水断流,为此,本地大户人家张生让出钱唱大戏,我领二女儿都去看戏了,人真多,场面也热闹,所以记忆清楚。但过去的河道比现在的又深又宽,今年大水比六十年前的水要小”。田褚村69岁老人反映:六十年前的大水他们记不清了,但据前辈人讲,神头沟六十年前发过一次大水,今年又是一次。另据吕梁地区水文站1976年11月洪水调查,峪道河王盛庄河段1929年大水洪峰流量317 m^3/s,也比1988年大,由于本河处在暴雨中心边缘,其暴雨的重现期不足100年,故可认为峪道河1988年的洪水重现期小于百年。

据禹门河河堤村85岁张广玉老人讲:见过四次大水,二十多岁、四十多岁、五十多岁均发了大水,但以二十多岁那次(据查为1922年)为大,今年的河水他没目睹,但今年的这场雨是他所见到的最大的一场。另据南垣寨83岁老人讲:她49岁(1953年)时发过一次大水,但没有今年的水大,以前禹门河经常发水,直到上面修了石闸水库后,发水次数才少了。吕梁地区水文分站1976年11月洪水调查资料显示,1953年洪峰流量为468 m^3/s,比今年的水要大。根据以上调查访问情况,结合汾阳县禹门河设计洪水计算成果,大致可以认为禹门河1988年洪水的重现期为50年左右。

其他诸河沟无历史洪水调查资料及详细的文献考证资料,因此不好估算其重现期,但在暴雨中心的董寺河、东南沟、脖子沟等河沟洪水确为稀遇,粗略估算其重现期超过了百年甚至更高。杏花村以北,董寺河以南本次洪水的重现期较低。

3.6.3　灾情

汾阳县“19880806”特大洪水造成了严重的洪涝灾害,人民生命财产受到巨大损失。许多水利工程被洪水冲毁,56人被洪水夺去生命,318个村庄进水,倒塌房屋5 510间,农田受灾面积达299 100亩,汾离公路三处被冲断,损失惨重,直接经济损失达19 081万元。

3.6.4　结语

由于暴雨中心无水文系统或气象部门设立的观测站,雨量均为调查值,特大雨区内唯一的自记雨量计(汾阳气象站)被洪水冲倒致使记录中断,因而未能获得全降水过程。

汾阳县“19880806”特大暴雨和洪水特点如下:

(1)历时短。暴雨主要集中在6~7 h。

(2)分布范围小。50 mm降雨量等值线笼罩面积仅893.8 km^2。

(3)降雨强度大。暴雨中心3 h降雨量近200 mm。

(4)洪水来势凶猛、损失惨重。仅汾阳县直接经济损失就达19 081万元。

(5)洪水稀遇程度较高,暴雨中心各河沟洪水重现期大于100年,外围地区小于100年。

汾阳县“19880806”特大暴雨洪水是山西省新中国成立以来洪水灾害最严重的边山峪口局部洪水之一,在山西省边山峪口区具有典型代表意义。

3.7　山西中南部“19930804”特大暴雨洪水

1993年8月3日夜间至5日凌晨,在高空较强的纬向环流背景下,中、低空暖性切变线低涡与山西省地面锢囚锋系统相配合,山西省中南部发生了一次大范围暴雨天气过程,汾河中下游、沁河上游、浊漳河西源及潞城县相继发生了大洪水。主暴雨中心沁源县隽河次雨量214.9 mm、潞城县神头岭调查次雨量249.0 mm,80 mm以上降水区域达15 700 km^2,100 mm以上降水区达10 100 km^2,是山西省新中国成立以来笼罩范围较广,量级较大的场次暴雨之一。

在位于暴雨中心的沁河上游形成了重现期约150年的特大洪水,其他暴雨区也发生了稀遇程度不等的大洪水,部分地区人民生命财产受到重大损失。

3.7.1 雨情

3.7.1.1 降雨发生时间及过程

本次暴雨由陕北过黄河进入山西省,随着雨区主要降雨,此次降雨的开始与结束时间自西向东后移,表3-27列出了由西向东主要站的主要降雨时间对照。由表3-27可以看出:吕梁山区以西入黄各支流主要降雨为3日23:00至4日11:00,如午城和黄土两站;汾河石滩水文站以上为4日01:00~13:00,如圪台头、段纯、灵石和冯村四站;石滩水文站以下到临汾区间降雨为4日02:00~14:00,如一平垣站;沁河上游为4日02:00~14:00,如隽河、赤石桥和孔家坡三站;浊漳河后湾水库上游为4日03:00~16:00,如尧山站;潞城、黎城县为4日07:00~18:00,如石梁和东阳关两站。暴雨由西向东移动,各站主要降雨历时多在12 h左右。

表3-27 各主要雨量站主要降雨时间对照

序号	站名	水系	河流	县名	主要降雨开始时间(月-日T时:分)	主要降雨结束时间(月-日T时:分)	主要降雨历时(h)	主要降雨量(mm)	次降雨量(mm)
1	午城	黄河	昕水河	隰县	08-03T23:00	08-04T11:00	12.0	76.6	81.6
2	黄土	黄河	黄土川	隰县	08-04T00:30	08-04T11:00	10.5	57.4	81.8
3	圪台头	汾河	佃坪河	汾西	08-04T00:55	08-04T14:00	13.1	87.7	95.0
4	段纯	汾河	双池河	灵石	08-04T01:20	08-04T13:30	12.2	96.5	104.6
5	灵石	汾河	静升河	灵石	08-04T01:50	08-04T13:00	11.2	128.8	129.1
6	冯村	汾河	北涧河	霍州	08-04T02:00	08-04T13:00	11.0	132.9	135.2
7	一平垣	汾河	岔口河	临汾	08-04T02:15	08-04T14:00	11.8	135.7	142.7
8	隽河	沁河	沁河	沁源	08-04T01:35	08-04T14:00	12.4	193.9	214.9
9	孔家坡	沁河	沁河	沁源	08-04T02:00	08-04T15:00	13.0	83.3	96.8
10	赤石桥	沁河	赤石桥河	沁源	08-04T02:20	08-04T14:00	11.7	128.6	136.8
11	尧山	浊漳河	迎春河	沁县	08-04T02:35	08-04T16:00	13.4	163.8	190.8
12	后湾水库	浊漳河	浊漳河西支	襄垣	08-04T03:00	08-04T16:25	13.4	123.7	124.1
13	石梁	浊漳河	浊漳河	潞城	08-04T07:00	08-04T17:00	10.0	123.7	125.8
14	东阳关	浊漳河	小东河	黎城	08-04T08:00	08-04T17:00	9.0	85.8	102.3

3.7.1.2 雨区分布

这次暴雨横跨黄河、汾河、沁河和漳河四个水系,覆盖了临汾市(大宁、吉县、乡宁、襄汾、尧都区、蒲州、汾西、古县、隰县、霍州、洪洞、临汾)、吕梁市(交口、孝义)、晋中市(灵石、平遥、介休、祁县、榆社)、长治市(沁源、沁县、武乡、襄垣、屯留、潞城、黎城)四个市二十几个县(市),雨区呈东西向带状分布。

1. 暴雨笼罩范围

次雨量、最大 1 h 和最大 6 h 暴雨等值线图见图 3-29 ~ 图 3-31,各等雨量线所笼罩面积及其平均雨深详见表 3-28。由图 3-29 和表 3-28 可以看出,80 mm 和 100 mm 等值线笼罩范围横跨黄河、汾河、沁河和漳河四个水系,呈东西带状分布,其中 80 mm 等值线笼罩面积 1.57 万 km^2,降雨体积 17.999 亿 m^3,平均雨深 115 mm;100 mm 等值线笼罩面积 1.01 万 km^2,降雨体积 13.019 亿 m^3,平均雨深 128 mm;200 mm 等值线笼罩范围分布于沁河上游隽河站与潞城县漫流河神头岭两个暴雨中心周围,笼罩面积 145.3 km^2,降雨体积 0.318 亿 m^3,平均雨深 219 mm。

表 3-28 "19930804"暴雨笼罩面积统计

等值线雨深(mm)	笼罩面积(km^2)	累计降雨量(亿 m^3)	平均雨深(mm)
200	145.3	0.318	219
180	360.9	0.728	202
160	1 100.5	1.985	180
140	2 500.6	4.085	163
120	5 133.4	7.508	146
100	10 143.4	13.019	128
80	15 676.4	17.999	115

2. 暴雨时面深关系

由于本次暴雨主雨时为 12 h 左右,暴雨总历时不超过 24 h,因而次雨量可作为 24 h 雨量看待,由最大 1 h、6 h 和次雨量等值线图量算分析可得暴雨历时—面积—平均雨深关系,见图 3-32。

3. 暴雨中心

由于暴雨区内大气层结呈现水汽饱和及对流不稳定,加之受中尺度云团和地形的辐合上升影响,本次大暴雨强度大,阵性明显且多暴雨中心。此次暴雨可分为七个中心,其中大于 200 mm 的特大暴雨中心有两个:一是沁源县沁河上游暴雨中心,中心降雨量隽河雨量站 214.9 mm;二是潞城市漫流河暴雨中心,轴向呈东西向带状分布,中心调查雨量神头岭 249.0 mm。在 100 ~ 200 mm 的大暴雨中心有五个:一是临汾市西山暴雨中心,轴向呈西南东北向,中心降雨量一平垣雨量站 142.7 mm;二是灵石县荡荡岭暴雨中心,呈东西葫芦形,中心调查雨量三湾口 160.0 mm;三是沁县暴雨中心,这一中心与沁河上游降雨中心呈马鞍形,中心降雨量尧山雨量站 190.8 mm;四是榆社县暴雨中心,这一中心亦呈西南东北向,中心降雨量辉教雨量站 160.2 mm;五是黎城县暴雨中心,呈南北向,中心降雨量仟仵雨量站 129.8 mm。

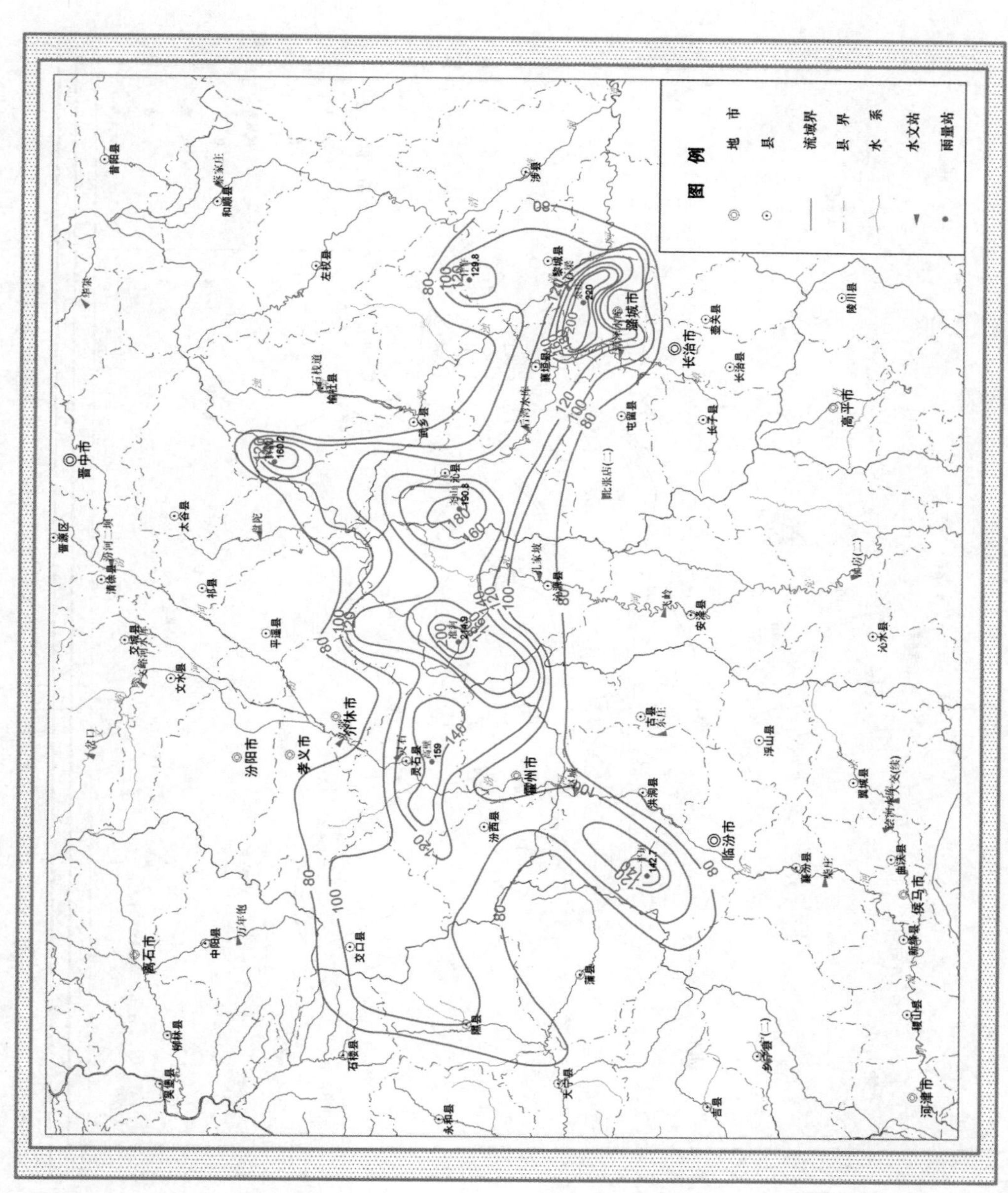

图3-29　山西中南部"19930804"特大暴雨洪水次降雨量等值线图

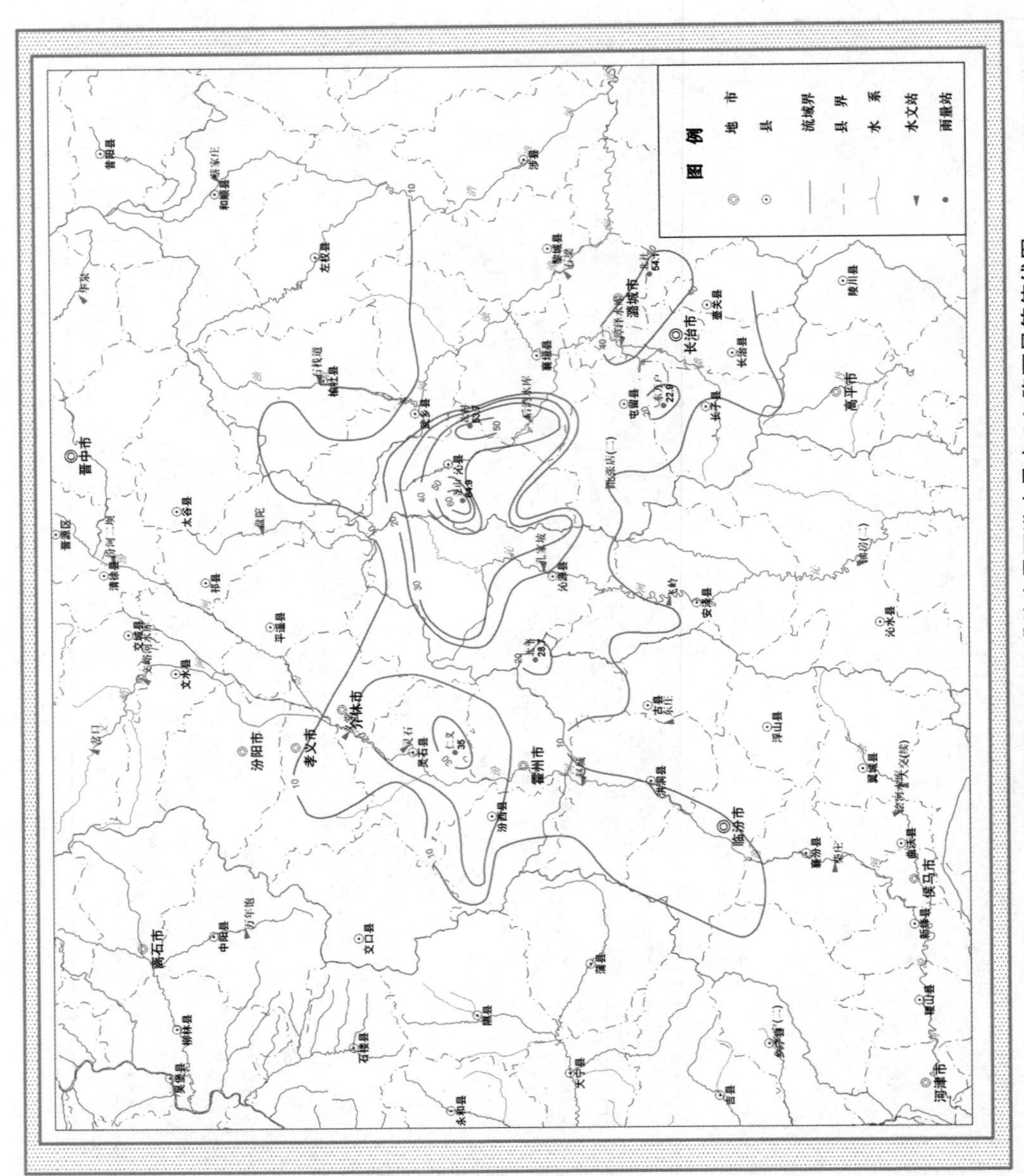

图 3-30　山西中南部“19930804”特大暴雨洪水最大 1 h 降雨量等值线图

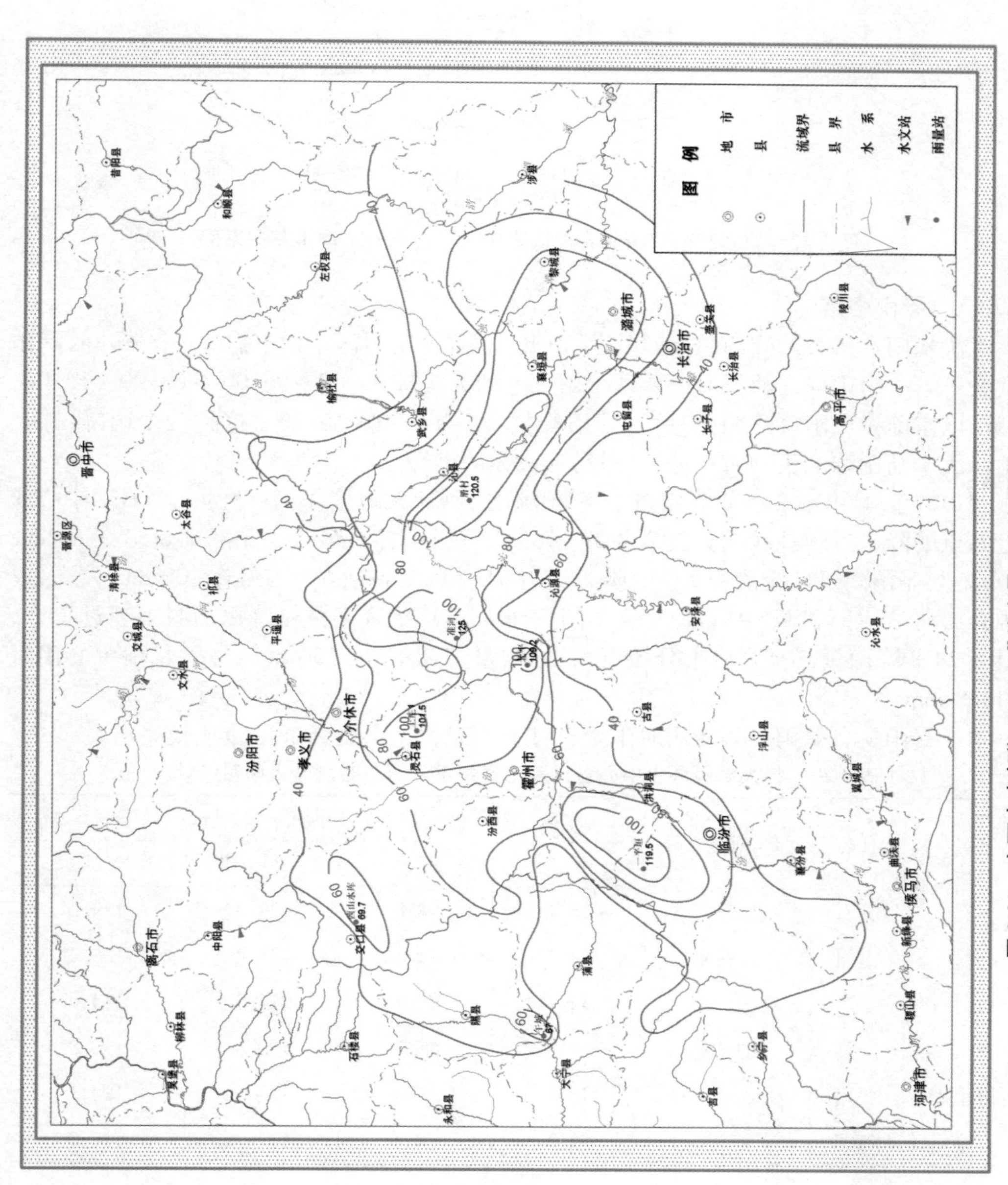

图 3-31 山西中南部"19930804"特大暴雨洪水最大 6 h 降雨量等值线图

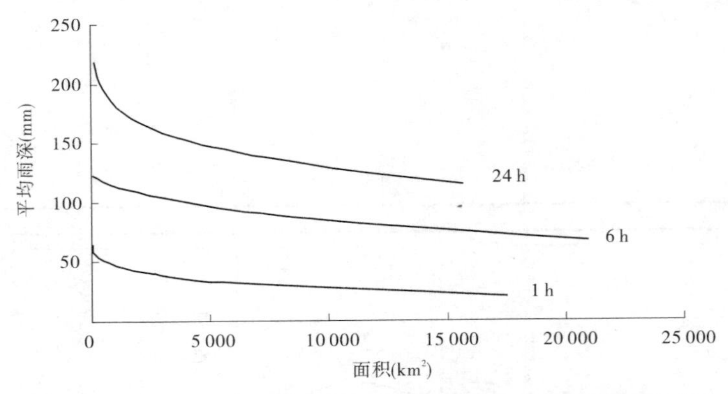

图 3-32　"19930804"特大暴雨洪水历时—面积—平均雨深关系图

3.7.1.3　暴雨强度

本次暴雨过程各站降雨总历时均为 20 h 左右，表现为两个雨峰，后一个雨峰的降雨强度大于第一个雨峰。浊漳河以西两个雨峰时间为 4 日 03:00 ~ 06:00 和08:00 ~ 12:00，长治市以东前一个雨峰不明显，后一个雨峰集中在 11:00 ~ 16:00。这种两个雨峰，并且后雨峰大于前雨峰的雨型时程分配，极易形成大的洪峰。

表 3-29 为暴雨中心各代表雨量站不同历时实测最大雨量，图 3-33 为几个暴雨中心或附近站点的降水过程柱状图。由表 3-29、图 3-33 可见，各站最大 1 h 降雨量多在 30 mm 以上，沁县尧山雨量站实测最大 1 h 降雨量达 64. 9 mm；各站 6 h 雨量在 100 mm 左右，以沁源县讐河站的记录 125. 0 mm 为最大；由于本次暴雨绝大多数站降雨历时不超过 24 h，故最大 24 h 降雨量与次雨量十分接近，各站雨量多在 120 ~ 130 mm，最大暴雨中心雨量为214. 9 mm。

本次暴雨从各暴雨中心各历时雨量看，1 h 雨量并不突出，6 h 雨量比较突出。

表 3-29　特大暴雨洪水中心各代表雨量站不同历时实测最大雨量统计

站名	县名	河名	不同历时实测最大雨量(mm)			
			1 h	6 h	24 h	次雨量
灵石	灵石	静升河	28. 4	98. 8	129. 2	129. 2
冯村	霍州	北涧河	27. 7	90. 1	135. 2	135. 2
讐河	沁源	沁河	32. 1	125. 0	214. 9	214. 9
尧山	沁县	迎春河	64. 9	112. 3	190. 8	190. 8
后湾水库	襄垣	浊漳河西支	48. 7	103. 6	124. 1	124. 1
石梁	潞城	浊漳河	32. 3	106. 0	127. 3	127. 3

3.7.1.4　主要天气系统

1993 年夏季笼罩在东亚上空的副热带高压脊线位置显著偏南，脊线位置较长时间稳定在北纬 25°或以南地区上空。7 月底至 8 月 6 日，亚洲 500 hPa 中、高纬度为两脊一槽型，两脊分别在乌拉尔山和贝加尔湖以东至库页岛。由蒙古国东部至日本海为低压槽活

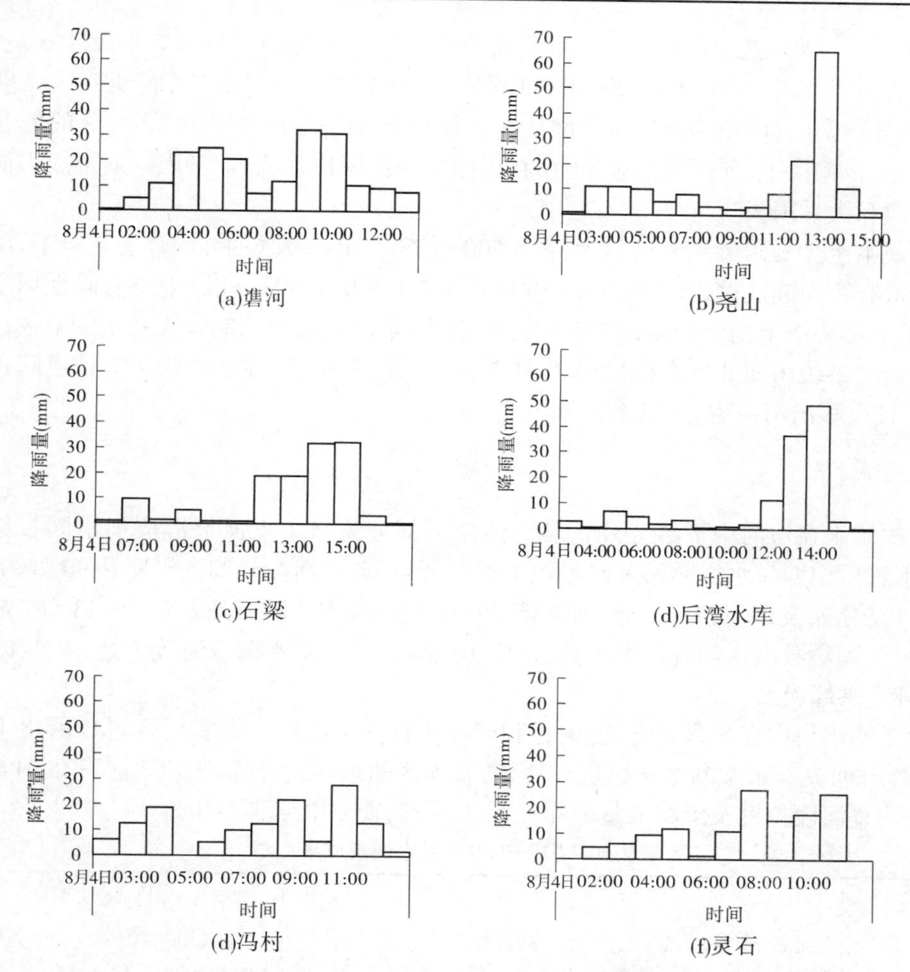

图 3-33　"19930804"特大暴雨洪水各暴雨中心代表雨量站降雨过程柱状图

动区，月末自乌拉尔山脊前南下的强冷低压，温度达 −26 ℃，8 月 1 日到新疆北部，东亚中纬度盛行较强的纬向环流型。冷低压激发前部西风带高压脊东移，与西进的西太平洋副高 8 月 2～3 日迭加，使副高突然加强北上，3 日 8 时 588 线北界与 115°E 交点在 35°N，西脊点 104°E，脊线位于 27°E，稳定在有利于山西中南部暴雨发生的位置。新疆强冷低压，分裂或脱变成短波槽，每日 8～10 个经距东移，3 日和 5 日移过山西。同时，自高原南侧拉萨附近，0 ℃左右和 $T-T_d \leq 4$ ℃的 500 hPa 暖温中心移向陕、山。东移的西风槽和西进的副热带高压之间，自高原中部到华北形成较强的副热带急流锋区，槽前的西南气流与副高西北缘的西南气流迭加，在山西省形成宽阔的西南气流带。从南海和孟加拉湾北上的暖湿气流随西南气流带来充沛的水汽，给本次暴雨提供了良好条件。

随着副热带高压西进加强，8 月 1 日 700 hPa 自南海西端，沿 105°～110°E 北上一支偏南气流，强风核大于 12 m^3/s，3 日 8 时低空急流的前部，河套小高压与副热带高压之间，由兰州到西安形成一条切变线——暖切变线。西来低槽已过 100°E，在东北、西北和偏南急流三股气流作用下，兰州附近形成一涡旋。3 日 20 时 700 hPa 中尺度低涡移到平凉,出现“人”字形切变线,汉中、平凉、延安西南风 10 ~ 14 m/s,500 hPa 中尺度 α 短波槽,明显超前,4 日 8 时 850 hPa、700 hPa 低涡完整,低涡中心移到延安,暖切变线北推到太原、邢台与济南间,山西中南部位于暖区中。由银川到平凉出现一支 12 m/s 的偏北风急流,冷空气舌型南下,使斜压加强,地面在山西出现锢囚锋形势,在锢囚锋前形成山西中南部点暴雨和大暴雨天气。

综观本次大暴雨的天气过程为:在 5 500 m(500 hPa)较强的纬向环流形势下,副高北侧西风带有一短波底槽,在 3 000 m(700 hPa)与 1 500 m(850 hPa)上空有暖性切变线低涡,在地面形势图上山西中南部有一组近于南北,东西向正交的锢囚锋系统。上述高低空及地面天气系统由西北向东南推进,8 月 3 日陕北普降暴雨,接着过黄河 3 日夜间进入山西省,4 日夜移出山西省,形成本次暴雨。

3.7.2　水情

本次暴雨在汾河中下游、沁河上游、浊漳河部分流域干支流上形成了不同量级的洪水,洪水过后山西省水文总站及时组织了洪水调查,调查河段和调查水库共 90 处,其中汾河干流(柴庄站及以上)14 处,汾河支流 30 处;沁河干流(润城站及以上)13 处,支流 10 处;浊漳西源沁县洪水调查河段 5 处,水库 10 座;潞城县洪水调查河段 7 处,水库 1 座。

3.7.2.1　洪峰流量

由于暴雨集中在 8 月 4 日,各河也相应在 4 日发生洪水。据实测资料显示,8 月 4 日 12:36 静升河灵石水文站最早出现洪峰,随着雨区的东移,各河流先后于 4 日、5 日出现洪峰。各调查河段位置及洪峰流量分布见图 3-34,调查成果见表 3-30。

表 3-30　“19930804”洪水调查成果汇总

水系	序号	河名	河段名	调查地点	集水(区间)面积(km^2)	平均雨量(mm)	洪峰流量(m^3/s)	备注
汾河	1	汾河	义棠	介休市义棠镇义棠村	23 945		256	水文站
	2	崔家沟	崔家沟	灵石县两渡镇上鲁村	13.3	99.6	30.3	
	3	新庄沟	曹村	灵石县两渡镇曹村	25.1	80.8	27.5	
	4	三交河	景家沟	灵石县两渡镇景家沟村	73.7	80.6	67.6	
	5	汾河	索州	灵石县两渡镇索州	208	84.0	199	区间
	6	柏河	许家坡	灵石县马和乡许家坡村	52.1	124.9	14.3	
	7	静升河	静升	灵石县静升乡静升村	103	110.3	36.1	
	8	静升河	苏溪	灵石县静升乡苏溪村	165	115.5	63.0	
	9	后悔沟	腰庄	灵石县马和乡腰庄村	30.2	147.4	181	
	10	后悔沟	南王中	灵石县水峪乡南中王村	64.9	142.1	66.1	
	11	水峪沟	水峪	灵石县水峪乡水峪村	41.4	147.7	230	
	12	静升河	灵石	灵石县水峪乡城关	287	126.1	274	水文站

续表 3-30

水系	序号	河名	河段名	调查地点	集水(区间)面积(km^2)	平均雨量(mm)	洪峰流量(m^3/s)	备注
汾河	13	汾河	灵石	灵石县水峪乡城关	546	108.9	464	区间
	14	玉成沟	玉成	灵石县南嫣乡玉成村	32.6	152.9	284	
	15	交口河	西峪口	灵石县厦门镇西峪口村	298	86.4	63.5	
	16	交口河	庙沟	灵石县厦门镇庙沟村	362	88.0	124	
	17	交口河	厦门	灵石县厦门镇厦门村	413	91.6	128	
	18	汾河	厦门	灵石县厦门镇厦门村	1 013	103.5	549	
	19	双池河	官桑园	交口县双池镇官桑园村	896	94.2	318	
	20	双池河	云义	灵石县段纯镇云义村	982	95.4	571	
	21	双池河	三湾口	灵石县厦门镇三湾口村	1 052	98.4	735	
	22	汾河	三湾口	灵石县厦门镇三湾口村	2 118	102.0	1 290	
	23	仁义河	东许	灵石县西许乡东许村	132	138.6	341	
	24	仁义河	窑上	灵石县仁义乡窑上村	213	142.0	295	
	25	仁义河	南关	灵石县南关乡	257	138.9	255	
	26	汾河	道美	灵石县南关乡道美村	2 480	106.5	1 520	区间
	27	王庄沟	王庄	霍州市什林乡王庄村	21.3	103.2	37.4	
	28	许村沟	许村	霍州市城关乡许村	10.0	92.1	47.8	
	29	李雅庄	李雅庄	霍州市城关乡火车站北	57.4	107.0	69.7	
	30	汾河	霍州上	霍州市城关桥上 2 km			1 620	
	31	王禹沟	洪土	霍州市王禹乡洪土村	32.7	120.7	43.6	
	32	对竹河	对竹	霍州市王禹乡白龙村	300	108.2	342	
	33	汾河	霍州下	霍州市王禹乡桥上 200 m			1 850	
	34	南涧河	南涧河	霍州市王禹乡城南	434	128.5	357	
	35	团柏河	团柏河	洪洞县堤村乡小河村	599	105.0	453	
	36	汾河	石滩	洪洞县南沟乡石滩村	4 269		1 560	区间
	37	轰轰涧	轰轰涧	洪洞县堤村乡北石明村	82.4	102.1	270	
	38	午阳涧	午阳涧	洪洞县堤村乡堤村	202	102.9	230	
	39	汾河	连成	洪洞县赵城乡连城			2 130	
	40	汾河	四清桥	洪洞县城关大桥下			1 850	
	41	洪安涧河	东庄	古县城关镇	987		205	水文站
	42	汾河	临汾桥	临汾市城关镇			1 470	报汛站
	43	汾河	襄汾桥	襄汾县城关镇南坛			1 290	
	44	汾河	柴庄	襄汾县南贾乡上鲁	9 987		1 140	区间

续表 3-30

水系	序号	河名	河段名	调查地点	集水（区间）面积（km^2）	平均雨量（mm）	洪峰流量（m^3/s）	备注
沁河	45	沁河	水磨上	沁源县韩洪乡水磨村	73.6	135.6	62.9	
	46	沁河	准河	沁源县准河乡准河村	96.1	150.2	105	
	47	沁河	郭道	沁源县郭道乡郭道村	280	155.1	446	
	48	聪子峪	棉上	沁源县聪子峪乡棉上村	174	179.5	335	
	49	赤石桥	桃坡底	沁源县赤石桥乡桃坡底村	197	132.7	339	
	50	景风	永和	沁源县郭道乡永和村	385	147.3	782	
	51	沁河	自强	沁源县交口乡自强村	1 102	151.8	1 780	
	52	白狐窑	交口	沁源县交口乡交口村	115	144.1	256	
	53	沁河	孔家坡	沁源县城关乡孔家坡村	1 358	147.9	2 210	水文站
	54	狼尾河	长乐	沁源李元乡长乐村	128	111.1	389	
	55	法中河	姑姑站	沁源县法中乡姑姑站	204	72.5	125	
	56	柏子河	东王勇	沁源中峪乡小南川村	217	94.2	265	
	57	沁河	小南川	沁源县中峪乡小南川村	2 032	127.9	2 290	
	58	柏木河	周家沟	安泽县罗云乡周家沟村	60.0	50.0	15.3	闸堰公式计算
	59	沁河	罗云	安泽县罗云乡罗云村			2 270	
	60	蔺河	和川	安泽县和川乡和川村	296	68.7	154	
	61	沁河	麻衣寺	安泽县和川乡岭南村			2 180	
	62	沁河	湾里	安泽县城关镇湾里村			2 170	
	63	沁河	飞岭	安泽县府城镇飞岭村	2 683	110.5	2 160	水文站
	64	李垣河	高壁	安泽县城关镇高壁村	158		12.4	
	65	沁河	安泽桥上	安泽县城关	2 889		2 020	
	66	沁河	安泽桥下	安泽县城关			2 010	
	67	沁河	润城	阳城县下河村	7 273		1 560	水文站
南运河	68	西河	交口	沁县漳源乡交口村	16.5	155.0	93.5	
	69	景村	乔家湾	沁县漳源乡乔家湾村	48.0	165.0	310	
	70	迎春河	上湾	沁县迎春乡上湾村	14.0	170.4	144	
	71	端村河	端村	沁县迎春乡端村	5.0	172.0	39.9	
	72	石板河	温庄	沁县迎春乡温庄	8.0	177.0	54.4	闸堰公式计算
	73	枣臻沟	店上	潞城县店上镇店上村	24.6	184.0	190	
	74	张家河	桥堡	潞城县张家河桥堡村	10.7	186.0	146	
	75	合室	中村	潞城县合室乡中村	8.5	182.0	68.0	
	76	浊漳河	石梁	潞城县合室乡石梁村	9 652		793	水文站
	77	漫流河	王家庄	潞城县漫流河乡王家庄村	59.2	208.0	298	
	78	黄池	木瓜	潞城县黄池乡木瓜村	151.1	98.0	137	
	79	冯村	韩家园	潞城县黄牛蹄乡韩家园	10.7	138.0	112	
		冯村	韩家园	潞城县黄牛蹄乡韩家园	18.8		285	7月9日洪水

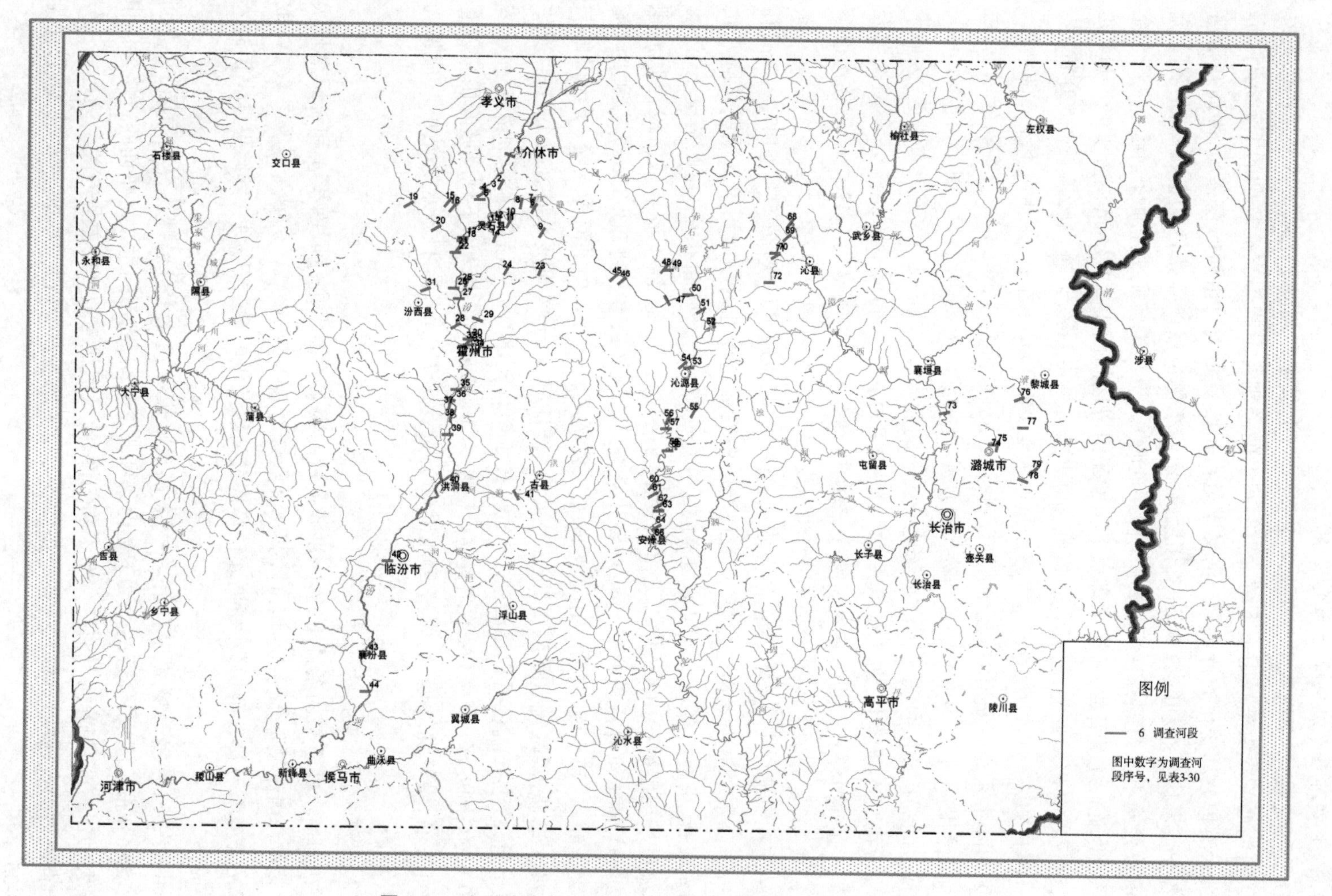

图3-34　山西中南部"19930804"特大暴雨洪水调查河段分布图

1. 各主要河系干流洪峰沿程变化情况

在汾河流域，暴雨雨区主要在义棠至临汾区间，其中霍州以下至临汾区间暴雨区主要集中于汾河西侧。由于暴雨上下游发生时间上的差别及沿程各支流复杂的汇流条件，形成了洪水沿程波动变化的特点。汾河义棠至霍州段暴雨大致由西向东移动，因而在汾河西侧各支流形成了有利的造峰条件；相反，在汾河东侧虽然产流条件优于西侧，但各支流洪峰模数普遍小于西侧各支流（降水条件接近时）。汾河干流则由上而下，随着两侧支流的汇入，洪峰流量逐渐加大，在义棠以下至索州河段区间面积 208 km^2，调查洪峰流量 199 m^3/s，到灵石县出境处的道美河段，区间面积增至 2 480 km^2，调查洪峰流量 1 520 m^3/s，在霍州城区以下，对竹河汇入后，洪峰流量增大至 1 850 m^3/s 左右，霍州以下至石滩河段，由于区间降水量小，致使洪峰逐渐削减，到石滩站洪峰降到 1 560 m^3/s。在石滩以下，由于汾河西侧以一平垣为中心的暴雨高值区所形成的洪水汇入，并且这一雨区的降水时间比灵霍区间滞后 2 h，使得干流洪水与这一区间的轰轰涧、午阳涧等支流洪水遭遇，因而干流洪峰流量又逐渐增大，到洪洞四清桥洪峰为 1 850 m^3/s。再向下游，由于羊獬滩调蓄及区间洪水的减少，干流洪水又逐渐削减，至临汾马务桥洪峰流量为 1 470 m^3/s，临汾以下雨量锐减，至襄汾柴庄站，洪峰降到 1 140 m^3/s。

沁河孔家坡以上是本次暴雨的主雨区，孔家坡站流域平均次降雨量达 147.9 mm，孔家坡以下降水量沿程呈递减趋势，孔家坡至沁源安泽交界处的小南川段区间平均降水量 80 mm 左右，小南川至飞岭区间平均降雨量 40 mm 左右，产流量很小，在此情况下，沁河洪峰流量呈现出沿程由小到大，又由大变小的变化过程。沁河干流自强河段控制面积 1 102 km^2，调查洪峰流量 1 780 m^3/s，到孔家坡站流域面积增大到 1 358 km^2，实测洪峰流量 2 210 m^3/s，到小南川河段，由于区间加入狼尾河、法中河、柏子河等支流，干流洪峰与支流洪水遭遇，洪峰流量增到 2 290 m^3/s，小南川以下由于区间洪水显著减小，并且发生时间超前，故洪峰流量沿程逐渐削减，至麻衣寺降到 2 180 m^3/s，到飞岭实测洪峰流量为 2 160 m^3/s，到安泽（府城）桥下调查洪峰流量为 2 010 m^3/s，安泽以下到润城降雨量仅有 30 mm 左右，洪峰继续递减，张峰实测洪峰流量为 1 710 m^3/s，润城水文站洪峰流量为 1 560 m^3/s。

2. 各河段洪峰模数情况

在同一水文下垫面条件下，影响洪峰流量的因素主要考虑流域面积 A 和流域平均次降水量 P。当流域降水分布均匀时，洪峰流量与 A^N（$N = N_1 A^{-\beta}$，N_1 和 β 为经验参数，N_1 取 0.92，β 取 0.05）具有密切关系，据此计算部分河段的洪峰模数 Q_m/A^N，其结果见表 3-31 ~ 表 3-33。

由表 3-31 ~ 表 3-33 可以看出，各河系的洪峰模数变化十分悬殊。究其原因，一方面本次洪水分布范围广，涉及的水文下垫面条件非常复杂，而不同水文下垫面的造峰条件相差很大；另一方面与暴雨的时空分布不均匀性、流域形状与坡度的差异有关。为进一步分析调查成果的合理性，选取了一些下垫面较为单一的河段分析其 $Q_m/A^N \sim P$ 的关系，详见图 3-35。

表3-31　山西中南部"19930804"特大暴雨洪水汾河流域调查河段洪峰模数统计

河名	河段名	集水(区间)面积 A (km^2)	洪峰流量 Q_m (m^3/s)	洪峰模数 Q_m/A^N ($m^3/(s \cdot km^2)$)	河名	河段名	集水(区间)面积 A (km^2)	洪峰流量 Q_m (m^3/s)	洪峰模数 Q_m/A^N ($m^3/(s \cdot km^2)$)
汾河	义棠	23 945	256	0.944	双池河	云义	982	571	6.398
崔家沟	崔家沟	13.3	30.3	3.741	双池河	三湾口	1 052	735	7.998
新庄沟	曹村	25.1	27.5	2.204	汾河	三湾口	2 118	1 290	10.572
三交河	景家沟	73.7	67.6	2.781	仁义河	东许	132	341	10.103
汾河	索州	208	199	4.632	仁义河	窑上	213	295	6.783
柏河	许家坡	52.1	14.3	0.723	仁义河	南关	257	255	5.328
静升河	静升	103	36.1	1.227	汾河	道美	2 480	1 520	11.726
静升河	苏溪	165	63.0	1.655	王庄沟	王庄	21.3	37.4	3.343
后悔沟	腰庄	30.2	181	12.864	许村沟	许村	10.0	47.8	7.236
后悔沟	南王中	64.9	66.1	2.930	李雅庄	李雅庄	57.4	69.7	3.324
水峪沟	水峪	41.4	230	13.390	王禹沟	洪土	32.7	43.6	2.945
静升河	灵石	287	274	5.418	对竹河	对竹	300	342	6.615
汾河	灵石	546	464	6.745	南涧河	南涧河	434	357	5.776
玉成沟	玉成	32.6	284	19.220	团柏河	团柏河	599	453	6.312
交口河	西峪口	298	63.5	1.232	汾河	石滩	4 269	1 560	9.867
交口河	庙沟	362	124	2.188	轰轰涧	轰轰涧	82.4	270	10.414
交口河	厦门	413	128	2.120	午阳涧	午阳涧	202	230	5.435
汾河	厦门	1 013	549	6.071	洪安涧河	东庄	987	205	2.292
双池河	官桑园	896	318	3.707	汾河	柴庄	9 987	1 140	5.434

表3-32　山西中南部"19930804"特大暴雨洪水漳河流域调查河段洪峰模数统计

河名	河段名	集水(区间)面积 A (km^2)	洪峰流量 Q_m (m^3/s)	洪峰模数 Q_m/A^N ($m^3/(s \cdot km^2)$)	河名	河段名	集水(区间)面积 A (km^2)	洪峰流量 Q_m (m^3/s)	洪峰模数 Q_m/A^N ($m^3/(s \cdot km^2)$)
西河	交口	16.5	93.5	9.936	张家河	桥堡	10.7	146	21.046
景村	乔家湾	48.0	310	16.475	合室	中村	8.50	68.0	11.593
迎春河	上湾	14.0	144	17.150	浊漳河	石梁	9 652	793	3.821
端村河	端村	5.00	39.9	10.177	漫流河	王家庄	59.2	298	13.952
石板河	温庄	8.00	54.4	9.701	黄池	木瓜	151	137	3.773
枣臻沟	店上	24.6	190	15.433	冯村	韩家园	10.7	112	16.144

表 3-33　山西中南部"19930804"特大暴雨洪水沁河流域调查河段洪峰模数统计

河名	河段名	集水（区间）面积 A（km^2）	洪峰流量 Q_m（m^3/s）	洪峰模数 Q_m/A^N（$m^3/(s \cdot km^2)$）	河名	河段名	集水（区间）面积 A（km^2）	洪峰流量 Q_m（m^3/s）	洪峰模数 Q_m/A^N（$m^3/(s \cdot km^2)$）
沁河	水磨上	73.6	62.9	2.590	法中河	姑姑站	204	125	2.939
沁河	准河	96.1	105	3.710	柏子河	东王勇	217	265	6.035
沁河	郭道	280	446	8.928	沁河	小南川	2 032	2 290	19.072
聪子峪	棉上	174	335	8.559	柏木河	周家沟	60.0	15.3	0.711
赤石桥	桃坡底	197	339	8.116	蔺河	和川	296	154	2.999
景风	永和	385	782	13.395	沁河	飞岭	2 683	2 160	15.877
沁河	自强	1 102	1 780	18.994	李垣河	高壁	158	12.4	0.333
白狐窑	交口	115	256	8.181	沁河	安泽桥上	2 889	2 060	14.716
沁河	孔家坡	1 358	2 210	21.622	沁河	润城	7 273	1 560	8.232
狼尾河	长乐	128	389	11.720					

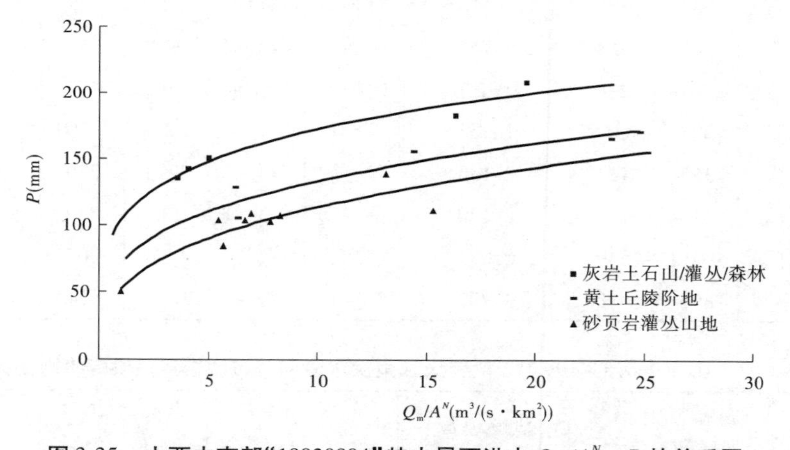

图 3-35　山西中南部"19930804"特大暴雨洪水 $Q_m/A^N \sim P$ 的关系图

由图 3-35 可以看出，水文下垫面对洪峰模数影响十分明显，同样，雨量相等时各种下垫面的造峰效果相差很大，其中砂页岩灌丛山地最大，黄土丘陵阶地次之，灰岩土石山/灌丛/森林最小。当水文下垫面条件接近时，相关点据呈现出较好的规律性，同一水文下垫面条件下，总体趋势是随着流域平均次降雨量增大，洪峰模数呈现出非线性增大。通过上述分析可知，尽管本次洪水范围较大，影响因素复杂，但通过调查洪水成果的分析，仍然显示出较好的规律性。

3. 水库洪水调查

浊漳河西源后湾水库为水库水文站，其上游沁县境内，有漳源、景村、梁家湾、迎春、石板上、西湖、徐阳、圪芦河、月岭山等 9 座水库，其中圪芦河与月岭山为中型水库，其余为小型水库,此外对潞城县黄牛蹄水库也进行了调查。各水库调查成果见表3-34。

表3-34　"19930804"特大暴雨洪水水库调查成果汇总

水库名称	控制面积(km^2)	总库容(万 m^3)	河长(km)	平均纵坡(‰)	推算时段(h)	入库洪峰(m^3/s)	平均雨量(mm)	调蓄总量(万 m^3)	出库总量(万 m^3)	径流总量(万 m^3)	径流深(mm)	径流系数
漳源	29.5	365	10.5	12.5	2.00	100	155.0	154.0	68.8	222.8	75.5	0.49
景村	61.5	500	15.3	17.0	0.107	485	164.5	45.0	460.6	505.6	82.2	0.50
梁家湾	119	560	12.0	5.95	0.65	156	157.0	308.0	500.4	808.4	67.9	0.43
石板上	18.2	203	6.9	28.7	1.00	210	178.0	3.5	170.0	173.5	95.3	0.54
迎春	32.8	288	12.0	17.7	0.33	214	170.5	6.0	266.7	272.7	83.1	0.49
西湖	270	607	27.1	4.52	0.50	458	160.4	317.5	1 178.8	1 496.2	55.5	0.35
徐阳	54.3	340	12.3	11.3	0.79	186	101.7	15.0	214.7	229.7	42.3	0.42
圪芦河	114	1 720	22.8	795	0.25	950	163.2	62.5	847.2	909.7	79.8	0.49
月岭山	213	2 090	19.8	7.07	0.50	915	117.0	30.0	1 006.8	1 036.8	48.7	0.42
后湾	1 296	13 030	54.0	2.50	0.50	498	123.7	1 717	3 440.2	5 157.2	39.8	0.32
黄牛蹄	202.3						104.0			155.5	7.7	0.07

1)洪水调查情况及其成果

(1)水库洪水调查方法及成果。

对上述9座中小型水库的调查内容包括工程概况、水库特征、库水位变化、出库流量等。在资料分析中,最后用后湾水库水文站资料作控制。按照水量平衡原理:$Q_{入}=Q_{出}+Q_{调}$,$Q_{入}$为时段平均入库流量,$Q_{出}$为时段平均出库流量(包括溢洪道、泄水洞全部泄量),$Q_{调}$为时段平均调节流量,库水位上涨时$Q_{调}$为正值,库水位下降时$Q_{调}$为负值。由此推算出各水库的时段平均入库流量,再以时段洪量为控制,用三角形过程线概化洪水过程线,从而近似推算出入库洪峰流量。

由于各中小型水库缺乏系统完整的水文观测资料和水库库容曲线、泄量曲线,在分析计算时,针对每一个水库的实际观测记录进行了校核,修改了其中的错误。

(2)水库上游洪水调查情况及成果。

本次洪水调查除对9个水库进行全面调查外,还在4个水库上游调查了5个河段的洪峰流量。5个河段分别为迎春水库上游的上湾河段、景春水库上游的乔家湾河段、漳源水库上游的交口河段,以及石板上水库上游的端村和温庄河段。调查成果见表3-32。

2)洪峰流量的综合分析

洪峰流量调查成果共计14个站段。经上述推算的水库入库洪峰流量,除漳源等个别水库因观测时段过长而偏小外,多数接近实际量级。在双对数纸上点绘 $Q_{max} \sim A$ 关系,如图 3-36 所示,点据呈带状分布,进一步考虑降雨的影响,可求得洪峰流量与面积及降雨量的复相关关系,即 $Q_{max} = 0.003A^{0.858}P^{1.605}$,用上述关系反推洪峰流量,平均误差为 21.3%,由此可见,调查成果具有一定的精度。

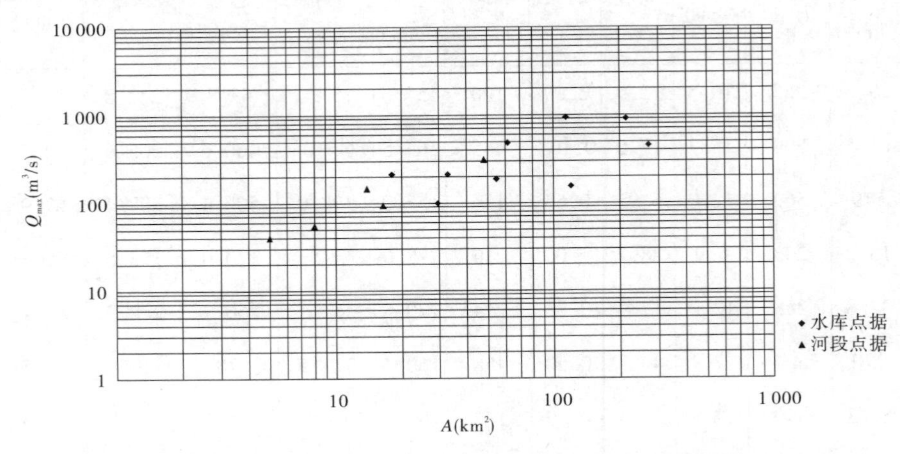

图 3-36　"19930804"特大暴雨洪水 $Q_{max} \sim A$ 相关关系图

3)洪水总量的综合分析

根据调查资料对后湾水库及其以上 9 座中小型水库的入库洪水总量及次暴雨径流关系作进一步分析。洪量计算控制时段从 8 月 4 日 8 时至 8 日 8 时,推算的洪量为未割基流的总径流量,按同类下垫面水文站资料分析,本次洪水基流约占 15%,即推算洪量比洪水径流量约偏大 15%。

为了分析各水库流域暴雨径流关系,对 10 座水库的洪水径流深与流域平均次降雨量点绘了相关图,如图 3-37 所示。

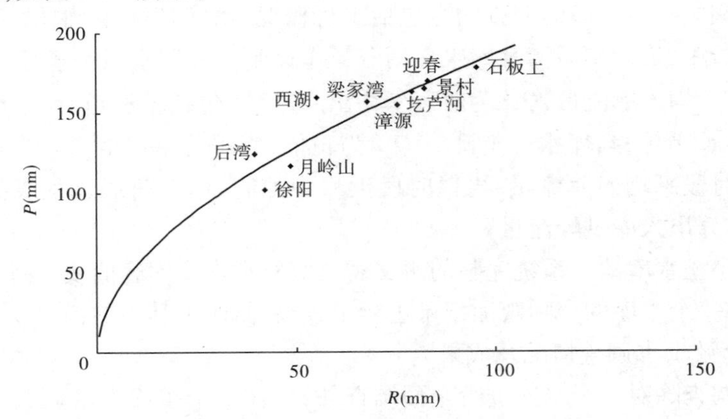

图 3-37　"19930804"特大暴雨洪水 $P \sim R$ 相关关系图

从图 3-37 和表 3-34 可以看出,在相同的降水条件下,西湖水库流域产流偏小,而月岭山水库和徐阳水库流域产流偏大,其余点据关系较好。经分析,三点据偏离的主要原因与下垫面情况及降水强度有直接关系,同时也与水位观测精度有关。后湾水库以上流域水文下垫面有三种基本类型:第一种以亚黏土(红土)为主,主要分布于石板上、迎春、景村、圪芦河、漳源、梁家湾以上,这一区域入渗率较小,各雨量站3 h平均降雨量30.3 mm,雨量分布较均匀,这种类型的相关点据集中于相关线附近;第二种类型以黄土为主,地形为坡度较缓的丘陵山地,主要分布在西湖水库上游,这种类型的区域3 h平均降雨量23.6 mm,因而产流较少;第三种类型的流域内以砂页岩为主,较亚黏土入渗率更小,降雨强度与之接近,因而产流更多,如月岭山水库和徐阳水库两个流域。

10座水库的次洪水径流系数平均为0.45,最大为0.54,最小为0.32。

3.7.2.2　洪水过程及洪水总量

为了计算本次暴雨在各个调查河段的洪水总量,对部分河沟的洪水过程进行了调查,包括洪水的起涨、峰顶、落平或洪水涨落过程中某时刻的水位(或水面宽、水深),并推算了相应的流量。根据调查情况及洪水过程的一般规律,绘制了各河段的洪水过程线,据此可推算出各河段洪水总量及流域平均洪水径流深,见表3-35。

1. 洪水过程

图3-38为灵石、石滩、孔家坡、飞岭四个水文站及几个代表性调查河段的洪水过程线。

从图3-38可以看出,各洪水过程均陡涨陡落,洪水历时较短。汾河流域静升河灵石水文站8月4日08:00,洪水自11.0 m^3/s开始起涨,12:36达到洪峰,最大洪峰流量274 m^3/s,14:00流量回落至68.5 m^3/s,之后持续缓慢回落,到5日18:00流量仍有18.8 m^3/s,洪水总历时约34 h。汾河干流石滩水文站4日04:00洪水自16.4 m^3/s开始起涨,06:06达到第一个洪峰,洪峰流量223 m^3/s,之后回落至146 m^3/s,自08:00又开始起涨,16:00达到最大洪峰流量1 560 m^3/s,20:00流量回落至385 m^3/s,之后持续缓慢回落,到8日20时流量仍有63.3 m^3/s,洪水总历时在5 d以上。经分析,第一个洪峰是石滩站上游汾河右岸,邻近石滩站的流域在3日有局地降雨发生所致,之后的最大洪峰为本次暴雨所致。沁河干流孔家坡水文站4日11:00洪水自10.6 m^3/s开始起涨,16:12达到最大洪峰,洪峰流量2 210 m^3/s,23:00流量回落至415 m^3/s,之后持续缓慢回落,到11日04:00流量仍有18.0 m^3/s,洪水总历时约7 d。下游沁河干流飞岭水文站4日12:00洪水自11.4 m^3/s开始起涨,5日01:12达到洪峰,洪峰流量2 160 m^3/s,09:48流量回落至462 m^3/s,之后持续缓慢回落,到10日20:00流量仍有36.9 m^3/s,洪水总历时约7 d。

2. 洪水总量

1)汾河流域

本次暴雨主要发生在义棠至柴庄区间,区间面积9 987 km^2,区间平均雨量为84.0 mm,割基流后洪水径流量为9 882万m^3,洪水径流深9.9 mm,洪水径流系数0.12。根据水文站控制条件,上述区间又分为两个区间,即义棠至石滩区间和石滩至柴庄区间,各区间降雨径流要素见表3-36。

表 3-35　山西中南部“19930804”特大暴雨洪水总量及流域平均洪水径流深调查成果汇总

水系	序号	河名	河段名称	流域面积（km^2）	起涨		峰顶		落平		洪量（万 m^3）	径流深（mm）	平均雨量（mm）	径流系数
					时间（月-日 T 时:分）	流量	时间（月-日 T 时:分）	流量	时间（月-日 T 时:分）	流量				
汾河	1	崔家沟	崔家沟	13.3	08-04T08:30	0	08-04T12:00	30.3	08-04T18:00	2.00	17	12.8	99.6	0.13
	2	新庄沟	曹村	25.1	08-04T09:00	0	08-04T13:00	27.5	08-04T18:00	5.00	19.6	7.8	80.8	0.10
	3	三交河	景家沟	73.7	08-04T09:00	0	08-04T13:00	67.6	08-04T18:30	6.00	58.3	7.9	80.6	0.10
	4	汾河	索州	208	08-04T09:00	5.00	08-04T13:00	199	08-04T19:00	10.0	176	8.5	84.0	0.10
	5	柏河	许家坡	52.1	08-04T08:30	0	08-04T11:00	14.3	08-04T20:00	1.00	44.6	8.6	124.9	0.07
	6	静升河	静升	103	08-04T08:30	0.50	08-04T11:30	36.1	08-04T20:00	3.00	67.7	6.6	110.3	0.06
	7	静升河	苏溪	165	08-04T09:00	0.50	08-04T12:00	63.0	08-04T20:30	4.00	133	8.1	115.5	0.07
	8	后悔沟	腰庄	30.2	08-04T08:30	0	08-04T10:00	181	08-04T16:00	5.00	53.8	17.8	147.4	0.12
	9	后悔沟	南王中	64.9	08-04T09:00	0	08-04T12:00	66.1	08-04T17:00	3.00	121	18.6	142.1	0.13
	10	水峪沟	水峪	41.4	08-04T09:00	0	08-04T12:00	230	08-04T18:00	4.00	140	33.8	147.7	0.23
	11	静升河	灵石	287	08-04T08:00	11.0	08-04T12:36	274	08-04T23:00	18.6	288	10.0	126.1	0.08
	12	汾河	灵石	546	08-04T08:30	10.0	08-04T13:00	464	08-04T22:00	30.0	512	9.4	108.9	0.09
	13	玉成沟	玉成	32.6	08-04T08:30	0	08-04T13:00	284	08-04T18:00	5.00	120	36.8	152.9	0.24
	14	交口河	西峪口	298	08-04T08:30	0	08-04T12:30	63.5	08-04T18:00	5.00	214	7.2	86.4	0.08
	15	交口河	庙沟	362	08-04T08:30	0	08-04T12:30	124	08-04T18:30	5.00	391	10.8	88.0	0.12
	16	交口河	厦门	413	08-04T08:30	0	08-04T13:00	128	08-04T19:00	20.0	638	15.4	91.6	0.17
	17	汾河	厦门	1 013	08-04T09:00	15.0	08-04T14:00	549	08-05T05:00	25.0	1 300	12.8	103.5	0.12
	18	双池河	官桑园	896	08-04T09:00	0	08-04T14:00	318	08-04T20:00	10.0	857	9.6	94.2	0.10
	19	双池河	云义	982	08-04T09:00	0	08-04T14:00	571	08-04T22:00	15.0	1 700	17.3	95.4	0.18

续表 3-35

水系	序号	河名	河段名称	流域面积（km^2）	起涨		峰顶		落平		洪量（万 m^3）	径流深（mm）	平均雨量（mm）	径流系数
					时间（月-日 T时:分）	流量	时间（月-日 T时:分）	流量	时间（月-日 T时:分）	流量				
汾河	20	双池河	三湾口	1 052	08-04T09:00	0	08-04T14:00	735	08-05T06:00	30.0	2 920	27.8	98.4	0.28
	21	汾河	三湾口	2 118	08-04T09:00	0	08-04T15:00	1 290	08-05T06:00	45.0	4 330	20.4	102.0	0.20
	22	仁义河	东许	132	08-04T08:00	0	08-04T13:30	341	08-04T20:00	20.0	510	38.6	138.6	0.28
	23	仁义河	窑上	213	08-04T08:00	0	08-04T17:00	295	08-05T05:00	20.0	693	32.5	142.0	0.23
	24	仁义河	南关	257	08-04T08:30	0	08-04T18:30	255	08-05T06:00	30.0	732	28.5	138.9	0.21
	25	汾河	道美	2 480	08-04T09:30	30.0	08-04T15:00	1 520	08-05T10:00	60.0	5 280	21.3	106.5	0.20
	26	王禹河	洪土	31.8	08-04T09:00	0	08-04T11:30	43.6	08-04T17:30	0	62.1	19.5	120.7	0.16
沁河	1	沁河	郭道	267	08-04T08:00	0	08-04T11:00	446	08-04T17:00	21.0	1 716	64.3	155.1	0.41
	2	聪子峪	棉上	174	08-04T08:00	0	08-04T12:00	335	08-04T14:00	16.0	1 256	72.2	179.5	0.40
	3	赤石桥	桃坡底	199	08-04T08:00	0	08-04T13:00	339	08-04T15:00	16.0	1 093	54.9	132.7	0.41
	4	景风	永和	385	08-04T09:00	0	08-04T13:00	782	08-04T19:00	37.0	2 649	68.8	147.3	0.47
	5	沁河	自强	1 102	08-04T09:00	0	08-04T13:30	1 780	08-04T21:00	85.0	6 912	62.7	151.8	0.41
	6	白狐窑	交口	116	08-04T10:00	0	08-04T11:30	256	08-05T12:00	12.0	694	59.8	144.1	0.41
	7	狼尾河	长乐	128	08-04T10:00	0	08-04T13:00	389	08-05T09:00	8.0	555	43.4	111.1	0.39
南运河	1	漫流河	王家庄	59.2	08-04T13:00	0	08-04T14:30	298	08-04T23:00	0	190	32.1	208.0	0.15
	2	冯村	韩家园	18.8	08-04T13:30	0	08-04T15:00	112	08-04T19:30	0	52.5	27.9	162.0	0.17
	3	黄池	木瓜	151.1	08-04T13:30	0	08-04T15:30	137	08-04T22:00	0	67.0	4.4	98.0	0.045
	4	张家河	桥堡	10.7	08-04T13:30	0	08-04T14:30	146	08-04T18:30	0	44.7	41.8	186.0	0.22
	5	枣臻沟	店上	24.6	08-04T15:00	0	08-04T16:00	190	08-04T22:30	0	93.5	38.0	184.0	0.21

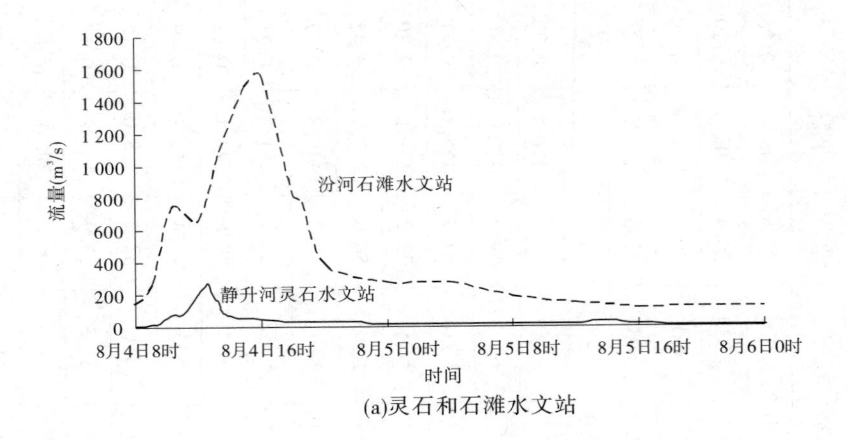

(a)灵石和石滩水文站

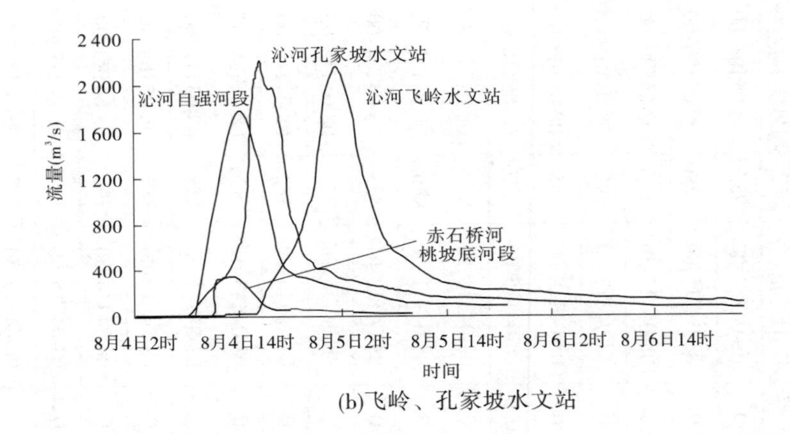

(b)飞岭、孔家坡水文站

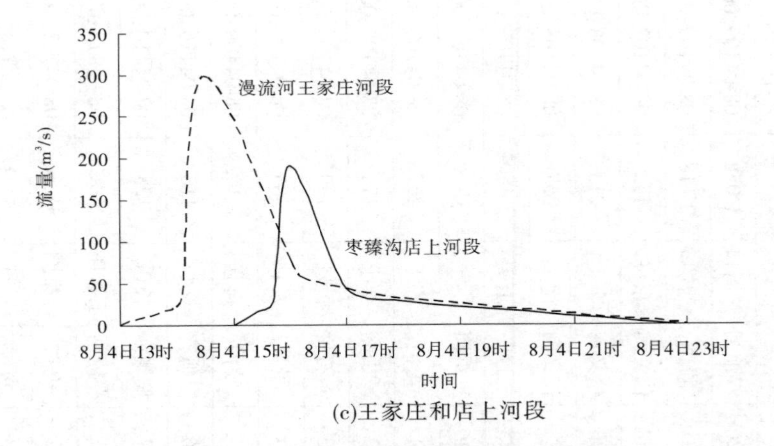

(c)王家庄和店上河段

图 3-38　“19930804”特大暴雨洪水过程线

表 3-36　汾河流域“19930804”洪水降雨径流要素

站(区间)	控制面积 (km^2)	平均雨量 (mm)	洪水径流量 (万 m^3)	洪水径流深 (mm)	洪水径流系数	总径流量 (万 m^3)
义棠	23 945		2 957			4 000
义石区间	4 269	103.0	5 682	13.3	0.13	6 647
石滩	28 214		8 639			10 647
石柴区间	5 718	70.0	4 200	7.3	0.10	4 975
柴庄	33 932		12 839			15 662
义柴区间	9 987	84.0	9 882	9.9	0.12	11 622

根据对山西省产流地类的划分分析,汾河义石区间沿河两岸主要以砂页岩灌丛山地和黄土丘陵阶地为主,该地类约占区间面积的 60%,而石柴区间沿河两岸主要以耕种平地和黄土丘陵阶地为主,两地类面积之和约占该区间面积的 60%。因为义石区间的产流条件优于石柴区间,加之义石区间降雨量大于石柴区间,所以义石区间的洪水径流深和洪水径流系数更大些是合理的。

2) 沁河流域

本次暴雨的主要雨区发生在沁河上游,沁河流域各站(区间)降雨径流要素详见表 3-37。

表 3-37　沁河流域“19930804”洪水降雨径流要素

站(区间)	控制面积 (km^2)	平均雨量 (mm)	洪水径流量 (万 m^3)	洪水径流深 (mm)	洪水径流系数	总径流量 (万 m^3)
孔家坡	1 358	147.9	7 242	53.3	0.36	8 213
孔飞区间	1 325	72.1	2 172	16.4	0.22	2 907
飞岭	2 683	110.5	9 414	35.1	0.31	11 120
飞润区间	4 590	30.0	1 242	2.7	0.09	2 207
润城	7 273	59.7	10 656	14.7	0.25	13 327

由表 3-37 可以看出,本次暴雨及洪水径流深在沁河流域由上而下急剧递减。沁河润城以上流域面积 7 273 km^2,流域平均雨量 59.7 mm,洪水径流量 10 656 万 m^3,相应径流深 14.7 mm,洪水径流系数 0.25。与汾河义柴区间降雨径流要素相比,沁河润城站流域面积比义柴区间小 2 714 km^2,平均雨量小 24.3 mm,但洪水径流量反而大 774 万 m^3,洪水径流系数高出一倍还多。这一事实明显地反映出下垫面对产流的影响,沁河润城以上流域 90% 的面积为砂页岩灌丛山地和砂页岩森林山地,因而产流条件明显优于汾河义柴区间。

3) 漳河流域

后湾水库是位于浊漳河西源的一座控制性水库,流域面积 1 296 km^2,该库上游有 9

座中小型水库,分别以串联或并联形式相连。本次暴雨在后湾以上的平均降雨量为123.7 mm,流域内部分水库流域平均雨量达170.0 mm以上。由表3-34可以看出,后湾水库以上洪水总量5 157万m^3,径流深39.8 mm,径流系数0.32。与沁河孔家坡流域相比,流域面积小62 km^2,流域平均降水量小23.9 mm,径流系数小0.04,从地类上分析,后湾水库以上流域产流地类以砂页岩灌丛山地、黄土丘陵阶地和砂页岩土石山区三种地类为主,两个流域产流条件较为接近。

潞城县总面积616 km^2,全县大部分面积汇入浊漳河石梁站以下,少部分面积汇入浊漳河南源漳泽水库上游。本次全县暴雨量161 mm,次洪径流深24.2 mm,径流系数0.15,全县洪水总量1 492万m^3。潞城县下垫面以灰岩土石山区和耕种平地为主,产流条件较差,因而径流系数较小。

浊漳河石梁水文站以上,北源有关河水库控制,西源有后湾水库控制,南源有漳泽水库控制,三条支流至石梁区间集水面积3 463 km^2,次平均雨量101.0 mm,区间产流量3 721万m^3,区间径流深10.7 mm,区间修正后的径流系数为0.106。本区间的下垫面以砂页岩土石山区与黄土丘陵阶地为主,还有部分灰岩灌丛山地和灰岩森林山地,部分河段河道渗漏严重,该区间产流条件比汾河石滩至柴庄区间还要差。

综合以上各河洪量分析结果,山西中南部"19930804"特大暴雨洪水调查区域控制面积17 818 km^2,平均雨量为95.6 mm,总降水量为17.03亿m^3,洪水径流量为2.809 3亿m^3,洪水径流系数为0.16,总径流量为3.339 5亿m^3,总径流系数为0.20,详见表3-38。

表3-38　山西中南部"19930804"特大暴雨洪水调查区洪水总量及径流系数汇总

河流	站(区间)	控制面积(km^2)	平均雨量(mm)	降水总量(亿m^3)	洪水径流量(万m^3)	径流总量(万m^3)	洪水径流系数	总径流系数
汾河	义柴区间	9 987	84.0	8.39	9 882	11 622	0.12	0.14
沁河	飞岭	2 683	110.5	2.96	9 414	11 120	0.31	0.38
浊漳河	后湾水库	1 296	123.7	1.60	4 383	5 157	0.27	0.32
	后关漳石区间	3 463	101.0	3.50	3 721	4 803	0.11	0.14
	潞城石梁以下	389	149.2	0.58	693	693	0.12	0.12
合计		17 818	95.6	17.03	28 093	33 395	0.16	0.20

注:1.后湾水库基流按15%估算。

2.石梁站基流716万m^3,五阳煤矿矿坑进水116万m^3,潞城入漳泽水库约为250万m^3。

3.7.2.3　洪水稀遇程度

1.暴雨的稀遇程度

选择一平垣、三湾口、箐河、尧山、辉教、神头岭及仟仵七个位于暴雨中心的站点为分析对象,将24 h和6 h作为暴雨历时,以《山西省水文计算手册》中各种历时设计暴雨均值、C_v等值线为依据,分别分析各暴雨中心不同历时暴雨的重现期。神头岭和三湾口两个中心点雨量为调查值,根据各自邻近雨量站的降雨过程粗略还原其降雨过程,从而得到最大6 h的降雨量。各暴雨中心雨量重现期估算结果见表3-39。

表3-39　暴雨中心点雨量重现期估算

暴雨中心地点	最大24 h		最大6 h	
	雨量(mm)	估算重现期(年)	雨量(mm)	估算重现期(年)
临汾—平垣	142.7	35	119.5	70
灵石三湾口(调查值)	160.0	100	118.7	100
沁源县聋河	214.9	80	125.0	50
沁县尧山	190.8	30	112.3	20
榆社县辉教	160.2	45	98.4	20
潞城县神头岭(调查值)	249.0	550	206.7	3 000
黎城县仟仵	129.8	6	71.4	6

从表3-39中可以看出,各暴雨中心最大24 h雨量的重现期相差悬殊,最小的是黎城县仟仵约6年一遇,最大的是潞城县神头岭约550年一遇。最大6 h雨量的重现期大多小于百年,最小的是黎城县仟仵约6年一遇,最大的是潞城县神头岭约3 000年一遇。以上结论充分说明,同一站、同一场暴雨,由于时程分配的因素,不同历时(时段)的暴雨重现期是不一样的,甚至差别很大,暴雨主要集中在哪一个时段,这段历时的暴雨重现期就高,否则就低。

2. 洪水的稀遇程度

重点分析孔家坡、飞岭、石滩和柴庄4个主要水文站该场洪水洪峰流量的重现期,主要依据《山西省水文计算手册》及本书第4章中各水文站洪峰流量频率分析结果,实测系列均采用自建站至2008年。

1)沁河孔家坡水文站

该站具有1958~2008年51年实测系列,历史调查洪水有1896年和1929年两年,文献考证期可上溯到1591年。其中,1896年洪峰流量2 510 m^3/s,居首位;1993年洪峰流量2 210 m^3/s,位居第二,经频率分析,推算其重现期为150年左右。

2)沁河飞岭水文站

该站具有1957~2008年52年实测系列,历史调查洪水有1910年和1937年两年,文献考证期可上溯到1624年。其中,1910年洪峰流量2 960 m^3/s,居首位;1993年洪峰流量2 160 m^3/s,位居第二,经频率分析,推算其重现期为30年左右。

3)汾河石滩水文站

该站具有1952~2008年57年实测系列,历史调查洪水有1843年、1917年、1942年和1957年四年,文献考证期可上溯到1512年。其中,1843年洪峰流量5 450 m^3/s,居首位;1917年、1942年洪峰流量3 740 m^3/s,位居第二;1993年洪峰流量1 560 m^3/s,位居第八,经频率分析,推算其重现期为10年左右。

4)汾河柴庄水文站

该站具有1952~2008年57年实测系列,并有1895年历史调查洪水,文献考证期可上溯到1605年。其中,1895年洪峰流量3 520 m^3/s,居首位;1958年实测洪峰流量2 450 m^3/s,位居第二;1993年洪峰流量1 140 m^3/s,与1956年并列第八,经频率分析,推算其重现期为7年左右。

从以上分析结果可以看出,对于山西中南部"19930804"特大洪水,沁河流域的重现期明显高于汾河流域,其中最大的是沁河孔家坡站,约150年一遇,最小的是汾河柴庄站,约7年一遇。

从上述各暴雨中心点雨量的重现期与主要水文站洪峰流量重现期的分析成果看出,两者并不对应,其关系非常复杂,不能简单等同。前已述及,同一站同场暴雨历时不同,重现期会有不同,流域暴雨中心各历时雨量的重现期可以大于、小于或接近于控制断面的洪峰流量重现期。这与暴雨区域分布、暴雨中心所处位置及水文下垫面条件、暴雨的时程分配、暴雨移动路径等诸多因素相关。

3.7.3　灾情

本次洪水安泽县城亲和大桥洪峰流量2 020 m^3/s,城北估计更大些,城北最高洪水位852.79 m,超过防洪坝顶2 m多,使县城1/3城区被淹,最大水深3 m。由于孔家坡水文站报汛及时,安泽县防汛抗旱指挥部采取了防撤措施,在大水之下,无人员伤亡,但国家和人民财产仍受到一定损失。

潞城市是本次暴雨中心之一,灾情严重。除黄牛蹄水库出现险情外,还有多处遭受洪灾。其中,潞城城区淹没面积17万 m^2,占城区总面积的48%;店上镇淹没面积11万 m^2,占店上镇总面积的60%。由于穿越店上的榆黄公路桥涵过水能力偏小,致使洪水漫过马路路面,路面水深达0.8 m,镇政府院内水深达0.64 m,市白水泥厂位置较低,洪水漫过马路后,居高临下直泻水泥厂,造成水泥厂被淹停产,损失惨重;史廻村淹没面积占全村面积的33%,村北的4条山洪沟上建有4座小水库,各库淤积严重,洪水致使其中一座小水库垮坝,地处低洼的家户均受到洪水袭击;甘林公路冯村至韩家园段有一辆轿车被冲走,长邯公路漫流河乡段有两辆汽车被冲走。潞城全市共计297个村9万余人遭灾,损坏房屋1万多间,倒塌4千多间,直接经济损失3 000万元。

沁源县6 950 m堤坝被冲毁,垮桥涵34座,冲毁公路103处,倒塌房屋1 179间,冲毁输电线路105处,死亡9人,冲走大牲畜373头,冲毁农田8 090亩,直接经济损失达4 387万元,间接经济损失3 700万元。

沁县全县内有184座桥涵被冲毁,给全县工农业生产以及交通运输带来了巨大损失。

汾河中下游从临汾至汾河河口,虽然洪水重现期并不很大,但由于汾河当时尚未得到治理,河道比降小,流速慢,加之河口受黄河河水顶托作用,使得水位抬高,两岸洪水多处满溢,淹没农田甚多,部分低洼村庄受淹,使两岸人民财产和农业产量受到很大损失。

3.7.4　结语

形成山西中南部"19930804"特大暴雨的主要天气是在高空较强的纬向环流背景下,中、低空暖性切变线低涡与山西省地面锢囚锋系统相配合的结果。此次暴雨横跨黄河、汾河、沁河和漳河四个水系,覆盖了临汾、吕梁、晋中和长治一带的二十几个县(市),100 mm

等值线包围的面积为 10 143 km^2，平均雨深为 128 mm。暴雨轴向呈东西向带状分布。暴雨过程和分布特点是阵性明显且多暴雨中心，七个暴雨中心横跨东西分布在暴雨区内，暴雨总历时多为 20 h 左右，主雨历时 12 h 左右；最大 1 h 降雨量多在 30 mm 左右，其雨强并不突出，暴雨中心最大 6 h 降雨量多在 100 mm 上下，占次降雨量的百分比为 60% ~ 80%，其强度比较突出。各暴雨中心最大 24 h 雨量的重现期相差悬殊，最小的是黎城县仟件，约 6 年一遇；最大的是潞城县神头岭，约 550 年一遇。最大 6 h 雨量的重现期大多小于一百年；最小的是黎城县仟件，约 6 年一遇；最大的是潞城县神头岭，约 3000 年一遇。

与暴雨区对应，山西中南部"19930804"洪水在上述四个水系均有发生，由于部分河流与暴雨走向一致，造成洪峰流量加大，洪水过程线呈起涨较快的尖瘦过程。沁河流域洪水的重现期明显高于汾河流域，其中最大的是沁河孔家坡站约 150 年一遇，最小的是汾河柴庄站约 7 年一遇。

山西中南部"19930804"特大洪水在安泽县、潞城市、沁源县、沁县及汾河中下游从临汾至汾河河口等地均形成了不同程度的洪水灾害，使得人民财产、农业生产和交通运输遭受重大损失。

3.8　山西中东部"19960804"特大暴雨洪水

1996 年 8 月 2 ~ 4 日，全省普降中到大暴雨，67 个县区平均次降水量达 50 mm 以上，23 个县区平均次降水量在 100 mm 以上。大雨区主要分布在冀、晋以及豫、晋交界的地带，其中在太行山中段松溪河等流域和太原市西山地区石千峰、庙前山等处形成了多个特大暴雨中心区。暴雨在山西省子牙河水系、漳河流域及汾河流域部分地区引发山洪，一些地区山洪灾害十分惨重。子牙河水系暴雨中心位于山西省的昔阳县，三教河雨量站最大 24 h 雨量为 356. 3 mm，次降水量高达 544. 2 mm，为本次特大暴雨的中心之最。松溪河及各支流相继出现大洪水，8 月 4 日，泉口水文站实测最大洪峰流量 4 100 m^3/s，为 1917 年以来最大洪水，同时是全省各水文站实测最大洪峰。暴雨另一中心，太原市梅洞沟雨量站最大 24 h 雨量 273. 4 mm，次降水量为 314 mm。太原市虎峪河及相邻的风峪河、九院沙河、玉门河暴发山洪，其中虎峪河洪水最大，河龙湾调查河段流域面积 39. 1 km^2，洪峰流量 391 m^3/s，形成了十分惨重的山洪灾害，虎峪河洪水漫溢，致使太原市迎泽西大街最大积水深达 2 m 多，交通中断，道路淤泥数尺。清漳河刘家庄站发生建站以来仅次于 1963 年的特大洪水，洪峰流量 4 780 m^3/s。从全省范围来看，该场暴雨是新中国成立以来山西省罕见的特大暴雨之一。

3.8.1　雨情

3.8.1.1　降雨发生时间及过程

本次暴雨由河北省进入山西省，随着暴雨天气系统由东南向西北的运移，降雨的开始与结束时间各地不尽相同，开始时间最早在 8 月 2 日，结束时间最晚在 8 月 5 日。暴雨大多集中在 8 月 3 ~ 4 日。表 3-40 列出了由东南向西北各代表站主要降雨时间对照。

表 3-40　“19960804”特大暴雨洪水各代表雨量站降雨时间对照

序号	站名	水系	河名	县名	经度	纬度	降雨开始时间（月-日 T 时:分）	降雨结束时间（月-日 T 时:分）
1	黄松背	南运河	香磨河	陵川	113°25′	35°47′	08-02T20:00	08-05T05:00
2	塔店	南运河	郊沟河	壶关	113°21′	35°55′	08-02T20:00	08-04T14:00
3	长子	南运河	雍河	长子	112°52′	36°07′	08-02T22:50	08-04T09:30
4	南呈	南运河	陶清河	长治	112°60′	36°04′	08-02T22:45	08-04T15:00
5	寺头	南运河	寺头河	平顺	113°33′	36°09′	08-02T20:00	08-04T23:00
6	五里后	南运河	南大河	潞城	113°16′	36°20′	08-02T20:00	08-04T23:00
7	石城	南运河	浊漳河	黎城	113°38′	36°21′	08-02T20:00	08-05T04:00
8	西邯郸	南运河	史水河	襄垣	113°05′	36°40′	08-03T01:00	08-04T14:00
9	下交漳	南运河	清漳河	左权	113°36′	36°54′	08-02T23:00	08-05T05:00
10	松烟	南运河	清漳河东支	和顺	113°42′	37°12′	08-02T23:00	08-05T02:00
11	前高窑	南运河	清漳河东支	和顺	113°24′	37°25′	08-02T22:45	08-05T08:00
12	皋落	子牙河	杨照河	昔阳	113°55′	37°27′	08-03T00:00	08-05T07:00
13	三教河	子牙河	刀把口河	昔阳	114°03′	37°34′	08-02T23:00	08-05T05:00
14	口上	子牙河	松溪河	昔阳	114°00′	37°38′	08-03T01:00	08-05T07:10
15	泉口	子牙河	松溪河	昔阳	114°02′	37°42′	08-03T01:20	08-05T07:10
16	南阳胜	子牙河	阳胜河	平定	113°35′	37°43′	08-03T02:00	08-05T08:00
17	槐树铺	子牙河	新关河	平定	113°53′	37°53′	08-03T02:00	08-05T08:00
18	张城堡	子牙河	龙华河	平定	113°26′	38°16′	08-03T08:00	08-05T14:00
19	会里	子牙河	龙华河	平定	113°21′	38°26′	08-03T06:25	08-05T14:10
20	要子庄	汾河	风峪沟	太原	112°22′	37°46′	08-03T05:40	08-05T13:30
21	阁上	汾河	狮子河	古交	112°09′	38°06′	08-03T10:20	08-05T13:50
22	旧街	子牙河	桃河	阳泉	113°23′	37°52′	08-03T04:00	08-05T11:20
23	车谷	子牙河	乌河	阳泉	113°16′	38°22′	08-02T19:30	08-05T09:10
24	牛尾庄	子牙河	牧马河	忻州	112°21′	38°19′	08-03T08:10	08-05T10:35

由表 3-40 可见,南运河水系降雨开始时间最早在 8 月 2 日 20:00,最晚在 8 月 5 日 08:00 结束。松溪河及各支流降雨开始时间最早在 8 月 2 日 23:00,最晚在 8 月 5 日 08:00结束。汾河降雨起始时间为 8 月 3 日 05:40,最晚结束时间为 8 月 5 日 13:50。绵河、滹沱河的降雨开始和结束时间又晚一些。暴雨区呈现出由东南向西北运移的路径。

表 3-41 列出各代表站降雨 8 月 2 ~ 5 日逐日降雨量。由表 3-41 可见,8 月 2 日南运河水系东南部、子牙河水系松溪河及各支流降大到暴雨。其中,松溪河泉口雨量站日降雨量达 137.5 mm;8 月 3 日雨势加强,范围进一步扩大,向北延伸至滹沱河流域,向西扩展

至汾河流域。日降雨量超过 100 mm 的范围加大,刀把口河三教河雨量站日降雨量达 175. 6 mm;8 月 4 日南运河南部雨势减弱,清漳河、松溪河及各支流则雨势更盛,多处降雨量超过 200 mm,三教河站日降雨量达 261. 1 mm,汾河流域雨势加强,日降雨量也超过 200 mm;8 月 5 日大部分站雨势减弱甚至停止降雨。

表 3-41　"19960804"特大暴雨洪水各代表雨量站日降雨量　(单位:mm)

序号	水系	河名	站名	8 月 2 日	8 月 3 日	8 月 4 日	8 月 5 日
1	南运河	香磨河	黄松背	75	149.6	36.2	6.7
2	南运河	郊沟河	塔店	85.7	104.5	3	3.7
3	南运河	雍河	长子	54.2	62.7	12	0.4
4	南运河	陶清河	南呈	60.1	61.5	7	2.1
5	南运河	寺头河	寺头	60.3	166.4	32.7	2.8
6	南运河	南大河	五里后	24.3	69.9	15.6	1.6
7	南运河	浊漳河	石城	50.2	147.5	47.7	1.8
8	南运河	史水河	西邯郸	17.8	59.3	17.1	5
9	南运河	清漳河	下交漳	14.6	101	125	0
10	南运河	清漳河东支	松烟	24.6	129.1	108.5	0
11	南运河	清漳河东支	前高窑	3.2	48.2	71.5	8.1
12	子牙河	杨照河	皋落	45.7	124.5	217.5	0
13	子牙河	刀把口河	三教河	102.2	175.6	261.1	0
14	子牙河	松溪河	口上	88.7	115.3	209.9	0
15	子牙河	松溪河	泉口	137.5	135.6	203	0
16	子牙河	阳胜河	南阳胜	62.7	68.2	109.3	0
17	子牙河	新关河	槐树铺	30.1	99.5	152.1	0
18	子牙河	龙华河	张城堡	0	87.5	76.2	1.8
19	子牙河	龙华河	会里	1.8	56.5	62.8	5.2
20	汾河	风峪沟	要子庄	13	57	209.5	2
21	汾河	狮子河	阁上	0	60.3	52.5	17.8
22	子牙河	桃河	旧街	10.9	39.7	71.5	1.6
23	子牙河	乌河	车谷	22.5	66.2	120.3	7.2
24	子牙河	牧马河	牛尾庄	0	19.6	137.8	6

松溪河及各支流暴雨总历时多为 48 h,主雨历时 25 h,可分为两个降雨过程。第一个降雨过程雨量较小,主要集中在 8 月 3 日 18:00 之前,第二个降雨过程从 8 月 3 日 23:00 开始至 4 日 22:00 左右结束。由暴雨中心及周边主要雨量站降雨过程柱状图(见图 3-39)可见,第一次降雨过程雨量并不大,基本没有形成洪水,但由于降雨持续历时较长,使流域土壤水分得到较大的补充。第二个降雨过程降雨强度并不大,但降雨持续历时长,主雨过程长达 24 h 以上,暴雨累计雨量大,这是形成本次大洪水和洪水灾害的重要原因。

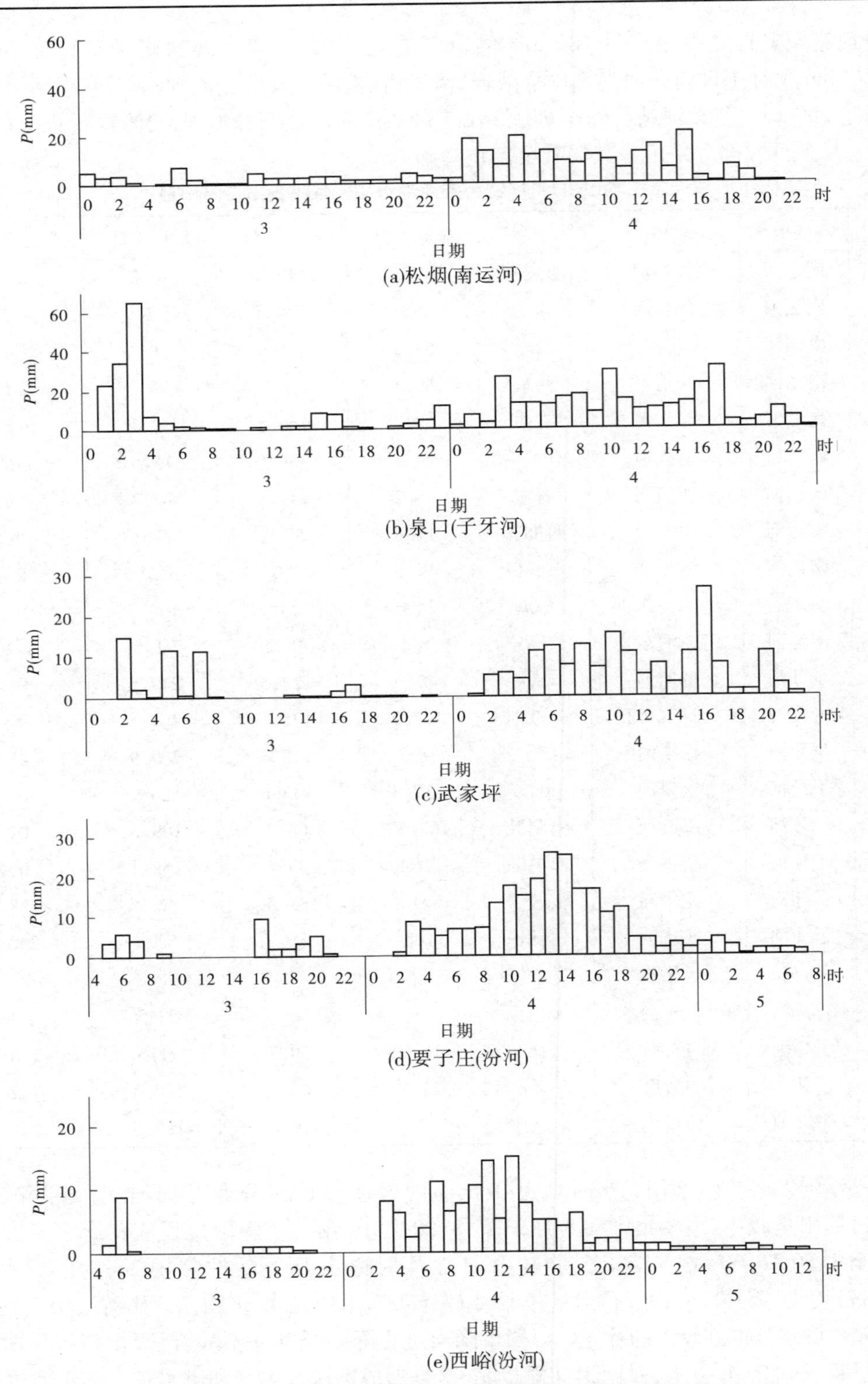

图 3-39　“19960804”特大暴雨洪水雨量代表站降雨过程柱状图

南运河水系清漳河与松溪河相邻,处在暴雨中心附近。暴雨总历时超过48 h,8月3日降雨量超过50 mm,但雨强较均匀,最大1 h降水在10 mm以下;4日降水强度加大,各时段(小时)雨强多在20 mm/h上下,降雨比较均匀,持续时间很长,最大6 h降水超过120 mm,最大24 h降雨量超过200 mm。

太原市处于此次暴雨天气系统的西部边缘,由于地形和小气候的影响,在石千峰、庙前山一带出现较强的降水过程。降雨自8月3日16:00开始,至5日08:00结束,共计40 h,若扣除3日21:00至4日03:00共计6 h的无雨时间,实际降雨历时34 h,降雨量主要集中在4日。暴雨分布以石千峰、庙前山为中心,梅洞沟雨量站次雨量314 mm,降雨向四周随地势的陡降以较大梯度递减,到山前已降至108 mm。大于300 mm的面积约为41.4 km^2,大于200 mm和100 mm的面积分别为143.3 km^2和2 132.75 km^2。等雨深线长轴方向为东北—西南,与山脊方向大体一致。

本次暴雨最显著的特点是:范围广、历时长、前后有两个降雨过程,第一次过程降雨量小,第二次过程虽然降雨强度并不大,但降雨较均匀,长历时雨量很大。另一个特点是前期降雨量充沛。7月30日至8月2日连续阴雨,加之本次降雨第一个过程的补充,使得主雨前流域土壤水含水量基本接近饱和状态,这也是造成洪水及其灾害的重要原因之一。

3.8.1.2 雨区分布

本次暴雨笼罩范围较大,由次降雨量等值线图(见图3-40)可见,本场暴雨分布在山西中东部,降雨区呈南北带状分布,覆盖山西省大清河、子牙河、汾河、南运河、沁河五大水系的部分或全部。100 mm以上的降雨量笼罩范围包括大同市的灵丘,忻州市的繁峙、五台,阳泉市全区,晋中市的昔阳、和顺、左权,太原市的古交、万柏林区和晋源区,长治市的襄垣、黎城、潞城、长子、长治、平顺,晋城市的阳城、泽州、陵川、高平等共计23个县(市)。

本次特大暴雨中心有两个:一个在松溪河流域,500 mm以上降雨笼罩面积为117.0 km^2,平均雨深540.0 mm;400 mm以上的面积348.3 km^2,平均雨深474.5 mm。另一个位于太原市西山一带,中心降雨量300 mm以上,笼罩面积41.4 km^2,平均雨深307 mm。从整个暴雨区来看,300 mm以上的笼罩面积799.1 km^2,平均雨深402 mm;250 mm以上的笼罩面积为3 599.7 km^2,平均雨深310.1 mm;200 mm以上的笼罩面积6 924.8 km^2,平均雨深269.1 mm;150 mm以上的笼罩面积为13 001.2 km^2,平均雨深224.9 mm;100 mm以上的笼罩面积33 672.2 km^2,平均雨深163.4 mm。

由最大1 h降雨量等值线图(见图3-41)可见,全省中、东部大部分地区均在大雨笼罩范围内。太原、灵丘、阳泉、盂县、平定、昔阳、左权、平顺、长子等县(市)1 h雨量超过20 mm。其中,平定、昔阳、左权等县1 h降雨量超过30 mm,昔阳县口上雨量站最大1 h降雨量达到78.3 mm,为全省最高值。

全省最大6 h降雨量大于80 mm的暴雨中心有5个,主要分布在太原、平定、昔阳、左权和平顺等县(市)。其中,太原、昔阳、左权等县区暴雨中心6 h降雨量均超过100 mm,昔阳县皋落雨量站,最大6 h降雨量达145.8 mm,为全省最大。最大6 h降雨量等值线图详见图3-42。

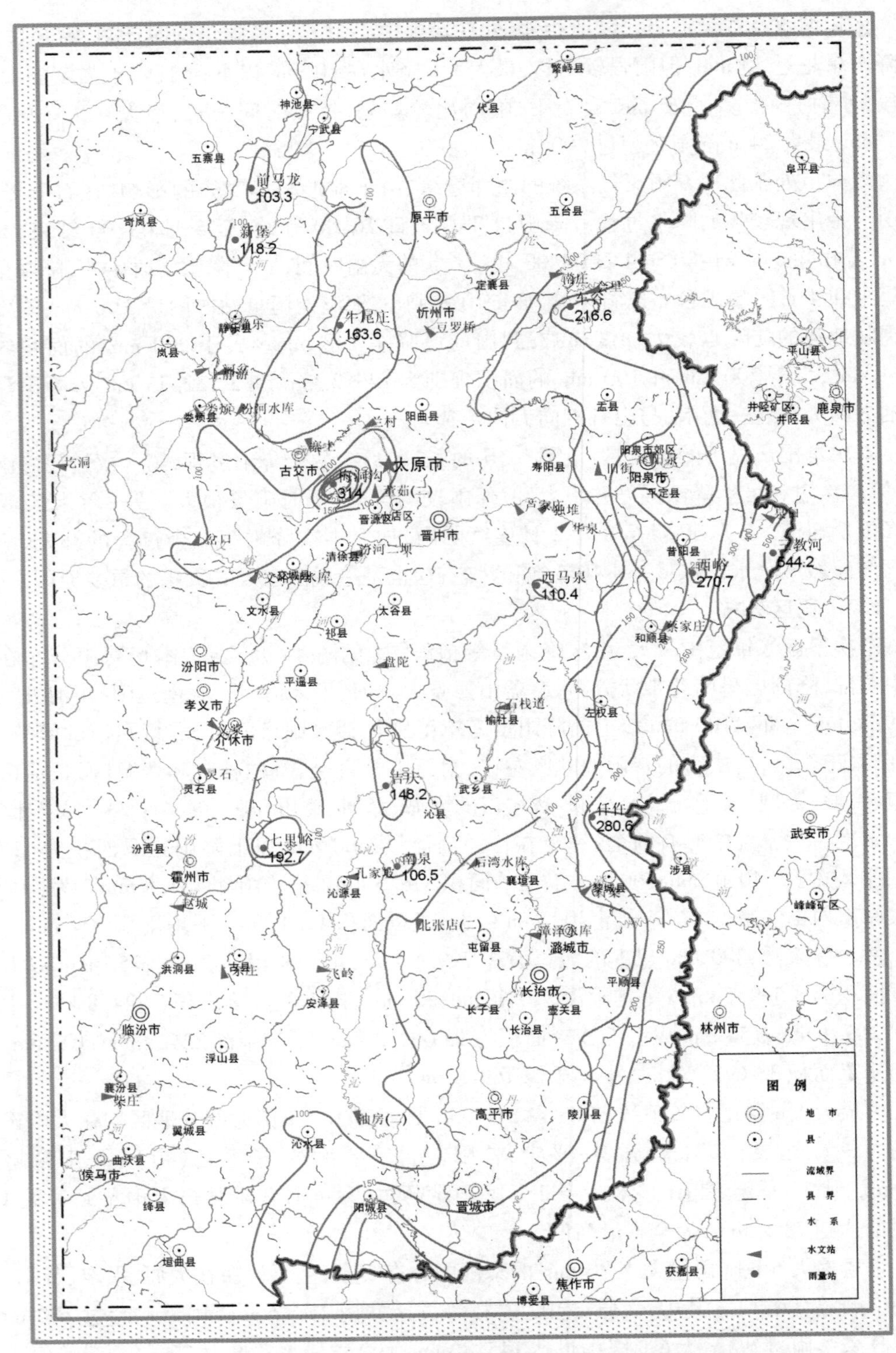

图 3-40　山西中东部“19960804”特大暴雨洪水次降雨量等值线图

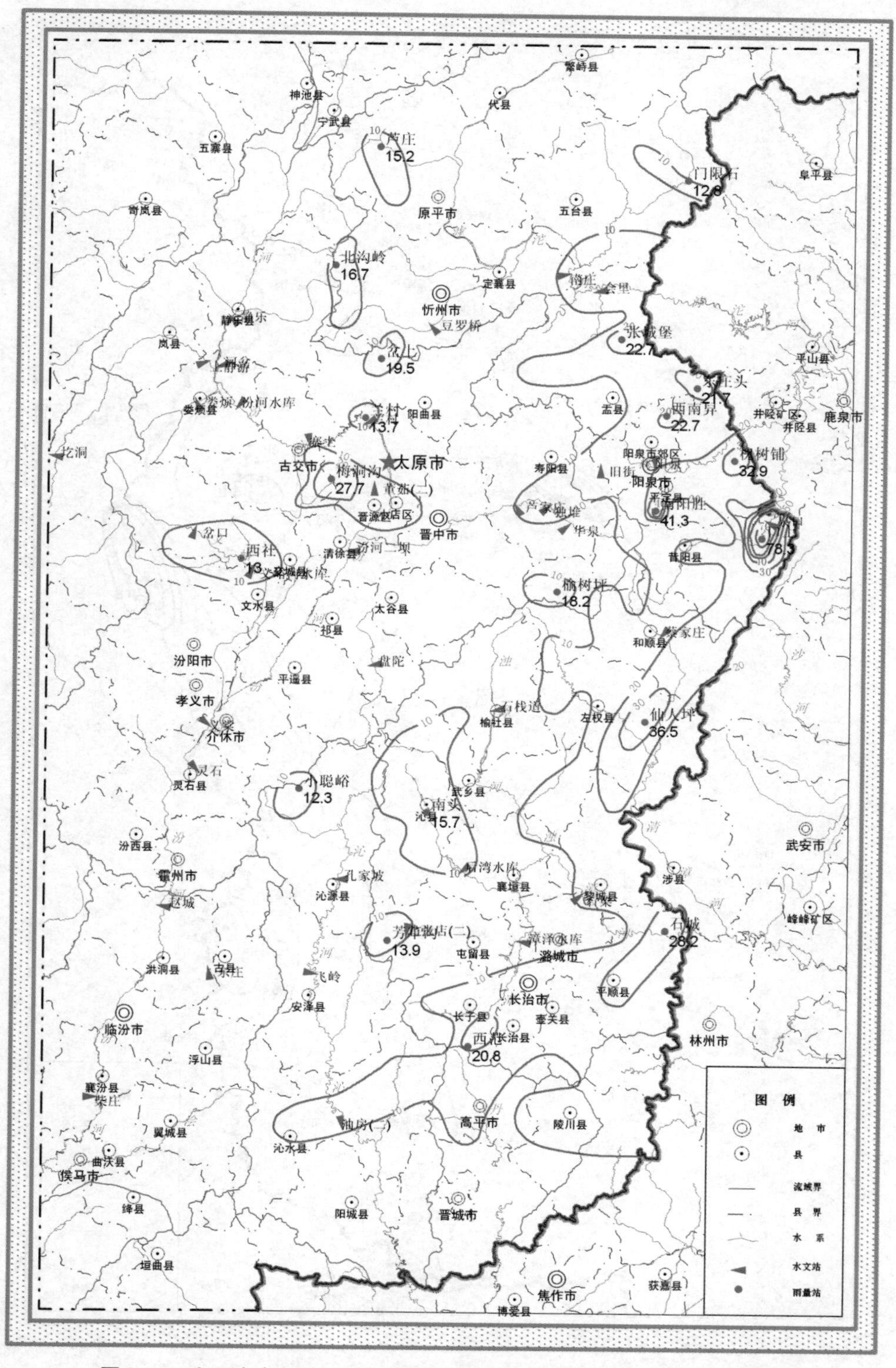

图3-41　山西中东部“19960804”特大暴雨洪水最大1 h降水量等值线图

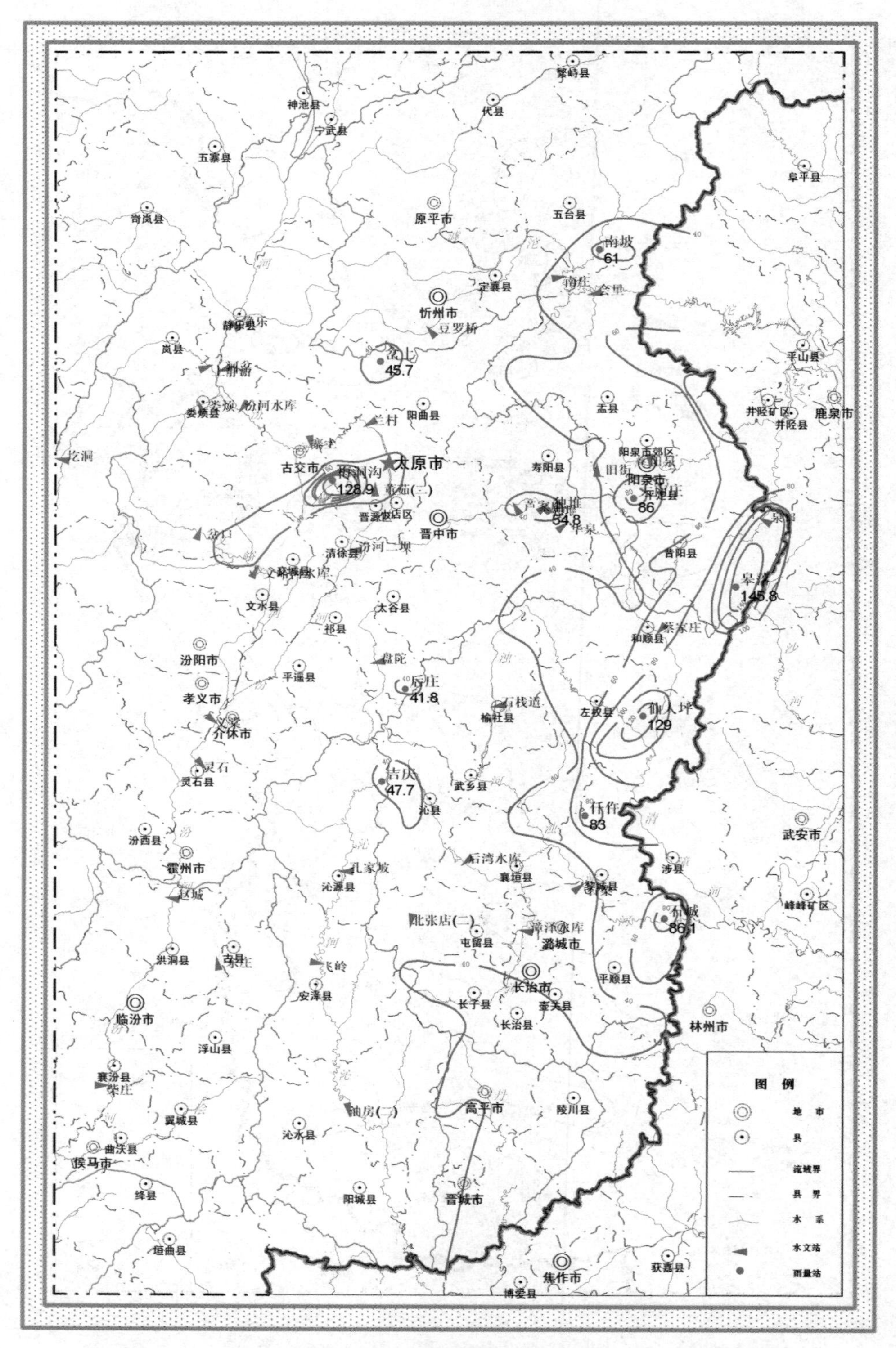

图 3-42　山西中东部“19960804”特大暴雨洪水最大 6 h 降水量等值线图

3.8.1.3　暴雨强度

不同的暴雨中心所反映的暴雨强度特点有所不同，现分述如下。

松溪河流域暴雨的特点是：第一次降雨过程阵性明显，雨强起伏较大；第二次主雨过程1 h雨强较常见，6 h以上历时雨量比较稀遇。处在暴雨中心区域的昔阳县口上雨量站，实测1 h最大雨量达78.3 mm，发生在第一次降雨过程中。昔阳县的皋落雨量站实测6 h最大雨量为145.8 mm。昔阳县三教河雨量站实测24 h最大雨量为356.3 mm，均发生在第二次降雨过程中；三教河次降水量最高达544.2 mm。

太原市暴雨中心所反映的暴雨强度特点是：短历时雨量较常遇，长历时雨量比较稀遇，而雨强相对均匀。太原市要子庄雨量站实测1 h最大雨量为28.0 mm，梅洞沟站实测6 h和24 h最大雨量分别为128.9 mm和273.4 mm，次降水量为314 mm。

清漳河流域暴雨中心的暴雨强度特点与太原市的特点类同，短历时雨量较常遇，长历时雨量比较稀遇，而雨强相对均匀。和顺县新庄雨量站实测1 h最大雨量为29.4 mm，实测6 h和24 h最大雨量分别为132.8 mm、281.2 mm，次降水量最高为376.7 mm。

暴雨中心代表雨量站不同时段最大雨量统计见表3-42。

表3-42　"19960804"特大暴雨洪水代表雨量站不同时段最大雨量统计

站名	水系	河名	县名	时段最大雨量(mm)			
				1 h	6 h	24 h	次降水量
车谷	子牙河	乌河	盂县	10.8	64.6	136.4	216.6
张城堡	子牙河	龙华河	盂县	22.7	67.3	128.8	165.8
东庄头	子牙河	黑砚水河	盂县	21.7	81.4	191.9	230.4
东木口	子牙河	阴山河	盂县	19.3	65.0	131.0	166.3
大南庄	子牙河	尚怡河	平定	18.0	86.0	196.0	239.7
南阳胜	子牙河	阳胜河	平定	41.3	66.0	159.1	240.2
朱峪	子牙河	岭南河	平定	21.9	61.0	162.0	237.2
东回	子牙河	岭南河	平定	24.5	62.4	177.3	261.5
潺泉	子牙河	岭南河	平定	19.6	71.5	215.8	318.7
槐树铺	子牙河	新关河	平定	32.9	71.0	216.9	282.1
南郝峪	子牙河	洪水河	昔阳	10.5	60.4	151.8	171.8
武家坪	子牙河	老坟沟	昔阳	26.4	65.9	172.4	221.9
楼坪	子牙河	赵壁河	昔阳	19.0	84.1	227.4	244.9
川口	子牙河	赵壁河	昔阳	12.6	73.4	192.0	207.1
西固壁	子牙河	松溪河	昔阳	19.9	80.9	177.8	263.7
皋落	子牙河	杨照河	昔阳	27.2	145.8	323.4	396.9
民安	子牙河	杨照河	昔阳	28.2	142.5	321.0	391.7
口上	子牙河	松溪河	昔阳	78.3	133	282.7	415.3
三教河	子牙河	刀把口河	昔阳	31.3	126.3	356.3	544.2
泉口	子牙河	松溪河	昔阳	67.5	135.9	300.3	478.4
郝家	子牙河	王寨河	昔阳	29.2	122.8	329.1	507.3
李阳	子牙河	松溪河	和顺	16.5	65.7	154.4	170.4
郑家沟	南运河	梁余河	和顺	15.3	66.0	125.9	150.0

续表 3-42

站名	水系	河名	县名	时段最大雨量(mm)			
				1 h	6 h	24 h	次降水量
蔡家庄	南运河	清漳河东支	和顺	21.3	67.9	170.8	191.0
松烟	南运河	清漳河东支	和顺	21.2	84.0	212.8	269.3
新庄	南运河	清河	和顺	29.4	132.8	281.2	376.7
仙人坪	南运河	清漳河东支	左权	36.5	129.0	201.1	226.5
下交漳	南运河	清漳河	左权	17.1	96.6	224.3	240.7
申家峧	南运河	桐峪河	左权	20.6	112.9	151.3	162.8
石梁	南运河	浊漳河	黎城	33.9	61.9	109.7	168.3
石城	南运河	浊漳河	黎城	28.2	86.1	171.8	253.4
仟仵	南运河	南委泉河	黎城	16.5	83.0	211.3	280.6
寺头	南运河	寺头河	平顺	13.9	60.5	172.4	276.4
塔店	南运河	郊沟河	壶关	14.5	65.4	115.4	195.5
黄松背	南运河	香磨河	陵川	49.6	101.3	168.7	270.5
梅洞沟	汾河	峪道川	太原	27.7	128.9	273.4	314.0
西峪	汾河	冶峪沟	太原	14.9	60.1	129.7	152.0
上峪	汾河	冶峪沟	太原	16.4	62.1	129.4	157.3
要子庄	汾河	风峪沟	太原	28.0	121.5	236.7	281.5

3.8.1.4　天气系统

1996 年 7 月下旬副热带高压北进、西伸,8 月初副热带高压达鼎盛阶段,中心稳定在黄、渤海域。副高势力控制了华北东部,构成典型的径向环流大形势。同时,9608 号台风 8 月 1 日上午 10:00 在福建省福清市登陆,受副热带高压西南侧东南气流引导向西北方向移动,8 月 2 日中午台风在江西省中部减弱成低气压,8 月 3 日 20:00 达河南省南部,700 hPa 上台风低压直径约 300 km。受副热带高压西侧偏南气流牵引,台风低压转向北移,8 月 4 日经过山西,5 日消失在华北北部。台风是热带系统,本身具有高温、高湿季风气团属性,又加上在台风低压环流与副热带高压之间形成一支强劲的偏南风急流,把海上水汽向台风低压环流输送,使台风登陆后能够具有维持 5 d 之久的能量来源。这支低空急流将低纬度地区高温、高湿水汽源源不断地向华北输送,并在 8 月 3 日与由华北东部扩散南下的低层弱冷空气相互作用,在华北中南部产生大暴雨。8 月 4 ~5 日在台风低压北侧 700 hPa 上升运动增强达 -4.9×10^{-3} hPa/s,暴雨则出现在这种强烈上升中心处。由于强烈的低空急流前部将水汽送达冀中南、豫北、晋中等地,同时在 700 hPa 低空急流左前侧诱发两个中—∝尺度云团,沿冀、晋交界处北上,3 日下午至 5 日凌晨先后在河北省西部及山西省东部出现广泛而持久的暴雨区。

3.8.2　水情

本次暴雨雨洪区主要涉及山西省南运河、子牙河、汾河三个水系,洪水调查和实测河段共 57 处,其中汾河水系 8 处,子牙河水系 31 处,南运河水系 18 处。各调查河段位置及洪峰流量分布图见图 3-43,调查成果见表 3-43,洪水调查访问情况详见表 3-44。

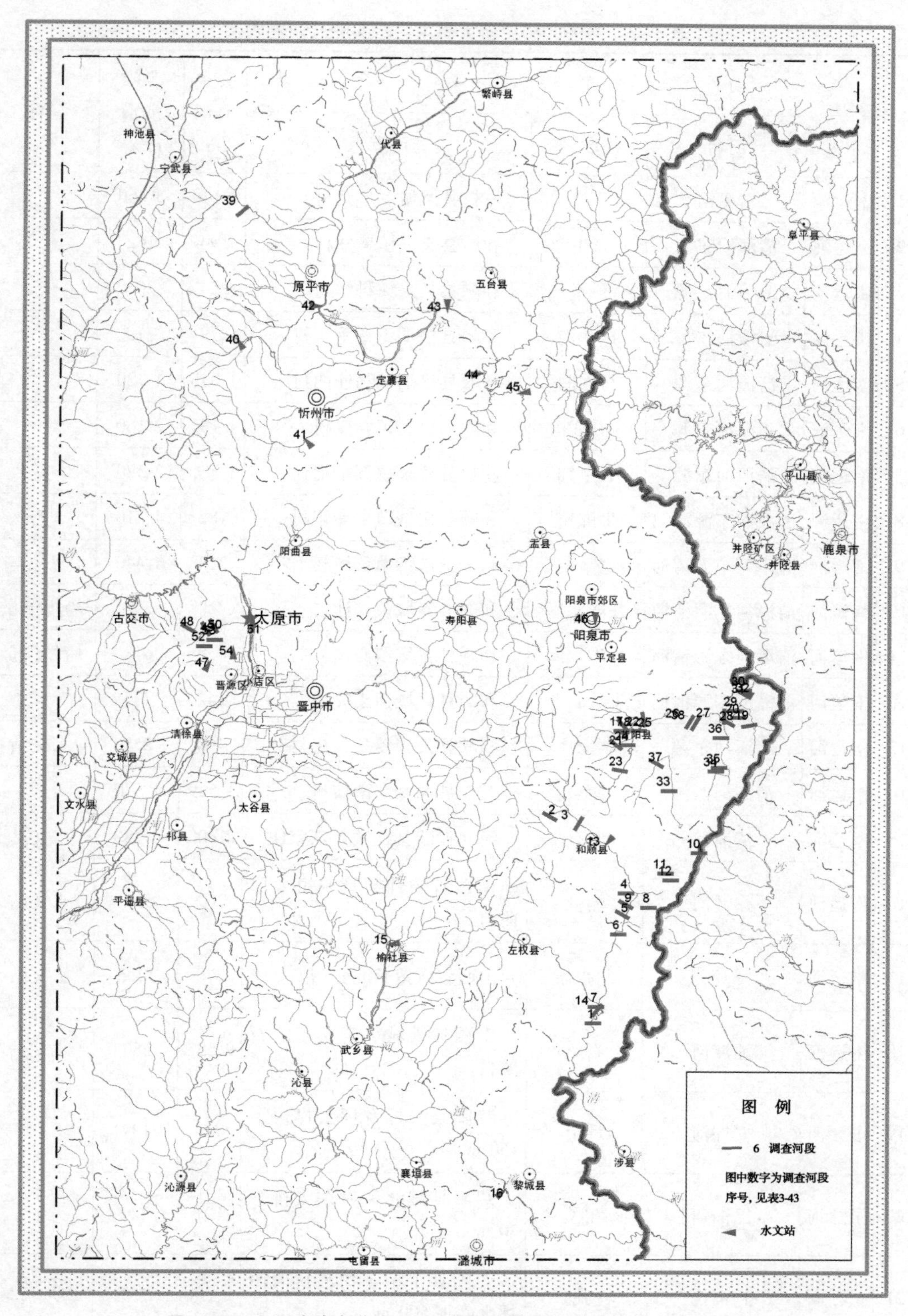

图 3-43　山西中东部“19960804”特大暴雨洪水调查河段分布图

表 3-43 "19960804"特大暴雨洪水实测及调查成果

编号	调查地点				集水面积（km^2）	洪峰流量（m^3/s）	备注
	水系	河名	河段名	地点			
1	南运河	清漳河	口则	左权县栗城乡口则村	3 149	3 860	
2	南运河	清漳河东源	紫罗	和顺县义兴镇紫罗村	194	162	
3	南运河	清漳河东源	科举	和顺县义兴镇科举村	224	206	
4	南运河	清漳河东源	托手沟	和顺县松烟镇托手沟村	779	719	
5	南运河	清漳河东源	马连曲	和顺县松烟镇马连曲村	1 045	1 720	
6	南运河	清漳河东源	乔庄	和顺县松烟镇乔庄村	1 181	2 160	
7	南运河	清漳河东源	五里铺	左权县芹泉镇五里铺村	1 580	3 520	
8	南运河	清漳河东源清河	牛郎峪	和顺县松烟镇牛郎峪村	182	1 210	
9	南运河	清漳河东源清河	董坪	和顺县松烟镇董坪村	213	1 440	
10	南运河	清漳河东源清河	井洼水库	和顺县青城镇井洼村	53	293	垮坝流量
11	南运河	清漳河东源清河	西沟水库	和顺县青城镇西沟村	4.2	618	垮坝流量
12	南运河	清漳河东源清河	土岭石窑	和顺县青城镇土岭村	142	735	
13	南运河	清漳河东源	蔡家庄	和顺县义兴镇蔡家庄村	460	258	水文站
14	南运河	清漳河西源	南坡	左权县栗城乡南坡村	1 569	1 520	
15	南运河	清漳河	刘家庄	河北省涉县辽城乡刘家庄	3 800	4 780	水文站
16	南运河	榆社河	榆社	山西省榆社县箕城镇太邢西街	702	951	水文站
17	南运河	绛河	北张店	山西省屯留县北张店	270	52.3	水文站
18	南运河	浊漳河	石梁	山西省潞城市辛安泉镇石梁村	9 652	287	水文站
19	子牙河	安坪河	坪上	昔阳县安坪乡坪上村桥下150 m	66	137	
20	子牙河	巴洲河	北关	昔阳县城北关村东大桥下70 m	101	229	
21	子牙河	杓铺沟	杓铺	昔阳县丁峪乡杓铺村向阳坪水库下500 m	12.8	719	垮坝流量

续表 3-43

编号	调查地点				集水面积（km^2）	洪峰流量（m^3/s）	备注
	水系	河名	河段名	地点			
22	子牙河	刀把口河	丁峪	昔阳县丁峪乡丁峪村西南 0.5 km	100	1 200	
23	子牙河	洪水河	洪水河洪水	昔阳县洪水乡洪水村洪水中学旁	48.4	98	
24	子牙河	三里沟	青岩头	昔阳县城关镇青岩头村西北 1.5 km 水库坝下	14.2	1 190	垮坝流量
25	子牙河	松溪河	麻汇	昔阳县杜庄乡麻汇村下 500 m	150	202	
26	子牙河	松溪河	洪水村	昔阳县洪水乡洪水村东北 1 km	233	234	
27	子牙河	松溪河	建都	昔阳县城关镇建都村东 1.5 km	462	1 330	受垮坝影响
28	子牙河	松溪河	北界都	昔阳县界都乡北界都村西南 1 km	540	1 150	
29	子牙河	松溪河	东冶头	昔阳县东冶头镇东冶头村南 300 m	1 167	1 240	
30	子牙河	松溪河	南营	昔阳县丁峪乡南营村隧洞出口下 50 m	1 480	3 400	
31	子牙河	松溪河	大安垴庄	昔阳县丁峪乡大安垴庄旁	1 590	4 510	
32	子牙河	松溪河	红岭弯庄	昔阳县王寨乡红岭弯庄交界处	1 687	4 500	
33	子牙河	松溪河	泉口	昔阳县孔氏乡泉口村	1 627	4 100	水文站
34	子牙河	王寨河	务种	昔阳县王寨乡务种村旁	43.7	707	
35	子牙河	西丰稔沟	西丰稔	昔阳县赵壁乡西丰稔水库下游西丰稔村旁	9.7	130	受垮坝影响
36	子牙河	杨照河	河上水库（上）	昔阳县阎庄乡河上水库上游 2.5 km	93.4	346	

续表 3-43

编号	调查地点				集水面积(km²)	洪峰流量(m³/s)	备注
	水系	河名	河段名	地点			
37	子牙河	杨照河	河上水库(下)	昔阳县阎庄乡河上水库下游 1.5 km	102	2 920	垮坝流量
38	子牙河	杨照河	葱窝	昔阳县东冶头镇葱窝村东	259	1 950	受垮坝影响
39	子牙河	赵壁河	川口	昔阳县风居乡川口村东 500 m	408	419	
40	子牙河	赵壁河	南界都	昔阳县界都乡南界都村南 1 km	493	453	
41	子牙河	阳武河	芦庄	原平市大牛店镇芦庄村	746	72.2	水文站
42	子牙河	云中河	寺坪	山西省忻州市忻府区阳坡乡寺坪村	192	140	水文站
43	子牙河	牧马河	豆罗桥	忻州市忻府区兰村乡晏村	751	325	水文站
44	子牙河	滹沱河	界河铺	原平市王家庄乡界河铺	5 630	580	水文站
45	子牙河	滹沱河	济胜桥	五台县建安乡瑶池村	8 939	782	水文站
46	子牙河	滹沱河	南庄	定襄县南庄镇南庄村	11 936	1 560	水文站
47	子牙河	清水河	南坡	山西省五台县南坡村	2 304	794	水文站
48	子牙河	龙华河	会里	盂县下社乡会里村	475	203	水文站
49	子牙河	桃河	阳泉	阳泉市桃南中路筒子沟	490	659	水文站
50	汾河	风峪河	店头	太原市晋源区店头村	33.9	104	水文站
51	汾河	虎峪河	杜儿坪坑口	太原市杜儿坪煤矿		9.38	
52	汾河	虎峪河	河龙湾	太原市杜儿坪煤矿	39.1	385	
53	汾河	虎峪河	西局实验小学	太原市西局实验小学		331	
54	汾河	虎峪河	太原第二锅炉厂	太原第二锅炉厂		246	
55	汾河	九院沙河	官地矿	太原市官地矿		33.5	
56	汾河	九院沙河	西局二中	太原市西局二中	19.1	82.1	
57	汾河	冶峪沟	董茹	太原市晋源区金胜镇董茹村	18.9	5.46	水文站

表3-44　"19960804"特大暴雨洪水调查资料摘要

水系	河名	河段名	地点	被调查人	洪水访问情况
南运河	清漳河东源	紫罗	和顺县义兴镇紫罗村	紫罗镇下游桥头的三位农民	8月4日水很大,桥把水都挡住了,差点上了桥,漫到地里的水都可深哩,不像1963年大,上头有一段坝都冲开了。
	清漳河东源	托手沟	和顺县松烟镇托手沟村	段某44岁白仁村	8月4日就已经涨水了,中午2~3时最大,落了7~8 d才到现在这个样子,白仁村冲了200~300亩好地,这离白仁村有3里路,1963年的水要比这次的水量大,但没这次猛。
	清漳河东源清河	井洼水库	和顺县青城镇井洼村	某男30岁某女40岁井洼村	8月4日中午2~3时垮坝,垮坝的原因是洪水漫过坝顶垮的。
	清漳河东源清河	西沟水库	和顺县青城镇西沟村	五村民70岁左右西沟村	水库是农历6月20日崩的,大概就是在早上6点来钟,水漫坝顶崩坝的。
	清漳河东源清河	董坪	和顺县松烟镇董坪村	两个男性菜农40岁	8月3日晚到8月4日早上雨下的很大,天气阴沉沉的,8月4日早上5时左右洪水最大,菜地里进水了,约有15 cm深,不流,洪水一直涨了好几天(4~5 d)。
	清漳河东源	马连曲	和顺县松烟镇马连曲村	李逢祥39岁	早上4~5时东西两条河都有水(西河道是洪水漫过堤顶的),10时许堤坝部分决口,下午3时水最大,紧接着堤坝大部分被冲跨,4~5时,东边的河就没水了,马连曲大水冲了19户,169间房屋被洪水吞没。
	清漳河东源	乔庄	和顺县松烟镇乔庄村	靳永庆左权县骆驼村	这场洪水听老人们说比1963年的水小,但冲的地多,原因是学大寨时河道内修了好多地,最大发水时间是8月4日下午8时左右,持续了3个来小时。
	清漳河东源	五里铺	左权县芹泉镇五里铺村	老人50岁五里铺	西黄漳村石头冲进了村内并死了5个人的那天(8月4日)早上雨很大,河水也较大,到12时最大,5日早上基本上就落平了。
	清漳河西源	南坡	左权县栗城乡南坡村	当地老乡南坡村	农历6月19日(即公历8月4日),这河水12时才开始涨,下午5时最大,涨了2~3 d。
	清漳河	口则	左权县栗城乡口则村	本村一村民	8月4日水涨到现玉茭地的地面上时最大,大约12时,进来没多少,约10 cm深。

续表 3-44

水系	河名	河段名	地点	被调查人	洪水访问情况
子牙河	安坪河	坪上	昔阳县安坪乡坪上村桥下 150 m	王某 路边饭店	8 月 4 日上午 9 时涨水,下午 4 ~ 5 时洪水最高,后下落不明显,5 日 12 时基本落平。
	巴洲河	北关	昔阳县城北关村东大桥下 70 m	张某 北关市民	8 月 3 日晚 9 时涨水,4 日下午 3 ~ 5 时最高,晚 9 时基本落平。
	杓铺沟	杓铺	昔阳县丁峪乡杓铺村向阳坪水库下 500 m	张维明 杓铺村书记 赵风玉 杓铺村村长	7 月 25 日以来,降水量不断增加,水库水位上升,8 月 2 日大水前,溢洪道已过水,8 月 2 日晚 10:00 左右猛降暴雨,水库水位急剧上升,10:30 组织抢险人员赴现场抢险,3 日 3 时溢洪道全部过水,而且洪水即将溢坝,03:15大坝南端开始决口,03:30 坝体全垮,水库水直泄而下。
	刀把口河	丁峪	昔阳县丁峪乡丁峪村西南 0.5 km	李来银 丁峪乡 水利员	8 月 3 日约 3 时来水,来水前河内流量约 0.5 m^3/s,03:30 ~ 04:00 洪水最高,5 时洪水已基本落平,一直延续到 4 日早 5 时,4 日 10 时左右第二次涨水,洪水最高时为 4 ~ 5 时,6 时洪水落,5 日上午 10 时还有半河水,6 日早 8 时河内基本能过去人,水已落平。
	三里沟	青岩头	昔阳县城关镇青岩头村西北 1.5 km 水库坝下	郭俊伸 青岩头村 村长	8 月 4 日早 7 时水库洪水位距坝顶约 0.8 m,下午 04:50 第二次进库,见溢洪道全部过水,库水位距坝顶 0.3 ~ 0.4 m,下午 05:50 垮坝(先靠左岸垮,随后坝体全垮)最大洪水延续时间约 20 min,5 日 6 时洪水还未落平,至 8 日上午洪水即小了。
	松溪河	麻汇	昔阳县杜庄乡麻汇村下 500 m		8 月 4 日 6 时涨水,13 时涨到峰腰,19 时洪水最高,5 日 4 时落到峰腰,6 日 20 时基本落平,延长至 8 日 10 时水平稳,河内流量约为 5.4 m^3/s。
	松溪河	松溪河 洪水村	昔阳县洪水乡洪水村东北 1 km	赵某 洪水村村民	8 月 3 日约 22 时涨水,郭庄水库 4 日 8 时放水,洪峰约发生在 4 日 20 时,7 日 8 时溢洪道停止溢流。
	松溪河	建都	昔阳县城关镇建都村东 1.5 km		8 月 4 日早 5 时左右开始涨水,9 时原来旧河槽基本涨满,下午约 1 时洪水很高,晚上 06:30 左右三里沟水库垮坝水到来,洪水最大,6 日 10 时河里还有齐腰深的水。

续表3-44

水系	河名	河段名	地点	被调查人	洪水访问情况
子牙河	松溪河	北界都	昔阳县界都乡北界都村西南1 km	程成亮 南界都村水利员	8月4日早6时涨水,10时大桥4孔洪水已满,下午2时左右洪水上涨,7~8时洪水最高,洪峰延续1 h将大桥基冲垮,耕地堤坝冲垮,5日9时,去松溪河看水还很大,全河槽有水,6日10时左右洪水才落平。
	松溪河	东冶头	昔阳县东冶头镇东冶头村南300 m	东冶头镇书记	8月4日早6时左右涨水,11时洪水超过旧河槽,下午3~4时洪水最大,后落至峰腰,晚8时左右又涨水,比第一次小,5日中午水还不小,6日中午基本落平,8日河内水即小了。
	松溪河	南营	昔阳县丁峪乡南营村隧洞出口下50 m		8月4日5时涨水,10时左右洪水超过洞口,14:10左右垮坝,第二次洪峰4~5时,比第一次垮坝流量还大,洪峰延续约1.5 h,5日早8时左右洪水还和马路平,8日基本落平。南营洞拦河坝高18 m,长100 m,南营洞长300 m,宽16.0 m,高12.0 m,坡降3%。
	松溪河	大安堖庄	昔阳县丁峪乡大安堖庄旁	胡良小 大安堖庄	8月3日河内发洪水,4日最大,下午02:30左右洪峰最大,共发三次水,第一次是8月3日杓铺水库垮坝,涨水,第二次是南营洞拦河坝被冲垮涨水,第三次是4日晚下午5时左右的洪水,此时洪水最高。
	松溪河	红岭弯庄	昔阳县王寨乡红岭弯庄交界处	马长明42岁 红岭弯庄	8月4日早7~8时,河内涨水渐大,下午6时左右洪水最大,约7时后开始下落,5日河内水还大,约8月7日洪水基本落平。
	王寨河	务种	昔阳县王寨乡务种村旁	李三小 务种村	8月4日早晨开始涨水,中午1时左右最大,一直持续到下午4~5时洪水开始回落,3 d后洪水落平。
	西丰稔沟	西丰稔	昔阳县赵壁乡西丰稔水库下游西丰稔村旁	李东录54岁 王瑞明34岁 西丰稔村	西丰稔水库8月4日上午10:30左右垮坝,下午4~5时洪峰下降,6日村中河沟才能趟过去。
	杨照河	河上水库(上)	昔阳县阎庄乡河上水库上游2.5 km	河上 村书记	8月4日时涨水,12时最高,下午4~5时又下大雨,晚6~7时洪水又涨,涨水两次,约8月7日河内水即小了。

续表 3-44

水系	河名	河段名	地点	被调查人	洪水访问情况
子牙河	杨照河	河上水库（下）	昔阳县阎庄乡河上水库下游 1.5 km	河上村书记	8 月 3 日晚开始下雨，4 日早 05:00 水面涨至竖井输水洞顶平，06:00 水面离竖井顶 1 m，06:20 剩下 0.5 m，06:40 左右，竖井顶口进水，07:10 左右水淹没有井顶。12:30 坝顶漫水近 1 m，垮坝时间 12:40，溢洪道 11:00 左右开始溢洪，下午 03:00 水位下落，7 日下午基本落至右岸 20～30 m，水深 0.7 m。
	杨照河	葱窝	昔阳县东冶头镇葱窝村东	卜录珍 穆怀庆 葱窝村	8 月 4 日 12 时涨水，下午 2 时左右洪水最高，延续 1 h 左右开始下落，至下午 4 时水还很大，约 07:30 又涨水一次，洪峰较小，7 日还过不去人，有齐腰深的水，至 10 日水就小了。
	赵壁河	川口	昔阳县风居乡川口村东 500 m	赵壁乡书记	8 月 4 日 10 时涨水，下午 3～4 时洪水最高，5 日下午 2 时水还不小，至 8 日中午河内水即小了。
	赵壁河	南界都	昔阳县界都乡南界都村南 1 km	程成亮 南界都村 水利员	8 月 4 日 10 时左右涨水，11 时坝顶将要溢水，下午继续涨，4 时左右溢过坝顶，越来越大，洪水已到路边排房前，此时洪水最高，约 1 h 后，开始落水，8 时落到峰腰，延续到 7 日，洪水才落下去，据村民讲，这次洪水比 1963 年洪水要小。
汾河	虎峪河	前进路桥	太原市万柏林区前进路桥	河西区防汛办公室陈副主任	据河西区防汛办公室陈副主任介绍，前进路桥 8 月 4 日 9:00 水还正常，半小时后猛涨，11:00 水深增加 1.2 m，水面距坝顶约 30 cm，12:30 下元村自建砖旋 3 孔桥开始壅水漫溢进村。13:00 前进路下游下元村自建砖旋 3 孔桥漫顶形成回水，左岸开始向迎泽大街漫水，回水波及前进路桥，前进路桥被漂浮物堵塞，水位继续壅高，16:00～18:00 桥上漫水水深 1 m。估计有 2/3 的洪水进入了迎泽大街，街上最大水深约 0.5 m。5 日 4 时水势消退，16:00 回落至原来状态。

3.8.2.1　洪峰流量

1. 各主要河系洪峰沿程变化情况

暴雨集中在 8 月 3～4 日，暴雨区大部分河流洪水在 8 月 3 日起涨。随着雨区扩移和暴雨量增加，各河流于 4 日前后出现最大洪峰。主要水系洪峰沿程变化情况如下。

1）南运河

南运河暴雨区主要集中在清漳河流域的中下游、浊漳河流域的下游区及卫河流域。清漳河流域处在暴雨中心区，各河洪水于8月4日先后起涨。清漳河西源的南坡河段，洪水8月4日12:00开始上涨，17:00最大，洪峰流量1 520 m^3/s，清漳河东源的五里铺（老虎岩）河段，12:00洪水最大，洪峰流量3 520 m^3/s。位于清漳河东源支流的清河河口处董坪河段，洪峰流量1 440 m^3/s。清河上游的两座小型水库先后垮坝，其中井洼水库垮坝洪峰流量293 m^3/s，西沟水库垮坝洪峰流量618 m^3/s。清漳河干流口则河段流域面积3 149 km^2，洪峰流量3 860 m^3/s，位于清漳河省界附近的河北省刘家庄水文站，流域面积3 800 km^2，实测洪峰流量为4 780 m^3/s，为1953年有实测洪水资料以来的第二位大洪水。浊漳河流域局部涨水，但量级不大，其支流绛河北张店水文站8月4日13:00洪峰流量52.3 m^3/s；干流石梁水文站8月4日16:54洪峰流量287 m^3/s，由于暴雨区位于石梁水文站下游，因此石梁水文站洪峰量级不大，为一般性洪水。卫河流域无水文站亦无调查成果，洪水情况不明。

2）子牙河

山西省的滹沱河、绵河和松溪河分别流入河北省后汇入子牙河。本次暴雨区覆盖滹沱河的中下游区、绵河和松溪河全流域，其中松溪河流域是省内本次暴雨的中心。

滹沱河阳武河支流芦庄水文站8月4日16:30洪峰流量72.2 m^3/s，云中河支流寺坪水文站8月5日05:12洪峰流量140 m^3/s，牧马河支流豆罗桥水文站8月5日08:00洪峰流量325 m^3/s，以上各站洪峰流量在实测系列中均属一般洪水；清水河支流南坡水文站8月5日07:00洪峰流量794 m^3/s，在实测系列中排第4位；龙华河会里水文站8月4日22:00洪峰流量203 m^3/s，在实测系列中排第3位；干流界河铺水文站8月5日16:30洪峰流量580 m^3/s，在实测系列中属一般洪水；济胜桥水文站8月6日10:00洪峰流量782 m^3/s，在实测洪水中排第3位；南庄水文站8月5日22:00洪峰流量1 560 m^3/s，在实测洪水中排首位。从上述各站洪水稀遇程度看，本场洪水多属一般或偏丰洪水，并不十分稀遇，但由于全流域各河同时发水，从上游到下游随着集水面积的加大，越往下游洪水越大，到南庄站形成了建站以来最大的特大洪水。

绵河支流桃河阳泉水文站8月4日18:24洪峰流量659 m^3/s，在实测系列中属一般洪水；到下游绵河地都水文站实测洪峰流量1 150 m^3/s，排1963年以来实测洪水第三位。这是由于该流域下游降雨量高于上游。

松溪河流域8月3～4日连降大暴雨及特大暴雨。主要降雨过程可分为两次：第一次降雨造成丁峪乡杓铺沟向阳坪水库垮坝，垮坝时间为3日03:30。垮坝瞬时最大流量为1 200 m^3/s，在坝下0.5 km处调查洪峰流量719 m^3/s。受其影响，泉口水文站出现洪峰已是3日18:30，实测洪峰流量348 m^3/s。第二次降雨过程强度较大持续历时长，加之前期土壤含水量趋于饱和状态，形成了“19960804”特大洪水。处于杨照河中上游的河上水库，4日12:30坝顶漫水，水深近1 m，12:40垮坝，垮坝瞬时最大流量为3 400 m^3/s，在大坝上游2.5 km处调查入库洪峰流量346 m^3/s，在水库下游1.5 km处调查洪峰流量2 920 m^3/s。洪水沿程而下，将原来的河滩（大部分种植高秆农作物）几乎全部冲毁，水面宽大都为200～300 m，洪峰削减较大。至4日14:00左右，洪峰到达杨照河出口处葱窝村,调查洪峰流量为 1 950 m^3/s,与松溪河汇合后冲向水磨头村输水洞拦河大坝,因输水洞断面小,过水能力低,洪水很快将 25 m 高的拦河大坝冲毁奔腾而下,洪水到达南营村输水洞前,同样是由于输水洞过水能力远小于洪水流量,洪水很快漫过 18 m 高的拦河大坝,并于 4 日 14:10 左右将拦河大坝冲垮,洪水到达泉口水文站的时间为 14:42,实测洪峰流量 3 760 m^3/s,这是泉口水文站本场洪水出现的首次大洪峰。形成这次大洪峰的主要原因是上游河上水库垮坝,水磨头、南营两处拦河大坝相继溃坝决口,并与松溪河及其他支流洪水遭遇所形成的。据调查访问,4 日 15:30 左右东冶头河段出现洪峰,流量为 1 240 m^3/s。此时杨照河的洪水仍很大,加之峪掌沟洪水汇入,洪水到达水磨头村时,出现第二次洪峰,据水磨头村支部书记李兰科等回忆:这次洪水和第一次垮坝形成的洪水,大小差不多。当洪水演进到丁峪村附近时,又碰上刀把口河洪水洪峰的到来,据调查刀把口河丁峪河段 4 日 16:00 ~ 17:00 洪水最大,调查洪峰流量为 1 200 m^3/s。4 日 16:48,泉口水文站出现最大洪峰,实测流量 4 100 m^3/s。当洪水演进到王寨村时,王寨河洪水加入,到达省界红岭弯断面时,调查洪峰流量为 4 500 m^3/s。洪水流入河北省井陉县后直奔张河湾水库,根据水库观测资料,推算出该水库在 4 日 18:25 ~ 19:10 时段平均入库流量 4 610 m^3/s。处于松溪河上游青岩头村的三里沟水库 4 日 17:50 垮坝,垮坝瞬时最大流量为 1 890 m^3/s,在大坝下游约 300 m 河段处调查洪峰流量为 1 190 m^3/s。垮坝洪水迅猛异常,使青岩头、建都村一带一片汪洋,遍地漫流汇入松溪河。在建都村东 1.5 km 河段调查洪峰流量 1 330 m^3/s。洪水向下推进,将松溪河两岸农田大部淹没,有的地段漫流宽达 300 m 以上。自桡栳会村以下,松溪河干流为渗漏河段,因此对洪峰有一定的削减作用,至北界都调查河段洪峰流量为 1 150 m^3/s。由于三里沟水库垮坝时间较迟,其垮坝流量对泉口水文站最大洪峰流量无影响。根据各水库观测资料及调查,处于松溪河上游的各支流大部分洪峰出现在 4 日 20:00 前后,主要受 4 日 15:00 ~ 18:00 高强度降雨影响所致,各水库对这次洪水起到了调洪作用,保护了下游昔阳县城的安全。调查洪峰流量在松溪河洪水村 234 m^3/s、巴州河北关村 229 m^3/s、安坪河坪上村 137 m^3/s。各河洪水汇入松溪河自上而下演进,沿程虽有支流洪水汇入,但未能形成较大洪峰,只是延长了洪水过程,这一过程从泉口水文站实测流量过程线图上看得十分清楚。

3)汾河

8 月 3 ~ 4 日,太原市西山地区以石千峰、庙前山为中心的区域降特大暴雨。虎峪河及相邻的风峪河、九院沙河、玉门河都出现大小不等的山洪。主要产流区有西山矿务局所属官地、杜儿坪、白家庄、西铭四大煤矿和众多乡镇小煤窑或采空区。由于部分小煤窑坑口标高偏低和越界开采与大矿贯通,玉门河上游井儿沟的大部分洪水通过新道村风眼矿巷道顶板陷落洞灌入坑下,经古矿采区进入杜儿坪矿采区的四条大巷,而后从东西平硐涌出注入虎峪河。而虎峪河上游神地沟部分洪水和风峪沟北支部分洪水则分别从小窑坑口导入坑下,水淹官地矿开采区和南、中、北大巷,而后从主平峒和北副平峒宣泄到九院沙河,从而改变了洪水按流域排泄的自然状态,因此此次各河段洪水均受到了跨流域重新分配后水量的影响,这种流域间水量交换与重新分配的结果是,对洪峰影响较小,而对洪量影响较大。虎峪河洪水主要来自河龙湾以上,在相邻各河中,洪水最大,灾情最严重。河龙湾洪峰流量 385 m^3/s。九院沙河西局二中桥下游 50 m 处,洪峰流量 82.1 m^3/s。玉门河太(原)古(交)公路西铭桥过水估计不超过 20 m^3/s。风峪河店头水文站实测洪峰流量 104 m^3/s,为 1975 ~ 2010 年实测洪峰系列中首大洪水。

2. 各河段洪峰流量

本次洪水后山西省水文水资源勘测局及时组织了洪水调查,共对 40 个河段和 7 座水库(入库洪水)调查了洪峰流量,对其中的 15 个河段及 6 座水库进行了洪量估算。各主要调查河段洪水计算成果见表 3-45。以流域平均降水量为纵坐标,径流深为横坐标,点绘调查河段和调查水库的暴雨径流相关图(见图 3-44)。

表 3-45　"19960804"特大暴雨洪水主要调查河段洪水计算成果

河名	断面	控制面积 (km^2)	洪峰流量 (m^3/s)	洪水总量 (亿 m^3)	径流深 (mm)	平均雨量 (mm)	降水总量 (亿 m^3)	洪水径流系数	径流总量 (亿 m^3)	径流系数
松溪河	洪水	233	235	0.184 0	79.0	170.5	0.397 3	0.46	0.190 7	0.48
安坪河	坪上	66	137	0.041 6	63.0	190.6	0.125 8	0.33	0.043 6	0.35
松溪河	建都	462	1 330	0.388 4	84.1	181.3	0.837 6	0.46	0.402 0	0.48
松溪河	北界都	540	1 150	0.433 7	80.3	187.4	1.012 0	0.43	0.465 5	0.42
赵壁川	川口	408	419	0.331 6	81.3	254.7	1.039 2	0.32	0.353 3	0.34
赵壁川	南界都	493	453	0.510 9	103.6	250.6	1.235 4	0.41	0.543 6	0.44
松溪河	东冶头	1 167	1 240	0.982 6	84.2	225.6	2.632 8	0.37	1.053 1	0.40
杨照河	葱窝	259	1 950	0.561 2	216.7	414.7	1.074 1	0.52	0.590 7	0.55
松溪河	南营	1 480	3 400	1.756 1	118.7	264.1	3.908 7	0.45	1.827 4	0.47
刀把口河	丁峪	100	1 200	0.336 0	336.0	516.5	0.516 5	0.65	0.361 6	0.70
松溪河	泉口	1 627	4 100	2.164 8	133.1	283.1	4.606 0	0.47	2.255 8	0.49
王寨河	务种	43.7	707	0.138 4	316.7	481.2	0.210 3	0.66	0.151 4	0.72
虎峪河	河龙湾	39.1	385	0.056 0	143.2	250.0	0.097 8	0.57	0.056 0	0.57
九院沙河	西局二中	19.1	82.1	0.013 0	68.1	170.0	0.032 5	0.40	0.013 0	0.40
风峪河	店头	33.9	104	0.033 2	97.9	210.0	0.071 2	0.47	0.033 2	0.47

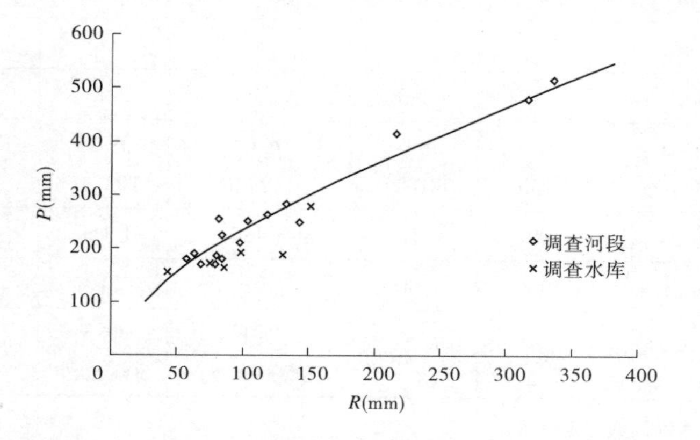

图 3-44　"19960804"特大暴雨洪水 $P \sim R$ 相关图

从 $P \sim R$ 相关图及洪量计算成果表来看，关系点据比较密集，呈带状分布，径流系数的变化绝大多数是随降水量的增加而增大的。说明调查成果基本合理。相关图中个别点据偏离 $P \sim R$ 曲线较远，其原因大致可分为两类：一类是自然因素，如暴雨的时空分布、移动路径、流域特征、下垫面状况的差异所致；另一类属人为因素，如流域人类活动的影响，调查方法的概化等，都会使调查成果精度受到一定影响。

由表 3-45 可知，调查河段分别属于特小流域和中小流域，其中流域面积小于 100 km^2 的 5 个，100 ~ 500 km^2 的 6 个，大于 500 km^2 的 4 个，最大流域面积 1 627 km^2。各调查河段平均降水量在 170 ~ 516. 5 mm，洪水径流系数在 0. 32 ~ 0. 66。在山西省实测和调查洪水中，流域平均降水、洪水径流深和洪水径流系数能达到本次量级水平的非常少，由此可见，本次松溪河流域暴雨洪水从量级上在山西省是罕见的。

3. 水库垮坝流量调查

本次特大暴雨洪水，使昔阳县三里沟、西丰稔、河上、向阳坪及和顺县井洼、西沟等六座水库相继决口垮坝，垮坝洪水给下游造成了很大损失。为搞清垮坝洪峰流量量级，调查人员不仅在每个垮坝水库下游河段进行了调查，用比降面积法计算出洪峰流量，除西丰稔水库外，其余垮坝水库还施测了大坝决口口门断面，用水库垮坝瞬时最大流量计算公式计算垮坝流量。垮坝水库调查情况及垮坝流量成果见表 3-46。

表 3-46　"19960804"特大暴雨洪水垮坝水库调查情况及垮坝流量成果

项目		单位	水库名称					
			三里沟	西丰稔	河上	向阳坪	井洼	西沟
集水面积		km^2	12. 5	0. 4	98. 3	13. 0	53. 0	4. 2
总库容		万 m^3	40	13. 7	178	18. 8	20. 0	13. 1
坝高		m	17	10	22. 5	15	9. 6	11. 8
坝长		m	99	52	122	46	76	58. 1
溢洪道	型式		开敞式不规则	土渠	开敞式不规则	开敞式矩形	均质土坝	土坝
	深度	m	3. 7	1. 5	3. 5	3. 3		3
	底宽	m	3	2	5	5		5
	最大泄量	m^3/s		5. 9	39	18	5	39
溃坝时间		月-日 T 时:分	08-04 T17:50	08-04 T10:30	08-04 T12:40	08-03 T03:15	08-04 T14:30	08-04 T06:00
溃坝流量		m^3/s	1 890		3 480	1 150	293	618
坝下游流量		m^3/s	1 190	130	2 920	719		
断面位置			坝下 300 m 处	西丰稔村	坝下 1 500 m 处	坝下 500 m 处	青城镇 西沟村	青城镇 井洼村

注：1. 水库特征来自水库三查三定档案；

2. 西丰稔水库至西丰稔村，区间面积相对很大。

4. 水库水文调查

本次洪水调查还对昔阳县所辖未跨坝的杨家坡、郭庄、南郝峪、秦山、关山、水峪等六座水库及河北省张河湾水库进行了全面的水库洪水调查，其中郭庄、水峪和张河湾水库为中型水库，其余为小型水库。

河北省张河湾水库是山西省松溪河出境水量的受纳体，松溪河“19960804”暴雨产生的洪水几乎全部进入该库，入库洪峰4 610 m^3/s，入库总量2.783亿m^3，最大泄量5 070 m^3/s，出库总量2.768亿m^3，调蓄总量153.6万m^3。郭庄水库入库洪峰227 m^3/s，入库总量1 487.7万m^3，最大泄量203 m^3/s，出库总量1 449.9万m^3，平均径流深86 mm，平均雨量163.5 mm，径流系数0.52；水峪水库入库洪峰507 m^3/s，入库总量1 248.7万m^3，最大泄量89.2 m^3/s，出库总量804.7万m^3，平均径流深151.4 mm，平均雨量280.5 mm，径流系数0.54；其余小型水库也对这次洪水起到了调洪作用，保护了下游县城的安全。各水库洪水调查成果见表3-47。

表3-47　“19960804”特大暴雨洪水主要水库洪水调查成果

项目	杨家坡	郭庄	南郝峪	秦山	关山	水峪	张河湾
控制面积(km^2)	124	173	13.3	50.0	14.1	82.5	
总库容(万m^3)	355	1 233.6	140	720	820	1 099.2	
推算时段(h)	0.5	1	0.92	0.5	1	0.5	0.75
入库洪峰(m^3/s)	239	227	25.9	196	51.8	507	4 610
最大泄量(m^3/s)	74.4	203	39.7	91	11.7	89.2	5 070
调蓄总量(万m^3)	-99.0	37.8	25.0	2.00	106.3	444	153.6
出库总量(万m^3)	629.2	1 449.9	75.1	488.8	140.7	804.7	27 680
入库总量(万m^3)	530.2	1 487.7	100.1	490.8	183.6	1 248.7	27 830
平均雨量(mm)	156.7	163.5	171.8	192.1	188.2	280.5	
径流深(mm)	428	86	75.3	98.2	130.2	151.4	
径流系数	0.26	0.52	0.44	0.51	0.69	0.54	

注：关山水库扣除外流域来水63.4万m^3。

本次洪水调查，虽然对各主要水库的运行情况和观测资料进行了详细调查和认真分析，但受资料的限制，调查结果仍有许多不尽人意之处。从各主要水库洪水调查成果表上看，杨家坡水库径流系数偏低，关山水库径流系数偏高。分析其原因主要有以下几点：杨家坡水库开始观测、计算时间较迟，可能有部分洪水未被计入，因而造成径流总量偏小，径流系数偏低；关山水库径流系数很大，主要是由于对外流域来水量的估计不够准确。需要说明的是，各水库推算的洪量均为未割基流的总径流量。

3.8.2.2　洪水过程及洪水径流量

通过对部分河沟洪水过程进行的调查，可以推算出各个调查河段的洪水总量。图3-45为店头、蔡家庄、泉口三个水文站及几个代表调查河段的洪水过程线。通过分析，调查河段过程线中洪峰出现的时间比较准，和暴雨相对应，过程线形状与实测洪水过程线较接近，如图 3-45(b)和图 3-45(c)所示，由此可见，只要调查及时，访问细致，河段选择恰当，一样可以取得精度较高的洪量调查成果，从而弥补实测资料的不足。根据洪水过程线推算的洪水总量见表 3-45。

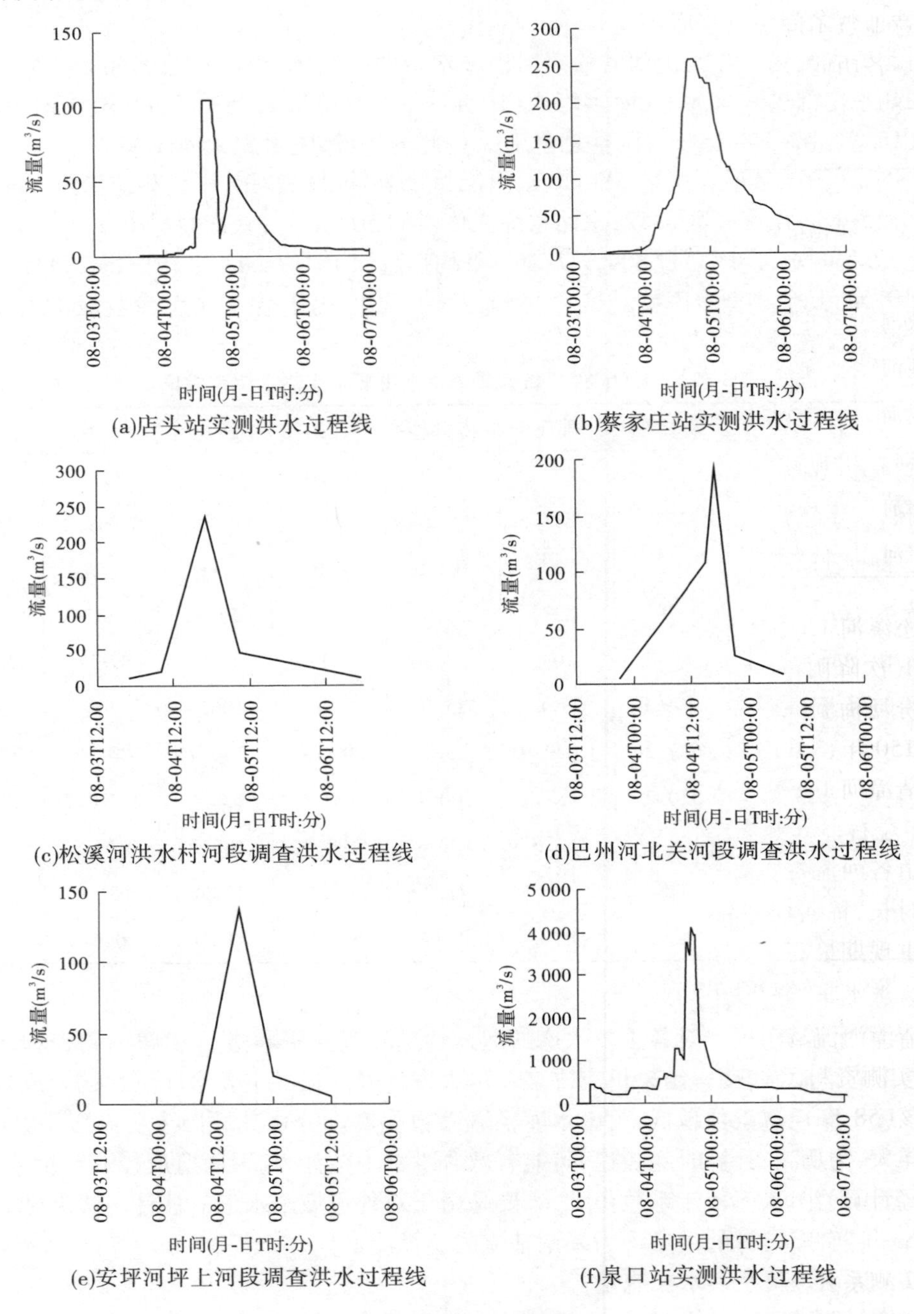

图 3-45　代表调查河段洪水过程线

3.8.2.3　暴雨、洪水的重现期估算

1. 暴雨重现期估算

依据《山西省水文计算手册》中各种历时设计暴雨统计参数均值、C_v 等值线图，可求出任意地点不同历时的频率曲线，而由不同历时暴雨量可查得该地点暴雨相应频率或重现期。各历时暴雨统计参数 C_s/C_v 倍比值统一取 3.5。典型站暴雨重现期成果列于表3-48。

表3-48　"19960804"特大暴雨洪水典型站暴雨重现期估算

河名	雨量站	1 h		6 h		24 h		3 d	
		雨量(mm)	重现期(年)	雨量(mm)	重现期(年)	雨量(mm)	重现期(年)	雨量(mm)	重现期(年)
松溪河	口上	78.0	43	133	21	282.7	52	415.3	85
松溪河	泉口	67.5	18	135.9	24	300.3	50	478.4	108
松溪河	三教河			126.3	15	356.3	64	544.2	118
汾河	梅洞沟	27.7	5	128.9	61	273.4	149	314.0	38
清漳河	松烟	21.2	2	84.0	15	212.8	147	269.3	106
清漳河	仙人坪	36.5	4	129.0	56	201.1	133	226.5	86

松溪河 1 h 暴雨重现期最高的口上雨量站为 43 年，6 h 暴雨重现期 20 年左右，24 h 和 3 d(次降雨量)暴雨重现期分别为 50～60 年和 100 年上下。

汾河梅洞沟雨量站，1 h 暴雨重现期为 5 年，6 h 暴雨重现期约 60 年，24 h 暴雨重现期接近 150 年，3 d 暴雨重现期接近 40 年。

清漳河 1 h 暴雨重现期 3 年左右，6 h 暴雨重现期最高约为 50 余年，24 h 暴雨重现期 140 年左右，3 d 暴雨重现期最高 100 年上下。

由各河流各历时暴雨重现期分析可知，松溪河流域 3 d 雨量重现期高于其他历时，暴雨历时长，稀遇程度高，这是形成该流域特大洪水的主要原因。清漳河与汾河各站以 24 h 雨量重现期最高。

2. 洪水重现期估算

清漳河流域清漳河东源上游有蔡家庄水文站，1958 年设站，集水面积 460 km^2，共有 53 年实测资料，调查到 1914 年、1941 年、1925 年历史洪水。据洪水调查当年蔡家庄村民蔡通孩(58 岁)、蔡贵书(71 岁)讲"蔡家庄民国三年(1914 年)和民国卅年(1941 年)的洪水一样大，为历史上最大的洪水，是由两河汇合而成的，洪水猛涨，冲垮了房屋，淹没了耕地。"经计算，洪峰流量均为 859 m^3/s；1925 年没有估算洪峰流量，据考证比 1941 年小但比 1963 年实测洪峰流量 694 m^3/s 要大，1996 年实测洪峰流量 258 m^3/s，考虑历史调查洪水和实测系列，1996 年洪水排第五位。通过对调查及实测资料进行频率分析，1996 年蔡家庄水文站洪峰流量的重现期约为 10 年。清漳河西源左权县南坡调查河段，流域面积 1 569 km^2，1996 年调查洪峰流量 1 520 m^3/s，上游苏亭调查河段，流域面积 1 425 km^2，调查到的历史洪水分别为 1914 年 4 460 m^3/s、1938 年 2 510 m^3/s、1956 年 1 630 m^3/s、1960

年 808 m^3/s。经分析计算，清漳河西源 1996 年洪水排在 1956 年之后，即 1914 年以来第四位，重现期约为 25 年。清漳河干流左权县口则调查河段，流域面积 3 149 m^3/s，1996 年调查洪峰流量 3 860 m^3/s，下游河北村调查河段流域面积 3 390 km^2，调查到的历史洪水年份按大小排序为：1956 年、1928 年、1913 年、1943 年，其中排第一的 1956 年洪峰流量 2 570 m^3/s，不及 1996 年口则河段洪峰流量。清漳河省内干流河段 1963 年也有调查洪水，最大洪峰流量发生在泽城河段，流域面积 3 269 km^2，调查洪峰流量 2 850 m^3/s。可见，1996 年清漳河省内洪水为 1913 年以来的首位洪水。下游河北省刘家庄水文站流域面积 3 800 km^2，1996 年实测洪峰流量 4 780 m^3/s，为 1953 年有实测洪水资料以来的第二位洪水，首大洪水为 1963 年，实测洪峰流量 5 560 m^3/s，这两场水均远大于其他实测和调查洪水，经频率分析，1996 年洪水重现期大于 170 年。

绵河支流桃河阳泉水文站集水面积 490 km^2，实测洪峰流量 659 m^3/s，经频率分析，1996 年洪水重现期约为 6 年。下游靠近省界的河北省地都水文站，流域面积 2 521 km^2，实测洪峰流量 1 150 m^3/s，排 1963 年以来实测洪水第三位，经频率分析，1996 年洪水重现期约为 9 年。

松溪河干流泉口水文站是 1976 年由原口上水文站下迁而设立的，1976～1996 年共有 21 年实测洪峰流量资料。口上水文站自 1958～1975 年有断续的实测洪峰流量资料 16 年，调查到 1917 年、1939 年、1956 年、1963 年的历史洪水，其调查洪峰流量分别为 1 455 m^3/s、3 378 m^3/s、895 m^3/s、2 330 m^3/s。通过文献考证，可以确认 1996 年洪水为 1917 年以来的首大洪水。利用比拟法把口上水文站实测和调查的洪峰流量修正移用到泉口水文站，进行频率分析，1996 年泉口水文站洪峰流量 4 100 m^3/s 的重现期大致为 200 年。

太原市虎峪河河龙湾，集水面积 39.1 km^2，1996 年调查洪峰流量 385 m^3/s。由于本场洪水洪峰流量经过了矿坑调蓄，不能反映洪水状况，从历史洪水调查资料可以反映出太原西边山峪口发生大洪水的机会非常多。经分析，1996 年虎峪河洪水与 1928 年洪水相当，重现期约 50 年。

各相关河流历史调查洪水成果见表 3-49。

表 3-49　“19960804”特大暴雨洪水相关河流历史调查洪水一览表

河名	河段名	集水面积（km^2）	调查成果（按大小顺序）（洪峰流量，m^3/s；洪峰模数，$m^3/(s\cdot km^2)$）					
清漳河东源	蔡家庄	460	时间（年-月-日）	1914	1941	1925	1963-08-06	1996-08-04
			洪峰流量	859	859	—	694*	258*
			洪峰模数	1.87	1.87		1.51	0.56
清漳河西源	南坡	1 569	时间（年-月-日）	1996-08-04				
			洪峰流量	1 520				
			洪峰模数	0.97				

续表 3-49

河名	河段名	集水面积 (km^2)	调查成果(按大小顺序) (洪峰流量,m^3/s;洪峰模数,$m^3/(s·km^2)$)					
清漳河西源	苏亭	1 425	时间(年-月-日)	1914-09-08	1938-08-20	1956-05-18	1960-07-04	
			洪峰流量	4 460	2 510	1 630	808*	
			洪峰模数	3.13	1.76	1.14	0.57	
清漳河	口则	3 149	时间(年-月-日)	1996-08-04				
			洪峰流量	3 860				
			洪峰模数	1.23				
清漳河	河北村	3 390	时间(年)	1956	1928	1913		
			洪峰流量	2 570	—	—		
			洪峰模数	0.76				
清漳河	泽城	3 269	时间(年)	1963				
			洪峰流量	2 850				
			洪峰模数	0.87				
松溪河	口上	1 476	时间(年-月-日)	1996-08-04	1939	1917	1956	
			洪峰流量	4 100*	3 330	1 400	—	
			洪峰模数	2.78	2.26	0.95		
虎峪河	河龙湾	39.1	时间(年-月-日)	1929-07	1933	1938	1996-08-04	
			洪峰流量	1 360	1 080	540	385	
			洪峰模数	34.8	27.6	13.8	9.85	
虎峪河	大虎峪	37	时间(年-月-日)	1922-07-04				
			洪峰流量	632				
			洪峰模数	17.1				
虎峪河	南寨	43	时间(年-月-日)	1928-07-31				
			洪峰流量	396				
			洪峰模数	9.21				
冶峪河	董茹	18.9	时间(年-月-日)	1959	1996-08-04			
			洪峰流量	120*	5.46*			
			洪峰模数	6.35	0.29			
风声河	风声河	8.36	时间(年)	1929				
			洪峰流量	631				
			洪峰模数	75.5				

续表 3-49

河名	河段名	集水面积(km^2)	调查成果(按大小顺序)(洪峰流量,m^3/s;洪峰模数,$m^3/(s \cdot km^2)$)					
壶瓶河	武家坡	15	时间(年)	1919	1969			
			洪峰流量	893	550			
			洪峰模数	59.5	36.7			
风峪河	王家庄	14.4	时间(年-月-日)	1929-08-10				
			洪峰流量	448				
			洪峰模数	31.1				

3.8.3 灾情

"19960804"特大暴雨洪水造成了十分严重的灾害,本书所收集的只是部分灾情资料,仅能局部反映本次特大暴雨洪水形成的灾情,但我们希望通过有限资料所反映的灾情严重程度可窥受灾全局。

由于特大暴雨洪水的袭击,昔阳县20个乡镇全部遭灾,丁峪、王寨、东冶头、界都、阎庄、风居、赵壁、皋落、白羊峪、城关、巴州、瓦丘等13个乡镇的灾情几乎是毁灭性的。423个行政村中,重灾村达319个,大多数村合作化以来40多年辛辛苦苦积累起来的生产资料,一夜之间被洪水淹没。全县城乡受灾人口达21.5万,倒塌房窑13 373间(孔),造成危房窑39 899间(孔),被洪水冲走、淹没农户存粮575万kg;洪水冲垮了界都、巴州、洪水、赵壁、安坪等五大川的护岸石坝458 km,冲毁耕地16.14万亩;全县26座中小型水库遭不同程度的破坏,其中河上、三里沟、西丰稔、向阳坪等四座小型水库大坝被洪水冲垮。2座水电站、189处塘坝、215处机电灌站、1 147处人畜吃水工程等水利设施遭到毁灭性的破坏;全县交通、通信、电力设施遭到严重破坏。洪水冲垮大、中型桥梁28座,桥涵350座,通往乡镇的主要公路几乎全部中断,有17个乡镇通信线路中断,360个村失去联络,60%的供电线路中断停电;全县85对煤炭生产矿井中,有77对被洪水淹没,部分工业企业厂房倒塌、设备被损、产品被淹。这次特大洪水给昔阳县工农业生产和人民生活造成了严重损失,据统计测算,全县直接经济损失达12.63亿元。

太原市河西区8月4日洪水造成惨重损失,共计有60人死亡或失踪(其中西山矿物局所属官地矿井下33人),直接经济损失2.86亿元(其中官地矿、杜儿坪两矿共2亿元)。

3.8.4 结语

3.8.4.1 **"19960804"特大暴雨洪水的特点**

(1)雨区范围大,全省普降中到特大暴雨,其中67个县区平均次雨量达50 mm以上,23个县区次雨量在100 mm以上,笼罩面积达33 672 km^2。

(2)本场暴雨最早从8月2日20:00开始,最晚于8月5日14:00结束。各流域暴雨中心各历时的降雨量稀遇程度不一。各流域最大1 h降雨量比较常遇，最大6 h降雨量以汾河梅洞沟站重现期约60年为最高，最大24 h暴雨重现期汾河梅洞沟站和清漳河松烟站均接近150年，最大3 d降雨量重现期清漳河和松溪河均超过了100年。相应洪水重现期清漳河干流大于170年一遇，松溪河下游约200年一遇，太原边山虎峪河约50年一遇，滹沱河干流南庄站重现期约50年一遇。可见，本次暴雨洪水量级之大实为罕见。

(3)降雨时程分配集中。位于松溪河暴雨中心的三教河站24 h降水量达356.3 mm，占次暴雨量544.2 mm的65%以上。

(4)垮坝多，河流漫溢多，造成的洪峰流量大。本次特大暴雨造成了6座小型水库垮坝，多处拦河大坝崩溃，形成强大的垮坝流量，洪水漫溢的河道更是普遍。

(5)造成的洪灾损失是惨重的，教训也是深刻的。

3.8.4.2　建议

(1)尊重客观规律，科学治理河道。在河沟治理方面，一定要算清水账，按照一定的防洪标准进行规划设计，给洪水留足出路。杜绝在河床上任意种地和河滩种树，更不能盲目围河筑坝造地，以提高河道的防洪能力。根据新的水文资料和新的计算方法，逐步开展中小河流重要河段和中小型水库设计洪水复核工作。

(2)加强水库工程的建设和管理。要加快病险水库的除险加固，彻底清除隐患。要重视规范乡、村管辖水库(垮坝水库均属此类)的管理工作，建议每年汛前要对此类水库的运行情况、防洪措施等方面进行检查，确保水库安全度汛。要加强水库水文观测，建立完整的资料档案。以确保水库安全运行，减少水库失事带来的损失。

(3)切实做好矿区范围内小煤窑的开采管理，限定开采范围和坑口标高，避免灾害重演。

(4)合理选择桥型，预留可能淤积的净高，以利大型漂浮物通过；禁止修建不符合要求的桥涵。

(5)加强河道管理，严禁在河道内铺设供水、供气等市政设施；禁止乱挖乱倒乱建，及时清障。

第4章　实测洪水频率分析成果

山西省水文站大都设立于20世纪50年代以后，至2008年，实测洪水资料系列长度一般在50年左右。根据实测洪水系列的资料条件，本章对山西省境内可满足频率分析的77个水文站历年最大实测洪峰流量、最大24 h和最大3 d洪量进行了统计，并结合历史调查洪水进行了频率分析计算，给出了各站不同频率的设计洪水统计参数和成果。

上述成果中，有66个中小面积水文站的频率分析成果来自于《山西省水文计算手册》。兰村水文站洪水频率分析成果来自《汾河二库建成后汾河柴村段设计洪水分析报告》，其余桑干河、滹沱河、汾河、沁河流域的10个大河干流水文站洪水频率分析成果是为编纂本书补充完成的。

4.1　洪水频率分析方法

4.1.1　洪水资料的选样

各站洪水资料的选样主要依据本站实测资料系列，在此基础上加入历史调查洪水，共同组成分析站样本系列。

洪峰流量选样采用年最大值法，即每年只选取一个最大瞬时洪峰流量作为样本元素。洪量选样采用固定时段独立选取的年最大值法，即从实测资料中逐年统计年最大时段洪量值，分别组成年最大24 h、最大3 d洪量系列。本选样方法不要求年最大瞬时洪峰流量和各时段最大洪量发生在同一场洪水中，但所选洪水必须发生在汛期，且均由暴雨形成。历史调查洪水一般调查不到时段洪量，有条件时利用水文站的峰量关系或上下游洪量关系推求。

4.1.2　洪水资料的审查

为了保证洪水频率计算成果质量，必须对洪水资料的可靠性、一致性和代表性进行审查，这是进行洪水频率分析的前提。

在对洪水资料可靠性的审查中，一是对实测资料中的较大洪水与上下游、相邻流域洪水，以及流域暴雨对照分析，确定其合理性；二是对历史调查洪水的洪峰流量重新进行复核考证，检查所选用的推求方法和水力参数是否正确合理，调查期内有无大洪水遗漏，以确保所推流量成果的可靠性及特大洪水重现期的合理性。

当流域上修建各类水利工程或由于迁站使其流域面积发生改变时，流域的洪水形成条件会随之发生改变，因而洪水的概率分布规律也会发生改变，不同时期观测的洪水资料代表着不同的产汇流条件，因此在频率计算前首先应对洪水资料进行还原和修正，将其改正到同一基础上，以使各站洪水资料系列具有一致性。本次进行各站洪水频率分析时，对上游建有水库且对本站洪水影响较大的站,根据资料条件进行了还原,不具备还原条件并且受水利工程调蓄影响较大的中小流域水文站没有作频率分析。对大河干流控制站,虽然上游建有较多水利工程,但由于这类站流域面积大,洪水地区组成复杂,进行洪水还原困难较大,精度难以保证,所以未予还原。对有迁站情况的按以下方法处理:

(1)因迁站形成上下游均有洪水资料系列时,若上下断面集水面积相差不超过 ±3%,且区间没有天然决口或人为分洪、滞洪时,将上下游站的洪水资料合并作为同一站资料使用。

(2)当上下游站集水面积相差超过 ±3%,但在 ±20% 以内,且区间产汇流条件与上游流域差别不大时,可将原有站实测洪峰系列按下式做流域面积改正后,移用至现时站:

$$Q_s = \frac{A_s^{n_s}}{A_0^{n_0}} Q_0 \tag{4-1}$$

式中:Q_s、Q_0 分别为现时站与原有站的洪峰流量;A_s、A_0 分别为现时站与原有站的集水面积;n 为指数,一般小于 1.0,根据大量资料分析,n 随集水面积的增大而减小,两者关系见表 4-1。

对于时段洪量修正,也采用式(4-1),但指数 n 取值为 1。

表 4-1　面积指数 n 查用表

面积 A(km^2)	10	20	50	100	300	500	1 000	2 000
指数 n	0.82	0.79	0.76	0.73	0.69	0.67	0.65	0.63
面积 A(km^2)	3 000	4 000	5 000	8 000	10 000	12 000	15 000	20 000
指数 n	0.62	0.61	0.60	0.59	0.58	0.58	0.57	0.56

洪水系列的代表性分析需要有较长的资料系列,山西省水文站资料系列一般在 50 年左右,据此分析其代表性有一定困难。通常将历史调查洪水加入频率分析,可起到提高系列代表性的作用。本次洪水频率计算对有历史调查洪水的站都将其调查成果的重现期进行了分析考证,并加入该站的频率计算。

4.1.3　经验频率的确定

将经过“三性”审查的洪峰流量或时段洪量系列分别按大小顺序排位。在 n 项连序洪水系列中,按大小顺序排位的第 m 项洪水的经验频率采用数学期望公式计算:

$$P_m = \frac{m}{n+1}(m = 1,2,\cdots,n) \tag{4-2}$$

式中:n 为洪水序列项数;m 为洪水连序系列中的序位;P_m 为第 m 项洪水的经验频率。

如果在调查考证期 N 年中有特大洪水 a 个,其中 l 个发生在 n 年内,不连序洪水系列中,洪水的经验频率采用下列数学期望公式计算。

a 个特大洪水的经验频率为

$$P_M = \frac{M}{N+1}(M = 1,2,\cdots,a) \tag{4-3}$$

式中: N 为历史洪水调查考证期;M 为特大洪水序位;P_M 为第 M 项特大洪水的经验频率;

a 为特大洪水个数。

$n-l$ 个连序洪水的经验频率为

$$P_m = \frac{a}{N+1} + \left(1 - \frac{a}{N+1}\right)\frac{m-l}{n-l+1} \quad (m = l+1, l+2, \cdots, n) \tag{4-4}$$

式中：l 为从 n 项连序系列中抽出的特大洪水个数。

当调查历史洪水个数较多，且量级与实测洪水相互重叠时，特大洪水个数 a 可以根据较大洪水在调查历史时期内的前后期排序状况，寻找一个能够表明在调查期 $N-n$ 内使 $\frac{l}{n} \approx \frac{a-l}{N-n}$ 关系得到满足的流量 Q_c，在调查考证期 N 内大于等于 Q_c 的洪水个数即为 a。

当调查历史洪水个数较少时，不便于采用上述方法确定 a 值，可以根据模比系数 K（特大洪峰流量与均值之比）确定，一般认为模比系数 $K \geqslant 4$ 的调查历史洪水个数即为 a。

当特大洪水之间量级差别较大，同时无法判断两个特大值发生时间之间是否有特大洪水遗漏时，应分别确定各个特大值的重现期或经验频率。

4.1.4 统计参数的估算及优化

洪峰流量、时段洪量的均值、变差系数和偏态系数三个统计参数的估算与优化，以皮尔逊Ⅲ型曲线作为概率分布模型。

4.1.4.1 用矩法初步估算统计参数

1. 连序系列

$$\overline{X} = \frac{1}{n}\sum_{i=1}^{n} X_i \tag{4-5}$$

$$S = \sqrt{\frac{1}{n-1}\sum_{i=1}^{n}(X_i - \overline{X})^2} \tag{4-6}$$

$$C_v = \frac{S}{\overline{X}} \tag{4-7}$$

$$C_s = \frac{n}{(n-1)(n-2)} \frac{\sum_{i=1}^{n}(X_i - \overline{X})^3}{S^3} \tag{4-8}$$

式中：$\overline{X}$ 为系列均值；S 为系列均方差；C_v 为变差系数；C_s 为偏态系数；X_i 为系列变量（$i = 1, 2, \cdots, n$）；n 为系列项数。

因 C_s 抽样误差较大，通常不用式(4-8)直接计算，而依据 $C_s = kC_v$ 关系，用经验适线法调整 C_v 和 k 值加以估算。

2. 不连序系列

$$\overline{X} = \frac{1}{N}\left(\sum_{j=1}^{a} X_j + \frac{N-a}{n-l}\sum_{i=l+1}^{n} X_i\right) \tag{4-9}$$

$$C_v = \frac{1}{\overline{X}}\sqrt{\frac{1}{N-1}\left[\sum_{j=1}^{a}(X_j - \overline{X})^2 + \frac{N-a}{n-l}\sum_{i=l+1}^{n}(X_i - \overline{X})^2\right]} \tag{4-10}$$

$$C_s = \frac{N}{(N-1)(N-2)} \frac{\sum_{j=1}^{a}(X_j - \overline{X})^3 + \frac{N-a}{n-l}\sum_{i=l+1}^{n}(X_i - \overline{X})^3}{\overline{X}^3 C_v^3} \tag{4-11}$$

式中:X_j 为特大洪水变量;X_i 为实测洪水变量;N 为历史洪水调查考证期;a 为特大洪水个数;l 为从 n 项连序系列中抽出的特大洪水个数。

C_s 实际估算时,其方法与连续系列相同。

4.1.4.2　用经验适线法优化参数

用经验适线法优化参数,皮尔逊Ⅲ型曲线三个参数关系如下:

$$\left.\begin{aligned} X_P &= K_P \overline{X} \\ K_P &= 1 + \Phi_P C_v \end{aligned}\right\} \tag{4-12}$$

式中:X_P 为频率为 P 的设计值;Φ_P 为皮尔逊Ⅲ型曲线离均系数,与 C_s 有关;K_P 为频率为 P 的模比系数。

首先将洪水系列(包括洪峰流量,各时段洪量)按大小顺序排队,并计算经验频率;然后令 $C_s = kC_v$,用式(4-12)计算不同频率的洪峰流量 Q_P 和时段洪量 W_P,并将它们与经验频率绘制在同一张几率格纸上,通过不断调整参数 C_v 和 k,选定一条或一组与经验点据拟合良好、相互协调的频率曲线,其参数值即优化后的参数值。

4.1.4.3　经验适线注意事项

(1)尽可能照顾经验频率点群的趋势,使频率曲线通过点群的中心;当频率曲线与经验频率点群配合欠佳时,可适当多地考虑上部和中部点据。

(2)分析经验频率点据的精度(包括它们的纵、横坐标可能存在的误差),使频率曲线尽量多地接近或通过比较可靠的中高值经验频率点据。

(3)历史洪水,特别是为首的几个特大历史洪水,一般精度较低,适线时应充分结合工作人员的实际工作经验,不宜机械地通过这些点据,而使频率曲线脱离经验频率点群过远;但也不能为照顾点群使曲线离开特大值太远,应充分考虑特大历史洪水的可能误差范围,认真分析历史特大洪水的重现期,以便调整频率曲线。

4.2　中小面积水文站洪水频率分析成果

中小面积水文站洪水频率分析成果引自《山西省水文计算手册》,共有66个站,包括46个现有站、11个已撤销站和9个黄委管辖站。各站最大洪峰、最大24 h和最大3 d洪量的统计参数及频率分析计算成果详见表4-6。

4.3　大河干流水文站洪水频率分析及其成果

本次对具备频率计算条件和分析价值的11个大河水文站进行了洪水频率补充分析。包括:永定河水系桑干河干流上的西朱庄和固定桥2个控制站;子牙河水系滹沱河干流上的界河铺、济胜桥和南庄3个控制站;汾河水系汾河干流上的汾河兰村、二坝、义棠、赵城和柴庄5个控制站,沁河水系沁河干流上的润城站。

本次分析,充分搜集了各站的基本情况,历史沿革及历史调查洪水资料,并在洪峰流量特大值的重现期确定上查阅了大量历史文献资料,作了认真分析和考证。

4.3.1　桑干河干流控制站洪水频率分析

桑干河是山西省五大河流之一,属永定河水系,发源于宁武管涔山庙儿沟,由南向北流经宁武、阳方口进入朔州市境内,然后向东北流经朔城区、山阴、应县、怀仁、浑源、大同县,最后于阳高县南徐出省境进入河北省。主要支流有源子河、木瓜河、黄水河、御河、浑河等。

桑干河干流有4个控制站,即东榆林水库、西朱庄、固定桥和册田水库。东榆林水库站已在《手册》中做过分析,册田水库站为坝下水文站,没有洪水实测系列,故本次只对西朱庄和固定桥两站进行洪水频率分析。

4.3.1.1　西朱庄水文站洪水频率分析

1. 基本情况

西朱庄水文站是桑干河干流控制站,集水面积6 688 km²,至河口距离264 km。该站位于山西省应县金城镇西朱庄村西北桑干河上,地理坐标为东经113°08′,北纬39°36′。该站为桑干河中上游控制站。其前身为屯儿水文站,位于应县曹娘乡屯儿村,1951年6月由前察哈尔省人民政府水利局设立,为汛期水位站,1952年9月底撤销,1958年6月1日山西省农业建设厅水利工程局重新设为基本水文站,1968年9月上迁2.5 km改为屯儿(二)站,采用假定基面高程。1977年6月又上迁4 km,更名为西朱庄水文站观测至今。

2. 频率分析

1)资料的选取

西朱庄站最大洪峰流量和各时段洪量实测系列采用1958～2008年共计51年资料。西朱庄站与屯儿站集水面积仅相差2.1%,小于3%,故屯儿站资料不作面积改正,直接与西朱庄站资料合并为同一系列。

1979年5月26日东榆林水库跨坝,西朱庄站实测流量1 360 m³/s,该洪水由跨坝流量形成,非雨洪成因型洪水,故1979年选取该年次大流量398 m³/s参加计算。

据文献记载,1896年洪水为山西省桑干河流域调查到的首位分布范围广、暴雨几乎笼罩了桑干河流域绝大部分地区的一场大洪水。上游马邑(朔县)县志记载:“六月桑干河溢,四关一村为水淹,溺死人男女老幼共三十七口”,下游尉家小堡调查洪峰流量为5 140 m³/s。在桑干河西寺院、韩家坊,源子河上游大沙沟、大沟村,御河河东窑,阳高县的龙池堡,天镇县的季冯窑等地均调查到该场洪水,尤其是位于西朱庄站下游约5 km处的韩家坊河段,集水面积6 688 km²,调查到1896年洪水洪峰流量1 940 m³/s,由于该河段与西朱庄站集水面积相等(区间无支流汇入),故将该调查值直接移用到西朱庄站。

2)特大值的确定及重现期的分析考证

1967年实测大洪水,洪峰流量1 978 m³/s,模比系数6.87,作为特大值处理。1896年洪水调查值1 940 m³/s与之量级相当,亦作为特大值处理。

由第5章文献记载可知,1958年以前共有14个关于应县或桑干河流域历史洪水文献记载的年份,最早的是1267年。前8个年份因记录不详,上下游及邻近区域也没有相应的调查洪水，所以无法作为重现期考证依据。后 6 个年份分别为 1884 年、1892 年、1896 年、1929 年、1934 年和 1938 年，其中 1892 年和 1896 年两场洪水量级较大。据本书3.3节分析，1892 年 7 月西朱庄站以上降有大雨，但该站及附近区域并没有大洪水记录，又因为 1892 年距 1896 年较近，可判断西朱庄河段 1892 年洪水并不很大，应小于 1896 年洪水。1892 年距 2008 年 117 年，可以认为其间没有遗漏更大的洪水，所以 1967 年洪水至少是 1892 年以来的首位，即其重现期约为 120 年。1896 年洪水排位第二，其重现期约为 60 年。

3）频率分析结果

根据实测洪水系列并加入调查洪水进行频率分析计算，频率曲线见图 4-1，最大洪峰流量、最大 24 h 和最大 3 d 洪量的统计参数及频率分析计算结果详见表 4-6。

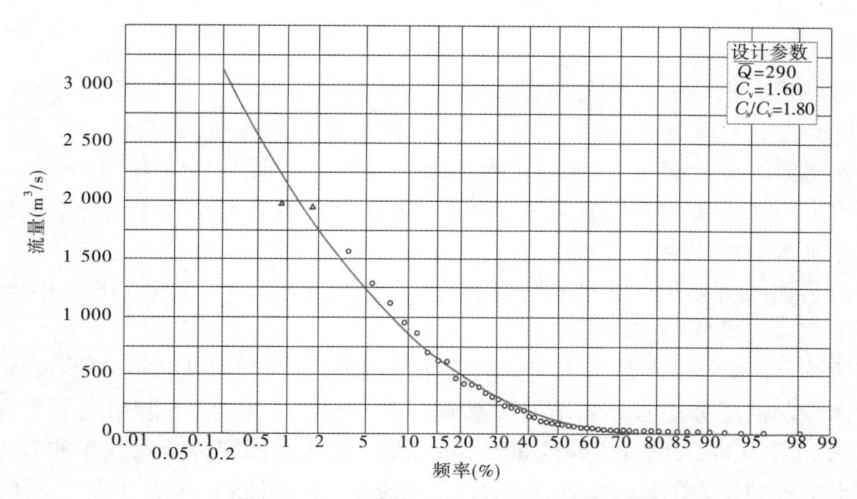

图4-1(a)　西朱庄站最大洪峰流量频率曲线

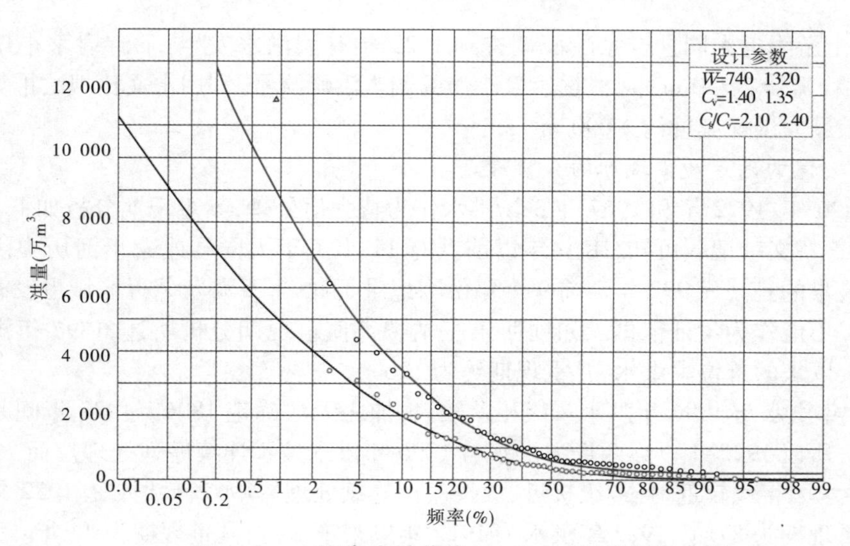

图4-1(b)　西朱庄站最大24 h、3 d洪量频率曲线

4.3.1.2　固定桥水文站洪水频率分析

1. 基本情况

固定桥水文站是桑干河干流控制站，集水面积 15 803 km²，至河口距离 210 km。

1) 测站位置

该站位于山西省大同县吉家庄乡固定桥村。地理坐标为东经 113°29′，北纬 39°52′。

2) 设站目的与测站沿革

该站既是山西省桑干河中下游干流控制站，又是册田水库的入库站，于 1961 年 6 月 1 日由晋北专署水利局设立，为基本水文站。1962 年 5 月撤销，1972 年 6 月由原山西省水文总站恢复观测至今。

2. 频率分析

1) 资料的选取

固定桥站最大洪峰流量和各时段洪量实测系列采用 1961 ~ 2008 年共计 48 年资料。其中，1961 年和 1972 ~ 2008 年为本站实测资料，实测系列较短，缺乏代表性。原水利部天津水利水电勘测设计研究院、大同市水利勘测设计室分别于 1987 年、1998 年对册田水库入库洪水进行了大量的分析研究，故 1962 ~ 1971 年资料系列移用了已经审定应用的册田水库入库洪水分析成果。

该站搜集到的历史调查洪水分别有 1967 年，洪峰流量 2 510 m³/s；1953 年，仅知洪峰流量小于 1967 年，具体数据不详。

如前所述，1896 年洪水是桑干河流域分布范围较广、量级最大的一次洪水，固定桥上游山阴县西寺院河段和应县韩家坊河段都调查到有大洪水发生，下游阳高县尉家小堡河段集水面积 17 200 km²，调查洪峰流量 5 140 m³/s，故认为固定桥断面该年亦有大洪水发生。利用水文比拟法，根据尉家小堡河段洪峰流量，推算该站 1896 年最大洪峰流量约 4 900 m³/s。

该站上游附近大同县吉家断面调查到 1922 年有大洪水发生，下游尉家小堡调查到 1922 年洪峰流量 2 750 m³/s，根据尉家小堡的调查洪峰流量，利用水文比拟法推算固定桥站 1922 年最大洪峰流量约 2 090 m³/s。

2) 特大值的确定及重现期的分析考证

将 1896 年、1922 年和 1967 年 3 场洪水作为特大值处理，其重现期分析如下。

由第 5 章文献记载可知，1896 年以前共有 11 个关于大同县或桑干河历史洪水记载的年份，最早的是公元 992 年。前 9 个年份因记录不详，上下游及邻近区域也没有相应的调查洪水，不能作为考证依据。如同西朱庄站特大值重现期分析所述，1896 年洪水至少是 1892 年以来的首位大洪水，其重现期约为 120 年。

1967 年洪水与 1896 年洪水量级相差较大，加之无法确定 1896 ~ 1922 年间是否有大洪水发生，所以 1922 年以后两场大洪水与 1896 年洪水按不连续序列处理。而 1922 年和 1967 年洪水因年代较近，且量级接近，故按序位连续处理。1967 年洪水是 1922 年以来的首位，其重现期为 87 年；1922 年洪水为 1922 年以来第二位，其重现期为 44 年。

3) 频率分析结果

根据实测洪水系列并加入调查洪水进行频率分析计算，频率曲线见图 4-2，最大洪峰流量、最大 24 h 和最大 3 d 洪量的统计参数及频率分析计算结果详见表 4-6。

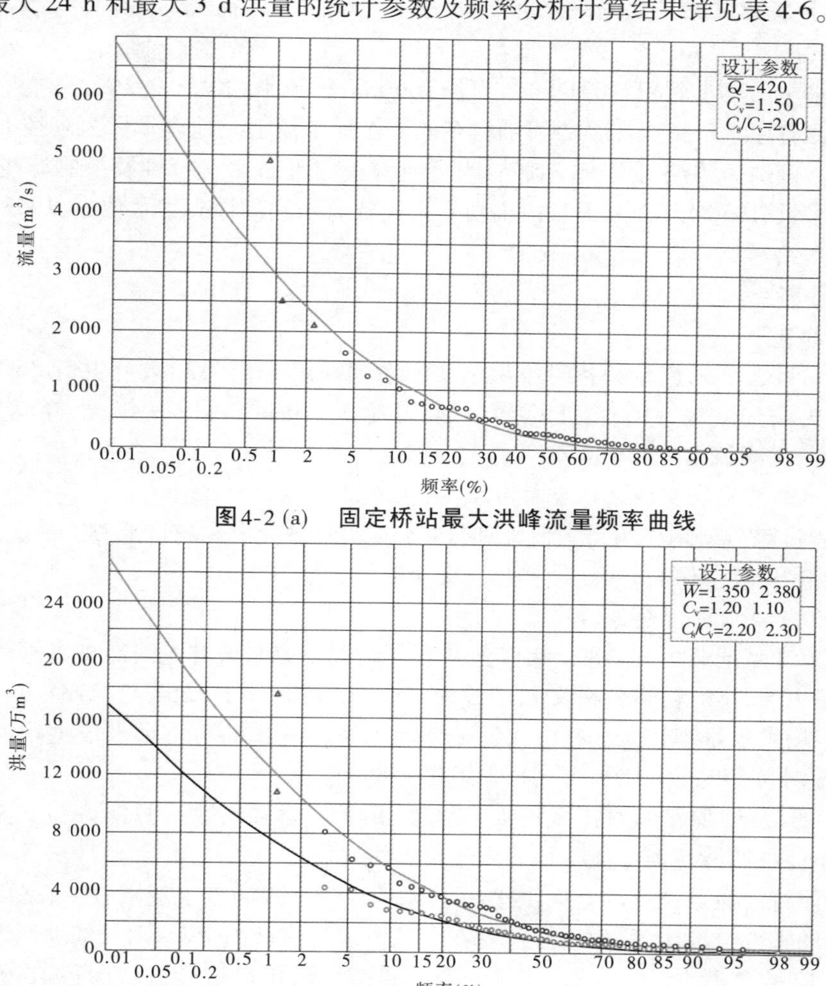

图 4-2 (a) 固定桥站最大洪峰流量频率曲线

图 4-2 (b) 固定桥站最大 24 h、3 d 洪量频率曲线

4.3.2 滹沱河干流控制站洪水频率分析

滹沱河属子牙河水系发源于繁峙县泰戏山麓的桥儿沟，流经繁峙、代县、原平、忻府、定襄、五台、盂县七县(区)，于盂县闫家庄进入河北省，在河北省献县与滏阳河会合后称为子牙河。流域四周群山环绕，北部为恒山，西部为云中山，南部为系舟山，东部是五台山。滹沱河自北而南至界河铺折向东，贯穿整个忻定盆地，于济胜桥进入深山峡谷，向东流向河北省。

滹沱河干流有 4 个控制站：上永兴、界河铺、济胜桥和南庄。上永兴站的洪水频率分析已在《手册》中做过，故本次只对其余 3 个站进行洪水频率分析。

4.3.2.1 界河铺水文站洪水频率分析

1. 基本情况

界河铺水文站集水面积 6 031 km^2，河长 166 km，干流平均纵坡 9.2‰，高差 2 261 m。该站位于山西省原平市王家庄乡界河铺村东的滹沱河干流上。地理坐标为东经 112°44′，北纬 38°38′。该站为滹沱河干流控制站，为分析滹沱河上游水文特性及控制滹沱河进入忻定盆地的水量，1950 年 12 月 1 日由山西省人民政府水利局设立为水位站，1953 年 3 月改为基本水文站。

2. 频率分析

1) 资料的选取

界河铺站最大洪峰流量和各时段洪量实测系列采用 1953 ~ 2008 年共计 56 年资料。搜集到的历史调查洪水分别有：1892 年，洪峰流量 3 170 m^3/s；1929 年，洪峰流量 2 380 m^3/s；1934 年，洪峰流量 1 750 m^3/s。

2) 特大值的确定及重现期的分析考证

3 个调查洪峰流量均作为特大值处理，1964 年实测最大洪峰流量 1 730 m^3/s，与 1934 年洪水量级相当，故也作为特大值处理，其重现期分析如下。

(1) 1892 年洪水重现期分析。

从第 5 章文献记载可知，1892 年以前共有 9 个关于原平或滹沱河历史洪水记载的年份，最早的是 1564 年。初步分析文献记载内容，可以判断其中 1564 年、1785 年、1794 年及 1801 年四场洪水量级较大。在山西省子牙河水系调查到的历史洪水依洪峰流量大小排列，时间分别为 1794 年、1896 年、1892 年和 1785 年。

1564 年的记录“原平六月阳武河大水漫溢，田禾庐舍多伤毁。”只能说明支流阳武河发生大水，不能说明滹沱河干流上该年发生过大洪水。

山西省滹沱河流域调查的首大洪水为 1794 年洪水，该场洪水范围较广，暴雨笼罩了滹沱河流域的大部分地区，暴雨中心位置在支流清水河流域内，清水河长江塘河段流域面积 700 km^2，1794 年调查洪峰流量 3 890 m^3/s；滹沱河活川口河段流域面积 13 965 km^2，1794 年洪峰流量为 8 340 m^3/s。通过分析 1794 年调查洪水情况可以确定，该场洪水主要分布在济胜桥以下流域，界河铺该年并未有大洪水调查资料和文献记载。

1896 年洪水主要发生在绵河，是该河调查到的第一大洪水，也是子牙河水系第二大洪水，在平定县娘子关镇的河滩河段调查到洪峰流量 5 420 m^3/s。可见，界河铺也不在该场洪水覆盖范围之内。

1892 年洪水，从洪峰流量量级上来看为第三位，但该年洪水是全省分布范围最广的一次特大洪水，与汾河上游以及恢河阳方口 1892 年洪水属同一场洪水，滹沱河鳌头河段集水面积 13 800 km^2，调查洪峰流量 5 240 m^3/s。

1785 年洪水是子牙河水系调查洪水中排位第四的大洪水，滹沱河干流河段瑶池河段集水面积 9 141 km^2，调查洪峰流量 5 050 m^3/s。

通过上述分析，可以看出界河铺断面在 1794 年、1896 年没有发生大洪水，而 1892 年的洪水应大于 1785 年的。下面分析 1892 年洪水与 1801 年洪水之间的大小关系。

据文献记载，1801 年繁峙大水坏民庐舍，赈恤如例。忻县大雨水。代县、五台等六月奏:查明……俱因夏雨连绵……其省北代州等十二州县赈济事……。定襄雨潦河水涨溢,滨河地亩水冲沙压。代州、朔州、应州、山阴、五台、繁峙、朔平、马邑、大同、怀仁等均报被水。五台山庙宇天雨连绵,山水涨发,致多冲塌,涌泉等十七处殿宇房间坍塌,地址下陷,兼之滹沱等河同时盛涨,以致冲毁工程甚多。代州六月初六、七等日滹沱河水涨发,淹损傍河田苗。又岭后各村也有山水冲刷地亩房屋之处。朔州、应县及山阴、五台、繁峙等县六月初三至初七等日大雨连绵,河水与山水同时涨发。……五台、繁峙两县冲塌民房较多,且有淹毙人口之处。朔平府之朔州、马邑乡等村,桑干河水涨发。清宫奏折记载:"1892年自闰六月初旬以后,连日倾盆大雨,各处山水暴注,滹沱、汾、涧、涂、文峪等河同时暴涨,以致冲决堤堰淹没田庐。迭据忻州、代州各府州属之阳曲等三十余州县陆续禀报,或因河流漫溢,或被山水冲刷,一县之中被淹村庄自数村至百余村,坍塌房屋自数十间至数百间,压毙人口自数口至数十口,均各轻重不等。"

比较1801年和1892年两年文献可以看出,1892年的灾情重于1801年的灾情,由此推断出在界河铺河段1892年洪水大于1801年洪水。

综合以上分析,可以得出1892年洪水大于1785年洪水和1801年洪水,1785年距2008年224年,基本可以确定其间没有遗漏更大的洪水,所以1892年洪水是1785年来首位,其重现期至少为224年。

(2)1929年、1934年和1964年洪水重现期分析。

第5章文献记载中没有关于1892年以后原平一带或滹沱河的大水记载,所以可将1929年洪水与1892年洪水视为连续序位的特大值,即1929年洪水重现期至少为112年。1934年洪水和1964年洪水与1892年洪水量级相差较大,故不与其作连序系列处理,重现期分别取其调查期,即1934年洪水重现期为75年,1964年洪水重现期为56年。

3)频率分析结果

根据实测洪水系列并加入调查洪水进行频率分析计算,频率曲线见图4-3,最大洪峰流量、最大24 h和最大3 d洪量的统计参数及频率分析计算结果详见表4-6。

4.3.2.2　济胜桥水文站洪水频率分析

1.基本情况

济胜桥水文站集水面积8 939 km^2,主河道长208.5 km,干流平均纵坡2.1‰。位于山西省五台县建安乡瑶池村北的滹沱河上。地理坐标为东经113°06′,北纬38°38′。该站为滹沱河中游干流控制站,属国家基本水文站。1954年2月由山西省人民政府水利局设立,原称瑶池水位站,1955年6月测验断面下迁99 m,并更名为济胜桥水文站,1958年1月停止观测。1966年6月1日,由原山西省水文总站将测验断面下迁15 m恢复观测至今。

2.频率分析

1)资料的选取

济胜桥站最大洪峰流量和各时段洪量实测系列采用1955~2008年共计54年资料,其中1958~1965年资料根据界河铺站实测资料与本站相关插补而得。

搜集到的历史调查洪水有:1785年,洪峰流量5 050 m^3/s;1892年,洪峰流量2 540 m^3/s;1929年,洪峰流量2 540 m^3/s。

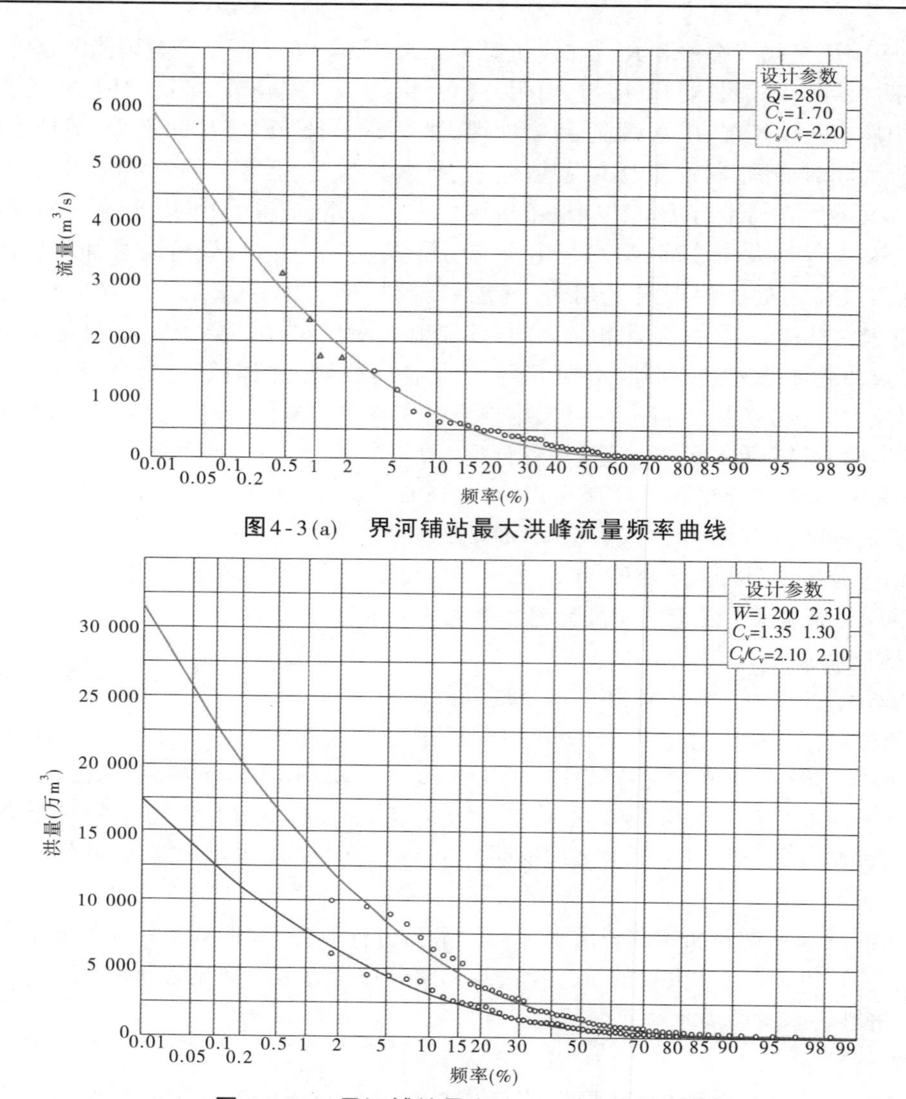

图4-3(a)　界河铺站最大洪峰流量频率曲线

图4-3(b)　界河铺站最大24 h、3 d洪量频率曲线

2)特大值的确定及重现期的分析考证

1785年、1892年和1929年三场洪水均作为特大值处理,重现期分析如下。

1785年洪水是调查和实测洪水中的首位,故其重现期下限为224年。从第5章文献记载可知,1785年以前共有5个关于五台县或滹沱河历史洪水记载的年份,分别是285年、1046年、1062年、1607年及1612年。从5个年份文献对水情及灾情的叙述中看出,1046年洪水较大,若1785年洪水的考证期追溯到1046年,重现期上限约为1 000年。所以,1785年洪水重现期范围为224~1 000年。

1892年与1929年洪水属同量级洪水,与1785年洪水相比量级相差较大,从1785~1892年的100余年间无法确定是否有大于1892年的洪水,三场调查洪水无法按连续序列特大值处理,故将1892年和1929年洪水重现期单独处理,即两者的重现期上限约为

120 年，下限约 60 年。

3）频率分析结果

根据实测洪水系列并加入调查洪水进行频率分析计算，频率曲线见图 4-4，最大洪峰流量、最大 24 h 和最大 3 d 洪量的统计参数及频率分析计算结果详见表 4-6。

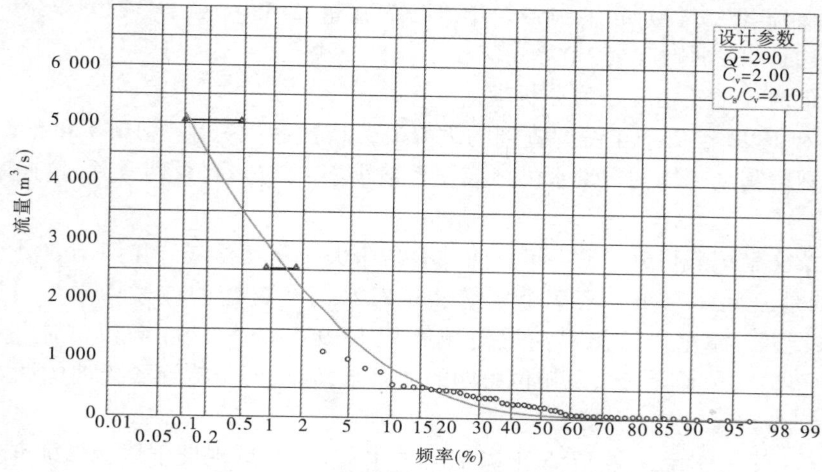

图 4-4 (a)　济胜桥站最大洪峰流量频率曲线

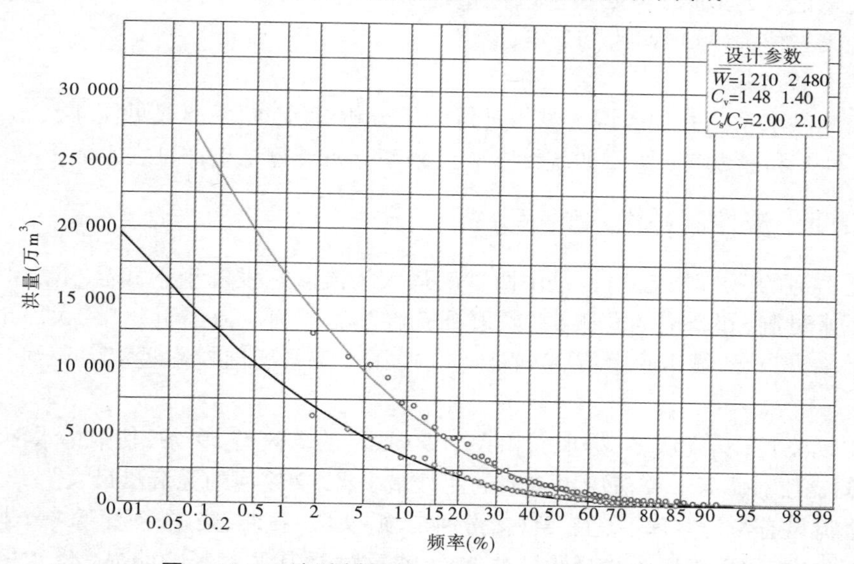

图 4-4(b)　济胜桥站最大 24 h、3 d 洪量频率曲线

4.3.2.3　南庄水文站洪水频率分析

1. 基本情况

南庄水文站集水面积 11 936 km^2，主河道长 250.7 km，干流平均纵坡 2.2‰。该站位于山西省定襄县河边镇南庄村东的滹沱河上。地理坐标为东经 113°14′，北纬 38°28′。该站为山西省滹沱河下游干流控制站，1953 年 6 月 1 日由山西省人民政府水利局设立至今，为国家基本水文站。

2. 频率分析

1)资料的选取

南庄站最大洪峰流量和各时段洪量实测系列采用1953～2008年共计56年资料。搜集到的历史调查洪水有:1794年,洪峰流量7 150 m^3/s;1892年,洪峰流量3 650 m^3/s;1917年,洪峰流量2 420 m^3/s;1929年,洪峰流量2 330 m^3/s;1939年,洪峰流量2 280 m^3/s;1931年,洪峰流量2 090 m^3/s。

2)特大值的确定及重现期的分析考证

1794年和1892年2个年份调查到的洪峰流量模比系数分别为10.8和5.5,将其作为特大值处理。其余4场调查洪水洪峰模比系数小于4,与实测系列合并,按连序系列参加频率计算。

从第5章文献记载可知,1794年以前共有9个关于定襄县或滹沱河历史洪水记载的年份,最早的是公元285年。从9个年份文献对水情及灾情的叙述中看出,1046年和1785年洪水较大。滹沱河活川口河段流域面积13 965 km^2,1794年洪峰流量为8 340 m^3/s。1785年洪水是子牙河水系排位第四的大洪水,滹沱河干流河段瑶池的调查洪峰流量为5 050 m^3/s。

所以,1794年洪水至少居1785年以来的洪水首位,其重现期下限为224年,若1794年洪水比文献记载的1046年洪水还大,则重现期上限约1 000年;1892年洪水居1794年以来洪水的第二位,其重现期约112年。

3)频率分析结果

根据实测洪水系列并加入调查洪水进行频率分析计算,频率曲线见图4-5,最大洪峰流量、最大24 h和最大3 d洪量的统计参数及频率分析计算结果详见表4-6。

4.3.3 汾河干流控制站洪水频率分析

汾河是黄河的第二大支流,也是山西省的最大河流。它发源于宁武县东寨镇管涔山脉楼子山下水母洞,和周围的龙眼泉、象顶石支流汇流成河。流经忻州市、太原市、晋中市、吕梁市、临汾市、运城市6个市34个县(市),在万荣县庙前村附近汇入黄河,干流全长694 km。

汾河源远流长,支流众多,集水面积大于30 km^2的支流有59条,其中集水面积大于1 000 km^2的支流有7条。支流中以岚河的泥沙最多,以文峪河的径流量最大。

汾河干流设有汾河水库、寨上、兰村、汾河二坝、义棠、石滩、柴庄、河津等8个控制站,考虑到汾河水库1959年建成并开始拦洪,寨上水文站受其调蓄影响明显,本次未作洪水频率分析;兰村水文站在汾河二库建库时和建成后已作过洪水频率分析,本次直接引用其成果;河津站为黄委水文局管辖,因未搜集到相关资料,故本次只对其余4站进行洪水频率分析。

4.3.3.1 兰村水文站洪水频率分析

1. 基本情况

兰村水文站集水面积7 705 km^2,流域平均宽度36.1 km,河道纵坡3.35‰。该站位于山西省太原市上兰村镇上兰村汾河干流上。地理坐标为东经112°26′,北纬38°00′。该

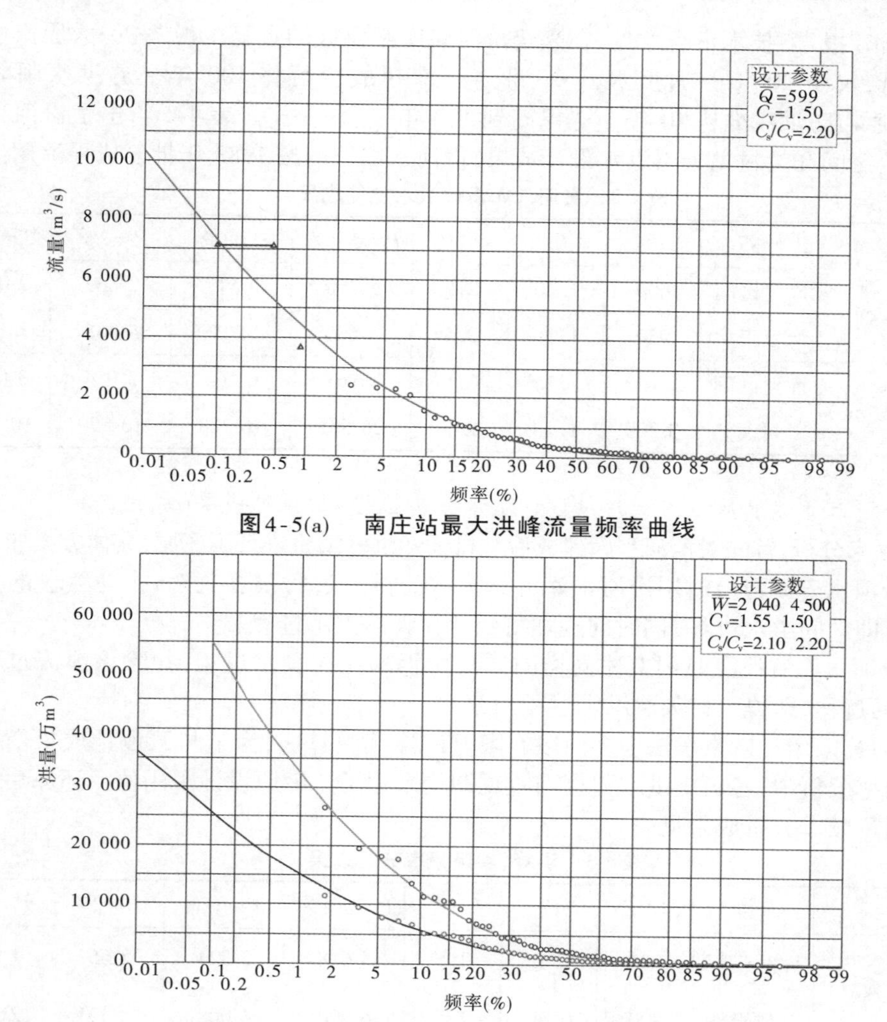

图4-5(a)　南庄站最大洪峰流量频率曲线

图4-5(b)　南庄站最大 24 h、3 d 洪量频率曲线

站为汾河上游干流控制站，是山西省设立较早的水文站之一。1943 年 5 月设立，1944 年 2 月迁移断面并更名为兰村(二)站，1945 年 9 月停测，1950 年 4 月重设，1964 年 6 月下迁 480 m 更名为兰村(四)站。

2. 频率分析

如前所述，兰村水文站在汾河二库建库时已作过频率分析，山西省水文水资源勘测局在 2006 年《汾河二库建成后汾河柴村段设计洪水分析报告》中对兰村水文站进行了洪水频率分析。前者采用 1951 ~ 1988 年洪水资料系列，后者则采用 1951 ~ 1998 年系列(二库拦洪前)，样本系列延长了 10 年。本次对以上两次设计成果分别做了整理。

1)汾河二库建库时设计成果(成果一)

汾河二库设计洪水是在 1992 年前的可行性研究阶段批复的，在随后的初步设计阶段没有变动。水利部水规总院在 1992 年 11 月 27 日以水规水(1992)042 号文下达《汾河二库可行性研究报告》技术审查意见,在兴建汾河二库必要性的批复中说"……太原市区堤防标准偏低,仅防 20 年一遇洪水,……汾河二库建成后可将 100 年一遇洪水削峰约33%,使太原市防洪标准从 20 年一遇提高到 100 年一遇……"。表 4-2 给出了汾河二库建库后库兰区间和兰村站天然洪水设计成果,汾河水库依旧按 1983 年批复成果沿用。

表 4-2 汾河二库设计洪水批复成果

项目	设计断面	均值	C_v	C_s/C_v	$P=0.1\%$	$P=1\%$	$P=2\%$	$P=5\%$
洪峰(m^3/s)	库兰区间	600	1.20	2.5	5 750	3 517	2 869	2 042
	兰村天然	950	1.15	2.5	8 603	5 323	4 368	3 144
24 h 洪量(万 m^3)	库兰区间	1 100	1.15	2.5	9 961	6 164	5 058	3 640
	兰村天然	3 200	1.08	2.5	26 681	16 788	13 890	10 153

2)《汾河二库建成后汾河柴村段设计洪水分析报告》中设计成果(成果二)

此次频率分析,首先对汾河水库建成后兰村天然洪峰洪量进行了还原,具体方案如下:

(1)汾河水库无泄流时用汾河水库的最大入流洪水过程演算到兰村,与兰村的实测洪水过程(即区间洪水过程)同时间迭加得到兰村天然洪水过程。

(2)汾河水库有泄流时用上述同样的方法所得的兰村洪水过程,扣除该泄流过程演算到兰村的过程,即得兰村天然洪水过程。

流量演算采用马斯京根法中多河段有限差解连续演算法,为了与原设计成果衔接一致,本次频率分析中,各历史洪水数据与重现期均采用了二库原设计采用值。还原后的天然洪峰、洪量频率分析成果见表 4-3。

表 4-3 洪峰、洪量频率分析成果

项目	设计断面	均值	C_v	C_s/C_v	$P=0.1\%$	$P=1\%$	$P=2\%$	$P=5\%$
洪峰(m^3/s)	库兰区间	500	1.35	2.5	5 618	3 324	2 667	1 837
	兰村天然	920	0.90	2.5	6 080	4 008	3 391	2 582
24 h 洪量(万 m^3)	库兰区间	1 000	1.25	2.5	10 122	6 122	4 967	3 497
	兰村天然	3 070	1.05	2.5	24 676	15 642	12 988	9 557
3 d 洪量(万 m^3)	库兰区间	1 500	1.15	2.5	13 583	8 405	6 897	4 964
	兰村天然	5 000	1.00	2.5	37 741	24 227	20 239	15 062

3)两次成果比较

(1)资料采用情况。

前者采用 1951 ~ 1988 年系列,后者采用 1951 ~ 1998 年(二库拦洪前)系列,样本系列延长了 10 年。但为减少矛盾,各历史洪水洪峰、洪量及其重现期都采用水利部山西水利水电勘测设计院原设计采用数据。

(2)频率适线成果比较。

比较两次设计成果(详见表4-4)可以看出,各站洪峰流量及各时段洪量统计参数总体上讲均值差异较小,C_v 差异较大,从均值看总体上是本次成果偏小,原设计成果偏大;从 C_v 看,洪峰 C_v 差异较大些,洪量 C_v 差异较小些,而且两次成果互有大小;从设计成果看各站洪峰设计值均为后者成果小于原设计成果。各站洪量设计值的情况为库兰区间两次成果很接近,兰村站各时段洪量值均为本次小于原设计。

表4-4 两次频率分析成果对比

项目	设计断面	成果	均值	C_v	$P=0.1\%$	$P=1\%$	$P=2\%$	$P=5\%$
洪峰(m^3/s)	库兰区间	成果一	600	1.20	5 750	3 517	2 869	2 042
		成果二	500	1.35	5 618	3 324	2 667	1 837
	兰村天然	成果一	950	1.15	8 603	5 323	4 368	3 144
		成果二	920	0.90	6 080	4 008	3 391	2 582
24 h洪量(万m^3)	库兰区间	成果一	1 100	1.15	9 961	6 164	5 058	3 640
		成果二	1 000	1.25	10 122	6 122	4 967	3 497
	兰村天然	成果一	3 200	1.08	26 681	16 788	13 890	10 153
		成果二	3 070	1.05	24 676	15 642	12 988	9 557

(3)两次设计成果差别的原因分析。

两次设计成果从样本系列来看相差10年,这可能是造成两次成果差别的一个原因。另一个重要原因是两次设计依据的规范不同,成果一依据的是1979年版规范(《水利水电工程设计洪水计算规范》(SDJ 22—79)),成果二依据的是1993年版规范(《水利水电工程设计洪水计算规范》(SL 44—93))。1979年版规范执行期正值"758"特大暴雨洪水后,鉴于该场洪水的惨重灾情,之后一段时间的水文设计洪水成果节节上涨,不论是设计人员、审查专家或是有关领导,在分析设计洪水时都体现了"尽量拔高"的思想,对我国水库设计洪水产生了深远影响。受上述背景影响,原设计在频率适线时过分考虑历史洪水及实测特大值,而对大多数点据分布考虑较少,致使统计参数不合理,点线严重脱节,拟合很差。第三个原因是成果一还受汾河水库已审定成果偏大而又无法变更的因素影响。

4.3.3.2 汾河二坝水文站洪水频率分析

1.基本情况

汾河二坝水文站集水面积14 030 km^2,主河道长277 km,干流平均比降2.35‰,流域平均宽度50.6 km。该站位于山西省清徐县西谷乡汾河二坝汾河干流上,地理坐标为东径112°23′,北纬37°36′。该站为汾河上中游干流控制站,位于汾河二坝坝下。1964年6月设立,站名为东穆庄,1968年8月上迁2.5 km,站名为东穆庄(二),1969年1月改站名为汾河二坝,1975年1月下迁170 m为汾河二坝(二)。

2.频率分析

1)资料的选取

汾河二坝站最大洪峰流量和各时段洪量实测系列采用1964~2008年共计45年资料。1968年汾河二坝建成后断面上迁2.5 km,集水面积基本无变化,洪水期二坝闸门全开，东、西干渠洪水期一般不引水，资料不需还原修正。

上游杨家堡河段，集水面积 9 564 km^2，1928 年调查洪峰流量 3 690 m^3/s。该河段到汾河二坝区间有潇河汇入，潇河的集水面积为 3 894 km^2。

汾河二坝以上流域 1928 年洪水调查成果见表 4-5，由表 4-5 可以看出，该场洪水调查河段仅有 4 个，上游静乐县 2 个，下游太原市 2 个，该场洪水主要是由上游暴雨形成的。尽管杨家堡河段与汾河二坝集水面积相差 4 466 km^2，但两者距离仅 36 km 左右，且由表 4-5 可以看出区间没有大洪水汇入，若不考虑杨家堡河段以下洪水汇入与沿程洪水衰减，则可将杨家堡 1928 年的调查洪水直接移用到汾河二坝站。

表 4-5　汾河流域 1928 年洪水调查成果

河名	河段名	地址	集水面积(km^2)	洪峰流量(m^3/s)
西碾河	上高崖	静乐县王村乡上高崖村	92.5	—
东碾河	城关	静乐县鹅城镇城关	506	—
汾河	杨家堡	太原市迎泽区平阳路街道办事处杨家堡村	9 564	3 690
虎峪沟	南寒	太原市万柏林区西铭乡南寒村	43.0	396

2）特大值的确定及重现期的分析考证

将 1928 年洪水作为特大值处理。1928 年洪水为 1928 年以来首位，其调查期为 81 年。1928 年洪水是汾河中上游区自 1892 年来较大洪水之一，在汾河太原段仅次于 1892 年洪水，而据汾河二库设计时考证，1892 年洪水重现期为 100 ~ 500 年，故 1928 年洪水重现期为 81 ~ 250 年。

3）频率分析结果

根据实测洪水系列并加入调查洪水进行频率分析计算，频率曲线见图 4-6，最大洪峰流量、最大 24 h 和最大 3 d 洪量统计参数及频率分析计算结果详见表 4-6。

4.3.3.3　义棠水文站洪水频率分析

1. 基本情况

义棠水文站集水面积 23 945 km^2，河长 262.7 km，至河口距离 316 km。该站位于晋中市介休市（县）义棠镇义棠村西汾河干流上，地理坐标为东经 111°50′，北纬 37°00′。该站系汾河上中游干流控制站，在整个汾河的防洪中占有举足轻重的位置，是全国重点水文站之一，于 1958 年 4 月设立，1965 年 1 月基本水尺断面上迁 75 m，称义棠（二）站。

2. 频率分析

1）资料的选取

义棠站最大洪峰流量和各时段洪量实测系列采用 1958 ~ 2008 年共计 51 年资料。

据调查，原汾河干流灵石站（面积 24 421 km^2）在现义棠站下游 20 km 处，1954 年 9 月 4 日发生过 2 060 m^3/s 的洪水，两站面积相差 1.9%，小于 3%，故直接移用至义棠站。

2）特大值的确定及重现期的分析考证

1954 年洪水洪峰模数 5.28，作为特大值处理，重现期取其调查期 55 年。

3）频率分析结果

根据实测洪水系列并加入调查洪水进行频率分析计算，频率曲线见图 4-7，最大洪峰

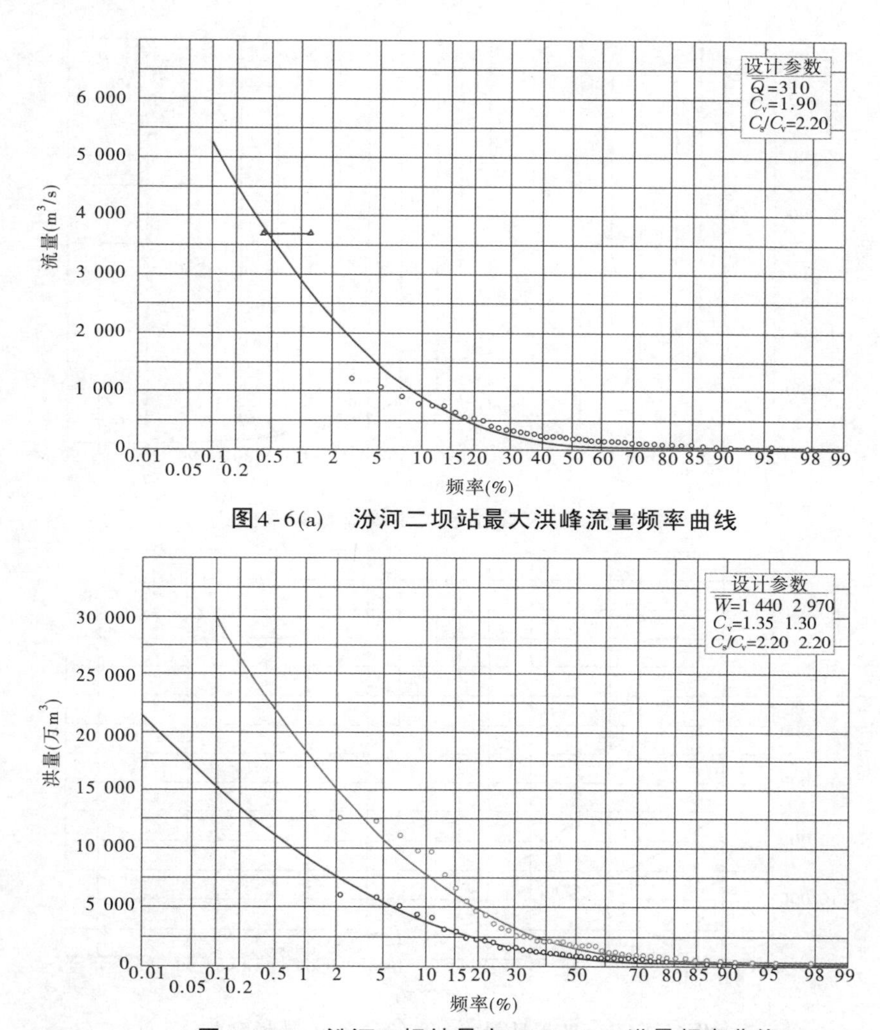

图4-6(a)　汾河二坝站最大洪峰流量频率曲线

图4-6(b)　汾河二坝站最大24 h、3 d洪量频率曲线

流量、最大24 h和最大3 d洪量的统计参数及频率分析计算结果详见表4-6。

4.3.3.4　赵城水文站洪水频率分析

1. 基本情况

赵城水文站集水面积28 676 km^2,河长472 km,距河口224 km。该站位于洪洞县赵城镇滩里村西汾河下游干流上,地理坐标为东经111°40′,北纬36°23′。该站是汾河中下游区重要干流控制站之一,主要为研究区域年径流、洪水及泥沙规律,兼顾为下游报汛而设立。1951年5月16日由山西省水利局设立赵城站,地址在洪洞县南沟乡石滩村,1956年1月改名为石滩水文站,集水面积为28 214 km^2,1958年1月断面下迁150 m,站名仍叫石滩站,1965年1月兼测七一渠流量,1995年1月1日断面下迁约8 km到现站址,站名改为赵城站,同时兼测七一渠、五一渠流量。

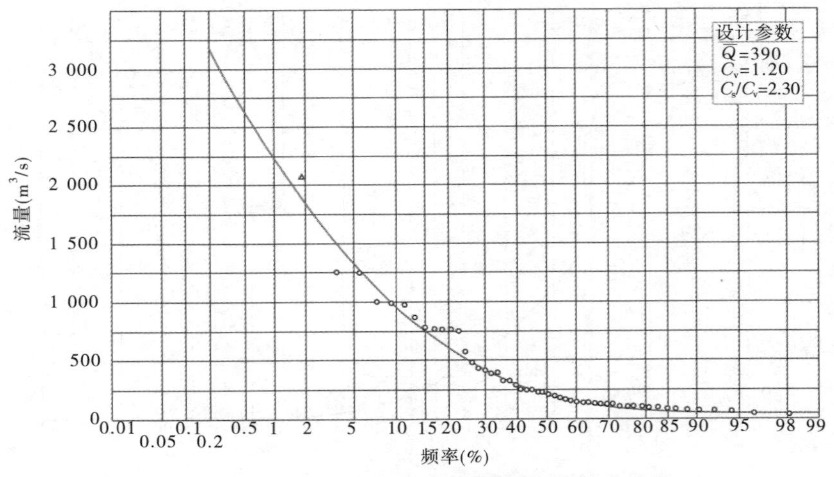

图4-7(a)　义棠站最大洪峰流量频率曲线

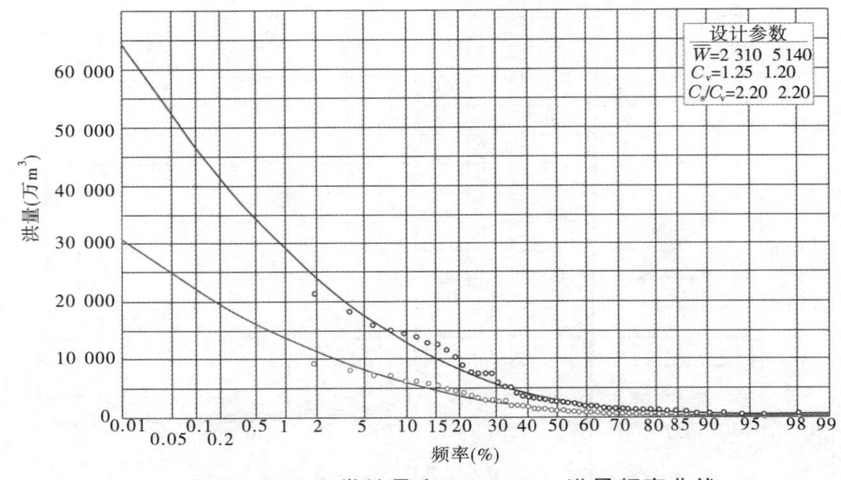

图4-7(b)　义棠站最大 24 h、3 d洪量频率曲线

2. 频率分析

1)资料的选取

赵城站最大洪峰流量和各时段洪量实测系列采用 1951～2008 年共计 58 年资料，其中 1951～1994 年洪水系列依据石滩实测资料用水文比拟法求得。

搜集到的历史调查洪水有 1843 年，洪峰流量 5 450 m³/s；1917 年，洪峰流量 3 740 m³/s；1942 年，洪峰流量 3 740 m³/s。

2)特大值的确定及重现期的分析考证

将 3 个调查值作为特大值处理，重现期分析如下：

1843 年洪水是汾河下游区调查到的首位洪水，是 1843 年以来最大，其重现期下限约为 166 年。收集到与赵城相关的历史洪水文献记录 4 条，分别是 1512 年、1588 年、1613 年和 1761 年。现已无法从具体量级上确定这 4 场洪水的排位，但根据文献对当时洪水情况、受灾程度及范围的描述,与 1843 年比较分析可以判断出 1843 年的洪水更为严重,故初步认为 1843 年洪水为 1512 以来首位,其重现期上限约为 500 年,故该年洪水重现期范围为 166 ~500 年;1917 年、1942 年的洪水并列 1512 年以来第二位,故重现期为 83 ~250 年。

3)频率分析结果

根据实测洪水系列并加入调查洪水进行频率分析计算,频率曲线见图 4-8,最大洪峰流量、最大 24 h 和最大 3 d 洪量的统计参数及频率分析计算结果详见表 4-6。

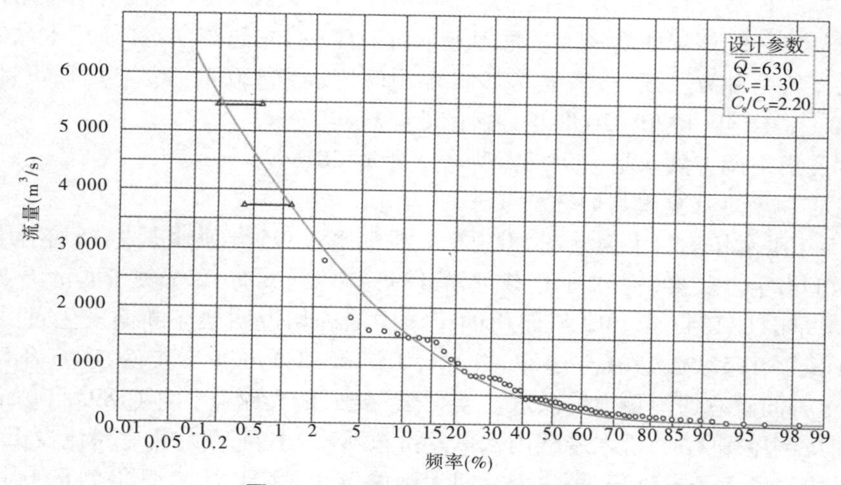

图 4-8(a)　赵城站最大洪峰流量频率曲线

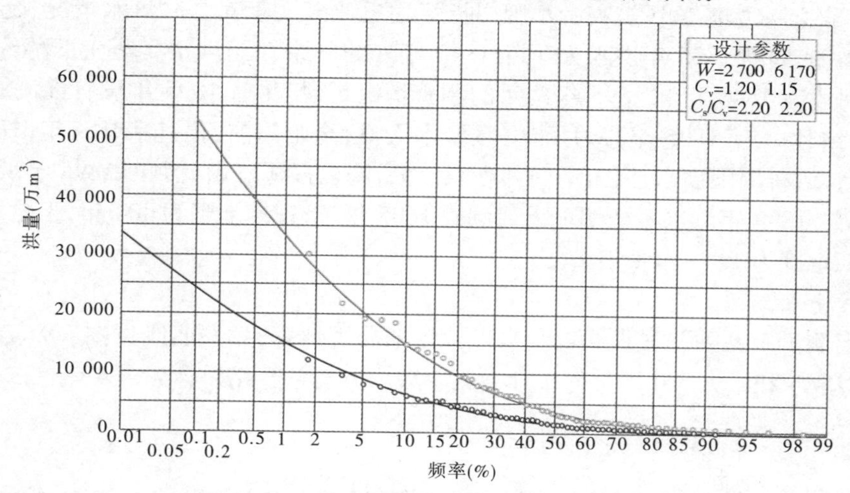

图 4-8(b)　赵城站最大 24 h、3 d 洪量频率曲线

4.3.3.5　柴庄水文站洪水频率分析

1. 基本情况

柴庄水文站集水面积 33 932 km²,河长 566 km,距河口距离 128 km。该站位于襄汾县南贾镇沟里村北汾河下游干流上,地理坐标为东经 111°24′,北纬 35°48′。该站为汾河

下游干流控制站。1951 年 11 月由山西省水利局设立史村站,集水面积为 33 200 km², 1956 年 1 月下迁 15 km,改名为柴庄水文站,1969 年 4 月至 1970 年 5 月改为水位站,1970 年 6 月恢复为水文站。

2. 频率分析

1) 资料的选取

柴庄站最大洪峰流量实测系列采用 1952 ~ 2008 年共计 57 年资料。其中 1952 ~ 1955 年资料是依据史村站资料采用水文比拟法求得的。由于该站 1969 年改为水位站,无流量资料,为使样本连续,该年的洪峰流量采用上下游对照(石滩与柴庄)和使用本站 1970 年水位流量关系线两种方法插补,确定其 1969 年洪峰流量为 820 m³/s。各时段洪量实测系列采用 1952 ~ 1968 年、1970 ~ 2008 年,共计 56 年资料。

搜集到的历史调查洪水是 1895 年,洪峰流量 3 520 m³/s。

2) 特大值的确定及重现期的分析考证

将 1895 年洪水作为特大值处理,重现期分析如下:1895 年洪水是 1895 年来最大,重现期下限为 114 年。从第 5 章文献记载可知,1895 年以前共有 12 个关于襄汾历史洪水记载的年份,最早的是 1543 年。12 个年份的记录中能确切说明柴庄断面发生过洪水的有 1605 年、1648 年、1652 年、1761 年、1843 年、1853 年和 1881 年 7 个年份,1605 年距今 404 年,可以确定其间没有遗漏更大的洪水。据文献记载"清光绪廿一年(1895 年),洪洞、襄陵淫雨连旬房倒屋塌无数,汾水暴涨山水爆发汾东邓庄、小郭、南北梁一带淹没田禾、庐舍甚多。汾城史村漂大王殿碑记:去岁六月间大雨施行……降雨十六日午刻止于十八日早晨,平地汪洋,河水靡涯遐还被灾者不脾屈指。"通过比较文献对当时洪水情况、受灾程度及范围的描述,判断 1895 年洪水大于除 1843 年外的其余 6 场洪水。柴庄下游约 25 km 处的娄庄河段有 1843 年和 1895 年两年的调查情况记录,尽管 1895 年没有推流,但据访问情况"光绪廿一年(1895 年)六月十九日汾水大发,至咱门前,比宣宗廿三年(1843 年)大二尺之余,谱村周围满水,河至南门外寺东流去,淹地百顷。"由此判断 1895 年洪水大于 1843 年,所以 1895 年洪水考证期可以追溯到 1605 年,重现期上限为 404 年,于是 1895 年洪水重现期范围为 114 ~ 404 年。

3) 频率分析结果

根据实测洪水系列并加入调查洪水进行频率分析计算,频率曲线见图 4-9,最大洪峰流量、最大 24 h 和最大 3 d 洪量的统计参数及频率分析计算结果详见表 4-6。

4.3.4 沁河干流控制站洪水频率分析

沁河干流总长度 485 km,其中山西省境内为 363 km,占总长度的 74.8%;沁河流域总面积 13 532 km²,其中山西境内 12 264 km²,占总面积的 91%。沁河是山西省五大河流之一,支流众多,其中山西省境内流域面积超过 100 km² 的较大支流有 26 条。

沁河干流山西境内设有孔家坡、飞岭、润城 3 个控制站,孔家坡、飞岭已在《手册》中作过分析,故本次只对润城站进行洪水频率分析。

4.3.4.1 基本情况

润城水文站 1954 年由黄河水利委员会设立,集水面积 7 273 km²。该站位于晋城市

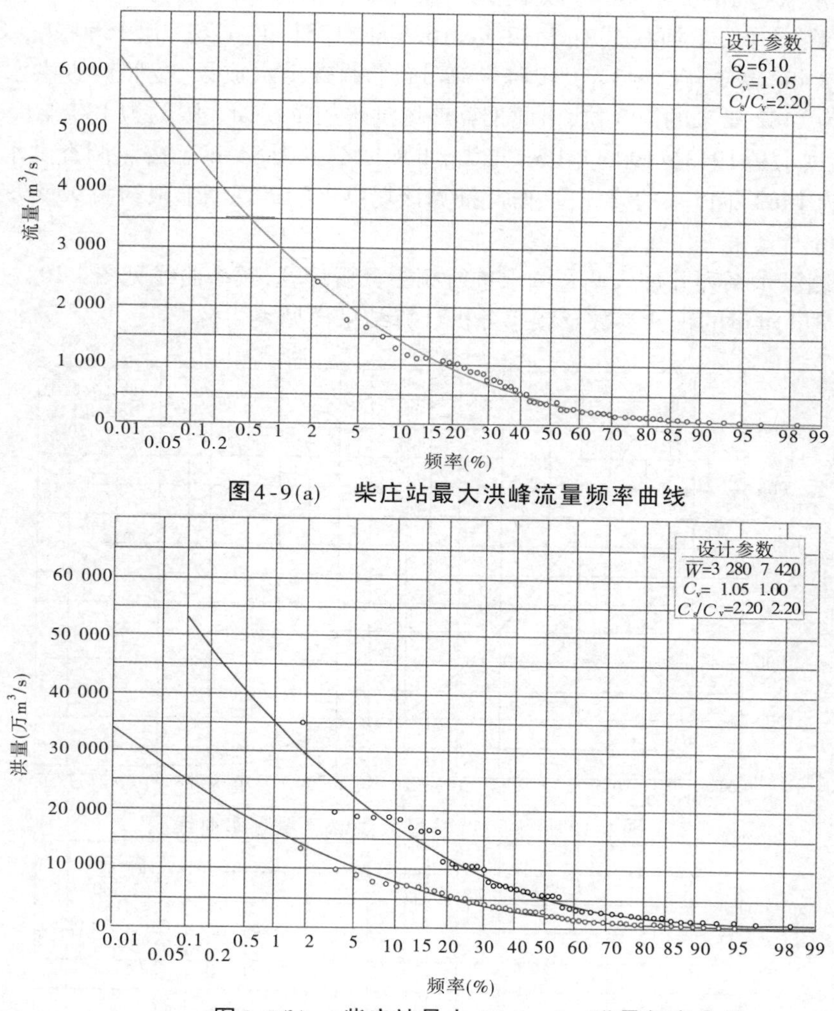

图4-9(a)　柴庄站最大洪峰流量频率曲线

图4-9(b)　柴庄站最大 24 h、3 d洪量频率曲线

阳城县润城镇下河村沁河干流上，地理坐标为东经 112°31′，北纬 35°28′。

4.3.4.2　频率分析

1. 资料的选取

润城站最大洪峰流量和各时段洪量实测系列采用 1950～1996 年共计 47 年资料。其中 1950～1953 年由下游小董、五龙口站实测资料插补求得。历史洪水的洪量采用本站峰、量关系插补延长求得。

搜集到历史调查洪水有 1895 年，洪峰流量 5 030 m^3/s；1943 年，洪峰流量 3 870 m^3/s。

2. 特大值的确定及重现期的分析考证

将 1895 年和 1943 年 2 个调查值作为特大值处理，重现期分析如下：

1895 年洪水是 1895～1996 年以来最大,重现期至少为 102 年。由《山西省洪水调查资料汇编成果》查得,下河村共有 1482 年、1626 年、1751 年、1761 年、1860 年、1895 年、1913 年、1932 年、1933 年、1943 年、1954 年等 11 个调查洪水成果,按照调查洪水成果排序,1895 年为 1482 年来的第 3 位,由此推算该场洪水的重现期上限约为 180 年。

1943 年洪水是 1943～1996 年以来最大,重现期至少为 54 年。按照调查洪水成果排序,1943 年为 1482 年以来的第 6 位,由此推算该场洪水的重现期上限约为 90 年。

3. 频率分析结果

根据实测洪水系列并加入调查洪水进行频率分析计算,频率曲线见图 4-10,最大洪峰流量和最大 3 d 洪量的统计参数及频率分析计算结果详见表 4-6。

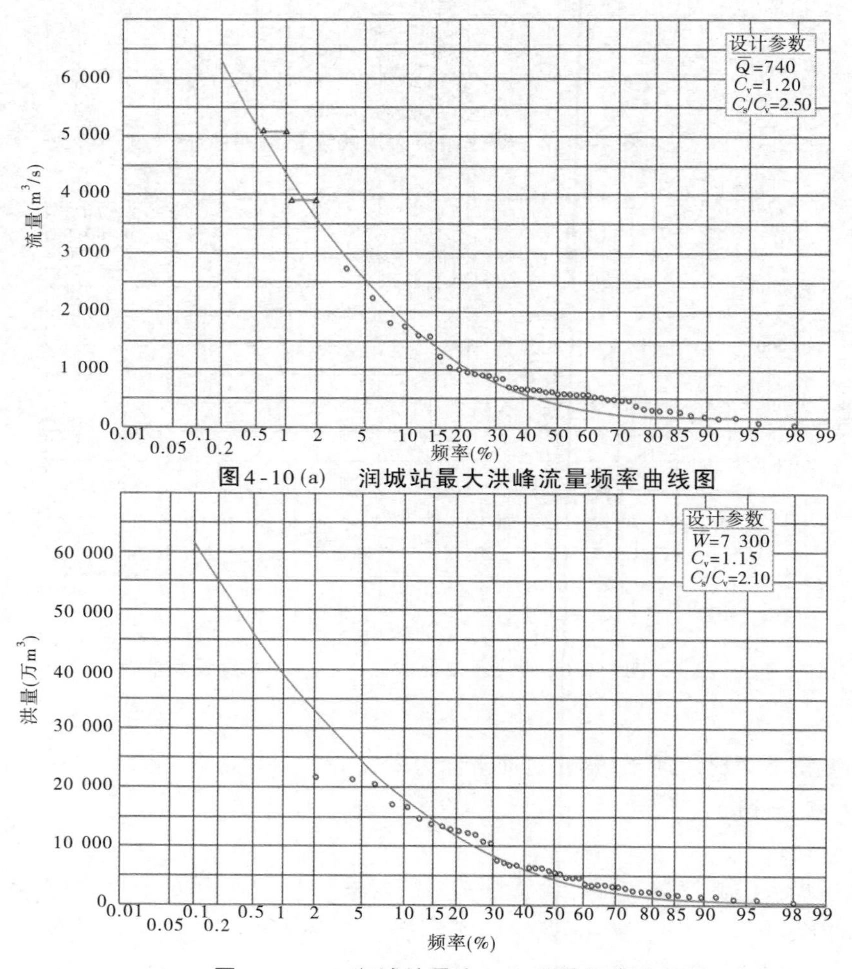

图 4-10(a)　润城站最大洪峰流量频率曲线图

图 4-10(b)　润城站最大 3 d 洪量频率曲线图

表 4-6　山西省水文站洪水特征值统计

（单位：洪峰流量：m^3/s；洪量：万 m^3）

水系	河名	站名	集水面积（km^2）	观测年份	观测年限	统计项目	统计参数			实测		调查		不同频率设计值							
							均值	C_v	C_s/C_v	最大值	年份	最大值	年份	0.1%	0.2%	0.33%	0.5%	1%	2%	5%	10%
永定河	桑干河	罗庄	3 434	1952～1993	42	洪峰流量	410	1.20	3.0	1 270	1952	2 972	1896	4 262	3 721	3 328	3 020	2 504	2 003	1 376	940
				1952～1993	42	24 h 洪量	934	1.20	2.5	4 398	1967			8 950	7 889	7 114	6 504	5 475	4 467	3 179	2 257
				1952～1993	42	3 d 洪量	1 400	1.10	2.5	5 093	1952			11 956	10 595	9 600	8 815	7 487	6 180	4 497	3 275
	大峪河	吴家窑	79.8	1977～2004	28	洪峰流量	126	0.95	2.1	496	1999			832	750	689	640	557	474	365	282
				1977～2004	28	24 h 洪量	52.8	1.30	2.2	169	1983			532	470	424	388	327	267	191	135
				1977～2004	28	3 d 洪量	60.0	1.25	2.2	192	1978			574	508	459	421	356	293	211	151
		碗窑	148	1957～1976	20	洪峰流量	190	0.85	2.1	490	1967	733	1952	1 098	995	919	858	754	649	510	403
				1957～1976	20	24 h 洪量	97.9	1.15	2.2	384	1961			839	746	678	624	532	442	324	238
				1957～1976	20	3 d 洪量	112	1.10	2.2	575	1961			906	808	736	678	581	485	360	267
	浑河	贾庄	989	1958～2008	51	洪峰流量	93.5	2.00	2.5	774	1967	1 458	1 939	1 818	1 547	1 352	1 200	949	711	425	242
				1958～2008	51	24 h 洪量	160	1.80	2.5	2 158	1967			2 681	2 299	2 023	1 809	1 451	1 110	694	419
				1958～2008	51	3 d 洪量	230	1.70	2.5	2 782	1967			3 556	3 062	2 705	2 426	1 962	1 516	968	602
	十里河	观音堂	1 185	1953～2008	56	洪峰流量	239	1.25	2.4	988	1992	1 520	1922	2 376	2 093	1 886	1 724	1 449	1 181	838	592
				1954～2008	55	24 h 洪量	352	1.20	2.3	1 366	1959			3 253	2 878	2 604	2 389	2 023	1 664	1 201	866
				1954～2008	55	3 d 洪量	460	1.10	2.3	1 554	1959			3 792	3 373	3 066	2 824	2 413	2 006	1 478	1 091
	壶流河	南土岭	562	1957～2008	52	洪峰流量	55.0	1.60	2.3	303	1958	292	1939	752	653	582	526	432	341	227	148
				1957～2008	52	24 h 洪量	53.1	2.10	2.3	316	1958			1 064	907	794	706	560	421	254	146
				1957～2008	52	3 d 洪量	65.0	1.75	2.1	459	1958			965	838	745	673	552	434	287	186
	御河	孤山	2 619	1952～2008	57	洪峰流量	307	2.00	2.8	2 020	1967	3 910	1939	6 289	5 309	4 606	4 061	3 163	2 320	1 329	719
				1953～2008	56	24 h 洪量	600	1.25	2.5	3 645	1967			6 073	5 339	4 804	4 383	3 673	2 980	2 098	1 470
				1953～2008	56	3 d 洪量	820	1.10	2.5	3 921	1967			7 003	6 206	5 623	5 163	4 385	3 620	2 634	1 918

续表 4-6

水系	河名	站名	集水面积(km²)	观测年份	观测年限	统计项目	统计参数			实测		调查		不同频率设计值							
							均值	C_v	C_s/C_v	最大值	年份	最大值	年份	0.1%	0.2%	0.33%	0.5%	1%	2%	5%	10%
大清河	唐河	南水芦	1 284	1991～2008	18	洪峰流量	210	2.00	2.9	156	1994	3 910	1917	4 371	3 681	3 185	2 802	2 172	1 582	893	474
				1991～2008	18	24 h 洪量	245	1.70	2.5	171	1994			3 788	3 262	2 882	2 585	2 090	1 615	1 032	641
				1991～2008	18	3 d 洪量	360	1.40	2.5	294	1996			4 251	3 710	3 316	3 007	2 489	1 986	1 354	912
		城头会	1 611	1958～1990	33	洪峰流量	240	2.00	3.0	1 190	1960	7 260	1939	5 073	4 261	3 679	3 229	2 490	1 801	1 001	523
				1958～1990	33	24 h 洪量	296	1.90	2.3	1 759	1967			5 147	4 420	3 894	3 485	2 802	2 148	1 349	817
				1958～1990	33	3 d 洪量	443	1.60	2.3	2 269	1967			6 054	5 260	4 684	4 233	3 476	2 744	1 829	1 196
子牙河	滹沱河	上永兴	1 242	1966～2008	43	洪峰流量	130	2.20	2.5	391	1969	2 700	1939	2 892	2 443	2 120	1 870	1 457	1 069	611	328
				1966～2008	43	24 h 洪量	125	1.80	2.3	1 045	1967			2 014	1 736	1 535	1 378	1 116	864	553	344
				1966～2008	43	3 d 洪量	150	1.70	2.3	1 477	1967			2 231	1 930	1 713	1 543	1 258	983	642	410
	峪口河	王家会	333	1958～2008	51	洪峰流量	68.9	2.00	2.5	319	1964	560	1939	1 339	1 140	996	884	699	524	313	179
				1958～2008	51	24 h 洪量	107	1.90	2.3	658	1994			1 861	1 598	1 408	1 260	1 013	777	488	295
				1958～2008	51	3 d 洪量	195	1.85	2.3	1 354	1994			3 266	2 810	2 480	2 222	1 793	1 381	876	538
	阳武河	芦庄	746	1954～2008	55	洪峰流量	242	1.50	2.4	1 080	1967	2 740	1892	3 084	2 685	2 395	2 168	1 787	1 417	954	633
				1954～2008	55	24 h 洪量	214	1.50	2.4	1 670	1967			2 727	2 374	2 118	1 917	1 580	1 253	844	560
				1954～2008	55	3 d 洪量	283	1.50	2.4	3 283	1954			3 607	3 140	2 801	2 535	2 090	1 658	1 116	740
	云中河	寺坪	192	1953～2008	56	洪峰流量	93.3	1.90	2.5	573	1974	1 388	1908	1 687	1 441	1 264	1 126	897	679	415	244
				1953～2008	56	24 h 洪量	112	1.90	2.4	921	1996			1 987	1 702	1 496	1 335	1 069	814	504	301
				1953～2008	56	3 d 洪量	235	1.90	2.4	1 662	1996			4 169	3 570	3 138	2 802	2 242	1 708	1 058	631
	牧马河	豆罗桥	751	1956～2008	53	洪峰流量	183	1.70	2.5	656	1958	1 890	1932	2 829	2 437	2 152	1 931	1 561	1 206	770	479
				1956～2008	53	24 h 洪量	315	1.70	2.2	2 161	1996			4 588	3 981	3 540	3 194	2 616	2 057	1 359	878
				1956～2008	53	3 d 洪量	510	1.50	2.2	3 599	1996			6 246	5 463	4 892	4 445	3 692	2 958	2 030	1 375

续表 4-6

水系	河名	站名	集水面积（km^2）	观测年份	观测年限	统计项目	统计参数			实测		调查		不同频率设计值							
							均值	C_v	C_s/C_v	最大值	年份	最大值	年份	0.1%	0.2%	0.33%	0.5%	1%	2%	5%	10%
子牙河	清水河	南坡	2 304	1957~2008	52	洪峰流量	237	2.00	2.5	794	1996	4 600	1794	4 607	3 921	3 426	3 041	2 405	1 801	1 077	614
				1957~2008	52	24 h 洪量	650	2.00	2.3	5 349	1996			12 152	10 398	9 131	8 144	6 504	4 940	3 039	1 793
				1957~2008	52	3 d 洪量	1 200	1.95	2.3	9 434	1996			21 646	18 555	16 321	14 580	11 683	8 916	5 541	3 312
沿黄支流	偏关河	偏关	1 896	1957~2008	52	洪峰流量	455	1.20	2.3	2 140	1979	2 470	1935	4 204	3 720	3 366	3 088	2 615	2 151	1 553	1 119
				1957~2008	52	24 h 洪量	619	1.30	2.3	3 436	1967			6 365	5 605	5 050	4 613	3 876	3 154	2 231	1 570
				1957~2008	52	3 d 洪量	800	1.15	2.3	4 067	1967			6 989	6 200	5 623	5 168	4 396	3 635	2 651	1 933
	东川河	岢岚	476	1959~2008	50	洪峰流量	82.6	1.55	2.3	353	1961	878	1905	1 080	941	839	760	626	497	334	221
				1959~2008	50	24 h 洪量	130	1.55	2.2	738	1967			1 666	1 454	1 300	1 179	975	778	529	354
				1959~2008	50	3 d 洪量	180	1.35	2.2	908	1967			1 909	1 681	1 514	1 383	1 162	945	667	468
	县川河	旧县	1 562	1977~2008	32	洪峰流量	257	1.90	2.6	1 890	1995	2 840	1958	4 732	4 032	3 528	3 135	2 485	1 869	1 128	652
				1977~2008	32	24 h 洪量	430	1.95	2.3	3 317	1995			7 756	6 649	5 848	5 224	4 186	3 195	1 986	1 187
				1977~2008	32	3 d 洪量	550	1.90	2.3	3 508	1995			9 564	8 213	7 236	6 475	5 206	3 992	2 506	1 518
	朱家川	桥头	2 854	1956~2008	53	洪峰流量	356	1.85	2.5	2 420	1967			6 199	5 306	4 661	4 159	3 325	2 529	1 564	931
				1956~2008	53	24 h 洪量	842	1.65	2.1	6 761	1967			11 514	10 034	8 958	8 114	6 696	5 318	3 585	2 373
				1956~2008	53	3 d 洪量	1 070	1.65	2.1	7 502	1967			14 632	12 751	11 384	10 311	8 509	6 759	4 556	3 015
汾河	北石河	岔上	31.7	1958~2008	51	洪峰流量	6.50	1.60	2.3	68.6	1969			88.8	77.2	68.7	62.1	51.0	40.3	26.8	17.5
				1958~2008	51	24 h 洪量	10.0	1.35	2.2	123	1995			106	93.4	84.1	76.8	64.5	52.5	37.1	26.0
				1958~2008	51	3 d 洪量	29.6	1.30	2.2	275	1995			298	263	238	218	183	150	107	75.8
	汾河	宁化堡	1 056	1957~1961 1991~2008	23	洪峰流量	206	1.30	2.3	670	1959	1 120	1967	2 118	1 865	1 681	1 535	1 290	1 050	743	522
				1957~1961 1991~2008	23	24 h 洪量	498	1.35	2.3	2 318	1959			5 389	4 734	4 256	3 881	3 248	2 629	1 842	1 280
				1957~1961 1991~2008	23	3 d 洪量	950	1.30	2.3	4 277	1995			9 769	8 602	7 750	7 080	5 949	4 840	3 425	2 409

续表 4-6

水系	河名	站名	集水面积（km²）	观测年份	观测年限	统计项目	统计参数			实测		调查		不同频率设计值							
							均值	C_v	C_s/C_v	最大值	年份	最大值	年份	0.1%	0.2%	0.33%	0.5%	1%	2%	5%	10%
汾河	汾河	静乐	2 799	1951～2008	58	洪峰流量	594	1.20	2.6	2 230	1967	4 000	1929	5 792	5 095	4 587	4 187	3 514	2 855	2 018	1 421
				1951～2008	58	24 h 洪量	1 330	1.10	2.5	6 628	1995			11 359	10 066	9 120	8 374	7 113	5 871	4 272	3 111
				1951～2008	58	3 d 洪量	2 030	1.10	2.5	12 375	1995			17 337	15 363	13 920	12 782	10 856	8 961	6 520	4 748
	松塔河	独堆	1 152	1956～2008	53	洪峰流量	333	1.50	3.0	1 550	1963	1 830	1 877	4 705	4 043	3 565	3 192	2 572	1 980	1 259	782
				1956～2008	53	24 h 洪量	671	1.50	2.4	3 757	1956			8 551	7 445	6 641	6 011	4 954	3 930	2 646	1 755
				1956～2008	53	3 d 洪量	1 060	1.45	2.4	7 056	1956			12 892	11 249	10 054	9 117	7 544	6 015	4 093	2 749
	潇河	芦家庄	2 367	1954～2008	55	洪峰流量	535	1.35	2.5	2 160	1963	2 960	1913	6 011	5 258	4 710	4 280	3 557	2 854	1 966	1 342
				1954～2008	55	24 h 洪量	1 090	1.35	2.5	4 285	1959			12 246	10 713	9 596	8 720	7 247	5 814	4 006	2 735
				1954～2008	55	3 d 洪量	1 660	1.15	2.5	7 873	1954			15 032	13 284	12 007	11 002	9 302	7 633	5 493	3 949
	昌源河	盘陀	533	1954～2008	55	洪峰流量	225	1.60	2.5	2 050	1977	1 085	1923	3 196	2 764	2 451	2 206	1 797	1 404	916	585
				1954～2008	55	24 h 洪量	318	1.60	2.3	2 138	1977			4 346	3 776	3 362	3 038	2 495	1 970	1 313	859
				1954～2008	55	3 d 洪量	530	1.20	2.3	2 847	1977			4 897	4 334	3 921	3 596	3 046	2 505	1 809	1 303
	静升河	灵石	287	1992～2008	17	洪峰流量	70.0	2.10	2.5	274	1993	1 460	1917	1 458	1 236	1 076	952	748	554	324	179
				1992～2008	17	24 h 洪量	59.0	2.00	2.5	413	1993			1 147	976	853	757	599	448	268	153
				1992～2008	17	3 d 洪量	74.5	2.00	2.5	573	1993			1 448	1 232	1 077	956	756	566	339	193
	仁义河	南关	257	1958～1961 1964～1987	28	洪峰流量	159	1.50	2.4	460	1970	1 160	1918	2 026	1 764	1 574	1 424	1 174	931	627	416
				1958～1961 1964～1987	28	24 h 洪量	133	1.60	2.4	292	1982			1 854	1 607	1 428	1 288	1 053	827	546	353
				1958～1961 1964～1987	28	3 d 洪量	206	1.40	2.4	536	1982			2 388	2 088	1 870	1 699	1 411	1 131	778	529
南运河	榆社河	榆社	702	1957～2008	52	洪峰流量	420	1.05	2.7	1 190	1970	2 340	1930	3 488	3 089	2 797	2 567	2 178	1 796	1 306	951
				1957～2008	52	24 h 洪量	667	1.15	2.3	2 641	1977			5 827	5 170	4 688	4 309	3 665	3 030	2 211	1 612
				1957～2008	52	3 d 洪量	1 080	1.10	2.3	4 857	1977			8 903	7 920	7 199	6 630	5 664	4 709	3 471	2 561

续表 4-6

水系	河名	站名	集水面积（km^2）	观测年份	观测年限	统计项目	统计参数			实测		调查		不同频率设计值							
							均值	C_v	C_s/C_v	最大值	年份	最大值	年份	0.1%	0.2%	0.33%	0.5%	1%	2%	5%	10%
南运河	清漳河东支	蔡家庄	460	1958～2008	51	洪峰流量	119	1.80	2.6	694	1963	859	1914	2 030	1 737	1 525	1 361	1 087	826	510	304
				1958～2008	51	24 h 洪量	321	1.60	2.5	4 400	1963			4 560	3 943	3 497	3 148	2 564	2 003	1 307	835
				1958～2008	51	3 d 洪量	540	1.60	2.5	8 209	1963			7 670	6 634	5 882	5 295	4 314	3 369	2 199	1 405
子牙河	老坟沟	武家坪	4.28	1971～1988	18	洪峰流量	3.00	2.25	2.5	12.3	1971			68.9	58.1	50.3	44.3	34.4	25.1	14.2	7.49
				1971～1988	18	24 h 洪量	1.15	2.30	2.3	5.16	1971			26.2	22.2	19.3	17.1	13.4	9.86	5.70	3.09
				1971～1988	18	3 d 洪量	1.72	2.20	2.3	5.25	1971			36.8	31.3	27.3	24.2	19.1	14.20	8.39	4.68
	松溪河	泉口	1 627	1958～1961 1964～2008	49	洪峰流量	320	2.00	2.5	4 100	1996	3 300	1939	6 221	5 294	4 626	4 106	3 247	2 432	1 455	829
				1958～1961 1964～2008	49	24 h 洪量	818	1.90	2.3	13 180	1996			14 224	12 215	10 762	9 630	7 743	5 937	3 727	2 258
				1958～1961 1964～2008	49	3 d 洪量	1 240	1.80	2.3	19 296	1996			19 980	17 223	15 227	13 668	11 067	8 568	5 487	3 412
	龙华河	会里	475	1966～2008	43	洪峰流量	77.4	2.20	3.0	244	1975	1 600	1924	1 870	1 557	1 334	1 162	881	621	326	158
				1966～2008	43	24 h 洪量	122	2.20	2.2	1 162	1996			2 557	2 179	1 906	1 694	1 342	1 008	605	344
				1966～2008	43	3 d 洪量	192	2.10	2.2	1 796	1996			3 767	3 221	2 827	2 520	2 009	1 523	932	545
	桃河	旧街	274	1970～2008	39	洪峰流量	232	1.35	3.0	1 210	1990	1 190	1966	2 833	2 453	2 178	1 963	1 604	1 258	832	542
				1970～2008	39	24 h 洪量	213	1.05	2.3	833	1990			1 654	1 475	1 344	1 240	1 064	890	663	495
				1970～2008	39	3 d 洪量	300	1.00	2.3	974	1988			2 189	1 958	1 789	1 654	1 426	1 199	903	682
		阳泉	490	1955～2008	54	洪峰流量	400	1.35	2.5	2 200	1959	2 810	1945	4 494	3 931	3 522	3 200	2 660	2 134	1 470	1 004
				1955～2008	54	24 h 洪量	593	1.30	2.3	3 404	1966			6 098	5 369	4 838	4 419	3 713	3 021	2 138	1 504
				1955～2008	54	3 d 洪量	906	1.35	2.3	4 875	1956			9 804	8 612	7 744	7 061	5 909	4 783	3 350	2 329
	岭南河	前石窑	37.2	1980～2008	29	洪峰流量	16.7	2.00	3.0	74.5	1987	900	1957	353	296	256	225	173	125	69.7	36.4
				1980～2008	29	24 h 洪量	6.50	2.00	2.5	30.0	1985			126	108	94.0	83.4	65.9	49.4	29.5	16.8
				1980～2008	29	3 d 洪量	7.20	2.00	2.5	30.0	1985			140	119	104	92.4	73.1	54.7	32.7	18.7

续表 4-6

水系	河名	站名	集水面积（km^2）	观测年份	观测年限	统计项目	统计参数			实测		调查		不同频率设计值							
							均值	C_v	C_s/C_v	最大值	年份	最大值	年份	0.1%	0.2%	0.33%	0.5%	1%	2%	5%	10%
子牙河	岔口河	罗面咀	59	1981～2008	28	洪峰流量	25.4	2.00	2.5	69.7	1983	1 600	1963	494	420	367	326	258	193	115	65.8
				1981～2008	28	24 h 洪量	20.9	2.10	2.2	97.9	1988			410	351	308	274	219	166	101	59.3
				1981～2008	28	3 d 洪量	16.0	2.10	2.2	104	1988			314	268	236	210	167	127	77.7	45.4
汾河	冶峪沟	董茹	18.9	1956～2008	53	洪峰流量	25.2	2.00	2.5	120	1959	426	1944	490	417	364	323	256	192	115	65.3
				1956～2008	53	24 h 洪量	9.4	1.70	2.2	41.6	1959			137	119	106	95.3	78.1	61.4	40.5	26.2
				1956～2008	53	3 d 洪量	12.0	1.70	2.2	77.7	1988			175	152	135	122	99.7	78.3	51.8	33.4
	风峪沟	店头	33.9	1975～2008	34	洪峰流量	33.2	2.0	2.5	104	1996	701	1944	645	549	480	426	337	252	151	86.3
				1975～2008	34	24 h 洪量	43.6	1.50	2.5	411	1996			566	492	438	396	325	256	171	112
				1975～2008	34	3 d 洪量	63.3	1.50	2.5	520	1996			822	714	636	574	472	372	248	163
	岚河	上静游	1 140	1954～2008	55	洪峰流量	241	1.70	2.5	728	1967	1 860	1934	3 726	3 209	2 835	2 542	2 055	1 588	1 015	631
				1954～2008	55	24 h 洪量	422	1.60	2.5	1 845	1958			5 994	5 184	4 597	4 138	3 371	2 633	1 719	1 098
				1954～2008	55	3 d 洪量	662	1.25	2.3	3 487	1954			6 458	5 701	5 147	4 711	3 974	3 251	2 324	1 654
	涧河	娄烦	578	1993～2008	16	洪峰流量	53.8	1.60	2.5	211	1995			764	661	586	528	430	336	219	140
				1993～2008	16	24 h 洪量	68.0	1.80	2.3	222	1994			1 096	945	835	750	607	470	301	187
				1993～2008	16	3 d 洪量	112	1.60	2.3	321	1996			1 531	1 330	1 184	1 070	879	694	462	302
沿黄支流	屈产河	裴沟	1 023	1962～2008	47	洪峰流量	573	1.40	2.6	3 380	1969	5 110	1888	6 889	5 999	5 352	4 846	3 997	3 174	2 144	1 431
				1962～2008	47	24 h 洪量	799	1.30	2.3	3 747	1969			8 216	7 235	6 518	5 955	5 003	4 071	2 880	2 026
				1962～2008	47	3 d 洪量	935	1.25	2.3	4 799	1977			9 122	8 052	7 270	6 654	5 614	4 592	3 282	2 336
	蔚汾河	碧村	1 476	1956～1985	30	洪峰流量	479	1.20	2.5	1 840	1967			4 590	4 046	3 648	3 336	2 808	2 291	1 631	1 157
				1956～1985	30	24 h 洪量	846	1.40	2.5	2 894	1967			9 990	8 718	7 793	7 068	5 850	4 667	3 181	2 144
				1956～1985	30	3 d 洪量	1 150	1.35	2.5	4 659	1967			12 920	11 302	10 124	9 200	7 646	6 134	4 226	2 885

续表 4-6

水系	河名	站名	集水面积（km²）	观测年份	观测年限	统计项目	统计参数			实测		调查		不同频率设计值							
							均值	C_v	C_s/C_v	最大值	年份	最大值	年份	0.1%	0.2%	0.33%	0.5%	1%	2%	5%	10%
沿黄支流	蔚汾河	兴县	650	1986～2008	23	洪峰流量	134	1.35	2.5	385	1996			1 506	1 317	1 180	1 072	891	715	492	336
				1986～2008	23	24 h 洪量	270	1.75	2.4	1 156	1986			4 266	3 675	3 248	2 914	2 357	1 823	1 165	724
				1986～2008	23	3 d 洪量	315	1.70	2.4	1 267	1995			4 778	4 125	3 652	3 282	2 665	2 071	1 338	842
	清凉寺沟	杨家坡	283	1957～2008	52	洪峰流量	312	1.25	2.3	1 670	1961	2 370	1951	3 044	2 687	2 426	2 220	1 873	1 532	1 095	780
				1957～2008	52	24 h 洪量	266	1.20	2.4	1 141	1961			2 504	2 211	1 997	1 829	1 544	1 265	907	649
				1957～2008	52	3 d 洪量	304	1.15	2.4	1 143	1961			2 705	2 395	2 168	1 990	1 687	1 390	1 007	729
	岚漪河	裴家川	2 159	1956～1986	31	洪峰流量	489	1.30	2.3	2 740	1967			5 028	4 428	3 989	3 644	3 062	2 492	1 763	1 240
				1956～1986	31	24 h 洪量	1 000	1.20	2.1	5 978	1967			8 888	7 897	7 171	6 598	5 625	4 663	3 415	2 497
				1956～1986	31	3 d 洪量	1 240	1.15	2.1	6 194	1967			10 426	9 287	8 452	7 791	6 669	5 557	4 108	3 038
	三川河	后大成	4 102	1954～2008	55	洪峰流量	830	1.25	2.6	4 070	1966	5 600	1875	8 550	7 501	6 737	6 137	5 127	4 142	2 895	2 012
				1954～2008	55	24 h 洪量	1 590	1.45	2.5	11 605	1959			19 703	17 155	15 303	13 852	11 419	9 061	6 110	4 063
				1954～2008	55	3 d 洪量	2 000	1.32	2.5	14 122	1959			21 793	19 091	17 124	15 579	12 980	10 448	7 245	4 985
	湫水河	林家坪	1 873	1953～2008	56	洪峰流量	953	1.15	2.5	3 670	1967	7 700	1875	8 630	7 626	6 893	6 316	5 340	4 382	3 154	2 267
				1953～2008	56	24 h 洪量	1 360	1.15	2.3	6 456	1970			11 881	10 541	9 559	8 785	7 473	6 179	4 507	3 286
				1953～2008	56	3 d 洪量	1 620	1.10	2.3	7 805	1970			13 355	11 880	10 799	9 945	8 496	7 064	5 207	3 842
	南川河	万年饱	286	1957～2008	52	洪峰流量	59.0	1.85	2.3	270	2004	516	1909	988	850	750	672	543	418	265	163
				1957～2008	52	24 h 洪量	54.3	1.90	2.5	530	1971			982	839	735	655	522	395	241	142
				1957～2008	52	3 d 洪量	68.0	1.75	2.5	536	1971			1 095	941	830	743	598	460	291	178
	北川河	圪洞	749	1957～2008	52	洪峰流量	156	1.40	2.5	562	1988	738	1933	1 842	1 608	1 437	1 303	1 079	861	587	395
				1957～2008	52	24 h 洪量	238	1.55	2.5	2 551	1959			3 235	2 804	2 491	2 246	1 837	1 442	952	616
				1957～2008	52	3 d 洪量	375	1.65	2.5	4 497	1959			5 561	4 799	4 247	3 816	3 097	2 406	1 554	979

续表 4-6

水系	河名	站名	集水面积（km^2）	观测年份	观测年限	统计项目	统计参数			实测		调查		不同频率设计值							
							均值	C_v	C_s/C_v	最大值	年份	最大值	年份	0.1%	0.2%	0.33%	0.5%	1%	2%	5%	10%
汾河	中西河	岔口	492	1957～2008	52	洪峰流量	72.4	1.90	2.5	385	1959	645	1930	1 309	1 118	981	873	696	527	322	189
				1957～2008	52	24 h 洪量	224	1.50	2.3	1 103	1969			2 799	2 443	2 183	1 980	1 638	1 306	888	595
				1957～2008	52	3 d 洪量	460	1.10	2.2	1 630	1967			3 723	3 318	3 021	2 786	2 388	1 992	1 478	1 098
	葫芦河	岔口（葫）	366	1977～1989 2002～2008	20	洪峰流量	47.4	2.00	2.5	162	1981			921	784	685	608	481	360	215	123
				1977～1989 2002～2008	20	24 h 洪量	145	1.60	2.2	488	1981			1 941	1 691	1 509	1 366	1 127	894	602	398
				1977～1989 2002～2008	20	3 d 洪量	192	1.50	2.2	634	1988			2 351	2 057	1 842	1 673	1 390	1 114	764	518
沿黄支流	鄂河	乡宁	328	1959～2008	50	洪峰流量	236	1.65	2.5	925	1961	1 400	1937	3 499	3 020	2 673	2 402	1 949	1 514	978	616
				1959～2008	50	24 h 洪量	199	1.45	2.2	711	1960			2 326	2 039	1 830	1 665	1 388	1 118	774	531
				1959～2008	50	3 d 洪量	230	1.40	2.2	849	1959			2 563	2 252	2 024	1 846	1 544	1 249	874	606
汾河	洪安涧河	东庄	987	1953～2008	56	洪峰流量	402	1.70	2.5	1 690	1971	5 300	1917	6 215	5 353	4 728	4 241	3 429	2 649	1 693	1 052
				1953～2008	56	24 h 洪量	620	1.50	2.3	2 527	1975			7 749	6 761	6 043	5 480	4 534	3 615	2 457	1 647
				1953～2008	56	3 d 洪量	840	1.45	2.3	2 895	1975			10 020	8 763	7 847	7 129	5 920	4 744	3 257	2 210
	涝河	贤庄	479	1958～1978	21	洪峰流量	327	1.40	2.4	876	1966	2 820	1895	3 790	3 315	2 969	2 697	2 240	1 796	1 235	840
				1958～1978	21	24 h 洪量	415	1.40	2.3	1 128	1958			4 718	4 135	3 711	3 377	2 815	2 267	1 572	1 080
				1958～1978	21	3 d 洪量	550	1.40	2.3	1 466	1958			6 253	5 481	4 918	4 476	3 731	3 005	2 084	1 431
	浍河	河运	1 260	1959～1982	24	洪峰流量	211	2.00	3.0	407	1971	2 930	1892	4 460	3 746	3 234	2 838	2 189	1 583	880	460
				1959～1982	24	24 h 洪量	485	1.75	2.4	1 820	1971			7 662	6 602	5 834	5 234	4 234	3 274	2 093	1 301
				1959～1982	24	3 d 洪量	720	1.70	2.4	3 478	1982			10 922	9 429	8 347	7 502	6 091	4 734	3 058	1 926
	续鲁峪	大交（续）	347	1983～2008	26	洪峰流量	28.1	2.50	2.3	179	2007			721	607	524	461	356	258	143	73.0
				1983～2008	26	24 h 洪量	97	2.40	2.3	391	1988			2 349	1 982	1 719	1 515	1 178	861	488	257
				1983～2008	26	3 d 洪量	132	2.00	2.3	719	1988			2 468	2 112	1 854	1 654	1 321	1 003	617	364

续表 4-6

水系	河名	站名	集水面积（km^2）	观测年份	观测年限	统计项目	统计参数			实测		调查		不同频率设计值							
							均值	C_v	C_s/C_v	最大值	年份	最大值	年份	0.1%	0.2%	0.33%	0.5%	1%	2%	5%	10%
沿黄支流	昕水河	大宁	3 992	1956～2008	53	洪峰流量	704	1.20	2.8	2 880	1969	5 000	1868	7 095	6 217	5 579	5 077	4 235	3 414	2 379	1 651
				1956～2008	53	24 h 洪量	1 470	1.10	2.5	5 048	1963			12 554	11 125	10 080	9 256	7 861	6 489	4 722	3 438
				1956～2008	53	3 d 洪量	1 960	1.05	2.5	7 552	1958			15 754	14 001	12 717	11 704	9 986	8 292	6 102	4 500
汾河	州川河	吉县	436	1958～2008	51	洪峰流量	314	1.30	2.3	1 050	1971	1 590	1937	3 229	2 843	2 562	2 340	1 966	1 600	1 132	796
				1958～2008	51	24 h 洪量	299	1.50	2.2	1 756	1971			3 662	3 203	2 868	2 606	2 164	1 734	1 190	806
				1958～2008	51	3 d 洪量	336	1.50	2.2	1 922	1966			4 115	3 599	3 223	2 928	2 432	1 949	1 337	906
沁河	沁河	飞岭	2 683	1957～2008	52	洪峰流量	389	1.80	2.6	2 160	1993	2 960	1910	6 638	5 679	4 987	4 448	3 553	2 700	1 667	993
				1957～2008	52	24 h 洪量	1 380	1.50	2.7	7 101	1993			18 570	16 060	14 242	12 821	10 448	8 164	5 342	3 431
				1957～2008	52	3 d 洪量	2 420	1.25	2.5	9 549	1993			24 496	21 534	19 374	17 677	14 816	12 019	8 462	5 929
南运河	绛河	北张店	270	1959～2008	50	洪峰流量	204	1.50	2.3	868	1964	1 228	1909	2 550	2 225	1 988	1 803	1 492	1 189	809	542
				1959～2008	50	24 h 洪量	225	1.50	2.5	810	1971			2 922	2 538	2 260	2 041	1 676	1 323	882	579
				1959～2008	50	3 d 洪量	337	1.40	2.5	1 030	1971			3 979	3 473	3 104	2 815	2 330	1 859	1 267	854
沁河	沁水河	油房	414	1960～2008	49	洪峰流量	176	1.80	2.6	2 500	1982	1 110	1918	3 003	2 569	2 256	2 012	1 607	1 222	754	449
				1960～2008	49	24 h 洪量	355	1.75	2.3	3 879	1982			5 498	4 749	4 206	3 781	3 072	2 390	1 546	974
				1960～2008	49	3 d 洪量	650	1.70	2.3	6 575	1982			9 666	8 365	7 422	6 684	5 450	4 260	2 783	1 775
	沁河	孔家坡	1 358	1958～2008	51	洪峰流量	216	1.90	2.5	2 210	1993	2 190	1932	3 905	3 336	2 926	2 606	2 076	1 571	961	564
				1958～2008	51	24 h 洪量	739	1.70	2.3	5 651	1993			10 990	9 511	8 438	7 599	6 197	4 844	3 165	2 018
				1958～2008	51	3 d 洪量	1 250	1.30	2.3	7 237	1993			12 854	11 318	10 198	9 316	7 827	6 369	4 506	3 170
沿黄支流	洮水河	冷口	76	1976～2008	33	洪峰流量	50.1	1.80	2.2	394	2007	320	1958	791	683	606	545	443	345	224	141
				1976～2008	33	24 h 洪量	84.6	1.70	2.2	728	2007			1 232	1 069	951	858	703	552	365	236
				1976～2008	33	3 d 洪量	116	1.80	2.2	804	2007			1 831	1 582	1 402	1 261	1 026	799	518	327

续表 4-6

水系	河名	站名	集水面积（km^2）	观测年份	观测年限	统计项目	统计参数			实测		调查		不同频率设计值							
							均值	C_v	C_s/C_v	最大值	年份	最大值	年份	0.1%	0.2%	0.33%	0.5%	1%	2%	5%	10%
沿黄支流	白沙河	大庙	55.9	1956～2008	53	洪峰流量	53.3	1.90	2.4	596	1958			945	810	712	635	509	387	240	143
				1956～2008	53	24 h 洪量	60.8	1.50	2.4	570	1958			775	675	602	545	449	356	240	159
				1956～2008	53	3 d 洪量	83.4	1.30	2.4	671	1958			874	768	691	630	527	427	300	209
	风伯峪	风伯峪	15.9	1976～2002	27	洪峰流量	8.92	2.00	2.5	23.5	1982	101	1958	173	148	129	114	90.5	67.8	40.5	23.1
				1976～2002	27	24 h 洪量	10.9	1.30	2.5	89.3	1996			116	102	91.6	83.4	69.6	56.1	39.1	27.0
				1976～2002	27	3 d 洪量	17.6	1.30	2.5	118	1996			188	165	148	135	112	90.6	63.1	43.7
	王家河	泗交	13.9	1973～2008	36	洪峰流量	8.67	2.10	2.3	29.3	1982	129	1958	174	148	130	115	91.4	68.8	41.5	23.8
				1973～2008	36	24 h 洪量	16.5	1.40	2.3	107	1982			188	164	148	134	112	90.1	62.5	42.9
				1973～2008	36	3 d 洪量	25.7	1.30	2.3	134	1982			264	233	210	192	161	131	92.6	65.2
永定河	桑干河	西朱庄	6 688	1958～2008	51	洪峰流量	290	1.60	1.8	1 978	1967	1 940	1896	3 543	3 118	2 813	2 562	2 148	1 742	1 222	846
				1958～2008	51	24 h 洪量	740	1.40	2.1	5 079	1967			8 077	7 111	6 420	5 851	4 913	3 994	2 818	1 972
				1958～2008	51	3 d 洪量	1 320	1.35	2.4	11 806	1967			14 559	12 763	11 479	10 426	8 695	7 007	4 867	3 353
	桑干河	固定桥	15 803	1961 1972～2008	38	洪峰流量	420	1.50	2.0	1 230	1979	4 900	1896	4 926	4 329	3 902	3 551	2 972	2 406	1 682	1 163
				1961 1972～2008	38	24 h 洪量	1 350	1.20	2.2	4 216	1981			12 238	10 852	9 857	9 036	7 678	6 340	4 610	3 346
				1961 1972～2008	38	3 d 洪量	2 380	1.10	2.3	8 134	1981			19 621	17 453	15 896	14 611	12 482	10 378	7 649	5 644
子牙河	滹沱河	界河铺	6 031	1953～2008	56	洪峰流量	280	1.70	2.2	1 730	1964	3 170	1892	4 079	3 539	3 154	2 840	2 325	1 828	1 208	780
				1953～2008	56	24 h 洪量	1 200	1.35	2.1	6 005	1964			12 470	11 004	9 953	9 087	7 659	6 256	4 455	3 152
				1953～2008	56	3 d 洪量	2 310	1.30	2.1	9 936	1959			22 822	20 184	18 291	16 731	14 155	11 618	8 350	5 974
	滹沱河	济胜桥	8 939	1955～1957 1966～2008	46	洪峰流量	290	2.00	2.1	1 120	1967	5 050	1785	5 195	4 470	3 955	3 535	2 852	2 196	1 389	847
				1955～1957 1966～2008	46	24 h 洪量	1 210	1.48	2.0	3 378	1956			13 934	12 256	11 055	10 066	8 438	6 842	4 800	3 334
				1955～1957 1966～2008	46	3 d 洪量	2 480	1.40	2.1	6 299	1956			27 068	23 832	21 515	19 608	16 467	13 386	9 444	6 609

续表4-6

水系	河名	站名	集水面积（km^2）	观测年份	观测年限	统计项目	统计参数			实测		调查		不同频率设计值							
							均值	C_v	C_s/C_v	最大值	年份	最大值	年份	0.1%	0.2%	0.33%	0.5%	1%	2%	5%	10%
子牙河	滹沱河	南庄	11 936	1953～2008	56	洪峰流量	599	1.50	2.2	1 560	1996	7 150	1794	7 335	6 416	5 759	5 221	4 336	3 474	2 384	1 615
				1953～2008	56	24 h洪量	2 040	1.55	2.1	11 410	1996			25 586	22 386	20 100	18 224	15 142	12 138	8 332	5 640
				1953～2008	56	3 d洪量	4 500	1.50	2.2	26 530	1996			55 107	48 200	43 268	39 219	32 574	26 100	17 910	12 133
汾河	汾河	兰村	7 705	1951～1998	48	洪峰流量	920	0.90	2.5	2 455	1967	4 500	1892	6 080	5 454	5 003	4 629	4 008	3 391	2 582	1 979
				1951～1998	48	24 h洪量	3 070	1.05	2.5	11 982	1967			23 173	20 655	18 845	17 351	14 875	12 427	9 248	6 909
				1951～1998	48	3 d洪量	5 000	1.00	2.5	19 400	1954			37 741	33 640	30 693	28 259	24 227	20 239	15 062	11 252
	汾河	汾河二坝	14 030	1964～2008	45	洪峰流量	310	1.90	2.2	1 220	1969	3 690	1928	5 279	4 546	4 025	3 600	2 909	2 245	1 428	878
				1964～2008	45	24 h洪量	1 440	1.35	2.2	6 005	1966			15 276	13 449	12 141	11 066	9 294	7 557	5 337	3 743
				1964～2008	45	3 d洪量	2 970	1.30	2.2	12 502	1996			29 946	26 426	23 904	21 828	18 403	15 039	10 724	7 608
	汾河	义棠	23 945	1958～2008	51	洪峰流量	390	1.20	2.3	1 260	1959	2 060	1954	3 604	3 189	2 892	2 646	2 242	1 844	1 331	959
				1958～2008	51	24 h洪量	2 310	1.25	2.2	9 245	1996			22 103	19 551	17 722	16 214	13 723	11 272	8 117	5 825
				1958～2008	51	3 d洪量	5 140	1.20	2.2	21 444	1996			46 595	41 317	37 528	34 403	29 235	24 138	17 553	12 741
	汾河	赵城	28 676	1951～2008	58	洪峰流量	630	1.30	2.2	2 800	1957	5 450	1843	6 352	5 606	5 071	4 630	3 904	3 190	2 275	1 614
				1951～2008	58	24 h洪量	2 700	1.20	2.2	12 442	1954			24 476	21 703	19 713	18 072	15 357	12 680	9 220	6 693
				1951～2008	58	3 d洪量	6 170	1.15	2.2	30 404	1954			52 897	47 023	42 803	39 319	33 549	27 847	20 451	15 016
	汾河	柴庄	33 932	1956～1968 1970～2008	52	洪峰流量	610	1.05	2.2	2 450	1958	3 520	1895	4 651	4 157	3 801	3 506	3 017	2 532	1 897	1 425
				1956～1968 1970～2008	52	24 h洪量	3 280	1.05	2.2	13 116	1954			25 008	22 350	20 436	18 853	16 223	13 612	10 200	7 663
				1956～1968 1970～2008	52	3 d洪量	7 420	1.00	2.2	34 976	1954			53 188	47 668	43 689	40 394	34 914	29 459	22 302	16 948
沁河	沁河	润城	7 273	1950～1996	47	洪峰流量	740	1.20	2.5	2 750	1982	5 030	1895	7 091	6 250	5 648	5 153	4 338	3 539	2 519	1 788
				1950～1996	47	3 d洪量	7 300	1.15	2.1					61 379	54 675	49 853	45 868	39 260	32 712	24 187	17 883

第5章　文献记载洪水

5.1　概　述

对于历史洪水的考证、分析和研究,其中最重要的依据就是历史文献。各地的地方志和宫廷档案中,有大量关于洪水的雨情、水情和灾情方面的文字记载。在山西省,有的河流两岸还留下了关于洪水位或洪水情势的碑刻。

本书搜集到的历史文献资料主要来源:一是山西省图书馆、太原市博物馆、山西省文物工作委员会以及有关县文化馆、档案馆等单位的明清及民国年间的地方志史料和奏折等文献;二是由黄委会勘测设计院搜集到的沁河流域及周边的相关史料,包括调查访问到的一些碑文及指水碑等文物资料;三是从《华北东北近500年旱涝史》中摘录的部分相关资料;四是收录了原各地市编制于20世纪70年代原各地市的《水文计算手册》中"历史文献摘录"部分(这部分内容除洪水文献摘录外,个别地市还有旱情记录);五是从中国历史博物馆(原故宫档案馆)抄录的雨洪灾情奏折等文献资料;六是《清代海滦河洪涝档案史料》;七是《山西自然灾害史年表》;八是《山西水旱灾害》。除此之外,还有个别家书、账本中对洪水的记载。这些资料中相互重复或转载的,视具体情况进行了取舍。有些年份发生的特大洪水虽多处文献均有记载,且内容相近,考虑到正是由于出处不同,更便于相互印证,因而未作舍弃。

将这些文献资料分析整理列入本书,可作为历史调查洪水资料可靠性的进一步佐证,有利于历史洪水重现期的分析确定,进而可起到提高洪水系列代表性和设计洪水成果质量的作用。

历史洪水文献记载的内容包括文献类型与出处,涉及年份、年代、文献摘录等。

经分析整理归并,本书共有各类文献摘录1 854条,最早的洪水记录年份为商汤廿四年,即公元前1688年,最晚到1987年,共涉及711个年份。应该指出,利用文献资料考证洪水重现期,不仅大洪水记载具有重要价值,而且旱灾及其他记载同样有一定价值,因为当某地有洪水以外的诸如旱灾、蝗灾、地震等记载时,便足以说明该地当年没有大洪水发生,有连续年份的洪水记载或其他灾情记载,对于考证洪水重现期尤为重要。如果仅重点摘录洪水文献而疏漏了旱情等文献记载,这种缺失定会给使用者在考证洪水重现期时增加一定难度。应该说明的是,本书所搜集的文献摘录主要侧重于洪水文献,对于洪水以外的各类灾情记载遗漏较多,提请使用者注意。

从我国各个历史时期地方志及宫廷档案情况看,年代越久远文献记载越粗略,越容易有大洪水的遗漏。较之明代,清代以来的记载明显增多且比较详尽,除战乱时期外,基本可以认为历史洪水文献记载是连续的。作者提出这一粗浅认识,仅供使用者在洪水重现期考证时参考借鉴。

摘自于原各地市《水文计算手册》的记录，大部分没有标明文献出处，也成为本书的一大遗憾，事实上这只是当时摘录的一个疏漏，其文献记录本身的真实性依然勿庸置疑。

根据历史文献记载，结合民间访问和实地考察，对于确定调查洪水的重现期至关重要。例如，1482年沁河特大洪水是山西省乃至我国调查到最早的特大洪水，调查洪峰流量14 000 m^3/s，据以后各类文献记载分析，1482~1626年期间，发生于沁河流域的大水年份有1495年、1517年、1537年、1553年、1563年、1607年等，但这些年份洪水均小于1482年的洪水，所以该年洪水至少为沁河近500年来最大的一场洪水，与此同时，浊漳河南源、丹河、卫河以及河南省境内的伊河、洛河也普遍发生了大洪水。有关该年洪水的记录以及碑记颇为丰富。雍正《山西通志》163卷记："成化十八年，是年高平山水暴涨，损伤田禾庐舍无算。翼城雨伤稼。潞州、宁乡水；霍州、汾西、寿阳旱，保德、定州、文水饥。"阳城县河头村碑文刻有："大明成化十八年六月十八日大水至此。"另有其他文献记载："晋城六至八月淫雨，沁、丹、黄同时涨水，黄河南北诸水溢，沁河五龙口以下济源、沁阳、武陟境内洪水漫溢，水围沁阳城。是年漳、卫、沱诸河皆涨。""成化十八年十一月乙酉朔……丁巳水灾免山西潞州(今长治)及孝义等十二州县共粮六万八千一百九十余石，草十三万六千三百八十余束，其泽州及曲沃等十六州县卫所粮三万六千四百余石，草六万七千九百六十余束内免十之七。"这些文献记载和洪水过后的碑刻记载，结合实地调查，对于确定该年洪水的量级以及重现期起到了至关重要的作用。

5.2 历史洪水文献摘录

文献记载的洪水按年份由远及近排列，见表5-1。

表5-1 历史洪水文献摘录

公元	年号	记载	资料来源
前1688	商汤廿四年	晋城大旱。	原山西省晋东南地区水文计算手册
前477	战国周敬王四十三年	高平丹水壅不流。	原山西省晋东南地区水文计算手册
前422	东周威烈王四年	四月晋大雨雪。	山西自然灾害史年表
前362	战国周显王七年	榆次三月大雨。	原晋中地区水文计算手册
109	东汉永初三年	晋城岁大饥，人相食。	原山西省晋东南地区水文计算手册
139	东汉永和四年	秋八月太原郡属旱。	光绪《山西通志》卷83大事志
281	西晋太康二年	和顺五月雨雹伤禾。曲沃五月雹伤稼。	光绪《山西通志》卷83大事志
285	西晋太康六年	六月新兴(今忻州)山崩水涌出。	雍正《山西通志》162卷
308	西晋永嘉二年	晋城夏大旱。	原山西省晋东南地区水文计算手册

续表 5-1

公元	年号	记载	资料来源
332	东晋咸和七年	太原、介休、太谷，雹起西河界山，大如鸡子平地三尺，夸下丈余，行人禽兽死者万数，历太原乐平武乡赵郡广平钜鹿千余里树木摧折禾稼荡然。	山西自然灾害史年表
		平定雹起西河界山，大如鸡子平地三尺，夸下丈余，行人禽兽死者万数。	
503	北魏景明四年	介休大雨雹，六月又雨雹，草木禾稼鸡兔皆死，七月甲戌暴风雨雹起，由汾州并相引充至徐州而止，广十里所过草木无遗。	原山西省晋中地区水文计算手册
537	北朝东魏天平四年	介休四月霜旱，人饥流散。	原山西省晋中地区水文计算手册
563	北朝北齐河青二年	介休夏四月虫旱伤稼。	原山西省晋中地区水文计算手册
585	南朝陈至德三年	并州汾水溢。	原山西省晋中地区水文计算手册
612	隋大业八年	平定旱，百姓流亡。	山西自然灾害史年表
624	唐武德七年	曲沃旱。	原山西省临汾地区水文计算手册
720	唐开元八年	曲沃旱。	原山西省临汾地区水文计算手册
724	唐开元十二年	长治六月泽潞大旱。	原山西省晋东南地区水文计算手册
		晋城泽潞大旱。	
727	唐开元十五年	临汾五月大水。	原山西省临汾地区水文计算手册
759	唐乾元二年	晋城天大旱，六至九月不雨。	原山西省晋东南地区水文计算手册
767	唐大历二年	曲沃水。	原山西省临汾地区水文计算手册
817	唐元和十二年	曲沃夏六月水害稼。	原山西省临汾地区水文计算手册
		晋城泽潞大水，淹没禾稼庐舍。	原山西省晋东南地区水文计算手册
831	唐大和五年	太原旱。	光绪《山西通志》85 卷
832	唐大和六年	曲沃旱。	原山西省临汾地区水文计算手册

续表 5-1

公元	年号	记载	资料来源
864	唐咸通五年	冬隰石汾等州大雨雪平地深五尺。	原山西省晋中地区水文计算手册
878	唐乾符五年	曲沃秋大雨、汾、澮溢流害稼。	原山西省临汾地区水文计算手册
962	北宋建隆三年	晋城泽州春夏大旱。	原山西省晋东南地区水文计算手册
972	北宋开宝五年	曲沃大水。	原山西省临汾地区水文计算手册
991	北宋淳化二年	曲沃春旱、冬夏大旱。	原山西省临汾地区水文计算手册
992	北宋淳化三年	大同、朔平七月桑干河溢，漂禾坏屋，溺人甚多。	原山西省雁北地区水文实用手册
1004	北宋景德元年	十一月葵丑石州地震。	山西自然灾害史年表
1005	北宋景德二年	代州地震。西夏管内饥。	山西自然灾害史年表
1006	北宋景德三年	河北路蝗蝻生。七月群蝗空趋河东及霜旱始散。河北饥。	山西自然灾害史年表
1009	北宋大中祥符二年	代州地震。九月河决河中府白浮梁村。	山西自然灾害史年表
1010	北宋大中祥符三年	九月河决河中府白浮梁村。十一月陕州黄河清。	山西自然灾害史年表
1011	北宋大中祥符四年	河中(永济)月重轮(月晕)。八月河溢。	山西自然灾害史年表
1012	北宋大中祥符五年	吉州四月慈州(吉州)饥。吉州旱。	山西自然灾害史年表
1016	北宋大中祥符九年	六月蝗蝻趋河东及霜寒始毙。	山西自然灾害史年表
1017	北宋天禧元年	二月河北，河东蝗蝻复生。稷山、芮城蝗；曲沃蝗蝻复生。	山西自然灾害史年表
1022	北宋乾兴元年	三月地震，云、应(大同应县)二州屋摧地陷，嵬白山裂数百步，泉涌成流。	山西自然灾害史年表
1026	北宋天圣四年	浮山六月大旱。	山西自然灾害史年表
1028	北宋天圣六年	五月乙卯河北(平陆、芮城)蝗。	山西自然灾害史年表
1033	北宋明道二年	七月庚辰河东蝗。河津、稷山、芮城、曲沃、洪洞蝗。	山西自然灾害史年表

续表 5-1

公元	年号	记载	资料来源
1037	北宋景佑四年	十二月甲申忻、代、并州地震,坏庐舍覆压吏民。	山西自然灾害史年表
1038	北宋景佑五年	河东地大震裂涌水,历旬不止;十二月定襄地震五日不止。	山西自然灾害史年表
1043	北宋庆历三年	河东地震。曲沃冬十一月地震。五月九日忻州地大震。	山西自然灾害史年表
1044	北宋庆历四年	五月庚午忻州又地震,西北有声如雷。	山西自然灾害史年表
1046	北宋庆历六年	忻、代等七月河东大雨,坏忻代等州城壁。	山西通志“大事记”
		忻、代等七月丁亥,河东大雨坏忻代等州城壁。	代州志“大事记”
1062	北宋嘉祐七年	代县六月代州大雨山水暴入城。春夏河东大旱。	山西通志“大事记”
1064	北宋治平元年	长治春,潞州不雨。	原山西省晋东南地区水文计算手册
1065	北宋治平二年	稷山旱。	山西自然灾害史年表
1070	北宋熙宁三年	河北旱(芮城、平陆)。洪洞河东自春至夏不雨。	山西自然灾害史年表
1071	北宋熙宁四年	太原汾河夏秋霖雨大水涨。	原山西省晋中地区水文计算手册
1072	北宋熙宁五年	洪洞八月河东旱。	山西自然灾害史年表
1073	北宋熙宁六年	曲沃七至十二月旱。	山西自然灾害史年表
1074	北宋熙宁七年	曲沃大旱自秋七月不雨至夏八月。	原山西省临汾地区水文计算手册
1075	北宋熙宁八年	太原夏秋霖雨河大涨。	山西自然灾害史年表
		代县五月雁门雨雹,伤麦禾三豆。	代州志“大事记”
1076	北宋熙宁九年	七月太原府汾河秋霖雨,大水涨。石州(离石)麦秀两歧。八月河北、河东旱。稷山旱。浮山、曲沃、吉州旱。	山西自然灾害史年表
1079	北宋元丰二年	河中(永济)旱。	山西自然灾害史年表
1080	北宋元丰三年	代县六月雁门雨雹。	代州志“大事记”
1081	北宋元丰四年	六月河北蝗。绛州水。	山西自然灾害史年表
1084	北宋元丰七年	吉州、绛州旱。	山西自然灾害史年表

续表 5-1

公元	年号	记载	资料来源
1085	北宋元丰八年	太原夏秋霖雨,大水涨。	山西自然灾害史年表
1087	北宋元祐二年	二月辛亥代州地震有声。	山西自然灾害史年表
1094	北宋元祐九年	十一月丙戌太原府地震。	山西自然灾害史年表
1098	北宋绍圣五年	文水大水。	山西自然灾害史年表
1099	北宋元符二年	八月甲戌太原府地震。冬十月戊辰辽州饥赈之。	山西自然灾害史年表
1100	北宋元符三年	河东饥。五月己巳太原府地又震。	山西自然灾害史年表
1101	北宋建中靖国元年	一月十五日河东太原地震……十一月辛亥太原府潞、隰、代、石、岚等州、岢岚威胜、保化、宁化地震弥旬,昼夜不止。	山西自然灾害史年表
1103	北宋崇宁二年	太原等地震。	山西自然灾害史年表
1105	北宋崇宁四年	曲沃旱。	山西自然灾害史年表
1116	北宋政和六年	闰三月河东地震。	山西自然灾害史年表
1120	北宋宣和二年	诸路蝗。七月已亥河东诸郡或裂震。	山西自然灾害史年表
1122	北宋宣和四年	安邑旱。	山西自然灾害史年表
1123	北宋宣和五年	石楼、中阳旱。	山西自然灾害史年表
1125	北宋宣和七年	曲沃河东地震。	山西自然灾害史年表
1128	金天会六年	隰州春夏不雨。临汾民家生魃(干旱)。潞州大雨雹蒲晋皆饥。	山西自然灾害史年表
1130	金天会八年	永济四月河中府旱饥。六月潞州风雹。湿州四月旱。	山西自然灾害史年表
1138	金天眷元年	绛州大水。十二月大雨雪,是岁大饥。	山西自然灾害史年表
1140	金天眷三年	泽州、并、宁乡县地震。绛州六月大旱。	山西自然灾害史年表
1148	金天眷十一年	晋北山西金熙宗天眷十二年正月,以水旱免西京河东山西去年租税。	山西通志“大事记”
1157	金正隆二年	曲沃、河津、稷山、河东秋蝗。	山西自然灾害史年表
1160	金正隆五年	河东地震。稷山地震。	山西自然灾害史年表
1161	金大定元年	平定春正月风雷大雨雪民大饥。	原山西省晋中地区水文计算手册
1162	金大定二年	荣河(万荣)大旱。	山西自然灾害史年表

续表 5-1

公元	年号	记载	资料来源
1163	金大定三年	荣河、芮城蝗。宁武、稷山、永济旱。	山西自然灾害史年表
1171	金大定十一年	晋北西京(大同府)水旱;河东(山西)水旱。	中国历代旱情(山西部分)
1175	金大定十五年	怀仁旱。	山西自然灾害史年表
1176	金大定十六年	河东旱蝗。吉州、绛州、永济旱。	山西自然灾害史年表
1177	金大定十七年	盂县秋七月大雨滹沱溢。平定七月大雨河溢。	原晋中地区水文计算手册
1178	金大定十八年	云州(大同县)饥。左云旱	山西自然灾害史年表
1191	金明昌二年	五月桓抚、大同等州大旱。	山西自然灾害史年表
1209	金大安元年	十一月丙申平阳地震有声,无序夜又震。	山西自然灾害史年表
1210	金大安二年	六月大旱。	山西自然灾害史年表
1211	金大安三年	河东大旱。曲沃、虞乡、河津、稷山、吉州、永济二月大旱。	山西通志
1212	金崇庆元年	河东旱,赈之。曲沃、河津、稷山旱大饥。	山西通志
1213	金崇庆二年	河东大旱。稷山、虞乡、曲沃、太谷、永济、吉州大旱。	山西通志
1252	蒙古蒙哥汗二年	长治旱。	山西自然灾害史年表
1260	南宋景定元年	晋城泽州大旱。	山西通志
1264	元至元元年	夏四月壬子太原、平阳大旱民饥。曲沃旱。	山西通志
1265	元至元二年	八月太原雨雹陨霜。	山西通志
1267	元至元四年	朔州、应县五月朔应大水。	山西通志
1268	元至元五年	五月朔应大水。	原山西省雁北地区水文实用手册
1269	元至元六年	七月壬戌西京大雨雹。九月云内东胜旱,浑源大水。大同九月旱,十二月大水。	山西自然灾害史年表
1270	元至元七年	大同旱,洪洞旱。	山西自然灾害史年表
1271	元至元八年	二月西京饥,赈之。四月广灵旱,六月辽州和顺、解州、闻喜县蚌蛎生,平阳蝗。曲沃蝗,大同旱。	山西自然灾害史年表
1272	元至元九年	洪洞旱,稷山旱。	山西自然灾害史年表

续表 5-1

公元	年号	记载	资料来源
1273	元至元十年	汾州、平遥雨雹害稼。	山西自然灾害史年表
1274	元至元十一年	文水五月雨雹害稼。洪洞冬大雪。	山西自然灾害史年表
1275	元至元十二年	太原路旱。	山西自然灾害史年表
1276	元至元十三年	太原路旱。曲沃、河津、稷山、洪洞旱。	山西自然灾害史年表
1277	元至元十四年	介休夏四月葵巳地震泉涌。	山西自然灾害史年表
1278	元至元十五年	大同旱饥。稷山蝗。	山西自然灾害史年表
1280	元至元十七年	五月忻州蝗，八月平阳旱，洪洞八月旱，曲沃旱。	山西自然灾害史年表
1281	元至元十八年	交城饥。三月平阳等旱饥，民流移就食，有饥死者。太原、曲沃旱。浮山三月旱。	山西自然灾害史年表
1282	元至元十九年	秋八月大同路飞蝗伤稼。潞城蝗伤稼，草木俱尽，大饥人相食。介休秋八月蝗害稼，所至蔽日。	山西自然灾害史年表
1283	元至元廿年	泽州（晋城）、阳城六月沁水溢坏民田。介休四月至秋不雨。	山西自然灾害史年表
1284	元至元廿一年	八月大同赤气蔽天，左云八月旱。	山西自然灾害史年表
1285	元至元廿二年	五月平阳旱。高平夏大旱。洪洞五月旱。曲沃旱。	山西自然灾害史年表
1286	元至元廿三年	乡宁夏大旱。曲沃饥。太原旱。石楼夏大旱。	山西自然灾害史年表
1287	元至元廿四年	洪洞春旱。曲沃旱，二麦枯死。安邑旱。	山西自然灾害史年表
		晋北山西九月以西京饥禁酒；是年西京风雹害稼，太原霜雨尤甚，屋坏压死者众。	
1288	元至元廿五年	阳曲县雨雹，十二月太原路河溢害稼。七月潞州霪雨害稼。五月辛亥盂县乌云驿雨雹五寸，大者如拳。	山西自然灾害史年表
1289	元至元廿六年	曲沃旱大雨雹。大同夏大雨雹，绛州大旱。曲沃旱大雨雹。绛州夏大旱。介休七月大水。洪洞夏大雨雹。闻喜六月大雨。	山西自然灾害史年表
1290	元至元廿七年	泽州蝗。七月大同路陨霜杀稼。曲沃陨霜杀稼。河东饥。阳城八月沁水溢。泽州瘟疫。洪洞七月陨霜杀禾。大同七月旱。永济大旱。虞乡旱。阳城八月大水。泽州八月大水。	山西自然灾害史年表

续表 5-1

公元	年号	记载	资料来源
1291	元至元廿八年	曲沃春旱饥,民流散就食。秋八月廿五日地震。太原七月陨霜杀稼,饥。洪洞、绛州大旱。	山西自然灾害史年表
1292	元至元廿九年	宁乡饥。高平大饥,霜雹和兼,夏麦秋禾尽枯,数百里皆赤地。石楼、中阳旱饥。	山西自然灾害史年表
1295	元元贞元年	五月河中府之猗氏雹,太原之平晋水,六月大同、太原雹。	山西通志"大事记"
		平定、寿阳、昔阳六月大雨雹。	原山西省晋中地区水文计算手册
		晋北山西五月河中府之猗氏雹,太原之平晋水,六月大同太原雹……	山西通志"大事记"
		稷山、洪洞、曲沃、绛州七月旱。	山西自然灾害史年表
1296	元元贞二年	五月太原晋水,六月雨雹,七月雨蝗又雹。	原山西省晋中地区水文计算手册
1297	元大德元年	太原六月风雹。太原、崞州雨雹害稼,平阳旱。曲沃、洪洞夏六月旱。	山西自然灾害史年表
1299	元大德三年	八月大同雨雹。	山西自然灾害史年表
1301	元大德五年	大宁水。	山西自然灾害史年表
1302	元大德六年	九月西京路饥禁酒;是年西京风雹害稼,太原霜雨尤甚,屋坏压死者众。	山西通志"大事记"
1303	元大德七年	左云秋饥,八月地震。朔平、右玉秋旱。大同旱。高平火。	山西自然灾害史年表
1304	元大德八年	太原之阳曲大风雹伤稼。管州、岚州雨雹陨霜杀禾。太原自大德以来连年旱蝗。	山西自然灾害史年表
1305	元大德九年	平阳雨雹害稼。六月大同路大雨雹害稼。曲沃雨雹害稼。浮山、洪洞六月雨雹害稼。五月三日怀仁、大同一带地震,怀仁地裂二处,涌黑水。	山西自然灾害史年表
1306	元大德十年	左云二月大雪。大同旱,二月大雪。朔平、右玉二月大雪。	山西自然灾害史年表
1307	元大德十一年	八月文水平遥祁县霍邑水。河津、稷山、浮山、绛州大水。	山西自然灾害史年表
1308	元至大元年	浮山七月大水。绛州大水。五月晋宁等处蝗,八月大宁雨雹,曲沃夏五月蝗。	山西自然灾害史年表
1309	元至大二年	大同雨雹。绛州、稷山、河津蝗。	山西自然灾害史年表

续表 5-1

公元	年号	记载	资料来源
1310	元至大三年	七月太原霜雨伤稼。七月大同路雨雹九寸,苗尽损。	山西自然灾害史年表
1311	元至大四年	长治六月潞雨害稼。七月太原、祁县霖雨害稼。大同雨雹积五寸,苗稼尽损。	山西自然灾害史年表
1313	元皇庆二年	长子漳水溢。	原山西省晋东南地区水文计算手册
		八月大同、怀仁、左云雨雹大饥。平定七月雨雹。	山西自然灾害史年表
		大同、浮山、洪洞旱。	
1314	元延祐元年	太原地震。	山西自然灾害史年表
1315	元延祐二年	潞城漳水溢,毁民田。	原山西省晋东南地区水文计算手册
1316	元延祐三年	长治漳水溢,坏民田二千余顷。	原山西省晋东南地区水文计算手册
		太原、晋宁地震。	山西自然灾害史年表
1318	元延祐五年	应州九月大雨雹。左云、朔平旱。	山西自然灾害史年表
		八月平遥水。	原山西省晋中地区水文计算手册
1319	元延祐六年	长治漳河水溢,坏民田二千余顷。襄垣漳水溢坏民田。阳城河石门口右岸石壁刻字:七月十四日大水上佛一丈。	原山西省晋东南地区水文计算手册
		潞城漳河水溢,坏民田二千余顷。	
		襄垣漳水溢坏民田。	
		六月大同县雨雹大如鸡卵。	雍正《山西通志》162 卷
1320	元延祐七年	汾阳、平遥八月大水。绛州旱。	山西自然灾害史年表
1321	元延祐八年	宁武、大同、阳高县、神池雨雹害稼。天镇、左云、朔平旱。	山西自然灾害史年表
1322	元至治二年	宁武雨雹害稼。代州旱。	山西自然灾害史年表
1323	元至治三年	七月冀宁路属县雨雹。盂县秋旱。昔阳七月陨霜秋旱。平定旱。太原五月大旱。	山西自然灾害史年表

续表 5-1

公元	年号	记载	资料来源
1324	元泰定元年	五月冀宁路属县雨雹九月平遥汾水溢。六月大同、浑源河水溢,漂民舍。六月源涡河溢(榆次市东五里),八月大风雨雹。	山西自然灾害史年表
1326	元泰定三年	汾阳汾水溢。怀仁六月大水。平遥九月大水。	山西自然灾害史年表
1327	元泰定四年	晋宁、曲沃、浮山、绛州秋八月旱。荣河秋蝗。	山西自然灾害史年表
1328	元致和元年	五月大同饥,冀宁路属县雨雹。	山西通志"大事记"
		晋北山西五月大同饥,冀宁路属县雨雹。	山西通志"大事记"
1330	元至顺元年	临县、太原以南、洪洞、曲沃赤地千里,民无所得。	山西水旱灾害
		四月冀宁路属县皆旱不能种,六月雨雹伤稼。	原山西省晋中地区水文计算手册
		汾阳大水。	山西自然灾害史年表
1331	元至顺二年	潞城四月大雨,漳水决。	原山西省晋东南地区水文计算手册
		四月盂县、平定、昔阳旱不能种,告饥。	山西水旱灾害史年表
		盂县六月雨雹伤稼。	山西水旱灾害史年表
1332	元至顺三年	六月汾州大水。四月冀宁路属县皆旱不能种,六月雨雹伤稼。	山西水旱灾害
1335	元(后)至元元年	六月沁河、浑河水溢。	山西水旱灾害
1337	元(后)至元三年	大同六月大水河溢。泽州八月大雨河溢。	山西水旱灾害
1342	元(后)至正二年	四月初一平晋县(今太原市南郊区东)地震,民居皆倾仆,地裂尺许。	山西水旱灾害
		汾阳、孝义、徐沟、榆次、太谷大旱,自春至秋不雨人有相食者。	
1346	元至正六年	五月绛州雨雹,大者二尺余。长子蝗伤稼。河津大旱,人多死。	山西水旱灾害
1347	元至正七年	寿阳四月大旱民多饥死。	山西水旱灾害
		乡宁、浮山、曲沃、洪洞、稷山、永济、虞乡、芮城、河津、绛州四月大旱民多饥,人多死。	原山西省临汾地区水文计算手册
		盂县四月大旱民多饥死。	山西水旱灾害

续表 5-1

公元	年号	记载	资料来源
1350	元至正十年	平遥正月雨雹、七月汾水溢。	
		曲沃民大饥。	原山西省临汾地区水文计算手册
1351	元至正十一年	晋源、文水大水，汾水泛溢，东西两岸漂没田禾数百顷。	山西水旱灾害
1354	元至正十四年	秋七月汾州介休、孝义县地震泉涌。潞城、襄垣大风拔木淹禾，八月桃李花。夏县十月星陨如雨。平定九月西北方天红半壁，有倾从东而散，春大风雨八十余日。	山西水旱灾害
1358	元至正十八年	霍州春夏大旱。	山西水旱灾害
1359	元至正十九年	潞城春夏旱，蝗食禾，秋复大水。平定大蝗饥。汾阳夏四月汾水暴涨。	山西自然灾害史年表
1360	元至正廿年	介休、孝义自四月至秋无雨。	山西自然灾害史年表
1362	元至正廿二年	泽州夏大旱。	山西水旱灾害
1363	元至正廿三年	七月隰州、永和县大雨雹害稼。	山西水旱灾害
1365	元至正廿五年	十二月太原路河溢。潞州、长治霪雨害稼。	山西水旱灾害
1366	元至正廿六年	汾阳、平遥、临汾六月大雨雹伤稼。	山西水旱灾害
1367	元至正廿七年	徐沟、介休七月大雨雹。	山西水旱灾害
1369	明洪武二年	崞县旱。广灵四月大雪。	山西水旱灾害
1370	明洪武三年	太原、太谷、曲沃旱。	山西水旱灾害
1371	明洪武四年	曲沃大水。太谷夏旱。	山西水旱灾害
1372	明洪武五年	大同七月蝗。石楼饥。阳曲地震七次。	山西水旱灾害
1373	明洪武六年	阳曲又地震八次。七月山西蝗。	山西水旱灾害
1374	明洪武七年	平阳、太原、汾州、介休、曲沃二月旱蝗。昔阳六月蝗。	山西自然灾害史年表
1381	明洪武十四年	交城辛丑夏大雨，莎河水冲入城垣，城外东北所见圣母庙木架已漂入城内。	山西自然灾害史年表
1385	明洪武十八年	垣曲大水毁南城。	山西自然灾害史年表

续表 5-1

公元	年号	记载	资料来源
1409	明永乐七年	徐沟七月初河水涨发,夜入东门,居民人畜淹死甚多。太原大水。	山西水旱灾害
		静乐七月旱。曲沃旱。	山西水旱灾害
1412	明永乐十年	六月交城水溢,城多倾圮,曲沃饥。	山西水旱灾害
1413	明永乐十一年	交城癸已六月暴雨,城西步浑水与塔沙水泛滥,冲毁城墙。	山西水旱灾害
1414	明永乐十二年	晋城、阳城淫雨害稼。高平秋八月甲子淫雨害稼,八月朔(十五日)大风骤作,淫雨如注,平地水深三尺,沟浍皆盈,漂没田禾殆尽,而唐安等村尤其甚者。泽州夏大旱,秋霪雨害稼。石楼八月大雪。	山西水旱灾害
1415	明永乐十三年	太原、徐沟大水。盂县饥。	山西水旱灾害
1416	明永乐十四年	平阳、大同饥,怀仁旱。	山西水旱灾害
1424	明永乐廿二年	三月振武卫雨水坏城。	山西水旱灾害
1426	明宣德元年	正月武乡河水涨。	山西水旱灾害
1427	明宣德二年	太原、乡宁、太谷旱。	山西水旱灾害
1428	明宣德三年	洪洞、崞县、浮山、襄汾、汾城、绛州旱大饥。	山西水旱灾害
1431	明宣德六年	孝义大水淹没南关及乡村房舍三千余。	山西水旱灾害
		石楼八月大水。	山西水旱灾害
1432	明宣德七年	六月太原汾河并溢伤稼。	山西通志
1433	明宣德八年	曲沃、保德夏四月旱饥。太原旱。	山西水旱灾害
1434	明宣德九年	山西蝗。曲沃旱。	山西水旱灾害
1439	明正统四年	太原平阳路春夏旱,大同、偏关旱大饥。襄陵、汾城旱。曲沃春夏旱。	山西水旱灾害
1440	明正统五年	晋北六月壬申至丙子山西行都司及蔚州连日雨雹,其深尺余,伤稼。	山西通志“大事记”
1441	明正统六年	乡宁、临汾、崞县、夏县、祁县、汾西、阳曲、和顺、芮城旱大饥。浮山、曲沃、安邑旱。蒲县大旱。太原春夏旱。	山西水旱灾害

续表 5-1

公元	年号	记载	资料来源
1442	明正统七年	长治潞州岁饥，斗米三钱。	原山西省晋东南地区水文计算手册
1445	明正统十年	三月洪洞汾水堤决。太原大水。翼城冬大雨雪，深一丈二尺，树梢皆没，道路不通。	山西水旱灾害
1446	明正统十一年	太原大水。	山西通志
1449	明正统十四年	大同八月雨甚。怀仁旱，阳高、天镇久雨。	山西水旱灾害
1450	明景泰元年	大同旱饥。怀仁、石楼旱。高平七月旱。	山西水旱灾害
1451	明景泰二年	大同、太原旱饥。怀仁旱。	山西水旱灾害
1453	明景泰四年	长治高河水溢，房屋倒塌，人畜死亡甚多。	原山西省晋东南地区水文计算手册
		长治大雨连汛，高河水溢，漂流民舍，溺死人畜甚众。	
1454	明景泰五年	长治大饥。	原山西省晋东南地区水文计算手册
1457	明景泰八年	长治大旱禾尽槁，人相食。忻州旱。	山西水旱灾害
1457	明天顺元年	崞县旱大饥。	山西水旱灾害
1462	明天顺六年	三月朔太原大雨雹伤稼。	原山西省晋中地区水文计算手册
		晋城、高平天旱岁大饥，斗粟千钱，民易子而食，饿死盈野，有司收而埋之为万人坑。	山西水旱灾害
1464	明天顺八年	静乐六月碾河水涨，决堤六十丈，冲民田百余顷。	山西通志
		榆次太谷祁县寿阳七月雨雹伤稼大饥人相食。	原山西省晋中地区水文计算手册
1466	明成化二年	代州大饥人相食，十月大雪。盂县旱是岁大饥人相食。临县大饥人相食，次年六月始雨。霍州大雨河溢。	山西通志
1467	明成化三年	六月九日大同地震有声，威远朔州亦震，坏墩台墙垣，压伤人。汾水伤稼。	山西水旱灾害
1468	明成化四年	繁峙六月大水，大峪口山崩水溢数丈，其声如雷，木石随下……	光绪七年 繁峙县志
		六月繁峙大水，大峪口山崩数处，水溢半川高数丈。水退有巨石横列，围五丈，厚二丈五寸或疑为老松所化云。	光绪七年 旧山西通志

续表 5-1

公元	年号	记载	资料来源
1470	明成化六年	平定昔阳大旱。	山西水旱灾害
		繁峙六月六至十一日连大雨，大峪口山崩者数处，水涨平川高数丈许，其声如雷林木崖石皆顺水流而下，少顷水退，一巨石横距周围五丈其广一丈五寸，或疑为老松所化石。代县六月大雨五日，水高数丈。	代州志“大事记”
		代州六月大雨五日，水涨数丈。昔阳、平定大旱。	山西通志
1471	明成化七年	代州大饥人相食，十月大雪。盂县旱是岁大饥人相食。临县大饥人相食，次年六月始雨。霍州大雨河溢。灵石六月大水。霍州水。	山西通志
1472	明成化八年	武乡全县大旱无雨，庄稼全被干死，人无粮吃，又发生人吃人的悲惨苦境。	原山西省晋东南地区水文计算手册
		长治三月大雨雹，有大如鸡卵者。	原山西省晋东南地区水文计算手册
		沁县大旱民饥。沁源大旱，民多饿死。	
		山西全省性旱和大旱。	山西通志
1473	明成化九年	晋城泽州大旱。	原山西省晋东南地区水文计算手册
1474	明成化十年	山西南部偏旱，中北部正常偏涝。	山西通志
1475	明成化十一年	晋城泽州大水。	山西通志
1476	明成化十二年	临汾水害稼。	山西通志
1477	明成化十三年	沁县大饥人相食。	原山西省晋东南地区水文计算手册
1479	明成化十五年	潞城七月旱灾。崞县、襄垣旱。	山西通志
1480	明成化十六年	崞县旱大饥。大同是岁天旱。曲沃干旱。襄垣旱。长治水。	山西通志
1481	明成化十七年	孝义大水，漂没南关及乡村室庐三千余。	孝义县志
		石楼八月大水。	石楼县志
		灵石先旱后水。寿阳夏五月至七月，苗尽枯。大同、长治、襄垣旱。	山西通志

续表 5-1

公元	年号	记载	资料来源
1482	明成化十八年	寿阳灵石旱五月至七月不雨苗植。	山西通志
		翼城大风雨,坏庐舍伤稼。	山西通志
		临汾六月雨伤稼(6 月 16 日后)。	华北近五百年旱涝史料(康熙版)
		成化十八年十一月乙酉朔……丁巳水灾免山西潞州(今长治)及孝义等十二州县共粮六万八千一百九十余石,草十三万六千三百八十余束,其泽州及曲沃等十六州县卫所粮三万六千四百余石,草六万七千九百六十余束内免十之七。	山西通志
		长治秋,潞州大雨连旬,高河水溢,漂流民舍,溺死人畜甚多。	潞安府志(乾隆版)
		成化十八年,是年高平山水暴涨,损伤田禾庐舍无算。翼城雨伤稼。潞州、宁乡水;霍州、汾西、寿阳旱,保德、定州、文水饥。	雍正《山西通志》
		明成化十八年秋八月大水,卫、漳、滹沱并溢。	
		晋城六至八月淫雨,沁、丹、黄同时涨水,黄河南北诸水溢,沁河五龙口以下济源、沁阳、武陟境内洪水漫溢,水围沁阳城。是年漳、卫、沱诸河皆涨。	原山西省晋东南地区水文计算手册
		阳城河头村碑文,刻有:“大明成化十八年六月十八日大水至此。”	阳城下河村指水碑
		高平夏六月丁未大水,旧志,城返西山。时有水患,至是民有见角而羊者。斗予金峰之麓,水忽暴涨而下,城廓几为荡没,损失田禾庐舍无算。	高平县志 泽州府志
		中阳八月大水。	中阳县志“灾异”
		阳城县润城九女台,坐落在沁河左岸,上建古庙九女祠,在庙门迎面崖壁上刻有“成化十八年河水至此”字迹。民间还流传一则故事:该年洪水发了四十天,九女台被洪水包围,以致庙内断了烟火,饿死了两个小和尚,大水过后老和尚刻下了“成化十八年河水至此”字迹,并给两个小和尚塑了像,调查时该像尚在。	山西通志
		大同雨雹伤稼。	《旱涝史料》山西部分

续表 5-1

公元	年号	记载	资料来源
1483	明成化十九年	潞城大饥(大旱)。长治大饥。	原山西省晋东南地区水文计算手册
		灵石、孝义夏秋旱。泽州连年荒旱夏无收。	山西通志
1484	明成化廿年	曲沃、临汾、洪洞、万荣、夏县、平陆、蒲州、绛州、安邑、临猗、解州、虞乡、晋城、高平秋不雨,次年六月始雨大旱,饿殍盈野,人相食。	山西通志
		长子大饥,人相食。	原山西省晋东南地区水文计算手册
		阳城大饥,人相食(大旱)。	
		盂县平定昔阳大旱。	山西自然灾害史年表
1485	明成化廿一年	蒲县、临县、洪洞、浮山、翼城、曲沃、平陆、芮城、绛州、临猗大旱,人相食。	山西水旱灾害
		吉县夏五月大水,漂没城郭民舍之半。	山西自然灾害史年表
1486	明成化廿二年	榆次八月雨雹如鹅卵岁大饥民食草木殆尽。	山西自然灾害史年表
		屯留、长治、潞城旱,禾尽槁,人相食。	
		长治大旱,禾尽槁,人相食。	原山西省晋东南地区水文计算手册
		五台雨雹如鹅卵。	山西通志“大事记”
1487	明成化廿三年	潞城夏饥,疫大作(大旱)。长治岁荐饥,饿殍盈野。	原山西省晋东南地区水文计算手册
		董坡水溢。榆次八月雨雹伤稼。永和旱。	山西通志
1488	明弘治元年	高平、乡宁雨雹害稼。太原、临汾旱。石楼旱,秋大雨雹。	山西通志
1490	明弘治三年	潞城、沁州被水。乡宁、太原、临汾旱。沁州水。	山西通志
1491	明弘治四年	文水河水泛溢,害稼及民庐舍。	山西通志
1494	明弘治七年	山西全省旱和偏旱,南部尤旱。	山西通志
1495	明弘治八年	夏宁乡、崞县、曲沃秋七月大旱。	山西通志
1495	明弘治八年	秋淫雨,洞不绝,沁河泛滥,漂人畜庐舍。	怀庆府志
1496	明弘治九年	壶关有旱,斗粟十钱。	原山西省晋东南地区水文计算手册

续表 5-1

公元	年号	记载	资料来源
1497	明弘治十年	阳曲秋大雨,淫雨积旬。榆次秋大霖雨。	原山西省晋中地区水文计算手册
		太原地震,屯留最甚。乡宁、安邑、襄垣旱。襄陵、汾城、临汾大旱。	山西通志
1498	明弘治十一年	丹河晋城大水,河汜北城。	山西自然灾害史年表
1499	明弘治十二年	高平夏大旱,秋大水。泽州夏旱秋涝。	山西通志
1500	明弘治十三年	曲沃旱。	《旱涝史料》山西部分
		丹河高平秋丹水溢,坏庐舍。	
1501	明弘治十四年	阳曲三月汾水涨,太原秋七月汾水涨,高四丈许,临河村落房屋禾麦漂没殆尽,岁大饥。	山西自然灾害史年表
		平定雨雹伤稼。	原山西省晋中地区水文计算手册
		蒲州、安邑地震,蒲州地震逾月方止,共震二十九次。	《中国历史大事年表》
1502	明弘治十五年	榆次七月大雨水害稼败民舍。	原山西省晋中地区水文计算手册
1503	明弘治十六年	临晋大旱。霍州大水。	山西通志
1504	明弘治十七年	太原、榆次春旱,太谷大旱,蒲州旱。	山西通志
1505	明弘治十八年	太原、榆次、太谷、临汾、洪洞、浮山大旱五月不雨至七月苗尽槁。	山西通志
		洪洞春夏无雨大旱,麦秋枯死。	原山西省临汾地区水文计算手册
1507	明正德二年	平定五月雨雹。长治地区大旱。	山西通志
1508	明正德三年	太谷大水井溢时夏雨连旬山水暴注坏城垣漂没庐舍甚众居溺死者千余人井泉平溢。	原山西省晋中地区水文计算手册
		介休七月大水,县南长乐乡地裂五里许,水皆下泄,月余复合。	山西自然灾害史年表
		岢岚六月大水,城垣漂没居民千余人。	
1509	明正德四年	介休七月绵山水大涨夜半入迎翠门,淹没民舍,忽城南地裂里许,阔二丈,深不可测,尽泄于此。	山西通志
		平定雨雹。	
		阳城四月雨雹如拳,累日不消,禾尽毁。	

续表 5-1

公元	年号	记载	资料来源
1511	明正德六年	赵城夏六月大水，城东北大水波涛汹涌。蒲县大饥，人相食。	山西通志
1512	明正德七年	赵城县大水，城几没。	山西自然灾害史年表
		长子大旱，禾苗尽槁。太原、曲沃大旱。	山西通志
1513	明正德八年	太原、临汾、曲沃十月大雨雹平地水深丈余，冲没人畜房舍。	原山西省临汾地区水文计算手册
		十月平阳太原汾沁诸属邑大雨雹平地水深丈余冲没人畜房舍。	山西水旱灾害
		秋八月沁州、沁源、泽州无云而震，继而大风雨，平地水深丈余，漂没民田四千余顷。	原山西省晋东南地区水文计算手册
		平定雨雹。	原山西省晋中地区水文计算手册
		榆次六月旱。	
1514	明正德九年	平定雨雹。山阴、马邑二县大雨雹。	山西通志
1515	明正德十年	河曲霪雨。永宁大雨雹伤稼。	山西通志
1516	明正德十一年	阳曲、榆次六月淫雨水出县西南等村屋多沦圮。	原山西省晋中地区水文计算手册
1517	明正德十二年	静乐碾河水涨，决古堤八十丈，冲官桥、水磨廿余座。	山西通志
		晋城秋大水，丹河溢，临河村舍房屋被淹四千余间。	原山西省晋东南地区水文计算手册
1518	明正德十三年	榆次五月雹害稼。	山西通志
		屯留秋丹河溢坏民庐舍。	
		阳城秋大水。泽州秋大水，丹河溢，坏民庐舍，几坏高平城廓。	
		高平秋大水。旧志记载："丹河涨，临丹河村舍数千间多损坏。"	
		平定五月雹害稼。	
1519	明正德十四年	永和八月十五夜大雨，潦水暴至几没城，漂溺居民甚众，雹大如杵，平地三尺余，积月始消。	山西自然灾害史年表

续表 5-1

公元	年号	记载	资料来源
1520	明正德十五年	灵石大水坏城。汾阳大雨河溢。霍州大水。	山西通志
		阳高、平定雨雹大者为杆。	原山西省晋中地区水文计算手册
1521	明正德十六年	盂县曹村见风雨昼晦拔木毁屋黑气上彻太虚。	原山西省晋中地区水文计算手册
1522	明正德十七年	偏关大旱,八月不雨,地千丈余,五谷不能种,饿死盈野。	山西通志
1523	明嘉靖二年	平定雨雹。	原山西省晋中地区水文计算手册
1525	明嘉靖四年	潞城、长治、屯留、太谷六月雹伤麦杂禾,岁饥。	山西通志
1526	明嘉靖五年	马邑、太谷雨雹。永济大水。	山西通志
1527	明嘉靖六年	平定廿六日雨土越二日复雨土,四月雨雹。	原山西省晋中地区水文计算手册
1528	明嘉靖七年	榆次、乡宁、翼城、绛州、平陆、闻喜、万荣、夏县、安邑、垣曲夏大旱饿者相枕。	山西自然灾害史年表
		襄陵、曲沃、洪洞、赵城旱。	原山西省临汾地区水文计算手册
		祁县五月雨雹伤麦。	原山西省晋中地区水文计算手册
		阳城大饥。	原山西省晋东南地区水文计算手册
		晋城泽州发生蝗灾,旱灾。	
		潞城六至七月飞蝗入境,大生岁饥。	
		大同七月大水。	山西通志
1529	明嘉靖八年	左云、朔平、汾阳、孝义、永济、虞乡、安邑旱。	山西通志
		壶关饥年(旱年)。	原山西省晋东南地区水文计算手册
1530	明嘉靖九年	曲沃旱。	原山西省临汾地区水文计算手册
		垣曲水溢,南城圮。	山西水旱灾害
1531	明嘉靖十年	怀仁、长子旱大饥,秋七月蝗,人相食。	山西水旱灾害

续表 5-1

公元	年号	记载	资料来源
1532	明嘉靖十一年	偏关、临汾、襄汾、安邑、解州、平陆、临猗、永济、晋城、太平大旱大饥,民多流亡,死者枕籍。	《旱涝史料》山西部分
		阳城大旱,七月乃雨,十月夜,星陨如雨。	
1533	明嘉靖十二年	太谷四月大雨雪百卉尽死。山西全省性旱。	《旱涝史料》山西部分
1534	明嘉靖十三年	武乡大旱无雨,庄稼全被干死,人们无粮可吃,又发生了人吃人的惨况。黎城七月溃城,坏庐舍伤人畜。长治七月大雨河溢。	原山西省晋东南地区水文计算手册
		永和、交城、文水、徐沟、寿阳、汾西、洪洞、翼城、临汾、霍州、沁源、安泽旱大饥,禾稼殆尽,饿殍盈野。	山西水旱灾害
1536	明嘉靖十五年	阳城夏雨雹盈尺麦尽伤。	原山西省晋东南地区水文计算手册
		垣曲七月大雨如注,平地横流,河泛涨,圮城漂溺人畜田产甚多。	山西自然灾害史年表
		临县八月大水,永济大水。	
1537	明嘉靖十六年	七月内,因大雨连绵,沁河水势汹涌,大樊口堤岸冲决,怀庆及本府(卫辉府)所属遭淹没之患。	河南省西汉以来历史灾情资史料
1538	明嘉靖十七年	太谷五月黑气弥空昼晦雨沙大雨雹大者如斗。	原山西省晋中地区水文计算手册
1539	明嘉靖十八年	洪洞九月大雨雪三昼夜,平地水深丈余,化水成河,一夕大风尽全为冰,至春始消。	山西自然灾害史年表
1540	明嘉靖十九年	榆次六月大水。灵石蝗。八月临县大水。榆次六月大水。太原夏大水。保德旱民饥。	山西通志
1541	明嘉靖廿年	文水辛丑六月淫雨,文汾水溢,汩民田稼诏免田租。	文水县志
		榆次六月淫雨,深河溢流,入四十余里败田庐。	榆次县志
		榆次寿阳六月淫雨涂水(郎长凝河)溢流四十余里败田庐。	原山西省晋中地区水文计算手册
1542	明嘉靖廿一年	翼城五月浍水暴涨,漂溺东河庐舍。	山西通志
		吉县大水,漂没城廓民舍至半。	原山西省临汾地区水文计算手册

续表 5-1

公元	年号	记载	资料来源
1543	明嘉靖廿二年	襄陵汾水泛涨异常。	山西水旱灾害
		榆次、孝义、文水、祁县、大水伤稼。灵石汾河溢坏城。	原山西省晋中地区水文计算手册
		吉县五月大水漂没廓。霍州大水。长治七月大雨河溢。	山西通志
1544	明嘉靖廿三年	榆次六月淫雨坏官舍民庐,祁县大水伤稼。文水甲辰大水没稼,汾阳、孝义六月大水。灵石汾河溢,坏城。	山西水旱灾害
1545	明嘉靖廿四年	榆次冬无雪,太谷旱自正月不雨至于五月,祁县四月至六月不雨。	山西自然灾害史年表
1546	明嘉靖廿五年	榆次五月雹如拳杀人畜。	原山西省晋中地区水文计算手册
		高平、泽州七月大水,是月大雨如注,百川沸腾。	山西通志
1547	明嘉靖廿六年	祁县雨雹大如鸡卵伤稼。文水八月大雨雹,深二尺,伤秋禾。榆次六月霪雨,涂水溢,淹田庐。	山西通志
1551	明嘉靖卅年	盂县正月至五月不雨。	山西自然灾害史年表
1552	明嘉靖卅一年	大同、左云、朔州大旱大荒,百姓饿死者众,人相食。	山西水旱灾害
1553	明嘉靖卅二年	静乐碾河水涨,冲决南郭城垣,淹没民房三百余间,冲完河堤。	《静乐县志》第八节灾导
		长治大饥(大旱)。	原山西省晋东南地区水文计算手册
		潞城大饥(大旱)。	
		壶关岁大饥。	
		怀庆河溢,漂没柺棺,枯骨不计其数。	怀庆府志
		交城六月暴雨,移城,沙河水冲毁东门桥,东城垣内水深三尺。文水癸丑夏六月淫雨,文峪河、汾河俱徙,害稼坏官民庐舍大半。太原六月大雨,汾水溢高数丈,死牲畜无数,汾河将稻田没,死牲畜无数,东城垣内水深四尺。	山西水旱灾害
1554	明嘉靖卅三年	静乐大水,碾水大涨,河决城垣民居、河堤。广灵旱。	山西通志
1555	明嘉靖卅四年	夏五月沁州大风暴雨,大木折拔。荣河、黄河溢泛至城,漂没禾稼。河津大旱。代州、阳城、潞城、泽州地震。	山西通志

续表 5-1

公元	年号	记载	资料来源
1556	明嘉靖卅五年	平遥大水溺死七千余人。	平遥县志
		当年六月济源、河内、武陟境内沁河均溢，淹修武人卫河。	山西自然灾害史年表
		阳城夏霖雨，溪水涨溢，漂没田舍人畜很多。当年六月济源、河内、武陟境内沁河均溢，淹修武人珩河。	原山西省晋东南地区水文计算手册
1557	明嘉靖卅六年	平遥酷旱缺乏家三千八百余。	山西通志
		晋城夏六月大水，白水溢，坏民舍。	
		晋城泽州发生大水灾，损害田禾民舍。	原山西省晋东南地区水文计算手册
1559	明嘉靖卅八年	永济七月黄河泛涨，庐舍冲没大半。左云、朔平旱两月余，八月雨雹平地三尺，稼禾尽伤。	山西通志“大事记”
		代县夏大水，上曲村地拆丈余，泉出如涌。	
1560	明嘉靖卅九年	偏关、河曲、离石、石楼、静乐、文水、交城、太原、榆次、寿阳、太谷大旱人相食。	山西自然灾害史年表
		沁县州及沁源大旱，民大饥。	原山西省晋东南地区水文计算手册
		壶关饥年，斗粟百钱。	
		左权大旱人相食。	
		左云自春至夏不雨，子蚜生，得雨乃死，自是雨百余日，垣屋俱坏。八月复雨雹，平地三尺，禾稼尽伤。	左云县志
		盂县、平定、昔阳大旱人相食。	山西自然灾害史年表
1561	明嘉靖四十年	石楼、太原、阳曲、徐沟、榆次、寿阳、祁县、灵石、洪洞、霍州、芮城旱甚民饥死者过半。原平、代州、五台、定襄、盂县、平定、壶关旱大饥，饿死枕籍，人相食。	山西自然灾害史年表
1562	明嘉靖四十一年	平陆、左权旱。	山西通志
		吉县三月大水。	原山西省临汾地区水文计算手册

续表 5-1

公元	年号	记载	资料来源
1563	明嘉庆四十二年	昔阳七月十六日雨连绵不分昼夜，七日才止庙宇倒塌，冶头村河冲大半，此时父子不相顾，兄弟妻离子散。	原山西省晋中地区水文计算手册
		夏四月平陆霪雨连绵四月余。	山西通志
		秋怀庆大雨，倾官民庐舍万余间。	怀庆府志
1564	明嘉靖四十三年	原平六月阳武河大水漫溢，田禾庐舍多伤毁。	光绪八年续修崞县志艺文下“灾荒”
		临汾大旱。	山西通志
1565	明嘉靖四十四年	太平、汾阳、洪洞旱。太原十二月十二日地震。	山西通志
1566	明嘉靖四十五年	洪洞丙寅秋九月禾稼已成，猛然墨云大雷，从北如飞，顷刻大雨四集，其色如墨，日夜方止，沟渠皆盈，禾稼尽烂，次年民大饥。霍州九月大雨。朔平七月大雨。	山西通志
		壶关斗粟百二十钱。	原山西省晋东南地区水文计算手册
		左权大水。	原山西省晋中地区水文计算手册
1567	明隆庆元年	临汾五月五日大雨，曲沃秋大旱。	原山西省临汾地区水文计算手册
		曲沃秋大旱。大同大雨雷电，夏临晋大雨。洪洞大雨雹。宁武大雨连日。偏关大雨连日。	山西通志
1568	明隆庆二年	太平县、临汾、曲沃、安泽大旱。	原山西省临汾地区水文计算手册
		潞城大旱。	原山西省晋东南地区水文计算手册
		黎城大旱，自春抵秋不雨，九月遐村、僻尚获十之二三，地方各十里无升合之入；诸菜果皆枯不堪食。	
		阳城夏旱秋淫五谷不登，民大饥。	
		兴县东关一带水自南山北街多所崩，啮教场及民屋尽毁。	山西自然灾害史年表
1569	明隆庆三年	和顺七月大雨七昼夜，漂冲禾稼，存无一二。	雍正《山西通志》163卷
		交城、代县、崞县六月大雨雹，大风拔木。	代州志“大事记”

续表 5-1

公元	年号	记载	资料来源
1570	明隆庆四年	黎城六月十二日夜,四河皆大水,漂没房舍,溺死甚多。长治大雨河溢。	山西水旱灾害
		晋城泽州发生大水灾,漂没庐舍人多淹死。	原山西省晋东南地区水文计算手册
		六月十二日晋城夏大水,白水溢,漂没房舍,人多复压。	山西自然灾害史年表
		夏县六月二十二日夜大雷雨,山水涨发,田岸尽溢,水入西门及南北古城门内,士民大恐,自是河西移。	
		白沙河决南北堤,溃入夏县城,南流冲破盐池。	原山西省运城地区水文计算手册
		临猗临晋夏大水,倾坏官民庐舍甚多,七月山水数丈,雨瀑而下,漂泥王官祠。永济大水。	山西自然灾害史年表
1571	明隆庆五年	祁县夏雨雹伤麦,七月暴风雨拔树是年疫。平陆秋大雨雹伤稼。蒲县六月大雨雹。	山西通志
1572	明隆庆六年	代州大雨雹,大风拔木。泽州秋禾旱灾。临汾旱。	《旱涝史料》山西部分
1573	明万历元年	临猗临晋大水,山水数丈,浸漫王官,漂败祠寺。	《旱涝史料》山西部分
		大同尤旱。	
1574	明万历二年	山阴大雨七日,平地起水丈余。浮山旱。大同七月大雨连旬。	山西水旱灾害
1575	明万历三年	静乐六月冰雹异常大,打折数木,行路人、牧牛羊人及牲畜打死很多,大水漂没演武亭和平地五百余顷。汾阳六月大雨河溢。灵石大水溃堤百余丈。	山西水旱灾害
		朔县秋七月,马邑大雨四十日,坏城屋庐舍千余。	朔县县志
		大同六月水,七月大雨四十日。	山西自然灾害史年表
1576	明万历四年	祁县七月廿四日大雹如鹅卵,伤屋瓦野兽。	原山西省晋中地区水文计算手册
		定襄五月雨雹,禾苗尽损。	山西通志"大事记"
1578	明万历六年	榆次小峪口山上有声如雷,水骤发,漂民舍溺者四十余人。文水大旱岁饥。	山西通志

续表 5-1

公元	年号	记载	资料来源
1580	明万历八年	榆次七月涂水涨毁民田舍，和顺四月雨雹。永济房舍侵崩入水居民迁徙散处。	原山西省晋中地区水文计算手册
		永和旱。	山西通志
1581	明万历九年	榆次大旱。临县春夏大旱。	山西通志
		八月朔州陨霜杀禾。平陆暴雨，山崩水溢。	
1582	明万历十年	祁县、大同、马邑地震。沁州、武乡、闻喜疫。榆次旱、秋七月雨，至十月无霜，禾大熟。赵城汾水溢坏城西偶。临汾尤旱。	山西通志
1583	明万历十一年	太平县大雨雹。和顺旱甚人食树叶。	原山西省临汾地区水文计算手册
		三月广灵地震，壶流河竭。六月静乐霜杀稼。八月桃李花，地震。永宁（离石）、和顺旱饥。太平、霍州、吉州蝗。洪洞冬无雪。八月河东解池旱涸盐化不生。	山西通志
1584	明万历十二年	榆次五月大雨雹无麦。中阳旱。	山西通志
1585	明万历十三年	宁武静乐汾水大涨，冲没民田三百余顷。	山西自然灾害史年表
		全省性大旱米价腾贵。大同、临汾尤旱。	
1585～1586	明万历十三年至十四年	太平县、洪洞、临汾、曲沃大旱。	原山西省临汾地区水文计算手册
1586	明万历十四年	榆次太谷赤地千里人饿死，平遥正月至七月五谷未种秋杏方雨有因之种麦者一冬无雪又旱至次年五月麦田尽槁二岁间饶积之家仅可糊口。	山西自然灾害史年表
		长治春不雨至五月，秋八月霜，大饥疫作，城中死者三万余人。	原山西省晋东南地区水文计算手册
		潞城五月方雨，旱饥。	
		长治春不雨至五月，八月初二大雨如注。	
		襄垣春旱五月开始下种，八月即遭霜冻，发大饥。	山西自然灾害史年表
		左权赤地千里人饿死。	

续表 5-1

公元	年号	记载	资料来源
1586	明万历十四年	阳城大旱。	原山西省晋东南地区水文计算手册
		晋城大旱,春夏不雨,人间老幼剥树皮以食,疫病大兴,死者相枕藉。	
		沁源大旱,斗米百五十钱,民多饿死逃亡。	
		平定赤地千里人饿死。	山西自然灾害史年表
		七月初一夏县白沙河决北堤,县城南关房屋、墙垣漂没,大石覆庄死人三百余。	原山西省运城地区水文计算手册
1587	明万历十五年	灵石大旱,平遥连年大旱。	山西自然灾害史年表
		武乡全县正月至七月无雨,庄稼干死,造成严重大灾害。	原山西省晋东南地区水文计算手册
		沁县大旱,自春不雨至七月,民多饥死,弃婴儿于原野。	
		阳城大旱且疫,岁不登,道殣相望。晋城泽州大旱,民饥(继续),死人甚多。	
		黄河流域大部分县城大旱,赤地千里,饿死者众,人相食。	山西水旱灾害
1588	明万历十六年	交城六月大雨文峪河浪高三丈,冲没田庐人畜无算。洪洞赵城大雨,水冲没庐舍城垣。	山西自然灾害史年表
		太谷雨雹大如鹅卵岁祲。六月朔州陨伤雨雹。	原山西省晋中地区水文计算手册
		保德五月久雨十六日至二十九日河水泛溢,庐舍漂荡,悲号震野。	山西自然灾害史年表
1589	明万历十七年	安邑大旱蝗。秋七月万泉、猗氏大水。崞县七月大雨雹。	山西自然灾害史年表
1590	明万历十八年	临汾夏大旱。崞县大饥。猗氏、万泉七月大水,泛民居甚众。忻州旱。永济大水。	山西通志
1591	明万历十九年	汾阳四月癸亥朔汾水暴涨。	山西自然灾害史年表
		沁源大水,沁河涨溢,淹没农田数百顷。安邑八月久雨败屋。曲沃夏四月霜结冰,六月大雨雹。春三月临晋、猗氏、荣河大雨雪至三尺。静乐四月大雪伤禾。	

续表 5-1

<table>
<tr><th>公元</th><th>年号</th><th>记载</th><th>资料来源</th></tr>
<tr><td>1592</td><td>明万历廿年</td><td>夏四月曲沃严霜成冰。荣河、宁乡、临晋、猗氏大雪至三月尺不害麦。六月曲沃雨雹。</td><td>山西通志</td></tr>
<tr><td>1593</td><td>明万历廿一年</td><td>太谷雹雨伤稼。</td><td>原山西省晋中地区水文计算手册</td></tr>
<tr><td rowspan="2">1595</td><td rowspan="2">明万历廿三年</td><td>定襄八月大水。</td><td>山西通志“大事记”</td></tr>
<tr><td>孝义大水，自东门入城，坏庐舍无数。阳曲大饥。山阴、大同夏四月大雪。洪洞大雨雹。永济水。</td><td>山西通志</td></tr>
<tr><td>1596</td><td>明万历廿四年</td><td>太谷雹雨伤稼。绛州六月大雨雹。临县春夏大旱。临汾夏大旱。文水大旱。长子大雨雹伤禾。黎城、长治四月大雪。</td><td>山西通志</td></tr>
<tr><td>1597</td><td>明万历廿五年</td><td>太平县、临晋、猗氏、荣河、蒲、解、安邑、闻喜秋八月井水如沸，池水无故自溢。定襄大水。永济秋水。</td><td>山西通志</td></tr>
<tr><td rowspan="2">1598</td><td>明万历廿六年</td><td>保德六月间连雨四日后，复雷电交作，通宵达旦，水涨至数十丈，淹没村庄三十四处，水落后仍贴岸流行，遂成荒沙。</td><td>保德县志</td></tr>
<tr><td>明万历廿六年</td><td>四月，马邑大风，麦无苗，六月大水，坏屋宇。</td><td>原山西省雁北地区水文实用手册</td></tr>
<tr><td rowspan="6">1599</td><td rowspan="6">明万历廿七年</td><td>灵石大旱。</td><td>山西自然灾害史年表</td></tr>
<tr><td>襄陵、太平、临汾春大旱。</td><td>原山西省临汾地区水文计算手册</td></tr>
<tr><td>榆次润四月三日牛村大雷雨发，民郑廷豹等男女廿余人皆没，畜产溺者百余。</td><td>原山西省晋中地区水文计算手册</td></tr>
<tr><td>太谷、榆次闰四月初三大雷雨，水发，溺者万余人。</td><td>山西自然灾害史年表</td></tr>
<tr><td>沁县州及沁源大旱，正月至四月不雨，无麦民饥，至闰四月乃雨。</td><td rowspan="2">原山西省晋东南地区水文计算手册</td></tr>
<tr><td>沁源正月至四月不雨，无麦民饥，至闰四月中方雨，民始播种，米价昂贵，斗米百钱，饿死不详。</td></tr>
<tr><td>1600</td><td>明万历廿八年</td><td>保德地震，陨霜杀禾。静乐、武乡、孝义、永宁、汾阳、临县、汾西、朔州、神池、广灵、辽州皆大饥，荣河水溢。</td><td>山西通志</td></tr>
</table>

续表 5-1

公元	年号	记载	资料来源
1601	明万历廿九年	榆次春夏大旱夏无麦秋禾枯。	山西自然灾害史年表
		左权、和顺春夏大旱夏无麦秋禾枯。	
		武乡全县连续七个月无雨，庄稼干死，灾害严重。昔阳大旱饿莩盈野。	原山西省晋东南地区水文计算手册
		山西全省性旱和大旱。秋七月荣河水溢，冲坏民田。汾西、汾州诸县五月不雨，八月严霜杀稼大饥。	山西通志
1602	明万历卅年	崞县、保德、定襄大饥。长子秋霖雨城圮。离石五月雹伤稼。	山西通志
		寿阳秋七月大旱至次年夏五月九日方雨邑民死徒者殆半。	山西自然灾害史年表
		绛县六月初十日夜大水，平地高一丈有余，漂没北董等庄。高平夏五月店头村，暴雨河涨，民饥，漂没村后平地，忽裂大穴，水入其中，已复合如故。晋城泽州六月大水，平地丈余，漂没北方村庄。	绛县县志
1603	明万历卅一年	永济夏秋大雨。清源汾河溢东城下。寿阳旱。保德六月大雨雹。	山西通志
1604	明万历卅二年	平遥城洪水泛涨径入沙河夏禾尽没农家失望。新绛六月大水地裂，辛安诸村雷雨异常，水深数尺，无所泄，然地裂，水注之，水尽地复合，又诸裂外隔而中通有谷麦，陷于此裂者或漂出于它裂，人坠裂中复从裂出。	原山西省晋中地区水文计算手册
		高平秋七月唐安里河溢，大雨暴注，河水不由故道径趋村中，漂没民舍数十间，淹死男妇二口，村之南汜为大池，有言见鳞而角者伏池内，民益恐相与醵钱祭之，已复河水如故。	山西自然灾害史年表
		繁峙六月大水，漂没人畜房屋甚多。	光绪七年修《繁峙县志》
		忻县六月雨雹。	忻州志“灾详”

续表 5-1

公元	年号	记载	资料来源
1605	明万历卅三年	五月十五日静乐碾河水涨灌南城,城墙瞰塌廿余丈。	《静乐县志》第八节“灾异”
		清徐徐沟五月廿五日壕峪河骤涨,将南关堤冲塌,水深丈余。	山西水旱灾害
		襄汾襄陵汾水泛溢异常,一时滩地尽皆溃陷,中流忽浪涌起如峰,船坏,死殆以百计。	山西水旱灾害
		平遥高平水。介休夏大雨绵山水涨夜半入迎翠门民居多被淹没。	原山西省晋中地区水文计算手册
		孝义七月大雨,汾河溢入城,大水自东门入城,坏官民房舍无数。	孝义县志
		保德四石堂等村雹厚尺余,三日乃消,民多逃。	保德县志
		朔县马邑五月十五、十七、十九三日大雨,雷电坏民屋,禾苗皆没于水。	原山西省雁北地区水文实用手册
1606	明万历卅四年	平遥大旱一粒不收饿莩载道。平遥雨雹。	原山西省晋中地区水文计算手册
		盂县十二月初六日雨雹。	
		六月翼城大水。荣河河岸崩。猗氏、解州、夏县、平陆、临汾无禾。太原汾水涨於府城东二十里形如环。马邑大水。 太原春夏大旱。安邑旱。	山西通志
1607	明万历卅五年	阳曲汾水大涨环抱省城。徐沟五月廿三日大水入南关,平地水深丈余,民居物产漂没无算。太原五月大水。阳曲、临汾、绛、吉等十四州县大水。	山西自然灾害史年表
		朔县马邑秋七月南乡大水,禾苗皆没。	朔县县志
		大同一带秋七月大水。	山西水旱灾害
		阳曲、定襄、临汾、绛、吉等十四州县大水。	山西通志“大事记”
		五台秋淫雨,洪潦奔城,淹没民舍,南城垣尽圮。定襄等十四州县大水。	光绪十五年五台新志
		怀庆府大雨。	怀庆府志
1608	明万历卅六年	长子雨雹伤稼。夏县饥。马邑南乡大水,禾皆漂没。五台霪雨坏城垣。大同一带秋七月大水。阳曲汾水大涨。	山西通志

续表 5-1

公元	年号	记载	资料来源
1609	明万历卅七年	太原、临汾、曲沃大旱。	山西通志
		榆次四月至秋不雨民饥，盂县大旱人相食，辽州(左权)平定昔阳旱，平遥大旱一粒不收，榆社三伏不雨秋大饥。	山西自然灾害史年表
		长治夏秋不雨，无稼。	山西自然灾害史年表
		潞城秋不雨无稼。	山西自然灾害史年表
		长子七月大旱，岁荒。粟斗钱二百三十有奇。	山西自然灾害史年表
		武乡四月至第二年五月一年无雨，旱死禾苗，全县人民饿死过半。	山西自然灾害史年表
		襄垣夏秋无雨无稼。	山西自然灾害史年表
		沁县大旱，州及沁源、武乡，自四月至次年五月不雨，民大饥。	山西自然灾害史年表
		阳城秋大旱，禾皆焦槁，人饥。	山西自然灾害史年表
		陵川秋禾焦死，民大饥。	山西自然灾害史年表
		晋城泽州大旱，田禾焦死，岁大饥。	山西自然灾害史年表
1610	明万历卅八年	吉州、蒲县、汾阳、太原、阳曲、寿阳、平遥、介休、临汾、浮山、曲沃、临猗、稷山、绛州、晋城、定襄、平定、盂县、榆社、武乡，大旱饥，饿殍载道，人相食。	山西水旱灾害
1611	明万历卅九年	临汾、吉州、绛州、蒲县、猗氏夏旱。稷山夏疫。山西连年荒旱。	《旱涝史料》山西部分
1612	明万历四十年	榆社旱。	
		静乐、忻州、定襄水赈之。	《山西通志》“大事记”
1613	明万历四十一年	曲沃、翼城、夏四月大疫。浮山大疫。保德夏大旱。稷山旱无麦。临汾、猗氏、绛州、安邑大旱。蒲县、临晋、荣河旱灾。	山西通志
		阳曲六月至秋七月大雨伤人损稼，七府营雷震死一人。赵城、太平、洪洞香菱大水。襄汾水灾异涨，济屏活门外看桥冲毁。新绛六月廿一日汾水涨溢，入城民舍倾圮。	山西通志
		襄陵水荒议账济屏霍门外晋桥冲毁，曲沃三月大水、太平县大水。临汾秋大旱。	原山西省临汾地区水文计算手册
		平遥大水漂没田苗、房屋极多，溺死者甚众。	山西水旱灾害
		晋城润城以上大水，济源大水，河内、修武注溢。	原山西省晋东南地区水文计算手册

续表 5-1

公元	年号	记载	资料来源
1614	明万历四十二年	秋九月保德、阳曲、高平、武乡、榆社、临汾地震。岳阳涧河水溢。安泽大水，涧河水涨，漂没地亩甚多。万荣大旱。	山西通志
		定襄七月初二连日暴雨，河水横溢，田庐漂没。	山西通志
1615	明万历四十三年	静乐七月大雨一月，淹没南园周家庙。	山西自然灾害史年表
		阳城夏飞蝗蔽天，六月终始雨。	原山西省晋东南地区水文计算手册
		忻县北胡村河水涨溢。冲坍民房屋数千间、淹死人畜，漂没杂粟无算。	光绪六年《忻州志》"灾详"
		泽州夏飞蝗蔽天，六月始雨。保德夏大旱。定襄春夏大旱。翼城蝗蝻害稼。荣河大旱蝗。	山西通志
1616	明万历四十四年	潞城年蝗歉收(大旱)。	原山西省晋东南地区水文计算手册
		临汾夏六月旱蝗。永济春夏大旱。临晋春夏大旱蝗。长治蝗。夏六月文水、蒲州、安邑、闻喜、稷山、猗氏、万泉旱蝗，春夏不雨，飞蝗蔽天，复生蝻，禾稼立尽，永济春夏大旱，飞蝗蔽日，禾稼一空。潞城、稷山蝗食禾尽。长治蝗。解州夏蝗秋蝻，食禾立尽，数年为害不已。芮城旱夏飞蝗蔽天，秋复生蝻，食禾稼立尽，数年为害不已。猗氏春夏大旱。	山西通志
1617	明万历四十五年	蒲、解、绛、隰、沁州、岳阳、万泉、稷山、闻喜、安邑、阳城、长子复旱，飞蝗头翅尽赤，翳日蔽天。沁源蝗。	山西通志
1618	明万历四十六年	夏四月夏县雨雹。平陆、蒲州、曲沃蝗。平遥、介休、寿阳、静乐地震。六月二十六日榆社地震。有声如雷。秋九月广灵、广昌、寿阳再震。曲沃、荣河夏六月飞蝗蔽天。荣河蝗，地震。	山西通志
1619	明万历四十七年	平遥大水漂没麦田房屋甚多。阳城秋旱饥。祁县旱。	山西通志
1624	明天启四年	安泽沁漳水俱涨，田地多侵。沁源延狼屋河甲子发一夕雷雨大作，河水溢，村人多溺。	山西通志

续表 5-1

公元	年号	记载	资料来源
1625	明天启五年	榆次夏不雨。禾有收。交城饥，自此饥馑。文水六月不雨，岁饥。太谷夏不雨秋有收。永济秋阴雨四十余昼夜，损屋害稼。芮城秋霪雨四十余日，损屋害稼，一望巨津，鱼产盈尺。	山西通志
1626	明天启六年	阳城县润城龙王庙(大王庙)东墙上碑文刻有："大明天启六年六月廿九日戌时大水发至此"。	山西水旱灾害
		祁县七月暴雨。永济夏麦未登，秋大旱。	山西通志
1627	明天启七年	繁峙五月大旱廿五日微有云气，至廿八日雨果足。	光绪七年《繁峙县志》
		沁州、武乡五月雨雹大如鸡子。昔阳、平定地震，日一二次到三五次五月一次，达二月余。永和春夏大旱，八月始雨。临晋夏麦不登，秋大旱。临汾尤旱。	山西通志
1628	明崇祯元年	太平、永和、蒲、隰县旱。永和雨雹伤禾。广昌、广灵、山阴陨霜损稼。大同尤旱。	山西通志
1629	明崇祯二年	浑源、广灵饥。朔州旱到秋薄收。襄汾大旱。永和雨雹伤稼。	山西通志
1630	明崇祯三年	河曲旱大饥。	山西通志
1631	明崇祯四年	介休八月淫雨月余，淹塌东半壁，民舍倾圮无算。翼城六月初六日大雨水涨，漂溺东河下神数百名男女多溺死。长子飞蝗蔽日集树结枝。襄垣雨雹大如卧牛小如拳。沁州夏五月雨雹，大如鸡子，方三十里折树伤禾，击死牛羊无数。太平大饥。	山西通志
		榆社冬大寒雪深五六尺树多冻死，介休八月降雨月余淹塌东城半壁民舍倾圮无算。	原山西省晋中地区水文计算手册
1632	明崇祯五年	阳城秋淫雨害稼两月不止。	原山西省晋东南地区水文计算手册
		芮城壬申秋七、八月淫雨四十日秋无禾。垣曲秋淫雨廿余日，黄河溢，南城不没者数版。运城解州大雨四十日。安邑七月大雨三旬，害稼败屋，水决盐池。永济秋淫雨四十日秋无禾。	山西水旱灾害

续表 5-1

公元	年号	记载	资料来源
1633	明崇祯六年	临汾、太平、大宁大旱。平定旱。	原山西省临汾地区水文计算手册
		平顺夏天大旱,秋禾枯死,粮价大涨,每斗米银价三小钱。	原山西省晋东南地区水文计算手册
		壶关夏大旱不雨,斗米三钱银子,黄山东坡居民吃白土,叫黄山面。	
		白沙河决南堤,改道南河。	原山西省运城地区水文计算手册
1634	明崇祯七年	吉州、绛县、万泉、夏县、解县、蒲州、垣曲大旱大饥,人相食。	山西水旱灾害
		晋城泽州大旱,人相食。阳城春不雨,大饥人相食。	原山西省晋东南地区水文计算手册
1635	明崇祯八年	榆社旱。介休正月十四日地震,秋旱。稷山、垣曲蝗。绛州、万泉、安邑、闻喜、朔州大饥。稷山、垣曲蝗。绛县秋大旱蝗。夏县、安邑、解县旱。	山西通志
1636	明崇祯九年	三月安邑旱。荣河、交城、长治、潞城、襄垣、长子蝗蝻伤稼。潞城蝗食禾(大旱)。稷山蝻害胜于蝗。永和雨雹伤禾。荣河蝗。文水旱。	山西通志
1637	明崇祯十年	介休春不雨。	
		武乡四月大雹,粒大如耕牛,人饿死殆尽。	原山西省晋东南地区水文计算手册
		大同朔瘟疫流行。岳阳旱,连遭饥馑饿死大半。永和雹灾,民大饥。沁源、武乡四月大雨雹,大者如象如牛,禾尽伤,六月大旱。保德旱,年荒。太原夏旱。长治、高平、泽州、沁州旱。山西夏大旱。	山西通志
1638	明崇祯十一年	文水、阳曲、襄陵、灵石、安邑、稷山旱,介休夏旱无麦秋旱。	山西通志
		襄垣大旱岁饥,人相食。	原山西省晋东南地区水文计算手册
		沁县是年先旱后风,武乡等地人相食。	
		陵川龙王庙写有:焦火流金,赤地千里。沁源是年先旱后风,民饥。	
		平定、介休、灵石、文水、猗氏、安邑旱。稷山频旱。襄垣、沁源大旱。山西全省持续大旱特旱。	山西通志
		汾阳水。	

续表 5-1

公元	年号	记载	资料来源
1639	明崇祯十二年	永和、隰县、太原、阳曲、翼城、霍州、襄汾、绛县、万泉、万荣、稷山、安泽大旱，蝗伤稼，饿死人甚众。	山西水旱灾害
		灵石旱平定六月旱蝗。介休八月淫雨积九月大水粟麦翔贵。	原山西省晋中地区水文计算手册
		山西仍持续全省性旱和大旱。	山西自然灾害史年表
		沁水夏旱，民大困。	原山西省晋东南地区水文计算手册
1640	明崇祯十三年	左权大旱米价腾贵平定旱蝗榆次旱。	
		静乐七月大雨，碾河水涨，漂没水磨、民房。	原山西省晋东南地区水文计算手册
		长治大旱岁饥人相食，斗米银七钱，父子夫妇互食，荒郊僻巷掠人相食。	
		潞城漳水竭，夏大旱，饥人相食。	
		平顺春夏连续大旱，苗禾枯穗灾荒极为严重，人相食，父子夫妇不相顾，僻巷荒郊无人敢行。	
		沁县大旱。	
		壶关大旱大饥，禾不结穗，百姓挖草根剥树皮，人吃人，死者不计其数。	
		阳城是岁无麦禾……食。	
		沁水特大旱，民多饿死，人相食。	
		陵川大旱，夏无麦秋无禾，是岁斗米千钱，阳城、陵川、沁水民多饿死，人相食，骸骨满野。	
		晋城泽州岁大饥，民多饿死。	
		山西连岁持续全省性大旱特旱	山西自然灾害史年表
1640～1641	明崇祯十三至十四年	太平县、安泽、大宁、临汾、曲沃大旱。	山西自然灾害史年表
1641	明崇祯十四年	大同、怀仁、左云大旱，瘟疫大作吊者绝迹，米价一两五钱。	山西水旱灾害
		平遥五月至九月大水，小米一斗四钱多一斗三钱。	原山西省晋中地区水文计算手册
		潞城、长治霪雨十七日，岁丰稔。平陆七月阴雨连绵至九月止，秋冬尽伤。解州连岁旱蝗无禾，大饥。介休五月霪雨，九月大水。	山西通志
		山西晋东南先旱后涝，余均持续大旱特旱，已连旱五年。	山西自然灾害史年表

续表 5-1

公元	年号	记载	资料来源
1642	明崇祯十五年	文水、太原、榆次、河津大旱人相食。	山西水旱灾害
		介休九月阴雨，绵山暴水，漂没民田。	《旱涝史料》山西部分
		永济蒲州大雨，骤涨，冲北而注，洗荡田地住居殆尽。	《旱涝史料》山西部分
		平陆、安邑间地震，平陆坏城垣民居，山崖崩裂，永济、荣河人多死，震级(6)，烈度8。	《山西地震目录》
		山西全省连续五年大之旱后，是年中部仍持续大旱，南部旱后大涝，灾情极为惨重。	山西自然灾害史年表
1643	明崇祯十六年	山西不雨人相食。蒲县水骤涨冲北而注，洗荡田地住居殆尽。	《旱涝史料》山西部分
		山西太原及以北仍持续旱与大旱，余正常偏涝。	山西自然灾害史年表
1644	清顺治元年	介休六月雨雹，蝗害稼。	山西自然灾害史年表
1645	清顺治二年	介休夏五月雹伤麦，闰六月大水自迎催门冲入平地高五六尺，民屋淹塌无算。	山西自然灾害史年表
		交城水。安邑大旱。垣曲饥。解州大旱三至七月不雨。沁州、武乡五月大雨雹连三日，大如鹅卵越户牖搥人，击死牛羊无数，伤麦七百余顷。	山西自然灾害史年表
1646	清顺治三年	介休四月十三日太白径天五月雨雹。	原山西省晋中地区水文计算手册
		阳城夏大雷震死人，稣谭曰顺治丙戌六月廿四日午刻，迅雷裂地，大雨如注。	原山西省晋中地区水文计算手册
		高平秋七月大水，是月大水如注，百川沸腾，唐安村横决倍甚，男妇四人溺死。	原山西省晋中地区水文计算手册
		闻喜五月廿四日大水，六月初三复大水，姚村、宋村、王村及西关毁民房甚多。	原山西省晋中地区水文计算手册
1647	清顺治四年	交城七月十六大雨河溢，城中水深三尺，北门圮。	原山西省晋中地区水文计算手册
		沁水大旱六月始雨。	原山西省晋东南地区水文计算手册
		陵川飞蝗蔽天，食苗已尽，民流亡。	
		沁源淫雨两月余，民屋多塌；夏沁水河溢，坏城垣。陵川淫雨杀稼，山头皆水。	原山西省晋东南地区水文计算手册
		繁峙六月大水大峪口山崩，水溢数丈，其声如雷。	原山西省晋东南地区水文计算手册

续表 5-1

公元	年号	记载	资料来源
1648	清顺治五年	秋太平县七月大雷雨、汾水涨溢两岸树梢皆没。	山西水旱灾害
		祁县大水伤稼。	原山西省晋中地区水文计算手册
		襄汾太平秋七月大雨汾河涨，两岸树梢皆没。太原、文水大水伤稼。	原山西省晋中地区水文计算手册
		陵川秋大水杀稼，山头皆水。	原山西省晋东南地区水文计算手册
		沁水夏河水冲南城墙……沁水涝，秋淫雨，房屋多倒塌。	山西水旱灾害
		闻喜六月初五大水，岭西、管庄、姚王等村水深丈余。运城安邑大雨水盐池被害。	山西水旱灾害
		岢岚七月暴水，东关砖堡冲毁一半。	山西水旱灾害
1649	清顺治六年	稷山六月十三日汾水涨溢至南门里，淹倒房屋数百间。河津秋七月水溢，涌至南门外，数日始平。太原、汾州、平阳、绛州、荣河大水。	山西水旱灾害
		陵川春淫雨，山头皆水害庄稼。	原山西省晋东南地区水文计算手册
		大宁、保德水。	原山西省晋东南地区水文计算手册
1650	清顺治七年	保德、河曲、岢岚、离石、乡宁、吉州、寿阳、万泉春夏旱，饥民多鬻子女为食。	山西水旱灾害
		沁水涝，河水溢伤庄禾。	原山西省晋东南地区水文计算手册
		陵川七月廿七日大雨雹。	原山西省晋东南地区水文计算手册
		运城解县秋七月大雨，安邑自七月十二日至八月初十日止，禾伤屋倒。	原山西省晋东南地区水文计算手册
		盂县滹沱溢。	原山西省晋中地区水文计算手册
1651	清顺治八年	河津汾河水溢，涌至南门外，高数尺，数日始平。	原山西省临汾地区水文计算手册
		长治潞安五月淫雨八十余日，禾伤，房倾颓者甚多。	原山西省晋东南地区水文计算手册
		沁水秋大雨为灾，损伤禾稼。	

续表 5-1

公元	年号	记载	资料来源
1651	清顺治八年	潞城五月淫雨八十余日，禾伤房倾。	原山西省晋中地区水文计算手册
		平顺五、六、七三个月阴雨连绵，持续八十日之久，房屋倒塌甚多，伤亡人畜极多，五谷伤毁，收成寥寥。	
		沁源连遭水灾，淹没农田六百八十七顷。沁水秋大雨河涨伤禾。	
		左云饥疫。	原山西省雁北地区水文实用手册
		寿阳夏五月大旱饥民多鬻子女给食。	原山西省晋中地区水文计算手册
		洪洞六月十三日夜雷电大雨，汾涧两水暴涨，浪高二丈直冲城下廓外西南隅庙宇、庐舍漂没无踪，十余日水始退。	山西水旱灾害
		祁县五月雨雹大如拳介休六月大水冲入迎翠门。	山西水旱灾害
1652	清顺治九年	寿阳六月淫雨四十余日水溢民居倾毁殆尽。祁县夏淫雨四旬余，水溢漂没田庐蕩涉林木，六月大雹雨山禽死者蔽流而下。介休六月十三日大雨至七月初三日乃止。太谷平定昔阳大水。	原山西省晋中地区水文计算手册
		襄汾襄陵淫雨浃旬，汾流泛涨，民舍多漂没。襄汾曲里村刘家家谱记载“顺治壬辰河水泛溢，塚丘沦没迄今，朴陋相沿竟无畜民臬见之人”。稷山六月淫雨，河水横溢至城下，漂没田舍无算。新绛六月十三日汾水涨溢，冲南门柱安两坊，水深丈许，街巷结伐，以济房舍大半倾圮，西北诸村多遭漂没行庄为甚。	山西水旱灾害
		平遥大水泛涨，禾稼淹没尽。太谷大水。	山西水旱灾害
		沁州水灾，山岗尽成水泥潭。	山西水旱灾害
		沁水大旱。	原山西省晋东南地区水文计算手册
		沁源连遭水灾，淹没农田六百八十七顷。	

续表 5-1

公元	年号	记载	资料来源
1652	清顺治九年	古县岳阳九月各处水涨，上下川冲地数顷，大雨河水泛溢。安泽九月各处水涨，冲地数千顷，大雨河水泛溢。	原山西省临汾地区水文计算手册
		大宁六月大水冲民田数十顷。蒲县大水，大雨如注，横水暴涨，山谷崩陷人畜多溺死者。闻喜六月大水。万荣荣河大雨，河水泛溢，人被冲者众。	山西水旱灾害
		临县五月十六日，雨雹如卵，结冰尺余，麻麦都被打坏。	1960年3月印临县旧志
		太谷、平定、昔阳大水。	山西通志
		长治、阳曲、祁县、岚县、临县雨雹伤稼。沁水旱。平遥、蒲县、闻喜、绛州、岳阳、大宁、平定、寿阳、稷山、荣河水。秋八月翼城地震。	山西通志
1653	清顺治十年	太谷积雨县城坏。平遥大水泛滥沿河禾稼淹没殆尽。	山西水旱灾害
		洪洞涧河大泛冲地。	原山西省临汾地区水文计算手册
		沁县大水自八、九年，是年州属连发水灾，山岗尽成泥淖，毁舍漂田甚众，州及二邑河塌地有数百顷。	原山西省晋东南地区水文计算手册
		陵川旱饥。	
		沁源连遭水灾，淹没农田六百八十七顷。	
		夏县白沙河决北堤，水入县城东门城皇庙官衙俱被浸没。	原山西省运城地区水文计算手册
		武乡四至七月无雨，禾苗枯死，一斗米一千二百钱。	原山西省晋东南地区水文计算手册
		襄垣旱至七月初八方雨，斗米贵至银五钱。	
		沁县大旱，四至七月无雨。	
		左权大旱升米钱一百五十。	原山西省晋中地区水文计算手册
		左权山崩蛟发漂冲民田村落甚多，和顺六月淫雨没民田。	
		介休秋八月大雨如柱。平遥大水泛滥稼禾淹没殆尽。	
		陵川大旱，斗米千五百文，大饥。	山西水旱灾害

续表 5-1

公元	年号	记载	资料来源
1655	清顺治十二年	介休夏四雨雹连绵数月城垣半倾桥梁尽圮。	原山西省晋中地区水文计算手册
		长治旱。襄垣旱。沁县大饥。	原山西省晋东南地区水文计算手册
		介休、襄垣、灵丘雨雹。	原晋中区水文计算手册
		陵川夏大旱,岁大饥。沁州民大饥。文水大旱岁饥。垣曲夏大雨,东南河移故道。陵川、长治、平顺大旱。临县五至七月旱。	山西自然灾害史年表
1656	清顺治十三年	平顺大旱,大灾荒,米价继续上涨。	原山西省晋东南地区水文计算手册
		壶关大旱大饥,斗米千钱。	
		榆社旱。	原晋中区水文计算手册
		沁水大旱无麦。高平春夏大旱,麦无收,人大饥。潞城旱饥。	原山西省晋东南地区水文计算手册
		泽州、吉州春夏连旱。	山西通志
1657	清顺治十四年	寿阳六月大雨雹苌榆等村雹消三日始尽居民流亡。左权正月十日雷雹大震。	原山西省晋中地区水文计算手册
		潞城(旱)。壶关继续大旱。	原山西省晋东南地区水文计算手册
		阳城、沁水旱。寿阳、猗氏雨雹。文水汾、峪二河溢伤稼。秋九月浑源、广灵、地震。霍州饥。	原山西省晋东南地区水文计算手册
1658	清顺治十五年	夏五月长治、襄垣、壶关雨雹。文水夏五月大水伤禾。六月垣曲暴雨伤禾拔木,秋霪雨水溢。	山西通志
1659	清顺治十六年	大同六月大雨,河溢坏城没禾。潞城、平顺六月雨雹伤稼。长治雨雹伤禾,六月大水。吉州夏四月大饥,雨雹折木。荣河雨雹连三日,二麦俱枯,因多麦復发芽。	山西通志
1660	清顺治十七年	清徐清源大水,冲圮北城门楼。浑源旱。太原六月大水。	山西通志
1661	清顺治十八年	春二月浑源地震。夏五月猗氏雨雹,六月蒲州旱,永济、芮城六月极热,人有渴死者。	山西通志

续表 5-1

公元	年号	记载	资料来源
1662	清康熙元年	洪洞、临汾、曲沃秋八月大雨如注连绵弥月城垣半倾、桥梁尽塌、坏庐舍无数。大宁六月大水。	原山西省临汾地区水文计算手册
		山西太原等廿州县水灾。阳曲、太原秋八月弥月连绵,汾水泛涨,漂没稻田无数。清徐徐沟三河并发,水深丈余,四门雍塞。稷山秋淫雨四旬不止。	洪洞、临汾、曲沃等县志
		平顺秋季阴雨月余,时小时大,山崩地裂,墙倒屋塌,土地冲毁,田禾不收,人民生活终日糠菜不见米粒,饿死者无数。	原山西省晋东南地区水文计算手册
		长治秋淫雨倾墙,北城及九角楼水凡数十丈。	
		长治八月内淫雨连绵,民居衢舍为倾倒。	
		榆社五月大雹无年,左权五月淫雨六月漳水涨泛漂没民田无数。	原山西省晋中地区水文计算手册
		万荣荣河七月雨至九月秋分止。吉县大雨数月,毁坏城庐舍。大宁六月大水。运城解州秋八月大雨四十日,盐池被害。安邑八月大雨如注者半月,墙屋倾圮,强半人多僦居庙宇。临猗猗氏八月大雨泛,初九至二十五日,大雨如注,昼夜不绝。临晋秋淫雨数月。平陆壬寅阴雨四旬,山崩涧徙,坏民田舍。芮城壬寅秋八月淫雨两旬,屋垣多倾,城东北路村平地水出如河。	山西自然灾害史年表
1663	清康熙二年	交城癸卯七月十六日大雨,磁瓦二河高涨,城内水深二尺。	山西通志
		襄垣秋七月雨雹。蒲州、河津、荣河、永济水灾。	
1664	清康熙三年	平顺淫雨月余,田垣房屋塌毁八九,山亦崩颓甚多。长子涝。	山西通志
		偏关七月水势暴溢,城内水深丈余,西关人溺死数百。	偏关县志
		保德大水,张家滩漂没居民,冯家川等处亦被水患。临县湫河大水。	山西自然灾害史年表
		朔县马邑潦大水。	朔县县志
		朔平夏旱。长子、汾阳大涝。长治六月旱。马邑大水民饥。河曲大水。广灵夏旱霜秋饥旱。阳曲大饥。太原、岢岚七州县饥。宁武六月雨水害稼。	山西通志

续表 5-1

公元	年号	记载	资料来源
1665	清康熙四年	寿阳自正月不雨至于秋七月秋禾槁大饥。	山西自然灾害史年表
		壶关雨雹。	原山西省晋东南地区水文计算手册
		保德涝,民多逃亡,奉旨蠲免本年钱粮,发帑金赈济。	保德县志
		平定旱六月方雨,七月嘉水溢民居被害大饥免租税。	平定县志
		左云旱大饥。蒲县大旱。长子、长治八月雨雹,六月陨霜禾多萎。盂县旱饥。大同属应、朔、阳高旱灾。代州旱。	山西通志
1666	清康熙五年	武乡大雨数日,漳河暴涨,城内(故县)街道可以划船。沁州十一月大雨河溢。	原山西省晋东南地区水文计算手册
1667	清康熙六年	曲沃春正月曲沃、垣曲雨黑水,雷发声。三月安邑大雨雪。文水六月大水伤稼。闻喜四月大雨雹。	山西通志
1668	清康熙七年	天镇秋霖大作,连绵数十日,民居官舍被漂。	山西通志
		壶关冬十月雨雹。岢岚夏不雨伤禾。灵石大水。	山西通志
1669	清康熙八年	榆次四月十六日雨雪深五寸禾皆死,太谷四月雨雪四山尽白。	原山西省晋中地区水文计算手册
		吉州三月黄河復冰。猗氏、文水大旱岁饥。黎城、猗氏、汾西雨雹八月饥。昔阳凤凰山神泉忽涌,名为灵瑞泉。太原四月大雪。	山西通志
1670	清康熙九年	黎城自春至夏不雨,岁复饥。	原山西省晋东南地区水文计算手册
		文水春旱。长治霪雨连绵城垣倒坏。长子二月大雪厚尺许,二十日始晴。	山西自然灾害史年表
1671	清康熙十年	黎城大饥,七月始雨,谷不播唯荞麦可收,民苦无种。	原山西省晋东南地区水文计算手册
		解州、芮城夏大热,人有渴死者。长治、高平、泽州、荣河、安邑大旱。文水夏旱。	山西通志

续表 5-1

公元	年号	记载	资料来源
1672	清康熙十一年	长子六月雨，廿日乃止，麦腐苗荒。	原山西省晋东南地区水文计算手册
		黎城春夏大饥。	
		文水二月大风雪严冬，途人多冻死者。春夏大雨，秋旱薄收。岢岚夏大雨雪无麦。潞城雨雹。文水秋旱田薄收。襄垣大旱。安邑春夏旱。	山西通志
1673	清康熙十二年	榆社春大雨，夏大雨雹如鸡子。	原山西省晋中地区水文计算手册
		平陆夏无雨，麦苗槁，八月飞蝗食禾尽，又霖雨浃旬，棉田脱落，三冬无雪。保德地震墙倾，崖倒，是夜共震五次，屡震月余。太原冬大旱。芮城夏冬旱。	山西通志
1674	清康熙十三年	和顺正月至六月九日始雨短麦。翼城秋旱无禾岁饥，十月山花发。	山西通志
1675	清康熙十四年	榆次八月霖雨廿日。	原山西省晋中地区水文计算手册
		清康熙十四年五月(1675年6月)平陆地震。	《山西地震目录》
1676	清康熙十五年	壶关雨雹伤稼。	山西通志
1677	清康熙十六年	寿阳秋七月大雨雹。	原山西省晋中地区水文计算手册
		平定雨雹地震。	
		夏四月闻喜、万泉、襄垣、武乡雨雹伤稼。秋七月寿阳、平定雨雹伤稼。十月浮山横岭出甘泉数道。	山西通志
1678	清康熙十七年	荣河大雨雹，河水溢败民田。稷山伤稼。平陆八月霖雨四旬。襄陵秋七月阴雨。绛州秋九月大雨雪深数尺，树木皆折。大宁八、九月霪雨三旬。	山西通志
1679	清康熙十八年	太平(汾城)、曲沃、新绛秋淫雨廿余日坏城垣庐舍无数。	原山西省临汾地区水文计算手册
		平顺八月初降雪杀禾，继下阴雨，晚秋作物大部被毁，特别是东南山一带尤为严重。	原山西省晋东南地区水文计算手册
		武乡九月大雨，魏家窑、东注清等村田园尽被淹没。	
		壶关八月六日大雨至九月望月止，民房倾倒无数，城垣倒颓。	

续表 5-1

公元	年号	记载	资料来源
1679	清康熙十八年	大宁秋淫雨廿余日坏城垣庐舍无数。运城秋霖雨四旬,水决盐池。	山西通志
		八月十五日白沙河决南北堤,水冲入盐池盐花不生,夏邑城垣倒民房损坏田禾淹没。平陆八月淫雨四旬,城郭居民塌毁无算。	原山西省运城地区水文计算手册
1680	清康熙十九年	阳曲秋七月大雨雹,如鸡卵地尽白,牛羊死伤无数,有如碨礧者送官验视。孝义大雨河水溢。	山西通志
		襄垣大雨连绵四十余日,房屋倾毁,村堡多漂者。	原山西省晋东南地区水文计算手册
		长子秋雨四十日不止,城堰民房多坏。	
		高平八月雨雹损稼。	原山西省晋东南地区水文计算手册
		蒲县淫雨四旬伤禾。	山西通志
		大同、阳高、广灵、左云、朔州、灵丘、定襄、崞县、代县、忻州旱大饥。	山西通志
1681	清康熙廿年	忻州、阳曲疫。五台旱饥。广灵大旱。大同大旱从上年旱至本年六月,连年旱荒。朔州大饥,人食草木树皮,死者甚众。阳曲大旱。灵丘、静乐、榆社旱。太原、阳曲大旱。潞城十月十日地震。	山西通志
1682	清康熙廿一年	兴县水冲没东关。	《兴县县志》卷计王营筑
		平顺五月及秋大旱。十月介休地震。	山西通志
1683	清康熙廿二年	曲沃夏大水。曲沃、大宁秋大旱。大同旱。	原山西省临汾地区水文计算手册
		太原秋大雨漂没米殆尽,免山西榆次等县水灾额赋有差,免山西太原、文水县水灾额赋有差。	山西通志
		绛州夏大雨,秋大旱。芮城暴雨屡作、河水大发。阳高七月水伤稼。崞县十月东南乡地裂出泉,灌溉民田。十月初五(阳历十一月廿二日)原平附近地震,原平及神山、三泉、大阳、横山等处尤甚。屋垣塌倒,民屋毁坏,人皆露处,平地绝裂,涌水或出黑沙,压死千余人、畜类无数。	山西自然灾害史年表

续表 5-1

公元	年号	记载	资料来源
1684	清康熙廿三年	平遥七、八月阴雨。交城汾河涨,平地水深三尺。汾阳大水。	山西水旱灾害
		介休秋七月阴雨月余民居多倾。	山西水旱灾害
		太平(汾城)秋阴雨40余日。	原山西省临汾地区水文计算手册
		武乡秋天连淫大雨七十余天。	原山西省晋东南地区水文计算手册
		沁县秋霖雨凡七十余日。	
		左权六月廿日大水漂冲城西南角数十丈民田村落甚多。	原山西省晋中地区水文计算手册
		大宁秋七月淫雨二旬谷麦伤岁饥。隰县秋淫雨五十余日。	
		兴县水衝没东关。	山西水旱灾害
		临县七月十三日大雨,八月初八日方止,平地水满,大部分庄稼淹死。	临县旧县志
1685	清康熙廿四年	潞城三月不雨,漳水几绝。七月大雨,九月始霁。大同夏旱。太原、临汾、平顺、泽州旱。	山西自然灾害史年表
1686	清康熙廿五年	沁县夏,州大旱,三伏大雨岁尽丰收。	原山西省晋东南地区水文计算手册
		临县秋七月暴雨,湫河水涨,冲坏东城墙数十丈,并东翁城平地禾黍淹没无数。	山西水旱灾害
		平定六月廿六日雨至八月十二日方止,禾稼俱朽。	山西自然灾害史年表
1687	清康熙廿六年	曲沃夏六月大雨,冲毁北门、上西门、中西门吊桥。孝义大雨河水入城。	山西水旱灾害
		晋城泽州大水。	原山西省晋东南地区水文计算手册
		广灵旱。	山西自然灾害史年表
1688	清康熙廿七年	忻县大雨雹蠲免石岭关以北地丁钱粮。	光绪六年忻州志“灾详”

续表 5-1

公元	年号	记载	资料来源
1689	清康熙廿八年	介休秋七月淫雨月余民舍多倾倒。	原山西省晋中地区水文计算手册
		潞城(大旱)。	原山西省晋东南地区水文计算手册
		平顺岁旱歉收。廿九年又大旱,岁大饥。连续两年大旱灾,人民无粮可食。	
		怀仁、左云大饥。	原山西省雁北地区水文实用手册
		昔阳、平定大旱六月嘉水涨坏民居。	原山西省晋中地区水文计算手册
		朔平旱,岁大饥。马邑大旱,经年不雨。定襄荒年,补种荞麦又霜灾。夏县麦不收。盂县秋旱,六月大水。榆次春至六月旱。永济雨雹伤稼。阳高旱饥。	山西自然灾害史年表
1690	清康熙廿九年	榆次春旱至六月乃雨秋淫雨晚禾不熟。	原山西省晋中地区水文计算手册
		太原、大同、闻喜旱。夏县麦不收,荒更甚。垣曲秋旱麦种未播。襄垣、长子、平顺饥。蒲县蝗飞蔽日。洪洞六月蝗。平阳府俱旱蝗。太谷春旱至六月方雨,秋霪雨,晚禾不熟。宁武大饥,人多饥死。代州饥。岚县亢旱岁饥。临汾、垣曲七月地震,秋旱麦种未播。长治四月连霜,树叶枯死。平陆蝗蝻食禾。静乐旱。	山西自然灾害史年表
1691	清康熙卅年	介休五月旱闰七月淫雨东城圮数十丈岁大饥。	原山西省晋中地区水文计算手册
		长治五月霜,六月旱蝗,漳水涸。	原山西省晋东南地区水文计算手册
		沁水特大旱无麦,人民死徙殆半。	原山西省晋东南地区水文计算手册
		晋城夏五月旱无麦,六月蝗食苗,七月蝝生食禾叶,岁大饥,民多流亡。	
		高平夏旱蝗成灾。	
		代县秋大雨雹伤禾稼。	代州志"大事记"
		临汾夏旱蝗虫。绛州、曲沃大旱。浮山六月蝗发。闻喜旱六月蝗,七月大饥。翼城秋旱,无禾岁饥。河津旱蝗民饥。蒲州蝗旱。	山西自然灾害史年表

续表 5-1

公元	年号	记载	资料来源
1691	清康熙卅年	长治五月霜，六月旱蝗，漳水涸。长子秋蝗飞十日禾不为灾。解州、芮城大饥。平遥蝗灾。平阳、安邑、夏县更甚。保德、霍州、襄垣、汾城旱。长治、平顺夏大旱。山西南旱北涝，中部先旱后涝，旱蝗害严重。	山西自然灾害史年表
1692	清康熙卅一年	蒲县、吉州、临汾、浮山、洪洞、翼城、稷山、河津、解州、平陆、蒲州、芮城旱蝗民饥，人死相枕籍。	山西水旱灾害
		徐沟三河水溢。泽州、沁水疫。平阳又旱蝗民饥。	山西通志
		徐沟大水，三河并发，冲入北门。太原大水。万泉夏霪雨伤禾。山西晋南、晋东南旱，忻、崞阳偏涝，大同较正常。	山西自然灾害史年表
1693	清康熙卅二年	平遥二月七日午时有一片其色不一旋有大水淹房屋多坏。	原山西省晋中地区水文计算手册
		介休四月大旱。五月淫雨水溢稼。孝义大雨河水入城。	山西水旱灾害
		榆次、太原、清徐、文水本年水灾。	
		阳高七月初二夜，水从城壕逆入西雍城庐舍庙宇俱坏。马邑秋大水，谷不登。	山西水旱灾害
		大同七月大水。朔平五月大雪，秋水伤稼。山西全省涝和偏涝，年景丰稔。	山西自然灾害史年表
1694	清康熙卅三年	沁水河水暴涨，冲塌堤坝城墙和居民房屋，知县赵凤诏改掘河道，沿碧峰山下南流，另修筑堤坝、大石桥两座，以便行人，一桥跨梅河之末东西行，一桥跨杏河之涯南北行百姓称便。	山西自然灾害史年表
		怀仁饥。保德夏旱秋霜，连续五年霜旱。阳曲大雨，七月汾水涨溢。临汾、平阳蝗旱。临县大饥。沁州连岁荒欠，至是年禾未熟复遭严霜，民流散，饿殍相枕。太原七月大雨河溢，大霜。山西大同、长治偏旱，余均正常。	山西自然灾害史年表

续表 5-1

公元	年号	记载	资料来源
1695	清康熙卅四年	兴县水冲没南关。	
		四月太原、平阳、潞安、汾泽等属地震，临汾、洪洞、襄陵、浮山尤甚。	山西通志
		保德夏旱秋霜。临县冬无雪。岚县夏涝麦欠收。河津、荣河二县本年汾水冲。沁州六月大雨雹。介休旱，八月陨霜杀稼。和顺霪雨连月，七月严霜杀稼。静乐七月旱。离石夏秋大旱。乡宁、永和旱。山西临汾以西旱，余均正常。	山西自然灾害史年表
1696	清康熙卅五年	静乐夏大旱，秋雨两月不止。	山西自然灾害史年表
		沁县夏霖雨，历五、六月至七月初始霁。八月州及沁源陨霜，大饥。自卅三、四年连岁遭灾，至是年禾未熟遭严霜，士民流散，饿殍相望。	原山西省晋东南地区水文计算手册
		安泽自正月至六月不雨夏麦尽枯。	
		平定昔阳二月十八日雨，六月廿六日雨至八月十二乃止禾稼俱朽。	原山西省晋中地区水文计算手册
		保德夏旱秋霜。静乐旱大旱，秋雨两月不止，八月霜杀禾殆尽，岁大饥。汾阳夏旱。永宁夏秋大旱，禾尽槁，大饥。翼城秋蚜虸害稼。闻喜大旱。永和连年大旱。沁源连年被霜灾。岚县岁饥馑，陨霜杀稼民大饥，民食树皮。武乡夏霖雨历五、六月至七月初始霁，未几陨霜，秋禾一粒未收，大饥。盂县、介休、和顺旱，秋霜杀稼。石楼旱。	山西自然灾害史年表
1697	清康熙卅六年	榆次六月淫雨。	原山西省晋中地区水文计算手册
		临县、石楼、永和、蒲县、乡宁、大宁、隰县、静乐、汾阳、孝义、文水、介休、闻喜、盂县、左权、昔阳、和顺夏大旱。	山西水旱灾害
		沁县夏大旱，四、五月不雨，六月初旬大雨，是年无麦有秋。	原山西省晋东南地区水文计算手册
		山西全省性旱和大旱，南部尤甚。	山西自然灾害史年表

续表 5-1

公元	年号	记载	资料来源
1698	清康熙卅七年	平定、昔阳春旱大饥，人相食。	山西水旱灾害
		保德六月大雨城毁数丈。	山西水旱灾害
		翼城、洪洞、闻喜、浮山、蒲州、永和、平定、交城、襄陵大旱，民大饥。静乐二至三月大雪。山西除大同区正常外，余均旱和偏旱。	山西自然灾害史年表
1699	清康熙卅八年	阳高、马邑大旱后水，七月陨霜。	山西自然灾害史年表
		泽州大风雹。保德连岁霜旱。大同水。介休闰七月大雨雹。山西全省性旱和偏旱。	山西自然灾害史年表
1700	清康熙卅九年	静乐夏碾水冲堤七十余丈，水飞波浸城。雹伤禾大雨没田。	山西自然灾害史年表
		安泽涧水泛涨冲没城外水地。	原山西省临汾地区水文计算手册
		夏县白沙河决北堤进城，南门外铺店漂没。	山西水旱灾害
		兴县水冲没西关，廿余年，六受水害，民房漂溺千有余间。	《兴县县志》卷计王营筑
		临县五月初四日大水，自东崖至城内普化寺西廊下，约高数丈，数日后又暴涨。东城一带城廊俱没。	临县旧县志
		平定大旱。山西除雁北正常偏旱外，余均涝和偏旱。	山西自然灾害史年表
1701	清康熙四十年	屯留永定桥在县西南廿里，河北店系南北通河。旧志记载："桥被冲复重修。"	原山西省晋东南地区水文计算手册
		平定大旱，风雹大如碗，积尺余，禾俱无。	原山西省晋东南地区水文计算手册
		宁乡（中阳）旱，五月雹伤稼。长子春三月地震。昔阳大旱蝗。	山西自然灾害史年表
1702	清康熙四十一年	蒲州雨雹。	山西通志
1703	清康熙四十二年	平遥仁庄诸村水灾民甚困。	原山西省晋中地区水文计算手册
		蒲州雨雹。平遥、定襄水	山西通志
		和顺蝗。定襄大水，田禾尽伤。山西全省正常偏涝，年景丰稔。	山西自然灾害史年表

续表 5-1

公元	年号	记载	资料来源
1704	清康熙四十三年	榆次春淫雨平地出水免租税。	山西自然灾害史年表
		马邑夏大旱，二麦俱槁。	原山西省雁北地区水文实用手册
		榆次春阴雨平地出水免捐赋。徐沟亢旱不雨，至立秋乃雨。绛州、曲沃、闻喜、荣河旱。朔平、平遥、新绛旱。太原春霪雨夏旱。	山西自然灾害史年表
1705	清康熙四十四年	泽州、沁州大旱。广灵飞蝗食稼。交城旱。	山西自然灾害史年表
1706	清康熙四十五年	平定大旱。昔阳大旱风。	山西自然灾害史年表
		闻喜、平定、荣河大旱。	山西自然灾害史年表
1707	清康熙四十六年	交城六月大雨河溢。定襄六月雨。	山西自然灾害史年表
1708	清康熙四十七年	清徐清源大水，南关城西门毁。	山西自然灾害史年表
		武乡从九月至第二年正月无雨，麦苗干死过半。	原山西省晋东南地区水文计算手册
		沁县夏大旱，自四月初十至六月十八，三伏将尽犹阳不雨，十九日夜至廿日州及两县大雨。冬不雨，自九月廿一日至次年正月廿五乃雨。	
		晋城泽州大旱。	山西通志
		安邑、解州硝池水涸，盐花自生。太原大水。保德六月大雨雹伤稼。	山西自然灾害史年表
1709	清康熙四十八年	乡宁河水涨溢溺人无数。	山西自然灾害史年表
		永和九月十二日地震。代州秋大雨雹伤禾稼。保德旱，地震。沁州一月旱。	
1710	清康熙四十九年	武乡六月大雨雹，形如鹅卵。	山西自然灾害史年表
		二月解州地震。	山西通志
1711	清康熙五十年	壶关大饥。大同旱。山西北部偏旱。	山西自然灾害史年表
1712	清康熙五十一年	吉州、蒲县、乡宁旱	山西通志
		沁源雨雹如卵。	山西自然灾害史年表
		清徐徐沟六月河水又发，将路冲断，到城下水深数丈万民受害。	
		平定、昔阳旱	

续表 5-1

公元	年号	记载	资料来源
1714	清康熙五十三年	长治大旱。	原山西省晋东南地区水文计算手册
		武乡全县大旱，正月至四月不雨，麦苗枯穗，收成不到三分。	
		沁县大旱，正月至四月不雨，麦苗枯穗，收成不到三分，五、六月雨，民始耕种，秋收旱，岁歉。	
		泽州、平顺旱。宁乡四月雹，大水。	山西自然灾害史年表
1715	清康熙五十四年	翼城春大旱无麦。解州、绛州、运城旱。浮山冰雹如鹅卵。山西由北往南西半片旱和偏旱，东半片正常偏涝。	山西自然灾害史年表
1716	清康熙五十五年	乡宁四月廿八日雨雹船窝镇，莫回窑沟水涨发，冲毙人畜。	山西自然灾害史年表
		浮山五月雨雹害稼。	山西自然灾害史年表
1717	清康熙五十六年	翼城五月廿九日大雷雨，浍河夜涨漂溺死者百余人。	山西自然灾害史年表
		安邑夏旱。乡宁六月大雨。	
1718	清康熙五十七年	曲沃、翼城地震。壶关大饥。绛州五月雨雹。	山西自然灾害史年表
1719	清康熙五十八年	神池雨雹。	山西通志
		六月大同地震。榆次地震，坍屋无数。汾阳大雪。	山西自然灾害史年表
1720	清康熙五十九年	黄河流域诸县旱无禾岁饥。	原山西省晋东南地区水文计算手册
		沁县七月旱，八月禾冻死，十九日大风竟夜，晓寒甚霜凝冰，禾苗尽秕，岁歉。	
		武乡全县大旱，收成不到二分。	
		山西全省性大旱。	山西自然灾害史年表
1720～1721	清康熙五十九至六十年	安泽、太平、曲沃、襄陵、洪洞、临汾，自五十九年六月至六十年六月无雨，秋麦无收民大饥。	原山西省临汾地区水文计算手册
		大宁六十年旱荒。	

续表 5-1

公元	年号	记载	资料来源
1721	清康熙六十年	黄河流域诸县旱。	山西水旱灾害
		长治旱饥,斗米银四钱。	原山西省晋东南地区水文计算手册
		武乡全县大旱,一至七月无雨,小麦颗粒无收。	
		襄垣大旱,斗米贵至银四钱。	
		沁县大旱,自五十九年八月不雨至次年五月终,麦苗尽死颗粒无收,籽不入土,南乡尤苦,六月微雨田多改种莜麦,三秋后大雨,莜黍菁芥颇收。	
		沁水大旱,六月旱至九月始雨。	
		陵川历春徂夏亢旱,五、六月始雨。	
		沁源晋省荒旱,斗米五百,饿死数不详。	原山西省晋东南地区水文计算手册
		大同旱,大仁旱,六月落雨秋禾不熟。	原山西省雁北地区水文实用手册
		山西全省性持续大旱。	山西自然灾害史年表
1722	清康熙六十一年	山西全省性大旱中部尤甚。	山西水旱灾害
		平遥秋旱斗米价至九钱有零,介休夏秋大旱,榆次旱饥。	山西水旱灾害
		沁县大旱,正、二月不雨,三月微雨,镇日大风,干苗吹积路旁如落叶,至秋又旱,收成不及三分。	原山西省晋东南地区水文计算手册
		沁水特大旱,夏无麦,秋薄收,市绝米,人多饿死。	
		平定昔阳历三月不雨大旱。	原山西省晋东南地区水文计算手册
1723	清雍正元年	祁县、平定、寿阳雨泽缺少民间生计维艰,榆次六月始雨。	山西自然灾害史年表
		武乡全县大旱。	山西省晋东南地区水文计算手册
		屯留绛水骤发,浪头数仞,傍水居民迁避之。	
		沁县武乡大旱民饥,自康熙五十九年以来,州及两县连遭荒歉,至次年春夏又旱,六月大雨,州境两县俱获有秋。	
		平顺旱象呈现。	

续表 5-1

公元	年号	记载	资料来源
1723	清雍正元年	偏关六月大水城内水深二丈。临县六月十九日黄河溢发大水。	山西自然灾害史年表
		翼城滦水复发。介休夏秋大旱。平遥夏旱。宁武大雨。	山西自然灾害史年表
1724	清雍正二年	偏关大水,西门城内水深二丈,斗米贰佰钱。	山西自然灾害史年表
		太平春愆雨。清源大水。太原六月十五日州俱得雨沾足。襄陵旱。	山西自然灾害史年表
1725	清雍正三年	太原七月中至二十七,汾水涨溢,平地四五尺,漂没东庄等村。	山西自然灾害史年表
		稷山大水,淹没田稼庐舍人口。夏六月平鲁大雨,山水暴涨,漂没民舍。闻喜六月五日夜大水被灾。灵邱旱。孝义六月久雨。	山西自然灾害史年表
1726	清雍正四年	吉县十二月十一日至元月七日黄河澄清二十七昼夜。	原山西省临汾地区水文计算手册
		平鲁六月大雨,山水暴涨,漂没民舍。	山西自然灾害史年表
		寿阳旱。朔平六月大雨,大水伤稼。保德、河曲水。山西黄河水涨。连年大稔。	
1727	清雍正五年	介休六月雨雹杀稼。平遥大水,河浸三里。	山西自然灾害史年表
1728	清雍正六年	榆次春夏旱,秋淫雨。	山西自然灾害史年表
		山西荣河县沿河地方黄河水涨,被淹村庄共十八处。	
1729	清雍正七年	兴县西许村蔡家崖二十里铺营房界牌被水冲坏。	山西自然灾害史年表
		六月文水大雨,汾河水溢。	山西通志
		高平五月大雨。	山西自然灾害史年表
1730	清雍正八年	怀仁旱,天镇大旱,南川尤甚。	原山西省雁北地区水文实用手册
		武乡八月陨霜,有大雷雨雹,禾尽死。山西大同旱,长治涝,余仍正常年景。	山西自然灾害史年表
1731	清雍正九年	沁水秋雨,连月不开,伤禾。	山西自然灾害史年表
		长治秋大旱。平顺旱。	山西自然灾害史年表

续表 5-1

公元	年号	记载	资料来源
1732	清雍正十年	武乡正月至五月不雨,三月初二下了微雨,麦苗都被干死,收成仅达一分。	原山西省晋东南地区水文计算手册
		沁县夏大旱,自正月至五月不雨,闰五月初二始雨。先于三月微雪,麦苗都被冻死,其秀而者仅得一分(雨后毁麦种谷绿至秋大熟,赖以不饥)。	
		沁水涝。	
		沁源大旱,正月至五月不雨,闰五月初二方雨。三月初旬微雨雪,麦苗多被冻死,后毁麦种谷,秋大熟赖以充饥。	
		临县水暴延及城内居民。	山西水旱灾害
		吉州五月旱。夏大水,冲民庐舍。灵石旱疫。安邑旱。	山西自然灾害史年表
1733	清雍正十一年	吉县夏大水,禾不伤,洪水溢出扶风桥,任瑛将桥加高数尺。	原山西省临汾地区水文计算手册
		灵丘旱疫。	原山西省雁北地区水文实用手册
		平定夏旱。猗氏夏大旱。	山西自然灾害史年表
1734	清雍正十二年	春大雪,夏河水大发,冲塌关石桥。	山西自然灾害史年表
		吉州旱。广灵六月雨雹。沁水城东南石堤被水冲塌。	山西自然灾害史年表
1735	清雍正十三年	曲沃、岢岚、垣曲旱饥。猗氏夏大旱无禾,八月多阴雨。	山西自然灾害史年表
1736	清乾隆元年	荣河水冲地三百余顷。浮山六月大雨。	山西自然灾害史年表
1737	清乾隆二年	长子县西大雨雹,著禾如刈,既而大雨禾尽漂没。长治潞安府大雨,平原出水,禾尽没。	山西自然灾害史年表
		沁水秋旱。临县大旱饥。	山西通志
		晋城泽州发生大水,晋普山诸间水暴发,平地深数丈,漂没田舍,民众多溺死者。	原山西省晋东南地区水文计算手册
		交城夏大雨,平地水深尺余,禾尽漂没。祁县旱,六月十三日始雨,以后淫雨害稼,河水溢。长治大雨雹河溢。高平七月雨雹秋旱。	山西自然灾害史年表

续表 5-1

公元	年号	记载	资料来源
1738	清乾隆三年	榆社清明日雨雹盈尺，和顺七月大雨七昼夜漂冲禾稼，存无一。	原山西省晋中地区水文计算手册
1739	清乾隆四年	榆次旱。	原山西省晋中地区水文计算手册
		荣河五月大雨没滩田。稷山秋旱。太原、榆次五至八月旱。保德、河曲五月阴雨。	山西自然灾害史年表
1740	清乾隆五年	天镇雨雹，绛州、高平、泽州雨雹伤稼。偏关大水。	山西自然灾害史年表
1741	清乾隆六年	广灵雨雹伤禾。	山西自然灾害史年表
1742	清乾隆七年	高平、泽州雨雹伤稼。襄陵、汾城旱。	山西自然灾害史年表
1743	清乾隆八年	平顺五月酷热出火，石城、阳高死者甚众。	原山西省晋东南地区水文计算手册
		榆社正月大雪。	原山西省晋中地区水文计算手册
		平定秋旱。	原山西省晋中地区水文计算手册
		襄陵、稷山、平定、长治、昔阳旱。	山西自然灾害史年表
1744	清乾隆九年	浮山六月初二午刻大雨。和顺、灵丘旱。高平、泽州雨雹伤稼。	山西自然灾害史年表
1745	清乾隆十年	曲沃七月浍河大涨淹没田庐人畜无算。绛州、浍河涨。	原山西省临汾地区水文计算手册
		榆次、昔阳秋旱。	山西自然灾害史年表
		潞城（大旱）。	原山西省晋东南地区水文计算手册
		夏县秋大雨，白沙河决北堤，水入城东门，门楼尽淹，城隍庙西牌坊坏，居民漂没甚多。	山西水旱灾害
		大同、阳高、灵邱、浑源、山阴、广灵、应州、朔州、马邑旱灾，怀仁旱秋禾被灾，天镇春夏无雨岁大旱，平鲁、左云、右玉旱未成灾，收成亦欠。	原山西省雁北地区水文实用手册
		繁峙大雨雹南峰树木皆无。	郝家湾水库设计任务书引据历史文献
		垣曲七月大雨河溢。	山西水旱灾害

续表5-1

公元	年号	记载	资料来源
1745	清乾隆十年秋	白沙河决北堤,水入城东门,门楼尽淹,城皇庙西牌坊坏,居民漂没甚多。闻喜七月十四日夜大雨如注,涑水涨溢东西关厢旅店民舍冲塌十分之三,城内东南巷及城隍庙左右墙俱倒。临猗临晋苏水大溢。垣曲七月大雨河涨。	山西自然灾害史年表
1746	清乾隆十一年	平遥夏旱。	山西自然灾害史年表
		平定夏旱。安邑旱。绛州二月大水。	山西自然灾害史年表
1747	清乾隆十二年	榆次旱。	山西自然灾害史年表
		应县、浑源、山阴等州县被水。	山西水旱灾害
		阳高大旱。安邑、万泉、垣曲秋旱。高平雨雹伤稼。	山西自然灾害史年表
1748	清乾隆十三年	阳高雨泽未透偏灾。	原山西省雁北地区水文实用手册
		太原汾河溢。山西雁北、长治、临汾旱,太原西部山区一带较正常。	山西自然灾害史年表
		五台县之石嘴等村,于六月廿九日(7月24日)亦有山水冲塌土屋之处,计仅廿五间。亦未伤禾。	闰七月初一 山西巡抚准泰奏
1749	清乾隆十四年	祁州大雨连日(六月廿九日)河水涨,东西平地水深丈余,禾稼一空。	山西水旱灾害
		天镇八里河夏冲南城根二丈。应县山阴天镇等被水歉收。	山西水旱灾害
		平定六月雨雹伤稼。临晋五月大雨,坡水入城。	山西自然灾害史年表
1750	清乾隆十五年	天镇夏四月大旱。	原山西省雁北地区水文实用手册
		五台县大贤村等九处,于五月廿四日(6月27日)大雨带雹,因系直长一路不甚宽阔,受伤无多。而大贤村、苏子坡二处,地土低洼,山水骤发,略有被冲。	清代海河、滦河洪涝档案史料 六月初九日 山西巡抚阿里衮奏

续表 5-1

公元	年号	记载	资料来源
1751	清乾隆十六年	晋城润城以上大水,夏五月卅日丹水大溢,自高都龙门一片汪洋,冲毁田庐淹毙人畜不可胜计。	原山西省晋东南地区水文计算手册
		高平闰五月朔大雨,山水骤发,东关等五村冲没房舍人口,沁河涌腾高出数丈。	
		阳城在润城龙王庙,乾隆廿六年指水碑的序文上说:"居吾镇之西豫入河而渐之于海也。忆昔辛未于前五月廿九日大水暴发,生民已被△△△复大雨五日河而不停,水势涌腾高出数丈,人民之沉溺者有焉。襄△△移迁者以百计,至而崩颓各河沙阻,是宅失其安而市告莫归矣,较天启六年更甚乎?故人因灾而慎,勒石以志复云。"	
		沁水涝。平陆河水大溢。	山西自然灾害史年表
1751	清乾隆十六年秋	曲沃霪雨,庐舍多坏。运城安邑自闰五月至七月中旬雨水连绵,河涨,人有伤者。平陆河水大溢,河堧田崩塌。垣曲秋堤决水撼南城。	山西自然灾害史年表
1752	清乾隆十七年	介休秋八月雨雹伤稼。	原山西省晋中地区水文计算手册
		沁水大旱。七月暴雨河涨,冲塌东关石桥。	原山西省晋东南地区水文计算手册
		山西南部偏旱,北部偏涝,中部较正常。	山西自然灾害史年表
1753	清乾隆十八年	高平自七月十四日起至十月初五止,秋稼腐烂,年谷虽丰,伤减二分,诸河发水,道路泥淖,行人甚苦。	山西自然灾害史年表
		解州九月阴雨连旬,涑水河决,淹田舍。猗氏东郭王景等村平地皆出泉,泽州七至十月阴雨,诸河发水。长治七至十月淫雨。山西大同旱。	山西自然灾害史年表
1754	清乾隆十九年	文水汾、文交溢出,入本县郑家庄淹没居民甚众。	文水县志
		孝义大水。	山西自然灾害史年表

续表 5-1

公元	年号	记载	资料来源
1755	清乾隆廿年	长子夏秋多雨，平地出泉，道路成溪，车不得行。	原山西省晋东南地区水文计算手册
		七月十二日(8 月 19 日)据大同府浑源州……报称，该州属笼咀村地方，群山夹抱，紧傍河渠。该村有居民七十余家，俱建盖土房居住。不意本月初二日(8 月 9 日)雷雨大作，二更时分，山水陡涨，冲塌土房五十三间，淹毙大小一十八口。水势旋即消落，田禾并无损伤，不致成灾。	清代海河、滦河洪涝档案史料 八月初二日 山西巡抚恒文奏
		高平、泽州风雨雹击人。岢岚、长治七月旱。	山西自然灾害史年表
1756	清乾隆廿一年	介休夏五月淫雨。汾阳水溢居民照例缓征。	原山西省晋中地区水文计算手册
		曲沃廿一年淫雨历数日庐舍多坏。万荣荣河秋大雨水余。	原山西省临汾地区水文计算手册
		繁峙八月大水。	光绪七年 修繁峙县志
	清乾隆廿一年秋	运城安邑自七月初旬雨九月中止，平地出泉，盐池被水。垣曲黄河溢水至南门。	山西自然灾害史年表
1757	清乾隆廿二年	介休秋七月淫雨汾河溢渰中街辛武等八村田禾八十余顷庐舍大半冲塌。汾阳水，缤汾居民照例缓征。	原山西省晋中地区水文计算手册
		长子县西大雨，田禾漂没，漳河沿岸树木倒折，平地成溪，车马不通。	原山西省晋东南地区水文计算手册
		陵川大饥，民间食榆皮草实，饿死流散无数。	原山西省晋东南地区水文计算手册
		天镇七月雨水过大水漫堤。	山西自然灾害史年表
		定襄七月雨水过大水漫堤。	山西自然灾害史年表
		芮城秋淫雨四旬房屋倾圮甚多。曲沃秋淫雨历数十日，庐舍多坏。隰州东南乡雨雹伤稼禾。繁峙八月大水。介休夏五月淫雨渰田。荣河秋大雨月余，伤民居。汾阳水溢。垣曲黄河溢水之南门。和顺淫雨伤稼。绛州旱。	山西自然灾害史年表
		运城解州八月淫雨溢硝池侵败盐池。临县九月初三大堤被水冲塌。	山西自然灾害史年表

续表 5-1

公元	年号	记载	资料来源
1758	清乾隆廿三年	平遥六月初十日酉时雨雹大如拳或如卵约有尺余,介休六月望大雨三日汾河溢毁田禾三百余顷。灵石六月大雨山水暴发。	原山西省晋中地区水文计算手册
		长子六月六日城北大雨雹至十一日方止。陵川淫雨连月不止,民间房屋颓坏者无数,城圮。	山西自然灾害史年表
		陵川淫雨连月不止,民间房屋颓坏者无数,有糠市。	原山西省晋东南地区水文计算手册
		昔阳六月七日东南照壁、丰稔等村雨雹伤稼。	山西自然灾害史年表
		和顺旱。偏关大水。长治六月雹秋淫雨伤稼。	山西自然灾害史年表
1759	清乾隆廿四年	寿阳六月廿四日大雨是秋丰稔异常,和顺秋淫雨蝗蝻。	原山西省晋中地区水文计算手册
		昔阳春大旱至六月廿日方雨是月蝗秋冬大饥人多出境谋衣食。盂县旱秋饥,寿阳春夏不雨,平定春夏大旱秋冬大饥。平遥二月至六月无雨斗米价至八钱有零多受饥肿足而死者,介休夏秋大旱无禾斗米一两三钱。	原山西省晋中地区水文计算手册
		长治旱饥,斗米五钱。	原山西省晋东南地区水文计算手册
		长治七月大旱。太原、石楼、宁乡、平顺旱。	山西自然灾害史年表
		潞城三月无雨,漳水几绝,七月大雨,次年春大荒(大旱)。	原山西省晋东南地区水文计算手册
		交城夏三月不雨,秋大雨月余,民饥。高平夏旱,秋淫雨。泽州夏旱,秋淫雨。	山西自然灾害史年表
		平顺七月间开始降雨,大雨连续三天,沟满河平,继则阴雨,时紧时松,或大或小,九月始晴,连续二月多的阴雨。	原山西省晋东南地区水文计算手册
		襄垣三月旱至七月,斗米贵至四百文。	原山西省晋东南地区水文计算手册
		长子三月不雨,漳河几绝。七月大雨,九月始晴。	
		左权叹大水漂冲,七月初六日天降其災通川漂没行人无路缘崖跟寻道路架山……	原山西省晋东南地区水文计算手册
		沁水大旱。七月暴雨河涨,冲塌东关石桥。	原山西省晋东南地区水文计算手册
		高平夏旱秋涝。	

续表 5-1

公元	年号	记载	资料来源
1759	清乾隆廿四年	陵川大饥,民间食榆皮草实,饥死流散者无数,有糠市。	山西水旱灾害
		左云岁大饥,怀仁旱,霜秋禾尽杀。同府属旱,被旱成灾。	原山西省雁北地区水文实用手册
		清乾隆廿四年秋白沙河决南堤,损害农田无数。	山西水旱灾害
1760	清乾隆廿五年	介休夏四月雨雹伤稼。	原山西省晋中地区水文计算手册
		山西长治、太原、大同以东旱和偏旱,余均正常偏涝。	山西自然灾害史年表
1761	清乾隆廿六年	平遥六月汾水西堰决七月东堰决沿河一带村民多受水害,介休秋七月大水,太谷夏荡南城垣圮。	原山西省晋中地区水文计算手册
		山西巡抚鄂弼七月廿四日奏:……近省各郡初十以后时雨时晴,自十五日至十九日复连日阴雨昼夜不息,颇有过多之患……晋省太原、文水、榆次、徐沟等县,并汾平二府,汾阳、平遥、灵石、赵城等县,或汾河水溢,或山河暴涨濒河村庄地庙间有被淹之处,洼处土房也有塌损,人口并无损伤……至省南北各府州七月初中两旬均节次得雨,五部深透。山西布政使宋邦绥八月初五日奏:晋省地方七月十五、六等日大雨连绵,河水涨发,一是宣泄不及,临近汾河之太原、文水、榆次、徐沟、平遥、灵石、赵城等县,先报濒河地面被水漫溢,土房间有塌损……汾州府属。	山西水旱灾害
		榆社六月廿四日雨伤禾稼。长子大雨伤禾。	山西水旱灾害
		河南省山路平新店村头庙内墙上碑文,刻有:“大清乾隆廿六年大水将庙冲倒”。	山西水旱灾害
		阳城在润城镇龙王庙墙上碑文,刻有:“大清乾隆廿六年七月十八日辰时大水发至此”。	原山西省晋东南地区水文计算手册
		晋城沁河溢决五龙头及沁阳复背村,沁、丹并涨,水入沁阳城内,水深四至五尺,四日乃退。丹河决,漂淹博爱、修武,武陟亦水入县城,水害甚大。晋城沁河溢决五龙头及沁阳复背村,沁丹并涨,水入沁阳城内,水深四至五尺。四日乃退。丹河决,漂溢博爱、修武,武陟也水溢县城,水害特甚。	原山西省晋东南地区水文计算手册

续表 5-1

公元	年号	记载	资料来源
1761	清乾隆廿六年	临县六月廿五日秋河暴涨,冲毁护城堤四十余丈。	临猗旧县志
		临猗猗氏七月水漫南滩,自此成盲壤。临晋涑水溢。运城管盐池之官撒哈岱七月廿二日奏……近于七月十三、十五、十六、十七等日连降大雨……至十八日大雨不止,水势更盛。垣曲秋大雨,四昼夜不止,两川水溢垣尽圮。	
1762	清乾隆廿七年	长子三月不雨,漳水几绝,至七月大雨,九月始晴,斗米四百文。	原山西省晋东南地区水文计算手册
		盂县雨涝,平定六月大水。	山西自然灾害史年表
		荣河秋大旱。平定夏六月大水溢。	
1763	清乾隆廿八年	和顺旱六月始雨。	山西自然灾害史年表
		高平十月初七小雨,是年雨多。	山西自然灾害史年表
1764	清乾隆廿九年	山西除大同偏旱外,余均正常年景。	山西自然灾害史年表
1765	清乾隆卅年	荣河夏大旱无秋。昔阳、平定六月雨雹伤稼。平陆屡被水冲塌地亩。山西全省性旱和偏旱,临汾尤旱。	山西自然灾害史年表
1766	清乾隆卅一年	山西全省正常丰稔年景。	山西自然灾害史年表
1767	清乾隆卅二年	平遥汾水七月大涨,官地村水深丈余,男女栖身无所,月余水退。孝义大水河东徙数里。汾阳汾水东徙由平遥县入县境。	原山西省晋中地区水文计算手册
1768	清乾隆卅三年	阳曲秋七月大雨汾水涨溢。太原七月大雨汾河涨溢,风峪暴水,坏城四十余丈(指晋源城)。清徐清源秋雨河溢。	山西自然灾害史年表
		沁水旱。	原山西省晋东南地区水文计算手册
		平遥八月雨雹大如鸡卵。介休六月大雨汾河溢。阳曲、太原秋七月大雨雹,汾水涨溢。	山西自然灾害史年表
1769	清乾隆卅四年	太原、阳曲大旱。山西北部旱和偏旱,余均正常偏涝。	山西自然灾害史年表
1770	清乾隆卅五年	潞城(大旱)。	原山西省晋东南地区水文计算手册
		长子春大饥,民食树皮。	
		沁水大水冲塌东门外石桥。	原山西省晋东南地区水文计算手册

续表 5-1

公元	年号	记载	资料来源
1771	清乾隆卅六年	临县湫河暴涨冲坏护城石堤四十余丈。	山西水旱灾害
		长子七月大雨伤禾。山西大同以西偏旱,长治以南偏涝。余均正常。	山西自然灾害史年表
1772	清乾隆卅七年	长子春大饥,民食树皮草根至八月。	原山西省晋东南地区水文计算手册
		长治六月廿四日被水十村庄房屋,俱系傍山脚沿河搭盖。是夜大雨如注,各山之水冲激,飞流直下,一时消纳不及,居民房屋多系土墙,中无柱木,经水浸及,易至坍塌。又缘黑夜,事在仓卒,人口致有压毙。过此数村,河身稍宽,汇入漳河,水有去路,是以下游并无妨碍。	清代海河、滦河洪涝档案史料 七月十九日 山西巡抚三宝奏
		荣河春旱。	山西自然灾害史年表
1773	清乾隆卅八年	山西全省正常偏涝,年景丰稔。	山西自然灾害史年表
1774	清乾隆卅九年	昔阳、平定旱,雨雹伤稼。灵丘旱。山西全省持续正常偏涝,年景丰稔。	山西自然灾害史年表
1775	清乾隆四十年	介休夏六月淫雨汾河溢涨,淹下庄三十六村禾稼。交城流域淫雨。新绛大水平地深丈余,范庄一带更甚。河津汾河水溢近城高数尺,次日平。	山西水旱灾害
		襄陵夏大雨。绛州大水,平地深丈余,范庄一带更甚。太原六月二十日雨,水漂没城西南数村。	山西自然灾害史年表
1776	清乾隆四十一年	介休夏五月汾河涨淹北张家庄等十四村禾稼。	原山西省晋中地区水文计算手册
		平定、昔阳、盂县秋旱。	山西自然灾害史年表
		代县峪口河溢,沙窊村田庐多没。	代州志"大事记"
1777	清乾隆四十二年	潞城(大旱)。	原山西省晋东南地区水文计算手册
		晋城岁歉。	
		汾阳大雨文峪河溢。孝义涝。祁县四月初七地震。	山西自然灾害史年表
		代县大雨六日,水涨数尺。	代州志"大事记"

续表 5-1

公元	年号	记载	资料来源
1778	清乾隆四十三年	襄垣七月下霜杀禾稼,斗米贵至银四钱,次年民食树皮。	原山西省晋东南地区水文计算手册
		沁水大旱。	
		晋城夏无麦。	
		长子、长治、泽州春夏大旱。代州、平顺、盂县旱。	山西自然灾害史年表
1779	清乾隆四十四年	晋城岁歉。	原山西省晋东南地区水文计算手册
		山西全省仍正常偏涝,年景丰稔。	山西自然灾害史年表
1780	清乾隆四十五年	长子大雨雹。	山西自然灾害史年表
1781	清乾隆四十六年	汾阳大旱。永济、芮城大水。万泉七月雨雹伤稼。	山西自然灾害史年表
1782	清乾隆四十七年	文水大雨河溢。沁水大水,西关临河房屋皆冲没。汾阳大旱。	山西自然灾害史年表
		沁水梅杏两河暴涨,冲塌石桥、城墙和西关民房。	
1783	清乾隆四十八年	荣河九月十三日河水涨溢。盂县夏旱。	山西自然灾害史年表
1784	清乾隆四十九年	介休山水暴涨。太原大旱。	山西自然灾害史年表
		榆次旱。	
1785	清乾隆五十年	壶关大饥。	原山西省晋东南地区水文计算手册
		平顺大旱年,大灾荒,是岁民多逃散觅食。	
		陵川岁大饥。阳城七月既望淫雨连绵十余日,河水涨发土崩石解(补修官津桥)。七月十六日子时沁河大发十八日其水渐高,长至庙基,庙遂倒坏(沿河村龙王庙、大王庙重修碑)。大清乾隆二十六年七月十八日辰时大水发至此(润城龙王庙碑文)。沁水大水。	原山西省晋东南地区水文计算手册
		偏关大水,灾情不详。	偏关县志
		繁、代、原、忻、定、五台六月十九、廿日等日连得大雨,山水暴发逼近滹沱河高低处所民团房屋被浸淹……山洪暴发,旋即消退。所淹之处仅止沿河一线。	故宫档案:山西布政使郑光璹奏

续表 5-1

公元	年号	记载	资料来源
1785	清乾隆五十年	繁、代、原、忻、定、五台七月巡抚农奏陈。代州、崞县、繁峙、五台、忻州、定襄六州县水灾并雹伤情形,上谕:代州等六州县地处滹沱之滨,两岸骤被淹浸……	山西通志
		代县六月大雨五日山水暴发,坍没民田奉旨分别赈恤、豁免地丁钱米。	代州志“大事记”
		定襄崔家庄崇宁寺在滹沱河旁,乾隆五十年六月沱水泛滥,已冲坍而……	定襄补志“杂记”
		据代州……禀称,六月十九、廿等日(7 月 24、25 日)连得大雨,山水骤发,逼近滹沱河旁低洼处所民田房屋被漫淹,现在水已消退,等语。	七月初三日 山西巡抚农起奏
		勘得滹沱河发源之繁峙县,及下游之代州、崞县、忻州、定襄、五台六州县,万山环抱,河绕如带。六月十七、八(7 月 22、23 日)及十九、廿等日(7 月 24、25 日),连得大雨,各处溪河同时暴涨,众流汇聚,下注滹沱。溜急势汹,河身窄小不能容纳,两岸田庐致被淹漫。附近村庄地处洼下,支河之水泥流倒灌,无路宣泄,并有天雨停积及雨中带雹,所种田禾间段伤损之处,均系属实。幸水发之时,尚在白日,居民得以趋避。其因抢护家资冲毙男妇 43 名口,尸身均已寻获。	山西通志
1787	清乾隆五十二年	榆次五月初四日中郝村井水外溢天大雨雷电屋宇多圮。	原山西省晋中地区 水文计算手册
		怀仁、阳高、山阴、应州被旱成灾。天镇广灵夏旱大饥。灵邱夏旱,浑源被旱大灾。	原山西省雁北地区 水文实用手册
		五台旧日西起潭上,东至张家庄……皆稻田也,乾隆五十二年,沱涨发,稻田竟被河压。乾隆五十二年,滹沱涨发冲入南岸,稻田竟被沙压,粮虽极豁,土已不毛,数不及从前十之二、三,沙滩有植柳者,亦不甚茂密。	山西通志
		山西雁北大旱。	山西自然灾害史年表
1788	清乾隆五十三年	长子夏旱秋潦。	原山西省晋东南地区 水文计算手册

续表 5-1

公元	年号	记载	资料来源
1788	清乾隆五十三年	左云旱大饥。	山西自然灾害史年表
		定襄七月大雨雹。朔州旱。长治偏旱。	山西自然灾害史年表
1790	清乾隆五十五年	潞城大旱。长子夏大旱。	原山西省晋东南地区水文计算手册
1791	清乾隆五十六年	长子三伏无雨，大荒。	原山西省晋东南地区水文计算手册
		山西长治附近县伏旱外，余均正常。	山西自然灾害史年表
1792	清乾隆五十七年	长子夏旱秋霜，斗米六百文。	原山西省晋东南地区水文计算手册
		壶关大饥。	
		平顺大旱大饥，民多枯黄形如病夫。	
		沁水特大旱，饥馑相望，民卖子女而食。	
		阳城岁大饥，人相食。	
		大同秋旱。	原山西省雁北地区水文实用手册
		山西长治区旱和大旱，余均正常。	山西自然灾害史年表
1793	清乾隆五十八年	太谷旱饥。汾阳夏大雨十余日，文水溢。交城西冶河水泛滥。	山西自然灾害史年表
		沁县春夏大旱至六月廿八始得雨。	原山西省晋东南地区水文计算手册
		沁源春夏大旱，自春至六月廿八日始得雨。	
		晋城泽州大饥。丹河堤决，将大辛庄庙墙冲倒。	
		孝义、武乡夏大旱。山西长治、太原至忻崞以西偏旱，中南部少数县春夏旱。	山西自然灾害史年表
1794	清乾隆五十九年	阳曲六月前后北屯等六屯被水，漂没禾苗，知县出免各屯杂差。	山西自然灾害史年表
		左权夏六月淫雨连绵约有月余，漳河出岸漂没田地无算，州东黄漳镇、五里铺农民二十余家，蛟龙戏水漂没人屋俱尽。	山西自然灾害史年表
		晋城山西大水，济源沁水暴溢，河南沁、丹二水又溢，武陟境内决庐村，溢淹修武全县。	原山西省晋东南地区水文计算手册

续表5-1

公元	年号	记载	资料来源
1794	清乾隆五十九年	繁峙大水被灾诸村，赈恤如例。七月二十一日蒋兆奎奏：据代州……禀报，该州并所属之五台、繁峙等处于六月二十三、四至七月初二、三，初七、八等日，大雨连绵，各处山水陡发冲塌房屋，淹刷地亩，损伤人口等情……查得代州属之峨口村，南留村等处冲塌房屋一百四十五间，并未损伤人口。五台县属之东台沟，南坡村等处，冲塌房屋二百六十间，损伤大小男妇二十人口。繁峙县属之华岩岭、岩头村等处，冲塌房屋三百四十六间，损伤大小男妇三十六名口。	光绪七年 山西通志 繁峙县志
		……所有代州、五台、繁峙各处被水，淹刷地亩代州约计一百二十余顷，五台县约计三百顷零，繁峙县约计六百顷零。……再五台县被水地房，北楼营所辖冲塌营房五处。十二月初七日蒋兆奎奏：查代等三州县被水偏灾……逐加查勘，成灾五、六、七、八、九分不等。……六、七、八、九分灾极贫共四百九十四户，男妇大小共三千一百余口；次贫共四百七十户，男妇大小共三千一百余口。	光绪七年 山西通志 繁峙县志
1795	清乾隆六十年	文水巳卯大雨文水溢，冲堤伤稼。	山西水旱灾害
		沁水大雨雹。	原山西省晋东南地区 水文计算手册
		大同大雨雹。霍州汾河决，冲没田亩。临晋、猗氏、永济、万泉、荣河旱。泽州大水。平陆旱。	山西自然灾害史年表
1796	清嘉庆元年	榆社春大旱两伏无雨。	山西自然灾害史年表
		榆社秋淫雨八月廿三日大雪。	原山西省晋中地区 水文计算手册
		太原夏积雨经旬。	山西自然灾害史年表
1797	清嘉庆二年	长子夏旱秋潦，谷草一束钱五十文。	原山西省晋东南地区 水文计算手册
		榆社春夏旱。	原山西省晋中地区 水文计算手册
		榆社秋多雨。	原山西省晋中地区 水文计算手册
		沁水大水，河水暴涨，冲毁城墙和居民田舍。	原山西省晋东南地区 水文计算手册
		太原旱。榆次春夏大旱。沁水大水。	山西自然灾害史年表

续表 5-1

公元	年号	记载	资料来源
1798	清嘉庆三年	阳曲五月黄土寨龙王沟等八村大雨，山水冲民房禾苗，伤人口。马邑被水。太原五月大雨。	山西自然灾害史年表
1799	清嘉庆四年	榆社七月廿三日水成冰无年。	原山西省晋中地区水文计算手册
		长子大雨雹，大如鸡卵。沁水大雨雹。	山西自然灾害史年表
1800	清嘉庆五年	介休秋七月淫雨汾河溢。	原山西省晋中地区水文计算手册
		长子夏旱秋潦，谷草一束钱五十文。	原山西省晋东南地区水文计算手册
		沁县发生饥荒。	
		大同四月大旱，闰四月又旱。	原山西省雁北地区水文实用手册
		永和秋禾被旱成灾。	山西自然灾害史年表
1801	清嘉庆六年	宁武据宁武府会同委员秉称，遵即驰诣，宁武县被水地方挨次确勘，缘七月十四五等日山水骤涨，东五花营等九村，共淹损田禾二百九顷五十四亩，内被灾六分者五花营等八村，被灾五分者辛寨村一村。查明乏食贫民男妇大小共二千九百九十三名口……共坍塌瓦土房二百六十九间。	清代海河、滦河洪涝档案史料 九月初八日 伯麟奏
		长治五月漳河涨，冲毁庙上村民舍。……又据长治县禀报，该县据城二十里之店上村，于五月廿一日村西河水骤发，横流入村，冲塌民房二百七十余间。	清代海河、滦河洪涝档案史料 六月初四日 山西巡抚伯麟奏
		屯留五月廿一日大冰雹，水涨被灾十八村，伤百人口；牲畜死在屋内无数。	原山西省晋东南地区水文计算手册
		六月初四日山西巡抚奏：据长子县禀报，该县西北乡水磨头等三十村庄，于五月廿一日大雨雹骤至，山水陡发，冲毁民房三千余间，淹毙男妇幼孩共五十三口，被水被雹损伤田禾二百余顷。另说漳河水涨被灾十八村，伤人数百，牲畜死在屋内无数。	清代海河、滦河洪涝档案史料 六月初四日 山西巡抚伯麟奏
		榆社二月雪深三尺。	原山西省晋中地区水文计算手册

续表 5-1

公元	年号	记载	资料来源
1801	清嘉庆六年	大同六月大雨六日,浑源六月大雨十余日,塌民房、决南峪口石坝,淹没城西北街、西关柿等民房……广灵、芋州六月大雨,繁峙、保安大水坏民田芦。代州、朔州、应州、山阴、五台、繁峙、朔平、马邑、大同、怀仁等均报被水。	大同、浑源等县志
		浑源六月大雨十余日,城乡民房俱有坍塌,南峪口石坝决,城西北街西关柿等处民房及庐户多淹没。天镇六月大雨河水涨溢坏民田舍。	大同、浑源等县志
		繁峙大水坏民庐舍,赈恤如例。忻县大雨水。代县、五台等六月奏:查明……俱因夏雨连绵……其省北代州等十二州县赈济事……定襄雨滹河水涨溢,滨河地亩水冲沙压。代州、朔州、应州、山阴、五台、繁峙、朔平、马邑、大同、怀仁等均报被水。五台山庙宇天雨连绵,山水涨发,致多冲塌,涌泉等十七处殿宇房间坍塌,地址下陷,兼之滹沱等河同时盛涨,以致冲毁工程甚多。代州六月初六、七等日滹沱河水涨发,淹损傍河田苗。又岭后各村也有山水冲刷地亩房屋之处。朔州、应县及山阴、五台、繁峙等县六月初三至初七等日大雨连绵,河水与山水同时涨发……	光绪七年 繁峙县志 山西通志 忻州志"灾详" 定襄补志"详异"
		据代州……禀称,六月初六、七等日(7月16、17日)滹沱河水涨发,淹损傍河田苗。又岭后各村庄亦有山水冲刷地亩房屋之处。据朔州、应州暨山阴、五台、繁峙等五州县先后禀报,六月初三、四、六、七等日大雨连绵,河水与山水同时涨发。各州县所属地方,间被淹损田苗,冲刷地亩。内五台、繁峙两县冲塌民房较多,且有淹毙人口之处	清代海河、 滦河洪涝档案史料 六月十九日伯麟奏
1802	清嘉庆七年	介休秋七月汾河溢,淹田禾。汾阳七月阴雨连旬,文水溢,马庄等村被灾。	山西自然灾害史年表
		高平至十年连续四年旱,以嘉庆九、十年旱最重,县志曰:"嘉庆九年五月雨雹大如卵,六月不雨。自八年旱饥,斗米元银一元二钱……。嘉庆十年夏旱,斗米十钱。"	原山西省晋东南地区 水文计算手册
		山西全省性旱和大旱,先旱后涝。	山西自然灾害史年表

续表 5-1

公元	年号	记载	资料来源
1803	清嘉庆八年	左权六月旱。	山西自然灾害史年表
		山西晋中、晋东南、忻州地区偏旱,余均正常。	山西自然灾害史年表
1804	清嘉庆九年	榆次旱。	山西自然灾害史年表
		沁水大旱。	原山西省晋东南地区水文计算手册
		阳城旱,岁大饥。	
		晋城无禾,人食草根,多逃亡。	
		曲沃、太平、安泽、襄陵、临汾大旱,人食树皮草根充饥。	原山西省临汾地区水文计算手册
		山西全省性旱,大同偏旱。	山西自然灾害史年表
1805	清嘉庆十年	榆次旱。	山西自然灾害史年表
		曲沃、太平、安泽、襄陵、临汾大旱。	原山西省临汾地区水文计算手册
		长子大荒旱无秋,斗米八百文。	原山西省晋东南地区水文计算手册
		壶关岁大饥,斗米八百八十钱。	
		晋城大饥人相食,斗米千钱。	
		陵川岁大饥。	
		大同五月大水,南门吊桥坏,六月大水兴云大桥坏。	原山西省雁北地区水文实用手册
		山西晋南、晋东南、晋中旱和大旱,忻州正常偏涝。雁北涝和大涝。	山西自然灾害史年表
1806	清嘉庆十一年	介休夏六月秋七月大水渰北张家庄等十八村。	原山西省晋中地区水文计算手册
		太平、安泽秋大旱民饥俞甚。	原山西省临汾地区水文计算手册
		偏关七月十日至十四日大雨不止。	山西自然灾害史年表
		大同六月大雨雹,七月大雨五日。	山西自然灾害史年表
		襄陵大旱。壶关六月雹大如鸡卵。河曲秋大雨伤禾。稷山旱,旱后秋大水,漂没房屋无数。平陆旱。灵石七月淫雨。汾阳秋大水。	山西自然灾害史年表

续表 5-1

公元	年号	记载	资料来源
1807	清嘉庆十二年	榆次大旱。	原山西省晋中地区水文计算手册
		介休夏六月大雨汾河溢。汾阳大雨文水溢马庄等村被灾。	原山西省晋中地区水文计算手册
		交城春旱,夏大雨。山西太原以西旱,余正常。	山西自然灾害史年表
1808	清嘉庆十三年	河曲大雨坏房水灾。	山西自然灾害史年表
		山西太原以西旱,大同涝,余均正常偏涝。	山西自然灾害史年表
		沁县秋旱岁歉收。	山西自然灾害史年表
1809	清嘉庆十四年	山西长治以西旱,大同涝,余均正常偏涝。	山西自然灾害史年表
1810	清嘉庆十五年	沁县春旱及五、六月得雨始种。	原山西省晋东南地区水文计算手册
		沁水春旱,夏雨始种。	
		阳城春旱不雨,六月初得雨始下种。	
		沁源春旱,斗米八百文,六月得雨,民始耕种,粟价微减。	
		山西晋东南先旱后涝,余均偏旱。	山西自然灾害史年表
1811	清嘉庆十六年	平陆九月河水大涨,北侵沙口、窑头二村数十步,坏田舍甚众。	山西自然灾害史年表
		阳城六月大雨损禾苗,溪水暴涨。	山西自然灾害史年表
1812	清嘉庆十七年	据宁武府……县禀报,该县东关地方于五月廿一日(6 月 29 日)向晚时候,猝被山水冲溢,淹毙男妇大小廿八名口,冲塌房屋九十余间,水即消退,并未伤损禾稼。……	清代海河、滦河洪涝档案史料 六月十三日署 山西巡抚衡龄奏
		高平秋不雨至来年六月大旱。	原山西省晋东南地区水文计算手册
1813	清嘉庆十八年	曲沃、洪洞、安泽、太平秋八月淫雨连旬。	山西自然灾害史年表
		武乡五月间下暴雨一次,秋天又遭暴雨大风袭击,城南更为严重,松庄东南被淹,漳河两岸秋禾全被淹没,收秋时又暴雨不断,庄稼烂地。	原山西省晋东南地区水文计算手册
		沁水秋霜雨弥月,岁歉。	
		沁源五月暴雨淹没庄稼无数,是秋又刮大风,禾被刮倒无数。	

续表 5-1

公元	年号	记载	资料来源
1813	清嘉庆十八年	平定荒旱岁饥。	山西自然灾害史年表
		襄陵秋八月淫雨十余天。泽州秋雨月余。河津八月霖雨十日。寿阳六月河水大溢。临晋大雨十昼夜,连绵前后二十余日。临猗淫雨伤稼。	山西自然灾害史年表
1814	清嘉庆十九年	阳城冬无雪。	原山西省晋东南地区水文计算手册
		岢岚七月大雨损坏民房。	山西自然灾害史年表
		平定荒旱岁饥。	山西自然灾害史年表
		安邑六月淫雨山河暴涨。	山西自然灾害史年表
1815	清嘉庆廿年	阳曲七月新城村东关被水,漂没居民铺户房屋,知县武捐银抚恤。	山西自然灾害史年表
		阳城秋大雨,禾生耳。	原山西省晋东南地区水文计算手册
		太原七月大水。黎城七月山水暴涨。	山西自然灾害史年表
1816	清嘉庆廿一年	灵石万舍堤七月冲决东北四十余丈。	山西自然灾害史年表
1817	清嘉庆廿二年	榆次自六月至秋不雨。	山西自然灾害史年表
		沁水夏秋旱,岁歉。	原山西省晋东南地区水文计算手册
		阳城夏秋大旱,冬始得雨。	
		广灵旱、怀仁夏旱、秋霜流亡甚重。	原山西省雁北地区水文实用手册
1818	清嘉庆廿三年	黎城七月大水,民居水深三尺,圮房溺死男女九口。	山西自然灾害史年表
1819	清嘉庆廿四年	河曲秋阴雨河水溢,坏民舍甚多。夏县八月大雨,姚暹渠决,冲坏任村民房数十座。运城安邑秋暴雨作白沙河水涨,南堤崩决,损伤民田无数。	山西自然灾害史年表
		大同、怀仁七月大雨七日夜。	山西自然灾害史年表
		平定夏嘉水溢民居被患。	原山西省晋中地区水文计算手册
		太平秋淫雨。大宁六月大水。	山西自然灾害史年表

续表 5-1

公元	年号	记载	资料来源
1820	清嘉庆廿五年	曲沃城东水溢冲坏民居。大宁六月大水。	原山西省临汾地区水文计算手册
		壶关秋大雨民房倾塌甚多。	山西水旱灾害
		沁水夏旱七月雨。	原山西省晋东南地区水文计算手册
		阳城夏大旱,七月得雨。	
		晋城泽州大旱。	
		偏关七月霖雨七日水淹西关厢。	山西水旱灾害
		大同六月大雨雹,十月大雨五日夜。怀仁十月大雨。	山西水旱灾害
		盂县五月廿七日香河溢坏教场河堤人被漂没者甚多。	原山西省晋中地区水文计算手册
		代县七月大雨伤稼。	代州志“大事记”
1821	清道光元年	榆次五月廿日洞满水涨发,麦皆没。	县志
		壶关夏大风折禾,秋又逢大雨。	原山西省晋东南地区水文计算手册
		兴县邑蔚汾河承汇众流不时涨发,虽堤防屡筑,然每溽署水潦昌时邱虞延及道光二年六月间淫雨倾盆山河陡发,城东南被害尤烈,冲毁城垣数十丈漂没民房数百间,东关县衙保存其之一玉土城衚衕等处。	户口卷之十
		临县黄河大水。	临县旧县志
1822	清道光二年	霍州春涧水泛溢,冲塌北桥,秋义成峪水泛溢,义成村四庐被淹。	山西水旱灾害
		兴县六月间淫雨倾盆,山河陡发,城东南偶被害尤烈,冲毁城垣口数十丈,漂没民房数百间,东关三街仅存其一至土城胡同等处其墓地已不可复视矣。	山西水旱灾害
		夏县白沙河决南堤,溢入盐池。运城八月淫雨姚暹渠决。	原山西省运城地区水文计算手册
		盂县六月十三日南韩庄文谷水溢冲巷水深数尺淹没房屋田园无算,平定夏北河暴涨辛南庄五龙庙距河数十丈钟楼倾没民屋坍塌无算。昔阳夏水。	原山西省晋中地区水文计算手册

续表 5-1

公元	年号	记载	资料来源
1822	清道光二年	大同闰三月大水。安邑八月淫雨，姚暹渠决。祁县大水。屯留七月淫雨害稼。太原六月大雨。高平七月淫雨伤稼。	山西自然灾害史年表
1823	清道光三年	兴县六月间阴溢，山河陡发，城被害。	山西自然灾害史年表
		永济大水。芮城大水。	山西自然灾害史年表
1825	清道光五年	山西长治偏旱，余均正常偏涝。	山西自然灾害史年表
1826	清道光六年	山西归化、绥远七八月水灾。山西中部偏旱。大同涝。	山西自然灾害史年表
1827	清道光七年	长治夏旱。	原山西省晋东南地区水文计算手册
		沁水夏旱。	
		阳城夏旱，秋歉。	
1828	清道光八年	高平、泽州五月不雨，六月始播种。	山西自然灾害史年表
		运城解县五龙峪水大发，高与城平，南门外居民被灾极重。	山西自然灾害史年表
1829	清道光九年	汾阳六月初八大雷雨至辰讫午时，西北山水猝入郡城，西门平地深数尺，南郊居民淹没无算。	山西自然灾害史年表
		大同雷雨雹，六月城东南雨雹，七月又雹。绛州四月大雨雹。代州水灾。朔州水。屯留四月雨雹。	山西自然灾害史年表
1830	清道光十年	汾阳六月大雨山水复入郡城府县水深数尺，城东被灾。	山西自然灾害史年表
		临县六月雷电雨雹，大风拔木。	山西自然灾害史年表
1831	清道光十一年	榆次十一月初十日大雪深数尺道路壅塞枣树枯。曲沃六月二十三夜浍水大涨，沿河一带淹死不计其数。襄汾汾城五月二十五日雷雨，平地水深数尺，房屋倒塌。	原山西省晋中地区水文计算手册
		寿阳旱荒秋成歉簿不敌去岁之半。寿阳十二月十一日大雪平地深三四尺。	原山西省晋中地区水文计算手册
		壶关大雪三、四天，数月方消。	原山西省晋东南地区水文计算手册
		盂县十二月十二日雪深数尺路塞。	原山西省晋中地区水文计算手册

续表 5-1

公元	年号	记载	资料来源
1832	清道光十二年	寿阳秋七月淫雨弥月。曲沃秋淫雨二十余日。襄汾襄陵大水南关厢屯里村被灾较重,冬大雪。	原山西省晋中地区水文计算手册
		榆次大旱寿阳春麦大旱。	原山西省晋中地区水文计算手册
		曲沃秋淫雨 20 余日大水。襄陵秋大水南关厢屯里村被害敷重。	山西水旱灾害
		沁水、阳城秋霖雨伤禾。	原山西省晋东南地区水文计算手册
		马邑旱蝗,左云大旱。	原山西省雁北地区水文实用手册
		朔州一带所属河会等村冲淹地亩,倒塌房屋,被淹大小男妇廿名口。……又勘得东榆岭等四村,被水之处,业已消退,禾穗涸出,……仅止收成稍减,并不成灾。……又勘得南曹村仅止淹毙小口一名,并未冲损田庐查所被灾各村乏食贫民共计卅百四十三户,男妇大小一千三百余口,小口五百口。	清代海河、滦河洪涝档案史料 九月初八 署山西巡抚鄂顺安奏
		代州属之五台县盆口等十二村,因七月十六日起至廿一日(8 月 11 ~ 16 日)止大雨滂沱,河水涨发,冲淹地亩房屋。……兹据该县续报,李家庄等五村,又大南路石村等十村,田禾已被水淹,并未冲塌房屋,损伤人口。	清代海河、滦河洪涝档案史料 八月十五日 (朱批)山西巡抚阿勒清阿奏
	清道光十二年七月二十一日	夏县七月廿一日大雨白沙河决南北堤,冲破东关,漂没集场,浸入天路门,损伤民房甚多,南流冲破盐池。	原山西省运城地区水文计算手册
1833	清道光十三年	榆次旱。翼城六月二十三日夜浍水大涨,东至后土庙,西至东门内半坡沿河一带,淹死人不计其数,南河下民居冲塌者极多。	山西水旱灾害
		平定、昔阳雨雹大如卵。	山西自然灾害史年表
		怀仁雨雹。太原大旱。	
1834	清道光十四年	榆次旱平定亢旱斗米一千二百文昔阳亢旱。	山西自然灾害史年表
		襄垣旱至五月民始播种,是岁歉收。	原山西省晋东南地区水文计算手册
		高平八月不雨至来年六月,大饥人多死亡。	原山西省晋东南地区水文计算手册

续表 5-1

公元	年号	记载	资料来源
1834	清道光十四年	晋城秋八月旱至来年六月，岁大饥，斗米钱八百。	山西水旱灾害
		运城安邑六月姚暹渠水由东关漫至南关。	山西水旱灾害
		五台太原九月蠲免太原水灾新旧额赋，五台灾民逋谷。	山西通志“右赈恤”
		太原先旱后水灾。清源五月雨雹三日，大水漂禾殆尽。	山西自然灾害史年表
1835	清道光十五年	曲沃、太平大旱。	山西自然灾害史年表
		太原夏六月大雨，汾水溢淹没八十四村浸塌民房一千余间。	县志 县志续篇
		汾阳夏五月汾水西徙与文水合自北金堡决口淹没东南五十余郗。	汾阳县志
		平顺夏天旱袭击，禾多枯死。	原山西省晋东南地区水文计算手册
		屯留旱。六月雨雹大如鸡卵。和顺淫雨伤禾。安邑六月大雨，渠决，八月暴雨。保德、兴县被雹。泽州秋淫雨伤稼。	山西自然灾害史年表
		沁县自春复夏旱，六月十七始得雨下种，八月十四日有微雨，次日大风，十六日又遭严霜，秋禾全部冻毁，发生饥荒。	原山西省晋东南地区水文计算手册
		榆社旱饥斗米一千二百文，平定昔阳连年亢旱。	原山西省晋东南地区水文计算手册
		沁水大旱，夏无麦，早霜杀谷民大饥。	原山西省晋东南地区水文计算手册
		阳城春旱，夏无收。	原山西省晋东南地区水文计算手册
		运城安邑六月大雨，八月朔急雨如注。解县大水倾败盐池。永济于乡水涨又发。	山西水旱灾害
		原平定襄等闰六月廿七日，山西巡抚鄂顺安奏：六月十三、十四两日雨急倾盆，汾水漫溢……崞县等七州县被水……山阴定襄等十二州县被雹。	汾河上游“忻县区域规划报告”
1836	清道光十六年	襄垣连岁歉收，人食草根树皮，斗米贵至七百文。	原山西省晋东南地区水文计算手册
		广灵飞蝗入境、旱，左云大旱。	原山西省雁北地区水文实用手册
		河曲大雨雹。	山西自然灾害史年表

续表5-1

公元	年号	记载	资料来源
1837	清道光十七年	原平春夏旱,七月滹沱河大水,是岁大饥。	光绪八年续修崞县志
		崞县七月滹沱河大水,岁大饥。山阴、定襄被水灾。	山西自然灾害史年表
1838	清道光十八年	吉县1838年6月州川河水暴发、漂没民房庙宇甚多昌济桥漂没、扶风桥石栏冲决。	原山西省临汾地区水文计算手册
		广灵南百家疃等五村被水灾。	山西自然灾害史年表
		隰州雨雹。泽州雨雹损禾。阳城夏雨雹杀禾。	山西自然灾害史年表
1839	清道光十九年	汾阳夏六月葫芦岭山水猝陡发,自向阳峡而东宣柴堡、雷家堡等村被灾。	山西自然灾害史年表
		长子县属之东西水磨等三村,于六月廿二日(8月1日)被水。	七月廿四日申启贤奏
		广灵旱饥。	原山西省雁北地区水文实用手册
		广灵县被水,淹毙男妇大小一百四十四名口,全塌瓦房廿六间,半塌瓦房五十五间,全塌土房二百七十间,半塌土房三百七十七间。	清代海河、滦河洪涝档案史料 十月廿八日 山西巡抚张澧中奏
		应州属之北张家寨等五村沿河地亩,于七月初二日(8月10日)被水。	七月廿四日申启贤奏
		五台县被水淹毙男妇大小卅二名口,全塌土房五十五间,半塌土房一百廿九间。	山西自然灾害史年表
		五台县属之秋河等村于六月初六(7月16日)被水,内有寺底等三村兼被冰雹。繁峙属之沙河等三村亦于六月初六日被水,以上均被冲塌房屋漂没人口。	清代海河、滦河洪涝档案史料 六月初五日 (7月15日)申启贤奏
		阳城、沁水、泽州三月霜桑冻损,夏大水。	山西自然灾害史年表
1840	清道光廿年	孝义水漫城关。	山西自然灾害史年表
		阳城六月获(护)水暴涨城北水壅流通济桥圮围田多被淹。沁水六月大雨。	山西自然灾害史年表
		平定雹伤稼。	山西自然灾害史年表
		忻县六月大雨水,牧马河溢秋大稔 。	《忻州志》"灾详"

续表 5-1

公元	年号	记载	资料来源
1841	清道光廿一年	文水辛丑文水溢，决堤伤稼。襄汾襄陵辛丑汾水倾圮殿之东壁与院西墙复通颓崩焉。稷山辛丑岁大雨连天康泉潦水横流无度，水满石砌而挤遂圮。河津也大雨如注，洪水横流，深者数丈。	山西自然灾害史年表
		离石六月初九东北多雨河同时暴涨，淹没田庐无算。	山西自然灾害史年表
		应县应州贾庄等廿村，七月十八日田被淹。	清代海河、滦河洪涝档案史料 八月廿日 山西巡抚杨国桢奏
		平定大水。	原山西省晋中地区水文计算手册
		泽州夏雨雹伤麦，地大震。寿阳六月初九东北多雨，河同时暴涨，漂没田稼无算。永宁六月初九东北两河同时暴涨，漂没田庐无算。昔阳大水。	山西自然灾害史年表
1842	清道光廿二年	河曲七月淫雨河溢。永宁（离石）六月十六日碛口黄河水涨十余丈，沿河淹死人畜，冲塌民房无数。	山西通志
1843	清道光廿三年	文水七月晦陡从本县麻堡村徒而东四野漫流淹没民田不下数千顷。汾阳汾水徙入县境，与文水合流东乡二十六村庄被灾。寿阳夏四月至七月阴雨禾苗不秀。洪洞秋季水淹。襄汾秋雨连绵泉汾泛滥，桥梁石基坍塌。	山西通志
		寿阳夏四月至七月阴雨，禾苗不秀。	原山西省晋中地区水文计算手册
		新绛下船庄时值暑月，大雨连绵而降，汾水不时暴溢，且向东岸奔流甚急，而逼近土地庙基。吕文稽家书记载：六月十八日处处雨大，黄河开口南北十余里，娄庄水到南门内数十步，村北无水，东门内至东巷。绛县夏大雨。河津六月七日得雨三寸。新绛绛州六月八日得雨深透，六月二十一、二十二日得雨深透，七月一、二日得雨深透。汾西七月一、二日得雨深透。翼城七月四日得雨四寸。浮山七月四日得雨三寸。	山西通志

续表 5-1

公元	年号	记载	资料来源
1843	清道光廿三年	神驰六月二十六日、七月十一日分别得雨二寸。偏关七月十一日得雨三寸。五寨七月十一、十二日得雨深透。保德七月十一至十三日、十四日得雨三寸。河曲七月十一、十三、十四日得雨三寸。临县七月六日、十一至十三日得雨四寸。平陆七月十四日河水暴涨溢五里余,太阳渡居民半溺水中,沿河地亩尽为沙盖。河干庐舍塌坏无算,葛赵村西河水大涨,有禹王庙外四面皆水,内四十人不得出,饿见水势视墙高丈余二不入,人得无恙,俗传庙里有避水珠云。垣曲黄河溢至南城砖垛次日始落淹没无算。吉县癸卯夏大雨拔木,折坏民房甚多。临猗临晋六月八日得雨三寸,七月一、二日得雨深透。平陆七月一、二日得雨二寸。芮城七月一日得雨二寸。	山西通志
1844	清道光廿四年	清徐清源汾水由东入城房塌甚多。	山西通志
		太原大水。	山西自然灾害史年表
		安邑三月水涨麦尽伤。绛州麦大稔,夏大雨。汾阳水雹灾。	山西通志
1845	清道光廿五年	寿阳六月朔库韩村大雨雹形如鹅卵。	原山西省晋中地区水文计算手册
		高平旱。(道光廿年旱,道光廿六年旱,道光廿七年自五月不雨至七月,大饥人死亡,道光廿八年旱)	原山西省晋东南地区水文计算手册
		襄垣七月淫雨二十余日伤禾稼。	山西自然灾害史年表
1846	清道光廿六年	沁水大旱。	
		阳城夏五月西河暴涨,六月芦河大涨,秋旱未种麦。	原山西省晋东南地区水文计算手册
		阳城大伏头庄丹河沿岸水磨甚多,洪水将水磨殆尽冲毁。	原山西省晋东南地区水文计算手册
		晋城丹水溢,冲淹博爱县城及沿河村镇。	
		太原六月大雨河溢。	山西自然灾害史年表
1846~1847	清道光廿六至廿七年	曲沃、太平、临汾大旱秋禾无收。	原山西省临汾地区水文计算手册

续表 5-1

公元	年号	记载	资料来源
1847	清道光廿七年	清徐徐沟六月五日、六日又大雨，壕峪、洞涡二河大发，东关小北关水深数尺，淹塌房屋无数。	山西水旱灾害
		沁水夏旱无麦，秋霖雨伤稼，岁歉。	原山西省晋东南地区水文计算手册
		晋城夏大旱。	
		阳城夏旱。	
		绛州秋淫雨大熟。安邑三月雨，秋大熟，八月淫雨四十日。太原水。	山西自然灾害史年表
		潞城夏无麦（大旱）。	原山西省晋东南地区水文计算手册
1848	清道光廿八年	吉州雨雹伤稼。	山西自然灾害史年表
1849	清道光廿九年	榆次洞涡水溢西南乡诸村屋宇多圮。清徐徐沟六月十一日大雨，水深数尺，清源汾河溢，民居多被淹没。	山西水旱灾害
		武乡六月十一日夜，从城街道流过洪水，东西关被漂泊一空。	山西水旱灾害
		太原六月大雨河溢。	山西自然灾害史年表
1850	清道光卅年	榆次二月大雨雪雷电。	原山西省晋中地区水文计算手册
		河曲六月大雨雹灾，秋大水。河津冬汾水屡涨，沿河井水较前深数尺。平定、昔阳秋雨四十余日。偏关七月大雨，保德水。秋黄河大涨，河口镇水与槽平。	山西自然灾害史年表
1851	清咸丰元年	寿阳六月九日太安镇等村大雨雹损禾秋惟荞麦大获。	原山西省晋中地区水文计算手册
		据该委员会同府禀称，履勘得长治、长子二县为漳水发源，本年六月十五日（7 月 13 日），大雨如注，山水骤发。长治县西和等七村被淹地一十三顷，冲塌民房六百卅六间，淹毙男妇卅九名口。长子县南漳等四村被淹地一十五顷，冲塌民房二千四百四十九间，淹毙男妇廿名口。	清代海河、滦河洪涝档案史料 八月初五日山西巡抚兆那苏图奏
		沁水夏旱，秋多蝗。高平六月大雨河水溢。	原山西省晋东南地区水文计算手册
		高平夏四月雨雹三尺许，六月大雨，河水溢。泽州夏雨雹河水溢。	山西自然灾害史年表

续表 5-1

公元	年号	记载	资料来源
1852	清咸丰二年	高平四月雨雹高深一尺。泽州夏初雨雹深一尺。	山西自然灾害史年表
1853	清咸丰三年	太谷大水县北关被灾十七村。	原山西省晋中地区水文计算手册
		襄汾汾城六月十八日水淹进城,八月汾水陡涨数尺。襄陵六月间汾水涨溢,泛滥靡崖,村舍庙基尽遭水患。新绛、曲沃、平阳等州县八月间汾水陡涨数尺。	山西水旱灾害
		忻县闰七月新兴—忻县雨雹。	原山西省忻县地区水文水利计算手册
		徐沟五月大雨终日,二河又大发,水深五至七尺,淹没房屋。太原五月大雨。	山西自然灾害史年表
1854	清咸丰四年	榆次二月廿五日大雨雪,平遥七月大雨七日。	原山西省晋中地区水文计算手册
		汾阳八月九日文峪河决,由东富堡淹没安村成汤。襄陵七月霪雨伤稼。	山西自然灾害史年表
1855	清咸丰五年	榆次五月十五日大雷雨东南乡等村平地水深数尺屋宇多圮六月六日大雨雹杀稼大水损民屋。	原山西省晋中地区水文计算手册
		太谷六月大雨雹杀稼,大水毁田舍。垣曲黄河溢南门。潞城四月雨雹。安邑六月大雨,中条山水大涨,冲毁民房无数。太原雨雹伤稼。	山西自然灾害史年表
1856	清咸丰六年	榆次三月初三日大雨雹。	山西自然灾害史年表
		曲沃秋七月中大雷雨东西两关各水深五六尺。	原山西省临汾地区水文计算手册
		高平六月雨雹,冬十二月大雪,平地深数尺。泽州夏旱秋多蝗害稼,六月大雨雹,冬十二月大雪,平地深数尺。大同水。沁州夏大雨雹伤稼。	山西自然灾害史年表
1857	清咸丰七年	临县七月十三日安业,歧道一带雹如拳,大结冰三尺左右,田禾全部打坏。	临县旧县志
		昔阳七月十三日大雷雨,西城火药楼毁。	昔阳县志
		平定秋旱七月十七雷雨西城楼毁。	原山西省晋中地区水文计算手册
1858	清咸丰八年	榆次旱左权大旱至夏五月。	原山西省晋中地区水文计算手册
1859	清咸丰九年	榆次旱左权夏六月大旱。	原山西省晋中地区水文计算手册
		阳城夏旱无麦,秋无禾。	原山西省晋东南地区水文计算手册
		晋城泽州,秋九月大旱,岁大饥。次年春,斗米钱千四百。	

续表 5-1

公元	年号	记载	资料来源
1860	清咸丰十年	寿阳春二月六日雨雪弥月三月八日乃晴。	原山西省晋中地区水文计算手册
		榆次大旱人畜饿死甚众,平遥大旱秋苗未秀。	原山西省晋中地区水文计算手册
		新绛六月十八日大雨,平地水深五、六尺,自泽掌三泉,水西一带桥梁俱坏。	新绛县志
		太平(汾城)十年夏六月十八晚大雨倾盆,历四时许平地水深数尺,邑内桥梁十坏八九,报灾者六十余村。临汾六月大雨,民间庐舍塌毁无数。稷山秋大水,村中坏庐舍极多,邻县东教尤甚,水势有高过房檐者,至数月不能尽。	原山西省临汾地区水文计算手册
		屯留绛河骤发,水至北城根。	原山西省晋东南地区水文计算手册
		阳城下河许玉水磨院北楼墙上写有:“咸丰十年六月十九日未时沁河大涨,水进柜房院内三尺余深”。本地无雨,小河(指芦苇河)未见水涨。	
		高平六月雨。沁源夏大雨如注。	
		绛州六月十八日大雨,平地水深五六尺,桥梁俱坏。稷山秋大水,水溢过屋,数月不尽。	山西自然灾害史年表
		安泽十年六月十八日午大雨如注至翌辰始停,涧水泛涨自东山底至城根汪洋一片,冲毁护城河堤六十余丈,并南城一角……	安泽县志
1861	清咸丰十一年	寿阳夏旱。	山西自然灾害史年表
		文水五月大雨数日,麦穗生芽。八月雨雹,伤稼三十余里。	山西自然灾害史年表
1862	清同治元年	平遥秋汾水发东北乡禾稼淹坏房屋倒塌长寿尤甚。	原山西省晋中地区水文计算手册
		长治六月蝗入境,七月旱。	原山西省晋东南地区水文计算手册
		陵川大旱,飞蝗伤禾,斗米八百文。	原山西省晋东南地区水文计算手册
		代州六月大雨,羊头河暴涨坏民舍。翼城八月淫雨伤禾。高平十一月雨雹河水溢。榆次闰八月大雨。太原闰八月久雨。	山西自然灾害史年表

续表 5-1

公元	年号	记载	资料来源
1863	清同治二年	榆次六月初九日洞涡涨发西南乡沿河等村冲塌民屋数百间淹没田禾数百顷。	原山西省晋中地区水文计算手册
		襄垣九月阴雨旬日。河津水，河水绕县城。安邑七月雨冰雹，大者如鸡卵。吉州五月雨雹伤稼，太原十一月大雪。	山西自然灾害史年表
1864	清同治三年	十一月初汾州属县大雪三尺。	原山西省晋中地区水文计算手册
		沁水大水。阳城夏五月西河暴涨，六月芦河大涨，村庄多被湮毁，黄崖庙没，高阳山崩。	原山西省晋东南地区水文计算手册
		岢岚三月大水漂没河岸，文水十一月五日大雨雪数尺，途人多冻死者。绛州四月雹伤禾。高平五月水，雨雹。泽州地震，五月雨雹大水。偏关、保德、河曲水。平遥、汾阳、孝义十一月大雪。	山西自然灾害史年表
1865	清同治四年	沁水秋旱伤稼，阴雨连绵达四十日，房倒屋塌。	山西自然灾害史年表
		平遥七月东北乡大水长寿镇尤甚坏民屋二千有余。	原山西省晋中地区水文计算手册
		泽州秋大雨，禾生双耳。定襄六月雹伤稼。	山西自然灾害史年表
1866	清同治五年	平遥七月十四日至十八日昼夜大雨惠济桥决堤北门外大水。	原山西省晋中地区水文计算手册
		吉县秋大雨四十余日。	原山西省临汾地区水文计算手册
		文水四月三十日雨雹。绛州雨雹，大风拔木。	山西自然灾害史年表
1867	清同治六年	曲沃六年春旱麦无收。太平、临汾、洪洞淫雨连绵亘月禾尽伤。	曲沃等县志
		平顺大旱，民多饥馑，害病者多。	原山西省晋东南地区水文计算手册
		黎城春大旱，六月始雨，百谷失时，农家唯种荞麦御饥。	
		沁县春夏大旱未播种，六月初三落雨后种豆谷莜麦至秋颇熟。	
		和顺正月至五月不雨大旱夏六月廿八日始雨百谷无成。	山西自然灾害史年表
		浑源五月大旱，夏至后始雨。	原山西省雁北地区水文实用手册
		代县六月羊头河暴涨坏民庐舍。	代州志“大事记”
		翼城大旱无麦，八月淫雨伤稼。襄陵雨。	山西自然灾害史年表

续表 5-1

<table>
<tr><th>公元</th><th>年号</th><th>记载</th><th>资料来源</th></tr>
<tr><td rowspan="9">1868</td><td rowspan="9">清同治七年</td><td>寿阳夏大雨雹被灾者数十村。</td><td>寿阳县志</td></tr>
<tr><td>汾阳六月五日大雨淹没东南数村阳城人有淹死者。</td><td>县志续篇</td></tr>
<tr><td>孝义水漫城关。</td><td>孝义县志</td></tr>
<tr><td>晋城夏六月初九日,丹水涨溢,漂民房田禾,淹死人畜甚多。</td><td>晋城县志</td></tr>
<tr><td>襄垣夏旱,秋甘水暴发,沿河尽皆漂没。大同大水。</td><td>山西自然灾害史年表</td></tr>
<tr><td>大宁同治七年大水侵城五尺余冲民田数顷。隰县六月初九日午,大雨须臾水数尺,漂没南城门扇,河水汪洋莫测,道路被害者甚多。</td><td>大宁等县志</td></tr>
<tr><td>河曲河水溢侯家口许家口灾坏边墙数十丈。</td><td>《河曲县志》卷五“详异”</td></tr>
<tr><td>[调查]幽州反映大水。</td><td>原山西省雁北地区
水文实用手册</td></tr>
<tr><td>原平七、八月间霖雨月余,滹沱河、阳武河等皆溢,沿河禾稼尽淹。</td><td>光绪八年续修崞县志</td></tr>
<tr><td rowspan="6">1869</td><td rowspan="6">清同治八年</td><td>寿阳六月廿九日申村大雨雹自黄岭起东南行广袤径数十村伤禾稼殆尽。</td><td>原山西省晋中地区
水文计算手册</td></tr>
<tr><td>长治四月旱,北石槽廿四村伤禾。</td><td rowspan="3">原山西省晋东南地区
水文计算手册</td></tr>
<tr><td>沁水秋旱。</td></tr>
<tr><td>阳城秋无雨。</td></tr>
<tr><td>平定夏大旱。</td><td>原山西省晋中地区
水文计算手册</td></tr>
<tr><td>洪洞夏六月霪雨河暴涨。平陆六月大雨雹。霍州夏雨雹伤稼。</td><td>山西自然灾害史年表</td></tr>
<tr><td rowspan="4">1870</td><td rowspan="4">清同治九年</td><td>长治二月大雪麦冻死。</td><td rowspan="2">原山西省晋东南地区
水文计算手册</td></tr>
<tr><td>沁源夏大雹雨。</td></tr>
<tr><td>平定昔阳夏旱秋淫雨。</td><td>原山西省晋中地区
水文计算手册</td></tr>
<tr><td>永济、芮城大水。大同、偏关、保德、河曲、永济大水。高平七月大雨雹。</td><td>山西自然灾害史年表</td></tr>
</table>

续表 5-1

公元	年号	记载	资料来源
1871	清同治十年	平遥八月西北乡大水。	平遥县志
		文水辛未五月大雨伤麦,七月大雨文水溢决堤伤稼。	文水县志
		寿阳七月十八日大雨寿水横流。	寿阳县志
		汾阳五月十二日文峪河决,唐兴庄堰淹没东雷家堡五村,廿七日决东河堰淹没东马庄等村,卅日决东雷家堡埝淹没宜柴堡等八村。	县志续篇
		孝义柳汇决口漫城关尤甚,坏民房无数。	孝义县志
		屯留六月水溢,漂没民房甚多。阳城六月洪水溢,田舍淹毁。	山西水旱灾害
		陵川大水。阳城六月获(护)水涨,窑头村田舍湮毁。	山西水旱灾害
		河曲八月霪雨旬余。永济芮城大水。	河西县志 卷五“详异”
		朔州马邑七月廿四日大雨连十日,房屋塌者十八九,左云、丰镇、怀仁、崞县、浑源、阳原、灵邱、广灵、蔚州等皆于七月廿四日或廿七日大雨至八月六日或十日、大雨七、八日至月余不等。房屋俱有倒塌。	原山西省雁北地区水文实用手册
		[调查]壶流河石门峪六月下雨七日,大水刮走山腰庙,蔚家小堡七日雨月余,水满全河,十字坡庙门后记有七月廿七日以后大雨,房倒塌。	原山西省雁北地区水文实用手册
		平定四月廿七日雨至八月乃止。原平崞县八月淫雨月余,滹沱、阳武河皆溢,禾稼尽淹。昔阳四月二十七日雨至八月止。	平定县志
1872	清同治十一年	广灵、蔚州六月大雨,山水暴发伤禾稼。	原山西省雁北地区水文实用手册
		太原夏四月廿三日夜大雪,马房峪涧水暴涨,平地顷刻涨许,淹没晋祠镇南堡外田园民庐无算,淹死五十余人。清源闰六月大水伤稼,又复雹灾。天镇、怀仁七至八月久雨。浑源水。河曲四月大雨雹。长治二月大雪,七月雨雹伤稼。	山西自然灾害史年表

续表 5-1

公元	年号	记载	资料来源
1873	清同治十二年	寿阳六月十二日羊头崖河水大溢漂没民居。	原山西省晋中地区水文计算手册
		文水癸酉闰六月大水伤稼，未伤者被雹灾。汾阳六月文峪河决唐兴庄堰，淹没大杨村等十一村。	山西自然灾害史年表
		沁水秋旱。	原山西省晋东南地区水文计算手册
		阳城大旱人相食饥尽。	
		沁县九月大雪深达数尺，秋禾俱被压损。	
		河曲大雨雹如卵，平地五寸。平定七月廿七日雨至八月止。长治四月大雨雹。	山西自然灾害史年表
1874	清同治十三年	太原夏四月二十三日大雨，马房峪水暴发，平地顷刻丈许。	山西自然灾害史年表
		寿阳八月大雨连日。	山西自然灾害史年表
1875	清光绪元年	汾西大旱，秋薄收。临汾、太平元年六月旱。	原山西省临汾地区水文计算手册
		寿阳七月十八日大雨寿水横流。	寿阳县志
		黎城冬无雪。	原山西省晋东南地区水文计算手册
		兴县前令所筑护城石堤被水冲坏十余丈。	户口卷计
		临县夏六月十五日，天将明时，大雨倾盆而下，次日秋河涨水西岸无边，冲毁河堤，水位高达城墙数尺，城内二道街房屋冲塌。	临县旧县志
		离石六月十五日卯刻，东北二川同时暴涨，水高三丈，淹没村舍地数亩无算，碛口黄河水亦异涨，雍过逆流廿余里。	《离石县志》第一编
		石楼县六月廿三至廿四日得雨三寸。永宁州六月初二至初三日得雨二寸。	山西自然灾害史年表
		浑源州六月十四至十五日得雨三寸，二十八至二十九日得雨三寸。阳高县六月初三得雨二寸，十五日得雨三寸，二十二至二十三日得雨深透，二十九日得雨三寸。舔着西安六月十五日得雨二寸，二十九日得雨二寸。	山西自然灾害史年表
		崞县六月十五日得雨三寸。	山西自然灾害史年表
		盂县大风拔木损屋甚多。平定大雨雹。	山西自然灾害史年表
		平定大雨雹。翼城水灾。曲沃夏雹有年。	山西自然灾害史年表

续表 5-1

公元	年号	记载	资料来源
1876	清光绪二年	大宁、太平、洪洞、安泽、临汾光绪二年夏麦欠收,六月大旱。	临汾等县志
		平顺天旱无雨,秋季杏树叶脱落净尽。	原山西省晋东南地区水文计算手册
		屯留、吉州、临县、河津、汾西、绛州、洪洞、芮城、荣河、朔州、交城、解县旱。虞乡五月大风拔木。祁县寸草不收。永济、垣曲麦欠。昔阳、平定四月廿四日大雪。翼城六月十八日大雷雨拔木。曲沃秋七月大疫。	山西自然灾害史年表
		黎城冬无雪。	原山西省晋东南地区水文计算手册
		襄垣雨泽不时,岁歉收。	
		长子大旱。	
		沁水旱。	
		阳城中旱。	
		晋城夏歉秋丰收,自秋至冬无雨雪。	
		兴县近北东城垣又因连日大雨冲裂一隧。	山西自然灾害史年表
		马邑大旱。	原山西省雁北地区水文实用手册
		代县六月雨雹,七月峪河暴涨坏民庐舍。原平夏六月西北乡雨雹,北桥河大水,冲坏民田无数。	山西自然灾害史年表
1877	清光绪三年	榆次连年大旱至三年,和顺自春夏不雨,寿阳五月大风是岁大旱秋收仅二三分斗米钱二千四百余。太谷旱大饥人相食。榆社旱大饥斗米二千人死无算。左权自夏五月不雨至次年夏四月始雨人相食。平定三月初十日雷雨四月至六月不雨秋大旱。祁县大旱至次年。平遥连岁大旱颗粒不收城乡男女伤十余万。昔阳四月至八月不雨秋大旱人相食。	山西自然灾害史年表
		曲沃、太平、襄陵、临汾、洪洞、大宁、安泽二麦不登秋无禾、汾浍几竭,饿浮盈野人相食。	原山西省临汾地区水文计算手册
		长子大旱。	原山西省晋东南地区水文计算手册

续表 5-1

公元	年号	记载	资料来源
1877	清光绪三年	长治大旱。	原山西省晋东南地区水文计算手册
		潞城夏复雹秋旱,歉收。	
		屯留秋旱成灾,减收八成。	
		壶关夏降雹,秋大旱,夏秋不收。	
		平顺夏季雨雹后再不降雨,连续大旱秋无禾,每斗小麦、米涨至一千六百文,饿死者成千上万。	
		黎城年春至冬雨泽稀少,晋省秋禾未登。	
		武乡大旱,五月十四日又降雹,七月兰岭、监漳等村更大,六至十二月又不下雨,秋禾全死,全县人民食树皮、草根、谷草,饿死人畜无数口。	原山西省晋东南地区水文计算手册
		沁县春旱,夏季二麦尚有丰收,秋禾将吐穗,天忽亢旱连月不雨,禾穗枯死不能成实,形成巨灾。	原山西省晋东南地区水文计算手册
		襄垣四月旱,五月雹伤麦田,入秋大旱,稼禾俱伤,民大饥。	
		沁水特大旱,人多饿死。	
		阳城特大旱,夏旱降临小麦颇收,豆粒未种,至秋禾苗尽已枯槁;黍而未实收获不上十分之二。	
		高平年六月不雨至来年五月,麦无收。大饥,市斗千钱,人相食。	
		陵川邑东冰雹伤禾,大水如实。	
		晋城泽州大灾荒,光绪二年夏歉收秋丰成,自秋至冬无雪雨,光绪三年大旱,人食树皮草根,牛马鸡犬皆尽,人相食,房产地土无售主,全县人死大半。	
		怀仁夏旱秋霜五谷不登,人食草根树皮,夏秋大疫,伤人几半。浑源夏旱秋欠收,马邑大旱。左云秋大旱,人民相食,道路饿殍盈途。	原山西省雁北地区水文实用手册
		盂县三月张赵韩马庄一带大雨雹深二尺许沟泗壅塞七月庆三都十三村雹深尺余,平定三月雷雨雹涨柏井驿漂去车马客商十数人娘子关及井陉冲没水磨数十盘伤人甚多四月至六月不雨秋大旱。	原山西省晋中地区水文计算手册
		新绛九月初六连雨十有八日。	山西自然灾害史年表

续表 5-1

公元	年号	记载	资料来源
1878	清光绪四年	榆社秋雨甚谷腐殆尽。	原山西省晋中地区水文计算手册
		左权秋八月阴雨连旬,禾多霉烂。该年八九月为全省大范围的阴雨天气。属典型涝灾年。	原山西省晋中地区水文计算手册
		沁水春旱,人死过半。	原山西省晋东南地区水文计算手册
		阳城中旱。	
		陵川大饥,春旱秋涝,粮食均烂在地。	
		沁源春大旱,夏雹,九月大雨,初五至初九昼夜不止,十五、六日始晴,田禾尽死。	
		晋城春无雨,秋半收。	
		左云春又旱。	原山西省雁北地区水文实用手册
		代县六月雨雹,七月峪河暴涨坏民庐舍 。	代州志"大事记"
		原平夏六月西北乡雨雹,北桥河大水,冲坏民田无数。秋七月大雨,滹沱河、武阳河皆溢。	光绪八年续修《崞县志》
		晋北太原光绪五年正月上谕:"山西阳曲等卅厅州县上年秋季复因被旱被水被霜成灾……"	《山西通志》"右赈恤"
		忻州、定襄:春旱秋涝。	山西通志
		怀仁、文水、汾阳、孝义、交城、临汾、翼城、吉州、大宁、平顺、祁县、临县、蒲县、泽州、永宁(离石)、霍县、襄陵、乡宁、隰州、壶关、夏县、陵川、高平、泽州、襄垣、盂县、安邑、临晋、稷山、虞乡、芮城:旱。沁水、汾西、屯留:大疫。闻喜、太谷:大饥。	山西自然灾害史年表
		绛州:九月初六连雨十有八日,汾水涨溢冲没桥梁无数。平定、昔阳:九月雨伤稼,谷皆黑。虞乡:八月淫雨连旬四十日。洪洞:十月阴雨连绵亘月。沁州:九月大雪。曲沃:九月淫雨。左云:六月大雨,九月大雪。平遥:九月连阴雨,河道淤塞。介休:九月大水。高平:七月久雨,九月大雨。寿阳:是年秋八月阴雨连旬,禾多霉烂。浮山:秋淫雨,春大疫。曲沃:秋九月淫雨三十余日。	

续表 5-1

公元	年号	记载	资料来源
1879	清光绪五年	寿阳四月廿八日申村大雨雹西北乡被灾数十村段五上峪北燕竹诸村尤甚田苗荡然改种。平遥八月惠济桥堤决水尽奔东小关道北门外水深数尺房屋淹没殆尽幸城壕桥高捍卫城垣不至损坏。介休八月汾河出岸淹没北张家庄、北辛武、乐善村、宋家圪塔等十几村。又山河淹没避壁龙凤村、常乐村、南庄等村秋禾。曲沃秋八月淫雨二十余日。	寿阳等县志
		文水巳卯八月份水西溢与文水合流堤伤稼。该年八月也是较大范围阴雨。汾阳夏五月徐，渠决汾水由渠溢经和穆里入经西南流注裴家会狄家社等十五村被灾，其支流文水县与文水合入境，决百金堡埝百金堡翼村镇等十余村被灾。	文水县志 续篇
		沁县春又发生旱，麦收仅有五成。	山西自然灾害史年表
		长子收成减半，豺狼数十成群，白昼当道，人不敢独行。	原山西省晋东南地区 水文计算手册
		永济八月淫雨连旬。	山西自然灾害史年表
		原平……秋七月大雨，滹沱、阳武河皆溢。	光绪八年 续修《崞县志》
		永济：八阴雨连旬，麦多种。太原：七月雨雹尺许，十余村灾。沁水：四月大雨雹。清源：秋九月大水，禾尽淹。汾阳：秋七月东富家堡堤决。翼城、洪洞：十月淫雨连绵。临汾：秋久雨。武乡：九月淫雨。高平：五六月大雨雹。	山西自然灾害史年表
		沁源：天裂。左云、大同：三月大风飞沙，白昼如夜。阳曲、交城：七月冰雹盈尺伤禾。乡宁、临晋、临汾、襄垣：旱。	
		原平三四月间有旱魅之遥，乡民……祭之即雨。	水利史研究室抄自 故宫档案
1880	清光绪六年	寿阳八月十九日大雨雪。	原山西省晋中地区 水文计算手册
		清徐清源八月望大雨半月，东南泻海村庄被灾。文水八月阴雨连旬文峪水溢。孝义屡有阴雨。翼城秋大雨浍河暴涨，坏河坝。该年八月也是较大范围阴雨。	山西自然灾害史年表

续表 5-1

公元	年号	记载	资料来源
1880	清光绪六年	汾西:五至六月雨雹。沁源:夏大雨雹,禾稼尽伤。临汾:六月雨雹。平陆:葛赵等二十二村被水冲。太原:八月淫雨河溢。左云:夏大雪。高平:夏大雨雹。	山西自然灾害史年表
		临县、灵石:狼灾。洪洞:地震。绛州:鼠灾。和顺:雹灾。襄陵:旱。	
		沁水秋旱。	原山西省晋东南地区水文计算手册
		安泽秋八月阴雨连旬。	山西自然灾害史年表
1881	清光绪七年	襄汾太平夏五月初八日雨雹,汾水暴涨。	山西自然灾害史年表
		泽州:彗星见北方。文水:东南方乡雷电大风拔木偃禾。永济:麦欠收,秋后雨雪多。荣河:麦秋收成三分。太原:八月份水为灾,西城倾圮,府文庙和满州城水淹没。	山西自然灾害史年表
1882	清光绪八年	太谷八月雨雹伤禾,大如鸡卵,被灾者四十余村。	山西自然灾害史年表
		阳城大旱。	原山西省晋东南地区水文计算手册
		榆次:民多缠喉症。临晋:十二月大雪,平地深数尺,车马不能通行者逾月。	山西自然灾害史年表
		沁源六月沁水大涨,淹没交口……等十四村,农田数十余顷。	山西自然灾害史年表
1883	清光绪九年	阳城大旱。	原山西省晋东南地区水文计算手册
		榆次八月大雨涂河涨发滨河演武等十九村冲毁民屋千余间淹没天禾百余顷时宜东均被水災晋省设东赈局。	原山西省晋中地区水文计算手册
		太谷:大雨河涨。临晋:岁欠。太原:八月大雨河溢。	山西自然灾害史年表
		崞县之铜川等八村,于六月廿五日夜,山水暴涨,冲没田庐。事在夜中,居民猝不及避,以致淹毙男妇五十二名口。……此外如平定、代州……等州县,或山水涨发,或河水漫溢,秋禾间有被伤。	清代海河、滦河洪涝档案史料 八月廿六(朱批) 山西巡抚张之洞

续表 5-1

公元	年号	记载	资料来源
1884	清光绪十年	榆次夏旱甚。	山西自然灾害史年表
		永济:秋后雨多,麦种迟。	山西自然灾害史年表
		大同府属之应州、大同、怀仁、山阴,雁平道属之代州,……先后禀报被水、被碱。	清代海河、滦河洪涝档案史料 十二月十九日署山西巡抚奎斌奏
1885	清光绪十一年	永济:麦欠收。荣河:秋旱。	山西自然灾害史年表
1886	清光绪十二年	平遥发水进净化村淹没所有田园。	原山西省晋中地区水文计算手册
		太谷七月大雨,井水溢,诸村被淹,秋七月大雨三昼夜不止滂河诸村多被害者井水溢。	原山西省晋中地区水文计算手册
		沁源夏大旱,麦苗半枯。	原山西省晋东南地区水文计算手册
		隰县隰州寨子河等村被水冲没入河不能垦治地十亩三分。	山西自然灾害史年表
1888	清光绪十四年	潞城县属南庄等村于六月十九日(7 月 27 日)雷雨带雹。	清代海河、滦河洪涝档案史料 十月廿三日(朱批)刚毅奏
		泽州、大同、偏关:旱。太原:大雨河溢。	山西自然灾害史年表
		代州属沙窊、金盘等村,于七月十八日(8 月 25 日)山水暴涨,田地被冲。	清代海河、滦河洪涝档案史料 十月廿三日 (朱批)刚毅奏
1889	清光绪十五年	闻喜:白喉疫。榆次:流星。和顺:四月大雪杀禾。偏关:旱。	山西自然灾害史年表
		翼城秋大雨,浍河暴涨冲坏东门外河堤三十余丈。万荣秋淫雨四十日。	山西自然灾害史年表
1890	清光绪十六年	介休南山猛水入迎翠门,东北坊被淹,西段被淹堡坏。	山西自然灾害史年表
		长治五月暴雨,平地水涨数尺,北呈一带漂没民房甚多。	原山西省晋东南地区水文计算手册
		沁源六月大雨,沁河大涨,两岸土地全淹没。	
		翼城:六月初八大风拔木。吉县:旱。	山西自然灾害史年表

续表 5-1

公元	年号	记载	资料来源
1891	清光绪十七年	洪洞六月大水。	原山西省临汾地区水文计算手册
		荣河:秋霖雨。马邑、大同:旱。临汾:五月一日午雨雹。虞乡:淫雨过多水荒。介休、孝义:地震。沁源:大雨雹。太原:大水。	山西自然灾害史年表
		阳城大旱。	原山西省晋东南地区水文计算手册
1892	清光绪十八年	清宫奏折记载:“自闰六月初旬以后,连日倾盆大雨,各处山水暴注,滹沱、汾、涧、涂、文峪等河同时暴涨,以致冲决堤堰淹没田庐。迭据忻州、代州各府州属之阳曲等三十余州县陆续禀报,或因河流漫溢,或被山水冲刷,一县之中被淹村庄自数村至百余村,坍塌房屋自数十间至数百间,压毙人口自数口至数十口,均各轻重不等。”	清宫奏折记载
		洪洞旱大饥,曲沃润六月廿三日大雨。	洪洞等县志
		曲沃闰六月廿三日夜大雨,山水暴发,冲毁民舍田禾无算。县属东北山水暴发,下捣城不没者三版。祁县大水灾。翼城六月十八日浍水陡涨,淹没南河坝下。	原山西省临汾地区水文计算手册
		宁武静乐汾水大涨,淹没两岸民田无数。	宁武等县志第八节灾异
		《清代档案》记载:闰六月间,淫雨兼旬,太原等属被水成灾……八月以后,复据大同等属陆续禀报,秋禾被灾等情。……潞安府属之长子……大同府属之大同、应州、山阴、怀仁,宁武府属之宁武……朔平府属之朔州、左云……忻州并属定襄……平定州属之……盂县,代州并属之五台、崞县、繁峙……共五十余厅州县,或被水淹,或被霜雹,秋禾被灾轻重不等。……确查受灾情形,以北路大、朔等属口外各厅为最重。	《清代档案》记载
		阳城大旱。	原山西省晋东南地区水文计算手册
		长治冬大雪,冰冻地裂。	
		晋城大雨连旬。	晋城县志
		偏关河反映大水。	山西通志

续表 5-1

公元	年号	记载	资料来源
1892	清光绪十八年	临晋夏旱,多蝗,冬奇寒,黄河结冰,自龙门至于砥柱,行人车马履冰而渡,花木冻死甚多。芮城冬大寒黄河冰坚。荣河四月暴风大木折拔,冬雨雪三尺。永和夏旱,蝗飞蔽日,食苗殆尽,至冬无收。	山西自然灾害史年表
		马邑五月前旱后大雨,恢河水溢淹十余村。	朔县县志
		泽州:大雨连旬。马邑:五月前旱后大雨,次年大饥。应州、大同、怀仁、朔州、宁武、代州等县前旱后水。翼城:六月十八日浍水陡涨,淹没南河坝下。沁源:秋久雨大水伤稼。吉州:九月大雪。	山西自然灾害史年表
		太谷:大疫。浮山:冬大寒。万泉、永宁、永和、襄垣、临晋:旱。荣河:四月暴风大木折拔。怀仁:饥。	
		[调查]偏关河、恢河、壶流河反映大水。	原山西省雁北地区水文实用手册
1893	清光绪十九年	新绛六月初八大雨,汾水暴涨,民房漂没,田禾尽伤,北董庄房屋有被水冲坏者。	山西自然灾害史年表
		荣河:秋禾尽被虫食。临汾:天旱瘟疫盛行。长治:四月夜雨雹大如拳,击毙狼畜。朔州:旱。	山西自然灾害史年表
1894	清光绪廿年	新绛汾水暴涨,灌入城里,北至大街府君巷口,南城门未及此其形伶如半月城之西偏几成泽国,民无所居,房屋倒塌,水退之后……督工挑挖数月告竣。	山西自然灾害史年表
		应州属之苏家寨等二百四村庄被水歉收。……	清代海河、滦河洪涝档案史料 十二月十四日 山西巡抚张煦奏
		荣河:麦秋俱欠收。翼城:九月大雨雹。	山西自然灾害史年表
		代州属之东关等一十三村临河地亩屡年被水,并沙压生碱,不堪耕种。	十二月十四日 山西巡抚张煦奏
1895	清光绪廿一年	洪洞、襄陵淫雨连旬房倒屋塌无数,汾水暴涨山水爆发汾东邓庄、小郭、南北梁一带淹没田禾、庐舍甚多。汾城史村漂大王殿碑记:去岁六月间大雨施行……降雨十六日午刻止于十八日早晨,平地汪洋,河水靡崖遐还被灾者不脾屈指(“汾城史村漂大王殿碑记”)。	洪洞、襄陵等县志

续表 5-1

公元	年号	记载	资料来源
1895	清光绪廿一年	新绛六月十八日，汾浍暴涨，房屋倒塌无算，城内水冲府巷北。	新绛县志
		长子六月间连阴大雨，山水河水同时并发，或浸灌衙署，或冲塌民房，淹毙人口，或田禾被水。	清代海河、滦河洪涝档案史料 十一月初二日 山西巡抚员凤林奏
		阳城润城镇龙王庙墙上，和其他指水碑并立着，碑文曰："大清光绪廿一年六月十八日午时大水发至此"。	阳城县志
		晋城沁、丹并涨，五龙口以下沁阳境内到处漫决，南、北岸决口达四十四处。武陟交界又决北岸，漫淹修武。五龙口以下漫溢情况不详。	晋城县志
		安泽秋阴雨连旬，房屋倒塌无数，上谷村一带有依山为屋庐者，夜半醒觉屋动摇亦不介意。次早启户不得开毁门视之，则屋已为水驱至沟，并无塌损，遂大惊异。	安泽重修县志
		临漪六月大雨，坡水暴发，冲西门入县署。	临漪县志
		临晋：六月大雨，坡水暴发，毁官民庐舍数百间。大同县：秋禾被水。武乡：四月大雨雹。	山西自然灾害史年表
		荣河芒种节暴风拔木，麦穗尽被折落。	
1896	清光绪廿二年	沁源夏大雨，沁河溢塌……，淹东北乡阳城村、张壁村等，沿河一带农田卅余顷被毁。	沁源县志
		万荣六月黄河崩溢，滩岸多崩。	万荣县志
		新绛：河水大涨倒灌入城。	山西自然灾害史年表
		马邑六月桑干河溢，四关一村为水淹，溺死人男女老幼共卅七口。朔州属秋禾被水成灾。	朔县县志
		[调查]御河、桑干河上游各支流及干流均反映大水。怀仁县寄庄成灾七分之河南小村等。应县被水歉收之山门城等三村，秋禾被水歉收之下疃北庄等三十六村，并大同县之阎家堡一村。山阴县属被水歉收之四乡各村庄。	调查
		六月桑干河溢，朔县四关一村被水淹，溺死男妇老幼三十七口。	山西水旱灾害
		代州等被水、被碱、被雹、被冰歉收及地水冲沙压、石压。	山西水旱灾害

续表 5-1

公元	年号	记载	资料来源
1897	清光绪廿三年	洪洞五月大雨，河水泛涨。	原山西省临汾地区水文计算手册
		安泽五月大雨冲伤人数无数，汪洋一片。	
		荣河：春淫雨，麦黄疸。平遥：蝗灾。	山西自然灾害史年表
1898	清光绪廿四年	万荣秋淫雨，棉、豆、瓜果俱坏烂，房屋损坏甚多。	万荣县志
		阳城大旱。	原山西省晋东南地区水文计算手册
		应州……代州、繁峙……等厅州县，先后禀报被水、被雹、被霜、被碱并地震歉收成灾，及地被水冲，沙积石压。	清代海河、滦河洪涝档案史料 十二月十五日 山西巡抚胡聘之奏
	清光绪廿四年六月十六日	夏县六月十六日，白沙河太平街决口，冲倒民房五十间，死人五六口，坏地三千亩，拉石盖地一百五十亩。姚暹渠张郭店决口，冲入盆地。	夏县县志
1899	清光绪廿五年	洪洞临汾春夏无雨麦禾欠收。	原山西省临汾地区水文计算手册
		祁县：高粱油旱(蚜虫)为害。临县、荣河、临汾、泽州、襄陵：旱。永和：正月十六日大雪，沟渠五六尺。路径不通月余。	山西自然灾害史年表
		长治旱灾。	原山西省晋东南地区水文计算手册
1900	清光绪廿六年	全省性大旱，旱情严重。乡宁、曲沃、太原、榆次、祁县、榆社、临县、新绛、临汾、永宁、浮山、襄陵、翼城、临晋、芮城、荣河、绛州、襄垣、武乡、泽州、沁源、陵川、平顺、壶关、怀仁、左云、吉州、万泉、平陆均有旱情记载	山西自然灾害史年表
		长子春不雨至六月三日，次日倾盆大雨连下三日，平地水涨。七月下旬青霜，夏歉秋绝，民食树皮草根，道有死骨。	原山西省晋东南地区水文计算手册
		壶关大旱，五月落雨，秋霜又旱。	
		平顺大旱歉收。	
		黎城自春到秋大旱，减收一半。	

续表 5-1

公元	年号	记载	资料来源
1900	清光绪廿六年	襄垣春，麦亢旱，六月方雨，人始播谷，秋又落霜，晚秋未熟，近县各村被灾更重。	原山西省晋东南地区水文计算手册
		沁县连年少雨……河道干涸，人们吃水普遍发生困难。	
		沁水大旱，自廿五年八月至廿六年六月十八日始雨。	
		高平旱灾。	
		晋城泽州大旱。	
		陵川大旱，六月下旬乃雨。	
		沁源大旱，年春至夏无雨，六月二日始雨，米价每斗制价二百文。	
		［调查］浑河、壶流河洪水，南洋河大水。	原山西省雁北地区水文实用手册
1901	清光绪廿七年	山西临汾以南旱。乡宁、曲沃、浮山、祁县、昔阳、临晋、荣河、沁源、襄陵、闻喜、新绛旱。	山西自然灾害史年表
		大同、沁州、泽州、临汾、长治、武乡、介休、大水；太原大涝。	
		介休夏水淹淮村。	原山西省晋中地区水文计算手册
		襄陵大旱麦不登，秋欠薄。	山西自然灾害史年表
		夏县白沙河中留村决口，倒房五十间，死人五六口，坏地三千亩，冲成沙地二百亩，其中十亩不能耕种。姚暹渠在王峪口决口，水入盐池，姚暹渠在李卓埝（小吕村）决口。	山西自然灾害史年表
1902	清光绪廿八年	乡宁旱，四月雹。太谷六月方雨、秋欠收。浮山：旱。闻喜：无麦饥。沁源：夏旱，麦欠收。新绛：旱。武乡：秋旱。	山西自然灾害史年表
		荣河正月暴雨，各村池水涨溢。	
1903	清光绪廿九年	全省偏涝。浮山：大有麦，六月十九日夜霹雳一声风雨骤至，大风拔木，禾尽偃，狗被吹上天空，小车不翼而飞。荣河：大有年。曲沃：夏秋俱获。虞乡：底水涨发，淹地数十顷。泽州：大风。	山西自然灾害史年表
		［调查］南洋河发水。	原山西省雁北地区水文实用手册

续表 5-1

公元	年号	记载	资料来源
1904	清光绪卅年	荥河:水涨入旧城。山西太原以东旱,大同、临汾涝,余正常。	山西自然灾害史年表
		昔阳旱。	
1905	清光绪卅一年	姚暹渠在李卓埝(小吕村)决口。	原山西省运城地区水文计算手册
		昔阳旱。	
	清光绪卅一年五月十一日	白沙河在太平街决口,将太平街除一座戏台外全部冲光。水经中留、秦家埝、东西浒和姚暹渠,青龙河汇合入苦池水库,冲决主坝,淹郭家卓、湾子等村。国家用飞机抢救,随即水入汤里滩,冲决黑龙埝五处,直入小鸭子池,破东禁墙入盐池。仅盐池损失大宗为芒硝22万担,盐6.6万担。据盐池记载自1570年(明隆庆四年)至1856年(清咸丰六年)286年间有十三次大水进入盐池。	山西自然灾害史年表
1906	清光绪卅二年	山西以北偏旱,余正常。荥河:九月天日皆赤。	山西自然灾害史年表
1907	清光绪卅三年	孝义柳堰决口入东门坏民房无数。	山西自然灾害史年表
		临晋:秋旱,秋酷热异常。泽州:大旱。襄陵、汾城:冬旱。	山西自然灾害史年表
		阳城大旱。	原山西省晋东南地区水文计算手册
1908	清光绪卅四年	浮山:夏四月大雨雪。洪洞:夏大水,连子渠源游塞。秋禾欠收。万荣:秋淫雨。	山西自然灾害史年表
1909	清宣统元年	荣河:秋淫雨。虞乡:秋雨过多,底水涨发,十一月二十七日晚雨如盆倾。武乡:五月大雨雹。	山西自然灾害史年表
		二月初二和顺地震。	
		泽州:春夏大旱,七月乃雨。	
		沁县春夏大旱,阴七月始雨。	原山西省晋东南地区水文计算手册
1910	清宣统二年	永济阴雨连旬平地行船。	山西自然灾害史年表
		代州属夏麦秋禾被水、被雹成灾七分之聂营镇等三村。……又该村等尚有被水冲刷,沙石积厚地五百廿四亩……未能垦复。	清代海河、滦河洪涝档案史料 十二月十八日 山西巡抚丁宝铨奏

续表 5-1

公元	年号	记载	资料来源
1911	清宣统三年	太谷:秋八月二十日近午有星见于日之左下角,一连三月皆然。荣河:牛疫。	山西自然灾害史年表
		临晋:春柏叶尽枯。	
		万泉:四月雹。	
		姚暹渠在李卓埝(小吕村)决口。	原山西省运城地区水文计算手册
1912	民国元年	介休九月河溢淹没禾稼小圪塔北张家庄南桥头等村尤剧。	原山西省晋中地区水文计算手册
		曲沃秋大旱,麦多干种,1913 年颗粒无收。闻喜:旱,麦未种。荣河:五月雨雹,秋旱麦未种。	山西自然灾害史年表
		平顺春天阴雨滂沱,雨土伤麦造成减收,民饥为难。	原山西省晋东南地区水文计算手册
		曲沃:秋大旱。闻喜:旱。荣河:五月雨雹,秋旱麦未种。	山西自然灾害史年表
		[调查]南洋河大水,黄水河发水。大同、天镇:大水。介休:九月大水。	
1913	民国二年	介休八月山洪暴涨汾水溢淹没北乡桥头等十余村,平遥水入净化村淹没田园,榆次秋七月十一日涂水大涨沿河一带王村、怀仁、西长寿、演武、永康、史家庄、郝村等五十余村均被水成灾而郝村尤甚。民舍农田淹没始尽水向村中奔流,竟分为二水退后黑沙淤积民多失所,一时啼饥号寒,惨然可悯。同时县郭官甲渠亦溃决,水势凶凶直冲小东关门幸事先以土石堵塞始向南北分流北抵县城东南隅魁楼底南则泛滥于县廊门外多数农田仅成泽国秋禾一无所余,谓近五十年未有之巨災也。	原山西省晋中地区水文计算手册
		交城今年河水大涨,将两村(涂林村、磁窑村)石堰衝坏(十月十七日碑文)。	《交城县志》卷十
		太谷、榆次:七月涂河水暴涨,五十余村被灾,秋禾一无所余,为近五十年未有之巨灾也。和顺:大水。	山西自然灾害史年表
		临晋、闻喜:春秋减收。曲沃、芮城:夏无麦。	
		平遥曾发大水进村(净化村)所有土地都淹。	调查
		平顺春夏二季旱,连续百余日未降饱雨,苗皆枯黄。壶关有大冰雹灾。	原山西省晋东南地区水文计算手册

续表 5-1

公元	年号	记载	资料来源
1914	民国三年	介休七月汾河文峪河两水出岸北张庄等四十三村秋禾淹没,太谷夏乌马河决入县城北门沿河诸村多被淹没,榆次夏六月初三日黑河水爆发合以涧水沿河各村多被其害,鸣李村尤甚,庐舍田园悉遭淹没水退后民悲失所,农田积沙厚二三尺久不得复种次年夏涧水又发秋村被災,惨状与鸣李于同。	原山西省晋中地区水文计算手册
		翼城:五月间大雨雹如核桃状。武乡:五月大雪。	山西自然灾害史年表
		介休:七月汾河、交峪河之水出岸,北张庄等四十三村秋禾淹没。	
		荣河:春旱。	
		稷山六月二十六日河水涨至村东南杨天居南北畛地里,满水到七月初三水不涨啦。六月二十五日汾水涨至马王庙后,七月初三水落。	
		交城数年颇为平顺,不料六月间河水大发将堰推淹数丈。	交城县志卷十碑文
		垣曲五月廿一日大雨,原上水深数尺,东西两河暴涨,冲毁田地无数。	垣曲县志
1915	民国四年	太谷:夏涧水又涨发。沁源:六月大雨雹。	山西自然灾害史年表
		介休:八月南乡水决堤堰,秋禾淹没。	
1916	民国五年	曲沃六月十日雨雹,大者如瓜,次者如碗如卵,东北三十余村受灾甚烈。	山西自然灾害史年表
		临晋:沿河一带飞蝗,秋冬雨泽延期。泽州:大旱。雁北:春旱。武乡:夏旱。沁源:二至五月大旱。荣河、新绛:地震。荣河:地震。临县:风灾。大同:旱。	山西自然灾害史年表
		长治春旱。	原山西省晋东南地区水文计算手册
		壶关大旱,七个月没下雨。早霜,秋收几升秕谷。	
		沁水秋旱,八月初一始雨,秋成不足三分。	
		阳城大旱。	
		沁源春大旱,二月至五月不雨,六月中始雨,五谷歉收。沁水杏河暴涨,冲掉西关十牌楼两座,淹没西关大庙舞台。	
		姚暹渠在李卓埝(小吕村)决口。	原山西省运城地区水文计算手册

续表 5-1

公元	年号	记载	资料来源
1917	民国六年	介休八月汾、文两河水溢，席村秋禾淹没，水淹祁县一部。稷山六月十八日汾河涨至马王庙后。绛县五月初九雨雹，大水雹来势凶猛，风电交加，倒屋拔木，人畜被打伤者甚多，平地水深数尺，田地大部分被毁，禾苗淹没殆尽，损失之大空前未有。翼城夏五月大雨雹。	原山西省晋中地区水文计算手册
		临县：六月十六日夜城西雨雹，地积尺许，西门外西水入城，冲毁河渠房舍无数，被灾七十余村。	山西自然灾害史年表
		永和：八月大水，坡水暴至城关，尽成泽国。乡宁：阴历六月十五日辛未之交天忽暝晦，大雨如注。	
		绛州：五月初八雨雹，大冰雹来势凶猛，风电交加，倒屋拔木，人畜被打伤者甚多，平地水深数尺，田地大部分冲毁，禾苗淹没殆尽。损失之大空前未有。	山西自然灾害史年表
		太谷：七月初三大雹灾。榆次：七月雨雹灾。泽州：黄、沁、丹三河并涨。翼城：大有麦，夏五月大雨雹。介休：八月汾、文两河水溢，席村等村秋禾淹没。	
		临晋：麦欠收。荣河：大有年。	
		沁河黄、沁、丹三河并涨。	原山西省晋东南地区水文计算手册
		临县六月十六日城西暴雨地积尺许，西门出山水入城冲伤河渠民舍数处，十七日城南雨雹，受灾者七十余村。乡宁阴历六月十五日辛未之交，天然暝晦，大雨如注。永和八月大水，坡水暴至城关，尽成泽国。该年黄、沁、丹三河并涨，是一场大范围雨洪。	临县旧县志
1918	民国七年	榆次、太谷：秋大雨倾注，经旬不止，路辙多生鱼雾(民都捕鱼食卖)，后凡各村水汇之处潜伏充物，县西南乡人多排桶筐满捕归家作食，或于街市售卖，虽严寒冰结，犹聚伏其下取不竭焉。	山西自然灾害史年表
		临晋：六月雨雹，棉花摧残无算。	
		虞乡：六月大雨雹。永和：春陨霜杀麦。	
		沁河陡涨八尺五寸，丹河涨高一丈三尺，当时大雨如注。	原山西省晋东南地区水文计算手册

续表 5-1

公元	年号	记载	资料来源
1918	民国七年	新绛五月廿一日浍水大涨，平地水深五、六尺，中村北、合上等村淹没房屋数百间。	新绛县志
		昔阳六月九日全县境内七天滂沱大雨，后又小雨连绵月余造成涝灾，山流塄塌，秋禾收成减半。	山西自然灾害史年表
1919	民国八年	介休五月洪山等村水害伤麦，六月北张庄等村雨雹伤稼又水淹。孝义大水。	原山西省晋中地区水文计算手册
		太谷：蝗灾突起。曲沃：十月十八日地震。临晋：春陨霜杀麦，夏秋苦旱。荣河：春大旱。晋城、新绛：三月旱。晋城、沁水：旱。灵石：荒灾。	山西自然灾害史年表
		沁源：六月大雨雹伤稼。	
		曲沃：四月初二日霜杀麦。	
		高平旱。阳城特大旱。	原山西省晋东南地区水文计算手册
		长子七、八两年连续大旱，灾情甚重，夏秋半收，糠菜充饥，晋城、沁水十分严重，妻离子散家破人亡……	
		沁河暴涨，冲掉郭必村河滩地一百余亩，李庄数十亩，豆庄全村水深数尺，泥沙壅塞豆庄城南门和东门。沁源六日大雨雹伤稼。	山西自然灾害史年表
		夏县白沙河在下留村决口，冲坏田禾 100 ~ 700 亩，将石桥冲跨。	原山西省运城地区水文计算手册
		昔阳七月松溪河涨冲坏两岸良田甚多并冲走静阳寺院，东冶头一带月内不得渡河。	山西自然灾害史年表
1920	民国九年	汾水大涨，水头高二丈，冲没娄烦下街及沿河房屋。平遥汾水泛滥。	山西水旱灾害
		临汾六月十六日大雨，洰河漫，六月廿二日大雨。七月旱。襄汾襄陵六月十六日大雷雨，山水暴涨冲毁邓庄、西梁等。曲沃五月澮河暴涨，淹没无算。	临汾、襄汾、曲沃等县志
		曲沃：五月浍河暴涨，淹没无算。永和：五月十一日雨雹南庄、阁底诸村，麦苗摧残无遗。	山西自然灾害史年表
		翼城六月廿一日夜大雨平地数尺，淹民舍无数。新绛六月初二日，浍河涸至十六日，殆有尽水。不意廿一日雨仅一犁，越日水竟暴涨，平地八、九尺，中村北台上等五村房屋淹没殆尽，四野尽成泽国，人民数日不炊，号哭之声，惨不忍闻。稷山汾水涨至马王庙后，廿三日早水落。	山西自然灾害史年表

续表 5-1

公元	年号	记载	资料来源
1920	民国九年	山西临汾以南涝,余均旱和大旱。黎城、沁水、泽州、襄垣、长治、武乡、安邑、临晋、虞乡、芮城、平陆、汾西、万泉、临汾、荣河、榆次、榆县、阳曲、平遥、介休、太原、文水、孝义、崞县、应县、代县、忻县、定襄、泽州、临汾、新绛、太谷、朔州、昔阳、闻喜、平顺、壶关、襄陵、大同、阳高、浑源、静乐、保德、临晋、芮城、襄垣:受旱。	山西自然灾害史年表
		潞城春旱,秋、夏歉收。	原山西省晋东南地区水文计算手册
		平顺春夏大旱,苗皆焦枯,秋后粮食亩产不过石。	
		屯留三伏大旱一百天,成灾面积四十万亩,减收四成。	
		黎城前冬无雪,春大旱,六月才下雨(访问)。	
		襄垣不雨,并遭雹灾,麦收甚薄,秋禾更歉……全县平均收获不过三成之数。	
		沁水大旱,九月始雨,秋收不足三成。	
		阳城特大旱。	
		陵川夏秋皆旱,秋粮大歉收。	
1921	民国十年	沁源旱,麦禾皆歉。	原山西省晋东南地区水文计算手册
		永济:八月阴雨连旬。	山西自然灾害史年表
		太谷:夏大旱,秋禾不登。荣河:夏欠收。芮城:大有年。	山西自然灾害史年表
		临晋岁稔,六月大雨如注,坡水暴涨,城关尽成泽园。	山西自然灾害史年表
1922	民国十一年	介休六月朔大雨倾注,辰刻山水暴涨,自迎翠门入城,水势甚大且猛,城不没者寸许,八坊被劫甚众,义棠、孙畅、大水宋曲等村淹没也多,韦乐村、阖村全没,房屋牛马积粮损禾无算,伤人百十余。	原山西省晋中地区水文计算手册
		浮山:大雪,平地二三尺。	山西自然灾害史年表
		大同:御河、十里河、清水河发大水。	
		曲沃、襄陵、平陆、翼城:旱。芮城:风灾。	

续表 5-1

公元	年号	记载	资料来源
1922	民国十一年	万荣五月廿一日暴雨，东北乡平地水高四五尺，被灾者甚众，冲坏新城墙，关岳庙等处，又城南平地冲为沟壑者约三里。	万荣县志
		安泽五月廿日黎明雷电交作，大雨倾盆，西北一带山水暴发。	山西自然灾害史年表
1923	民国十二年	汾河故道在左家堡村西梁家堡由苏家堡下游决口径油房堡东击欲村北仍入归道，太谷是年徐沟大路被水冲毁。万荣荣河夏大雨城东南坡水涨，六月二十九日河水涨入旧城，居民乘船载物奔坡上。	原山西省晋中地区水文计算手册
		太谷：为省南偏路，自民国十二年徐沟大路被水冲毁。	山西自然灾害史年表
		曲沃：夏无麦，秋大获，棉花丰收。荣河：秋棉丰收。六月二十九日河水涨入旧城，房屋倒塌无算。翼城：夏二麦涝死，岁饥。绛州、长治：旱。	
		沁县伏旱，六月初七始落雨，收获六至七成。	原山西省晋东南地区水文计算手册
1924	民国十三年	翼城庙下沟山水六月初一日水势猛。	
		临县：灾。曲沃：冬大疫。永和：大旱 武乡：春夏旱。	山西自然灾害史年表
		长治夏旱。	原山西省晋东南地区水文计算手册
		白沙河在下留村决口。	原山西省运城地区水文计算手册
1926	民国十五年	翼城春三月二十五日大雨，河水暴涨，漂没猪羊无数。	原山西省运城地区水文计算手册
		大同：旱。武乡：春夏旱。	山西自然灾害史年表
		沁县春末夏初旱。	原山西省晋东南地区水文计算手册

续表 5-1

公元	年号	记载	资料来源
1927	民国十六年	翼城六月十五日大雨,浍水发,沿河地亩全淹,七月初一又大雨,平地水深数尺,冲坏地亩房舍无算。曲沃六月浍水暴涨河岸菜禾全无。	山西自然灾害史年表
		沁源:秋渠水被冲断。夏秋淫雨伤稼。	山西自然灾害史年表
		大同、阳高:旱。荣河:大有年。	
		屯留春旱成灾,廿万亩没抓全苗,十五万亩成赤地。	原山西省晋东南地区水文计算手册
		姚暹渠在李卓埝(小吕村)决口。	原山西省运城地区水文计算手册
1928	民国十七年	忻州、晋中、临汾、运城、荣河、大同、浑源、阳高、怀仁、朔平、天镇、平鲁、山阴、左云、保德、太谷、太原、孝义、武乡、泽州、河曲:旱。	山西自然灾害史年表
		太谷:四月大雨雹,大如鸡卵,积冰尺余,二麦尽伤,禾苗皆毁,秋大旱欠收。	
		汾水溢水淹祁县一部、介休一部。	原山西省晋中地区水文计算手册
		平顺全县普遍遭受大雨和冰雹之害,土地冲毁禾苗尽伤,虽有收入,乃是寥寥无几。	原山西省晋东南地区水文计算手册
		武乡七月十八日大雨,夜间漳河暴涨,东关从石桥溢过,民房都被淹没。	
1929	民国十八年	汾水由平遥芦庄出岸在鱼市场礼安中衍万户堡十八村庙、小圪塔桥头村一带泛滥。	原山西省晋中地区水文计算手册
		宁武、静乐汾水大涨,水头高两丈余,冲没娄烦下街及沿河房地。	《静乐县志》第八节灾异
		山西全省连续旱和偏旱。长治、临汾、临县、祁县、怀仁、大同、浑源、昔阳、平遥、介休、新绛、沁源、芮城、万泉、荣河、临晋、临汾、猗氏、乡宁、平陆、汾西、安邑、曲沃、长治、武乡、怀仁:旱。	山西自然灾害史年表

续表 5-1

公元	年号	记载	资料来源
1929	民国十八年	潞城夏旱，大秋千死，晚秋薄收。	原山西省晋东南地区水文计算手册
		壶关天大旱，六月降雨，七月降雹。	
		沁水大旱。	
		沁县从春旱至五月初七落雨，十三日落透雨……。七月天旱一月多，秋季除谷外，其余均成熟，年收五成。	
		阳城大旱。	
		沁源降霜，春大旱，斗米价一元四五角。	
		[调查]桑干河各支流均反映大水。	原山西省雁北地区水文实用手册
1930	民国十九年	晋城大旱。万泉：旱。浮山、临汾：风灾。	山西自然灾害史年表
1931	民国廿年	[调查]洰河大水。	调查
		荣河：旱岁欠。入夏以后淫雨连绵，经月不止，尤以七月初、七月终、八月初，三次为最大。	山西自然灾害史年表
		猗氏、陵川、沁源：旱。	
		[调查]饮马河大水。	原山西省雁北地区水文实用手册
1932	民国廿一年	汾水淹平遥一部。	原山西省晋中地区水文计算手册
		荣河：大饥。绛州：瘟疫流行。晋、陕、豫皆霜雹。万荣：旱。沁源大雨雹大水。三月旱。	山西自然灾害史年表
		交城奈林、磁窑两村，旧有堰（光绪廿四年修）一道，不意于民国廿一年秋水涨发，水势过甚，将堰冲毁，从头至尾揭去六层有余（狐爷庙重修太平埝木牌记）。	交城县志卷十
		陵川淫雨成灾，冲没民田房屋颇多。	原山西省晋东南地区水文计算手册
		安泽岳阳六月廿一日、廿二日大雨。廿七日至廿九日大雨河堤一片汪洋，河涨冲田舍牛羊。沁源夏秋大涝，河水大涨，漂没农田数十顷。	山西自然灾害史年表
		[调查]御河、浑河发水。	原山西省雁北地区水文实用手册
		沁水秋雨连绵，庄稼减产，房屋倒塌。	原山西省晋东南地区水文计算手册

续表 5-1

公元	年号	记载	资料来源
1933	民国廿二年	汾河淹平平遥一部、祁县一部、介休一部。	平遥等县志
		高平:雨雹大如镳。黄河决口。晋西、晋中一带疫病。太原附近冰雹大如鸡卵、毁损家作物甚重。	山西自然灾害史年表
		万荣大水漂没东南乡村舍甚众,河涨溢至旧城东门底。	万荣县志
		沁县庄稼均旱坏,谷子出不了。	原山西省晋东南地区水文计算手册
		[调查]黄水河、浑河、壶流河等发水。	原山西省雁北地区水文实用手册
1934	民国廿三年	夏县姚暹渠在王峪口,石桥庄决口在李卓埝决口沿路淹地三万亩,冲成沙滩地七百多亩。白沙河北山底决口、冲坏房1 600间,冲走三人,冲坏地168亩。	原山西省运城地区水文计算手册
		浮山:酷热为数十年所未有。泽州:水、雹兼旱等灾。太原、孝义、昔阳、忻州、五台、交城、太谷、阳曲、徐沟、寿阳等县干旱,同时还有水、雹灾害。	山西自然灾害史年表
		临汾、绛州、荣河、安邑、曲沃、万泉、虞乡、猗氏、临晋、潞城、洪洞、闻喜、河津、隰州、霍州、永和、永济、绛州、垣曲、平陆、潞城、黎城、阳城、武乡、陵川、襄垣、长子、长治、泽州、沁州:旱,并有水雹灾情。	山西自然灾害史年表
		[调查]桑干河上游及御河之十里河,淤泥河发水。	山西自然灾害史年表
1935	民国廿四年	黎城连雨卅多天,塌房千余间,死人卅多名。	原山西省晋东南地区水文计算手册
		全省持续旱和大旱。怀仁、广灵、朔州、阳高、天镇、大同、太原、介休、文水、定襄、和顺、忻州、岢岚、昔阳、寿阳、兴县、榆社、静乐、新绛、赵城、霍州、临汾、蒲县、安邑、闻喜、虞乡、平陆、曲沃、河津、翼城、新绛、解州、芮城、荣河、永济、浮山、石楼、沁州、长治、潞城、泽州:旱。	山西自然灾害史年表
		[调查]七里河、壶流河之金泉峪发水。	原山西省雁北地区水文实用手册

续表 5-1

公元	年号	记载	资料来源
1936	民国廿五年	十二月太原地震。全省持续性大旱。	山西自然灾害史年表
		[调查]黄水河发水。	原山西省雁北地区水文实用手册
1937	民国廿六年	孝义阴历六月廿二至廿四日大水。	孝义县志
		阳历九月十五日太原地震。	山西自然灾害史年表
		稷山八月间涧河水暴涨,庙院以内水深数尺,将戏台及东西庙门淹没半月倒塌。	山西自然灾害史年表
		长子秋雨连绵四十五天,粮烂草乌,民畜大饥。	长子县志
		武乡全县连降四十天秋雨,庄稼烂地,房屋倒塌。	武乡县志
		平顺春天干旱无雨,秋夏之季阴雨连续,时大时小,时紧时慢,从六月廿六日开始至八月四日始终,连续四十天的阴雨,山崩地裂墙倒房塌,每亩仅产黑谷一二斗。	平顺县志
		陵川涝灾,粮食歉收。	陵川县志
		[调查]汾河、清水河、沁河大水	调查
1938	民国廿七年	全省涝和大涝。阳曲等县水灾。太原:大水。	山西自然灾害史年表
1939	民国廿八年	绛县八月大水,当时山洪暴发,原地水溢,群众生命财产受到极大损失,田禾损伤尤其严重。	山西自然灾害史年表
		山西阳曲等三十八县水灾,全省合计一千五百三十七村,受灾土地一百六十五万六千九百一十八亩,毁房三万七千一百七十间,伤亡四十三人。灾情涉及:阳曲、太原、徐沟、清源、榆次、太谷、祁县、平遥、介休、和顺、昔阳、灵石、平定、寿阳、盂县、汾阳、孝义、交城、文水、临汾、洪洞、曲沃、襄陵、霍县、赵城、虞乡、解州、安邑、新绛、稷山、宁武、神池、忻县、定襄、代县、崞县、繁峙等县。	山西自然灾害史年表
		雁北御河、十里河、桑干河、壶流河、唐河发大水。水淹浑源城。	原山西省雁北地区水文实用手册

续表 5-1

公元	年号	记载	资料来源
1940	民国廿九年	阳曲、太谷、文水、徐沟、汾阳、孝义、平遥、介休、长治、临汾、临晋、荣河、猗氏、安邑、绛县、灵石、五寨、河津、代县、崞县等县遭水灾，四百一十四村人口受饥。	山西自然灾害史年表
		榆次、和顺、沁县、盂县、寿阳、浮山、灵石、宁武、神池、五寨、忻县、定襄、代县、崞县、繁峙等县遭雹灾。介休、临汾、新绛遭受虫灾。岢岚、沁水、安泽、襄陵、安邑、新绛、稷山等县遭旱灾。	山西自然灾害史年表
1941	民国卅年	汾水淹介休一部、平遥一部。	原山西省晋中地区水文计算手册
		祁县、昔阳、汾城、安邑、新绛、稷山、汾西、五台等县遭受旱灾。	山西自然灾害史年表
		遭受水灾的有：阳曲、太原、太谷、文水、徐沟、清源、介休、中阳、离石、和顺、寿阳、临汾、洪洞、曲沃、永济、解州、五台等十七县，以太谷、介休较重。	山西统计年编
1942	民国卅一年	汾河晋中、临汾两盆地诸县水灾严重。	
		汾水淹介休一部、平遥一部。	原山西省晋中地区水文计算手册
		[调查]汾河、团柏河、对竹河大水。	调查
		长治夏秋大旱，禾死甚多。	原山西省晋东南地区水文计算手册
		潞城夏秋大旱，大部不收。	
		壶关春旱无雨，秋苗死尽。	
		平顺五月某日一场大雨之后，再未降饱雨，六、七两月雨水更少，五谷枯死者若半，形成歉收，当年秋天又未种上小麦。	原山西省晋东南地区水文计算手册
		黎城“卡脖子旱”减收四至五成。	
		武乡春旱，夏秋收成不到五分。	
		襄垣四至六月没雨，伏旱，三成多年景。	
		沁县一连数年雨水偏少，发生春旱及夏旱。	
		晋城一冬无雪，麦苗多枯死。	
		阳城中旱，秋粮收成不好，整冬无雪，冻死麦苗。	
		高平卅一年秋旱至卅二年五月无雨，麦无收，丹河两岸赤地千里，饿死人举目皆是。	

续表 5-1

公元	年号	记载	资料来源
1942	民国卅一年	太行区九月以后大雨连绵,清漳河、浊障河猛涨,冲破堤岸毁坏两岸一万五千多亩农田。	原山西省雁北地区水文实用手册
		山阴水峪口发水。	
		有四十五县遭水灾,受灾面积共一百二十五万五千四百八十亩。水灾严重的县有:阳曲、晋泉、太谷、祁县、交城、文水、岚县、徐沟、汾阳、平遥、介休、临汾、洪洞、曲沃、汾城、永济、新绛、稷山、河津、芮城、五台等县。	山西自然灾害史年表
		太原、运城、襄垣、高平、沁水、屯留、陵川、昔阳、浮山、安邑、垣曲:旱。中阳、汾西、五寨:雹灾。绛州:蝗灾。	
		山西中南部十余县重旱。	山西水旱灾害
1943	民国卅二年	屯留夏秋多灾,减收五成,整个东半县群家吃野菜、树叶、菜代食品,糊口度日,死者不计其数。	原山西省晋东南地区水文计算手册
		长子卅一至卅二年,二年连续大旱,秋夏大部不收,糠菜吃尽树木充饥。	
		壶关继续旱至五月落雨,人死得多。	
		平顺旱灾更加严重,从四月中旬下了三寸细雨,直到七月下旬才降第二次细雨,中间一百一十天未降雨,赤日暴晒……大秋作物,已种上的旱死,未种上的已不能种,形成大灾荒……无吃和缺吃者占总人口的百分之五十五。	
		沁水大旱、蝗,民有饿死者。	
		阳城特大旱,城东、南麦收四成,秋成五成,城西年景约六成。	
		陵川旱灾袭击,饿死病死达三万人。	
		晋城夏麦歉收复遭蝗灾,大旱至七月连降暴雨七日,秋大歉,树木草根食尽,民四散逃亡。	
		泽州:旱,左权、黎城、潞城、平顺:荒灾。	山西自然灾害史年表

续表 5-1

公元	年号	记载	资料来源
1944	民国卅三年	平顺七月廿七日至八月廿四日,时紧时松,时大时小,整整落雨廿七天,阴雨连绵,沟满河平,冲毁无数良田,墙倒房塌,人畜伤亡,每亩收成不过二三斗。	原山西省晋东南地区水文计算手册
		阳城春荒严重,饿死人约四分之一(多在东乡),逃亡三分之一。	
		雁北恢河、浑河、壶流河发大水。大同水。	原山西省雁北地区水文实用手册
		泽州:旱。平顺、黎城、潞城:蝗灾。	山西自然灾害史年表
		姚暹渠在李卓埝决口。	原山西省运城地区水文计算手册
1945	民国卅四年	壶关秋雨连绵四十天。	原山西省晋东南地区水文计算手册
		[调查]淤泥河发水。	原山西省雁北地区水文实用手册
1946	民国卅五年	神池:九月十七日降雹,打死田间家民一人。	山西自然灾害史年表
1947	民国卅六年	陵川大部分地区遭受旱灾,缺苗和死苗的土地三万余亩。	原山西省晋东南地区水文计算手册
		祁县、平定、昔阳、寿阳、榆次、太谷:旱灾。	山西自然灾害史年表
1948	民国卅七年	昔阳:雹灾。	山西自然灾害史年表
1949		长治秋淫雨。晋东南九月下旬至十月上旬,阴雨连绵二十多天。	山西自然灾害史年表
		晋城先旱后涝,秋阴雨连绵发生秋涝。晋东南九月下旬至十月上旬,阴雨连绵廿多天。	山西自然灾害史年表
		白沙河在下留村决口,冲地1 000亩,坏房10多间。	原山西省运城地区水文计算手册
		垣曲八月初四后,大雨滂沱,檐流如注昼夜不止,地内冲陷圪崂,河边冲毁庄稼,盆地淹死田禾,丘岭不断下陷,破房烂,不时倒塌,秋禾减产70%,每人平均收粮0.35石。晋南九月下旬至十月上旬有廿多天,淫雨连绵发生秋涝。夏县白沙河在下留村决口,冲堤1 000亩,坏房十多间。	垣曲县志

续表 5-1

公元	年号	记载	资料来源
1949		昔阳:雹灾。运城、武乡、平顺、壶关、陵川、沁源、祁县:旱灾。	山西自然灾害史年表
		襄垣、长治:秋淫雨。	
		[调查]山阴西寺院发水,十字坡庙门上写有"七月十二下大雨"。	原山西省雁北地区水文实用手册
1950		姚暹渠在许贾村决口、水流入滩地。	原山西省运城地区水文计算手册
		大同七、八月降雨270毫米。	山西自然灾害史年表
		绛县八月三十日下午四时至八时雨雹,发大水。	
1951		榆次、兴县、临汾、晋北:旱。	山西自然灾害史年表
1952		五台、阳曲、忻县、崞县、繁峙、静乐、宁武、岢岚、榆次、祁县、和顺、离石、昔阳、盂县、寿阳、灵石、交城、晋城、高平、襄垣、长治、长治市、荣河、万泉、绛县、安邑、夏县、闻喜、吉县、乡宁、永和、汾西、曲沃:雹灾。平顺、黎城、晋城、安泽、方山:旱灾。屯留:风灾。代县:地震。绛县:虫灾。	山西自然灾害史年表
		七月九日怀仁县大峪河山洪暴发,洪水冲毁灯捻家园,倒塌房屋500间,淹没土地2 000亩,死亡35人。北同蒲铁路中断七天。	
1953		秋淫雨,雨量普遍大而急,水灾严重。应县、怀仁、灵丘等县发大水,淹没村庄、土地。	山西自然灾害史年表
		全省受涝、水灾据不完全统计,有六个专区的73个县及大同市1 737个村又58个乡,受灾秧田485 813亩,倒塌房屋63 184间,窑洞9 853孔,圈棚草房冲走23 280间,粮食300 130斤,死亡88人,伤130人,死耕畜77头,其他家畜、用具损失无计。雁北专区和大同市最为严重。	
		岢岚:雹灾。屯留、潞城、阳城、高平、长治、长子、沁水、陵川、壶关、平顺、黎城、沁县、晋城、襄垣、武乡、沁源:旱。	

续表 5-1

公元	年号	记载	资料来源
1954		沁水发生暴雨灾,冲坏土地 7 101 亩。	
		文水县于八月二十九日至九月五日因雨水过大,山洪暴发,汾、文、潇三河决口出埝,使 65 个村的 86 267 人遭到水灾,淹没和淹坏了秋禾全部或一部,计达 365 878 亩。	山西自然灾害史年表
		六月二十二日下午新绛县连降两次暴雨且夹冰雹,致使山洪暴发,河水水头高达八尺,有 3 个乡 29 个村遭灾。据部分调查,淹死 4 人,伤 30 人,毁房 292 间,淹没小麦 107 090 斤,麦草 43 250 堆以及其他杂粮、棉籽、财产等。八月三十一日汾水暴涨出槽,直至九月六日是午四时河水基本归槽,水涨高时宽约 5 华里,水深达一丈有余,一般五尺上下,秋禾淹没,部分房屋倒塌。	
		怀仁、灵丘以大水,淹没村庄、土地等。	
		汾水淹介休一部。	原山西省晋中地区水文计算手册
1955		绛县:七月一日上午大交北浍河发生特大洪水。陵川府城暴雨,24 小时降水 220 毫米。平鲁:八月十八日下午四时钟牌村一带降大雨,时间短促,雨猛急,造成钟牌、向阳堡、马家窊、平反城等四村的洪水灾害,毁粮食财产折款 5 200 元。	山西自然灾害史年表
		襄汾县:六月三十日下午九时倾盆大雨,历时五时之久,沿东西两山之水漫地滚流。群众反映这是数十年来未有之大水。水利工程 31 座全被冲毁,土地、秋禾、乡民财产均遭受较大损失。冲毁土地 3 000 余亩,塌房 274 间(孔),死 3 人。	
		垣曲县:七月二十九日后连降三次暴雨,河水暴涨,冲毁秋田甚多。九月秋雨连绵,九月六日暴雨大风,造成减产。	山西自然灾害史年表
		天镇、河曲、保德、五台、应县、代县、岚县、大同、山阴、左云、右玉、平鲁、雁北、忻县、太原、榆次、寿阳、昔阳、平定、岚县、石楼、永和、万泉、临猗、曲沃、永和、乡宁、大宁、浮山、霍县、长治、长子、襄垣、黎城、武乡、沁县、平顺、晋城、潞安、陵川、沁源、太谷、祁县、万荣:旱。翼城、夏县:雹灾。	

续表 5-1

公元	年号	记载	资料来源
1956		昔阳丁峪沾尚等卅一个乡遭受严重水灾冲走土地 16 330 亩,淹没田禾 4 981 亩。	原山西省晋中地区水文计算手册
		绛县:五月下旬至六月末连绵四十余日,八月四日到十五日又阴雨连绵,山洪暴发。续鲁河八月四日下午河水猛涨,流量 300 立方米每秒,为大交有史以来第一次大洪水。晋城:六月二十二日暴雨将家作物冲毁,灾情严重。北石乡减产六到七成。有 200 多亩无收成。七月三十到三十一日又遭暴雨洪水灾害,仅北石乡冲毁各种作物共 343 568亩,塌房 315 间,冲走粮食 3 000 多斤,冲毁大树 4 490 多株,冲走农具 98 件。全省遭受水灾面积 300 多万亩,其中山洪灾害占 67%。陵川府城八月三日一次特暴雨,24 小时降水 273 毫米。	山西自然灾害史年表
		入夏以来,榆次专区东山寿、盂、平(定)、昔、和、左、榆(社)等县连续遭受雹、洪、地震等多种自然灾的袭击,其中尤以七月中旬至八月初,七县平均降雨量达 212 毫米…… 据统计,仅这次洪灾中有十二万亩耕地被冲没地基,颗粒无收。七个村庄被淹没,塌房 32 459 间,窑 18 056 孔,使 26 799 户无家可归,死亡牲口 627 头,猪羊4 085 只,损失水利工程 3 467 处,防洪工程1 732 处,冲毁坝 2 397 条,旱井 1 198 眼,堵堰三百八十方丈,梯田 3 800 多亩,冲坏公路 311 km,桥梁 44 座,损粮 280 万斤,农具器物损坏无数,死 198 人,伤 241 人,灾民达 94 万人。	
		平顺县八月上旬连降暴雨六天,为往年降雨量的 50.4%。因雨势大且猛,引起山洪暴发,全县 49 个乡都受到不同程度的灾害,死 104 人,伤 53 人,倒房(窑)22 304 间(孔),死耕畜 78 头,羊 1 789 只,受灾土地 42 623 亩。受灾最重的为车当村,洪水冲溜山崖,有 60 户被砸,死 98 人,死绝的有 12 户。	
		平定县在八月三两日连降暴雨,雨量达 102 毫米,因山洪暴发,有汪里竺 14 个村受灾,死 120 人,受伤 51 人,死耕畜 73 头,倒塌房、窑 12 405 间(孔),受灾土地 94 330 亩,无家可归的有 2 124 户,7 085 人。受灾最重的汪里村,有 45 户被砸,死 98 人。	

续表 5-1

公元	年号	记载	资料来源
1956		繁峙县八月三至五日因大雨山洪暴发，大营等15个乡受灾，受灾最重的子坪村塌房40余间，压36人。东山底村的两条护村坝被水冲走，村子成了河道，冲走了房子200多间，还有600多间在河心被水泡着。	山西自然灾害史年表
		7月22日姚暹渠在李卓埝和石桥庄决左堤。	原山西省运城地区水文计算手册
		8月6日姚暹渠在运城决右堤附近机关商店、工厂、民房、汽车站、粮食直属二库等被淹，火车站周围积水一尺余深，威协铁路和运城镇内安全。曲庄头决左堤（南堤）冲决长乐埝，水进下凹村和解县北门滩，冲决七郎埝和卓刀埝，破西禁墙进入盐池，至8月14日以来，由于连续降雨，又在龙居、万玉、下马营、曾家营等决口11处，据当时夏县、安邑、解于三县不完全统计死伤24人，冲走粮食15.9万斤，淹地14万2千余亩，倒房3 578间，毁井300眼，不计入抢险费和工厂机关企事业单位的损失在内，损失约400万元。	
1957		汛期姚暹渠在茂盛庄侯村决口，仅农业损失达5万元。	原山西省运城地区水文计算手册
		十月下旬长治区雨量较大。晋城县……八月十七日发生暴雨伴有八级大风，农田遭灾严重。北石店乡近三万亩农田受灾，并塌房12间。	山西自然灾害史年表
		万荣、稷山、大仁、繁峙、沁县、兴县、忻县、寿阳、五台、灵石、闻喜等11县因遭洪水和雹灾，死羊244只，牛10头，死1人，伤7人，倒房82间，水淹无家可归者65户。	
		七月二十四日陵川府城又降暴，24小时降水217毫米。	
1958		孝义西堰决口水漫西关、北关，坏民房无数。	孝义县志
		运城七月大雨倾盆，涑水河水上涨，淹没北相、冯村、西冯村、南村、太樊、寺北、下马、姚暹渠水涨口冲毁东张耿。七月十六日沿中条山区普降暴雨量147.7千米，青龙河、姚暹渠水位猛涨，流量达987立方米每秒，汇流于苦池滩。	山西自然灾害史年表

续表 5-1

公元	年号	记载	资料来源
1958		绛县:七月十七日横岭关降暴雨,24 小时降水 238. 2 毫米。垣曲:七月十七日出现日降水量达 252. 2 毫米暴雨;七月十六日华峰镇降暴雨,24 小时降水 366. 5 毫米。	山西自然灾害史年表
		由于暴雨集中,涑水河和姚暹渠上游的白沙河等渠道洪水暴发,下游泄洪不畅,沿河多处决口,造成严重的水灾……	
		七月十日至十二日代县连续降雨,部分地区受到山洪灾害,特别是八月八日下午四时,全省普降暴雨。北部雁门关、胡家滩等四个乡降雨既大且急,2 小时降雨 50 毫米。据城关、磨坊等 20 个乡的统计,冲毁土地淹没禾苗 2 500 余亩。城关乡东关洪水深达 4 米,水淹住户 21 家,倒房 3 间,毁墙 12 堵。	
		八月中旬至月底,崞县二十分钟降雨 46. 7 毫米,并伴有大风、冰雹。二十三日阎庄乡白水村后沙河决口 4 处,淹没附近庄稼和街道,南孤乡平地起水,13 000 亩庄稼冲倒 20%。土黄沟水库突然决口,冲破数道干渠。	山西自然灾害史年表
		七月四日、二十八日保德普降大雨两次,5 小时 115 毫米,131 个村受不同程度山洪侵袭,有个别乡损失较严重。冲毁土地青苗数千余亩,还冲毁小型水库 9 个,渠道 64 条,小型蓄水池 493 个,毁梯田堰 43 000 亩,冲走猪(羊)284 头(只),矿石 43 000 斤,窑 91 孔。	
		永济发生较大洪水,冲淹王村、古市营、清华、西关等地。	山西自然灾害史年表
		垣曲于 1958 年七月十四日下午七时至廿日下午七时普降暴雨,降雨总量达 496. 6 公厘,其中最大强度历时四小时,共降 245. 5 公厘,平均每小时 61. 4 公厘,十六日、十七日连发两次洪水,平地水深三尺,农业共损失 7 414 100 元(实物折价),工业方面损失 36 579 000 元,机关团体损失 39 033 元,此外中条山地质队损失不可计数。	山西自然灾害史年表
		8 月 17 日夏县白沙河在太平街决口,将太平街除一座戏台外全部冲光,水经中留、秦家埝、东西浒和姚暹渠、青龙河汇合入苦池水库,冲决主坝、淹没郭家卓、弯子等村,洪水破东禁墙入盐池,盐池损失大约为芒硝 22 万担,盐 6. 6 万担。	原山西省运城地区水文计算手册

续表 5-1

公元	年号	记载	资料来源
1959		晋中全区八月份有十八天降雨，特别是二十日的大雨。从早五点到下午九点，连续降大雨16小时，降雨量平川地区达50到80毫米，山地区达100毫米左右。昔阳县最大达137毫米，因而形成山洪暴发，河水暴涨，文峪河最大流量达700秒公方，超过安全流量一倍以上，汾河1 115秒公方，潇河1 435秒公方，其他各河流量也都超过了洪水最大的一九五四年。由于河水猛涨，汾河、文峪河、磁窑河、瓦窑河、斜河、绕义河、阳城河、禹门河、孝河等九条河系共决口226处，致使汾阳、介休、平遥等5县有646个村庄受灾，其中34个村庄被淹，69个村庄被水包围，淹没土地569 497亩，因灾死亡23人，伤10人，死大牲畜31头，猪羊443只，塌房3 076间，损失粮食493 800多斤，冲走大小树33 900多株，冲坏桥梁61座及其他器物无数。	山西自然灾害史年表
		八月二十八日万荣县普降暴雨，2个小时37.6至100毫米，由于雨势过猛，引起山洪暴发，有5个公社81个管区受灾，其中严重的有15个管区，一般水深一至三尺，受灾人口共2 370户，11 631人，倒塌房无家可归的362户，1 758人，受灾土地14 845亩，粮食减产517 300余斤，棉田减产皮棉78 000余斤，油料减产320 000余斤。共塌房3 930间，窑1 057孔，冲走粮食266 090余斤，食油6 312斤，冲毁水井429眼，旱井33眼，水库7个，死6人，伤11人，死牲畜12头，猪390头，羊131只。其余农具、器物无数，损失价值120余万元。	
1960		山西晋南旱象严重。	山西水旱灾害
		除雁北几县严重干旱外，其他县受旱次重。	
		洪灾主要发生在晋南专区的闻喜、平陆等县。平陆县七月五日、十五日、二十二日分别降三次暴雨，造成洪水灾害。遭灾332户，共793人，塌窑314孔，损失工具1 000余件，家俱4 300余件，伤亡13人。	山西自然灾害史年表
		太谷：八月多暴风雨，洪雹成灾。九月二十五日至十月上旬普遍连阴雨。	

续表 5-1

公元	年号	记载	资料来源
1961		六月下旬晋东南、晋南大部地区一连七八天阴雨连绵,使未收打的小麦发芽霉烂。个别地方洪水成灾,倒房 1 700 间,死 13 人,死大牲畜 41 头,猪羊 150 余只。	山西自然灾害史年表
		九月二十日晋东南地区阴雨连绵。八月十三日陵川甘河降特大暴雨,24 小时降水量 295.9 毫米。	
1962		万荣十月出现连续十九天的阴雨天气。七月五日朔县大尹庄降特大暴雨,24 小时降水 250 毫米。七月十五日长子县降特大暴雨,24 小时降水 204.5 毫米。七月十五日原平县段家堡降特大暴雨,24 小时降水 200 毫米。七月十六日太原地区连续二天暴雨,潇河猛涨,洪水冲开清徐县敦化堰南岸和北岸张家营堤坝,冲入刘家庄村内,淹没刘家庄、赵家堡、郝村的大部农田。	山西自然灾害史年表
1963		绛县阴雨成灾。四月一日至五月二十六日降雨 167.9 毫米,阴雨四十七天。五月十八至二十六日连续降水 103.7 毫米。昔阳:八月上旬遭受一次特大洪灾,从六月二日至九日降雨 500 多毫米,相当于历年平均的总量,全省罕见,损失较大。八月四日昔阳县的一次特大暴雨,24 小时降水量为 243.6 毫米。陵川县琵琶河八月间降两次特大暴雨,六日一次日降水量 249.7 毫米。平定:八月二十三日降特大暴雨,24 小时降水 286.7 毫米。八月二至六日娘子关连续五天暴雨,总降水量 633.3 毫米。东山连降暴雨,总降水量 554.8 毫米。	山西自然灾害史年表
1964		中阳:七月六日余家庄出现特大暴雨,24 小时降水 422.5 毫米。	山西自然灾害史年表
1965		山西全省性大旱。晋南春夏连旱,尤以伏旱为甚。	山西水旱灾害
1966		山西全省基本正常,中部大涝,大同正常。阳泉,八月二十三日郊区出现日降水量达 261.5 毫米的特大暴雨,使桃河暴涨,冲毁房屋,仓库,损失较大。八月二十二日,平定县床泉出现日降水量 580 毫米的特大暴雨。在这次暴雨中,6 小时即降水 453 毫米。	山西自然灾害史年表

续表 5-1

公元	年号	记载	资料来源
1967		晋南、晋中、忻县、晋东南发生小麦干热风危害。晋南有伏旱。 晋北局部有涝害。	山西自然灾害史年表
1968		临汾、侯马、洪洞、赵城、翼城出现严重干热风危害小麦。 晋城、昔阳七月出现雹灾。	山西自然灾害史年表
1969		夏县八月二十一日降特大暴雨,24 小时降水量达 654 毫米。	山西水旱灾害
1970		霍县陶堡村八月十日出现 6 小时降雨 600 毫米的特大暴雨。 七月九日全省有 86 个县降雹,其中沁县最大。	山西自然灾害史年表
1971		六月下旬全省连续降雨,晋东南、运城、临汾等地区有些地方多次降灾害性暴雨。据统计,全省平均降雨量为 120 毫米,比历年同期增大 1.2 倍。降雨最多的晋东南地区达 214 毫米,比历年增大 2 倍。运城、临汾、晋东南地区和太原市降雨在 100 毫米,比历年增大 1 倍左右。忻县、吕梁和雁北地区雨量均比历年有所增大。全省 62 个县(市、区)先后受灾。	山西自然灾害史年表
1972		山西全省性大旱,整个三伏天无雨。	山西水旱灾害
1973		晋城,六月十日至十一日降大到暴雨,有五个公社,三十七个大队受灾。神池,秋涝,减产严重。雁北立秋到七月阴雨连绵。8 月 20 日繁峙县白坡头降暴雨,24 小时降雨量为 518 毫米。 大同、昔阳旱。交城雹灾。	山西自然灾害史年表
1974		运城、临汾、祁县、汾阳、忻县等县遭受小麦严重干热风灾害。 晋城,七月十五日有 15 个公社遭受雹灾,川底等 10 个公社的 67 个大队受灾较重。七月十六日、八月八日和二十九日暴雨引起洪灾,9 个公社,88 个大队遭灾严重。	山西自然灾害史年表

续表 5-1

公元	年号	记载	资料来源
1975		晋南、晋中、忻县、晋东南发生小麦干热风危害。 蒲县，七月二十日井儿上发生 24 小时降雨量为 457.2 毫米的特大暴雨。壶关，桥上八月六日日降雨量达 395.5 毫米，造成冲毁发电站，电话中断，损失重大。同日平顺县杏城出现 24 小时 550 毫米降水的特大暴雨。	山西自然灾害史年表
1976		代县、交城雹灾严重。 晋城，七月下旬连降两次暴雨，洪雹交加，受灾严重。昔阳，七月二十日县阎庄、瓦邱、凤居、皋落、赵壁、白羊峪、三都公社 86 个大队遭受洪、风灾，其中洪灾面积 19 400 亩，洪水冲垮拦洪小水库 14 个，冲毁大坝 4 400 余米，冲毁涵洞 2 200 余米。壶关，八月四日至九日，东部山区桥上连续降雨 112 小时，降雨量为 809.7 毫米。六日 4 小时降雨量 222.6 毫米，一天最大降水量 392.2 毫米。郊沟河洪峰流量 1 035 秒立米。八月二十一日，天镇、阳高两县 29 个公社 245 个大队遭受暴雨袭击，受灾面积达 22 800 亩，冲毁小型水库 10 座，塘坝 24 座，河坝 10 600 米，冲垮小型水利 150 处，倒塌房屋 1 391 间。八月二十一日潞城、平顺地区浊漳河洪水暴发，石梁水文站最大洪峰流量 3 500 秒立米，冲垮 200 万方以上小水库 1 座，石梁滚水坝一条。下游侯壁电站最大洪峰流量 4 280 秒立米。沿河的阳高、石城、王家庄等 5 个公社，250 个大队受灾严重。	山西自然灾害史年表
1977		七月二十九日，运城稷王山东、北侧发生历史罕见暴雨，降雨强度每小时 160 毫米以上，这次暴雨强度大，范围小，受灾损失严重。八月上旬，山西省中东部以平遥为中心发生罕见暴雨洪水，形成平地起水，河川洪水暴涨，致使晋中、汾、孝、文等县洪水汇集。五、六两日降雨历时 40 小时，雨区范围平均降雨 107 毫米，最大雨量 350 毫米，最小也在 50 毫米以上。平遥城关一天降雨量最大 355 毫米。这次大雨是元代延祐五年(1318 年)以来六百六十年间最大降雨。受灾面积 120 万亩，死七十多人，洪水冲垮水库 16 座，倒塌房屋三万间，冲坏南同蒲铁路，停车 234 小时。静乐，长坪一带降特大暴雨，日降水量为 300 毫米。石楼，七月五、六日普降暴雨，五个公社 14 小时降雨 100 多毫米，秋田受灾面积 17 439 万亩，冲坏小型水库 2 座，冲垮 1 座。 昔阳，倒伏风危害。繁峙，大营公社霜冻危害。	山西自然灾害史年表

续表 5-1

公元	年号	记载	资料来源
1978		全省严重干旱的同时,风、雹、冻、病虫害亦严重发生。	山西水旱灾害
1979		六月中旬以后,全省久旱逢雨,但随之冰雹、暴雨、山洪、大风等灾害不断发生。六月十四至十五日,榆次,太谷、左权、平遥、介休、娄烦、屯留、祁县等县,大风伴随冰雹,小麦成片伏倒。	山西自然灾害史年表
		七月间全省有不少地县遭受暴雨袭击,晋中局部地方半小时降雨92毫米,使4万多亩秋田水淹受灾。八月六日平遥降暴雨,日降水量358毫米。六月二十九日离石县田家会红眼川一带发生特大暴雨,102分钟降雨230毫米。冲毁良田25 000亩,倒房136间,冲毁煤矿设施等,有7人死亡。损失1 938 000元。	
		五月二十五日雁北地区桑干河管理局属东榆林水库于晚9时左右垮坝失事。水库失事后,下流最大流量为1 500 m^3/s。	山西自然灾害史年表
1980		六月间全省出现五次灾害性天气,主要发生在一日、四日、十四日、二十二日、二十六日、二十八、二十九日,全省有32个县,138个公社,900多个大队遭受雹、洪、风、暴雨袭击。这次受灾以雁北、忻县的10个县和晋东南的8个县以及闻喜、侯马等破坏性最大。	山西自然灾害史年表
		七月三日到七日,全省21个县、市,70个公社,401个大队遭受雹、洪、风灾害。文水、柳林两县受灾面积五万多亩,临汾、交城县受灾面积三万亩以上,长治市、中阳、离石、右玉、阳高、大同县受灾面积在一万亩以上,武乡、浑源、霍县、孝义、临县、交口、兴县、岚县受灾面积在万亩以上,石楼、灵邱二县受灾面积不足千亩。	山西自然灾害史年表
1981		全省从六月进入汛期以来,月雨量较大,雨量集中,不少地县发生暴雨,造成山洪暴发。到八月上旬,全省有55个县市,300个公社,1 800个大队遭到洪灾。大同市冲垮一座小水库,平遥、大同三座小水库出险,冲垮水库部分建筑。应县七月二十四日、八月五日两次降暴雨,南山各峪洪水暴发。灵石六月三十日洪灾,受灾面积三万亩,冲垮河堤6公里,水淹两渡镇。	山西自然灾害史年表

续表 5-1

公元	年号	记载	资料来源
1982		七月二十九日至八月三日，发生新中国成立以来最严重的一次洪水灾害。一连六日降暴雨和大暴雨，全省平均降雨量 115.9 毫米，降雨大的沁水县为 428 毫米，垣曲县为 383 毫米，阳城县为 361 毫米，平陆、运城、晋城、夏县等 10 个县都在 200 毫米以上，仅有一个县降水量在 200 毫米以下，150 毫米以上。当时洪安涧河、亳清河、涑水河、浍河、桃河都发生较大洪水，全省 60 座大中型水库蓄水量由 2.7 亿立方米猛增到 5.18 亿立方米。沁水县杏梅二河汇合处，流量达 2 900 秒立米。阳城县境内获择河流量猛增到 1 800 秒立米，冲垮河坝 100 多公里，冲垮大桥 11 处。全省重灾县 13 个：石楼、柳林、交口、永和、大宁、吉县、和顺、昔阳、平定、盂县、平陆、河津、阳泉郊区。	山西自然灾害史年表
1983		山西省无大范围的灾害，但部分地区风、冻、雹、洪、涝等灾害俱全。广灵县五月十一日暴雨冻雹天气，出现了罕见的山洪灾害，壶流河的流量为 350～500 秒立米，致使水库大坝裂缝，死 5 人。房屋、农田、家禽家畜损失无数。阳泉、黎城、襄垣、清徐、灵石、阳曲、新绛、临猗、运城、河津、万荣、大同、榆次、定襄、屯留、五寨、沁县、平顺、阳城等县均遭受不同程度的风雹引起的山洪灾害。	山西自然灾害史年表
1984		忻州、阳泉、平定、盂县严重伏旱。	山西水旱灾害
1985		全省共发生暴雨 13 次，受灾 27 个县市，受灾面积 528 000 亩。以芮城、平陆县七月二十八日暴雨较为严重，50 分钟降水量 159 毫米，顿时平地起水，山洪暴发。	山西自然灾害史年表
1987		山西全省性旱，严重的有忻州、吕梁、临汾西部、太原市等。	山西水旱灾害

第 6 章　洪水时空分布规律研究

通过对山西省历史调查洪水、实测洪水、主要场次大洪水,以及历史文献记载洪水的分析、归纳和研究,我们可以较为全面地认识山西省洪水发生的时空分布规律。因洪水的地域性特点比较明显,本章将按水系分为六个分区加以分析研究,即Ⅰ区,永定河大清河水系;Ⅱ区,子牙河水系;Ⅲ区,南运河水系;Ⅳ区,沿黄支流;Ⅴ区,汾河水系;Ⅵ区,沁河水系。

6.1　洪水的季节性变化

山西省属季风性大陆气候,南北气候差异较大,年内季风环流交替明显,降水的季节性强,全年降水量大部分集中在汛期(6～9 月)。汛期暴雨和洪水的时程变化主要受副热带高压位置控制,因此洪水的发生具有明显的周期性。另外,由于每年汛期到来的时间、历时长短、汛期内发生洪水的次数和量级不一,因而洪水的发生又具有随机性的特征。因随机事件具有统计规律,于是,我们便可以通过统计的方法来认识洪水的季节性变化规律。

6.1.1　年最大洪峰流量的季节性变化

统计各分区内各个水文站实测年最大洪峰流量所出现的时间,并按旬统计出现的次数及占总次数的频率,可较好地反映出各分区实测年最大洪峰流量的年内变化规律,统计结果见表 6-1、图 6-1。统计结果显示,一年中,山西省发生年最大洪峰流量的时间是从 5 月上旬到 10 月下旬,时间跨度半年之久。年最大洪峰流量发生的次数为:7 月下旬最多,占全年总数的 20.71%,8 月上、中旬次之,分别占全年总数的 17.72% 和 14.03%,三旬之和占全年总数的 52.46%,而 7、8 两月的发生次数占全年总数达 81.18%,6 月下旬至 9 月上旬 80 d 内发生次数占到全年总数的 89.90%,整个汛期(6～9 月)洪水发生次数占全年的 96.73%。由此可见,历年洪水基本上集中在 6 月下旬至 9 月上旬的 80 d 内,尤以 7、8 两月更为集中。这些统计结果与山西省汛期、主汛期、前汛期、后汛期划分的结果一致。

海河流域和黄河流域年最大洪峰流量发生频率具有相似分布,如图 6-2 所示,两流域年最大洪峰流量的季节性变化基本一致,各分区之间差异也比较小。如年最大一旬频率的出现时间除南运河水系与汾河水系在 8 月上旬外,其余各分区均在 7 月下旬,各分区最大一旬频率在 17.17% ～25.57% 之间;最大二旬的出现时间均在 7 月下旬至 8 月上旬,其频率在 33.84% ～42.87% 之间;各区最大三旬频率的出现时间均在 7 月下旬至 8 月中旬,其频率在 47.98% ～56.71% 之间;各区最大六旬频率均出现在 7、8 两个月,其频率在 78.42% ～85.73% 之间;最大九旬的出现时间各区相差较大,永定河、大清河水系在 6、7、8 三个月,沁河水系在 6 月下旬至 9 月中旬,其余四个区在 6 月中旬至 9 月上旬,各区最大

表 6-1　各分区年最大洪峰流量逐旬发生情况统计

分区名称	月	5			6			7			8			9			10			合计
	旬	上	中	下	上	中	下	上	中	下	上	中	下	上	中	下	上	中	下	
Ⅰ区	次数	0	3	2	6	11	39	51	42	92	90	57	35	2	9	5	5	4	2	455
	频率(%)	0	0.66	0.44	1.32	2.42	8.57	11.21	9.23	20.22	19.78	12.53	7.69	0.44	1.97	1.10	1.10	0.88	0.44	100
Ⅱ区	次数	1	3	3	17	13	43	67	63	147	138	112	51	18	7	12	3	2	0	700
	频率(%)	0.14	0.43	0.43	2.43	1.86	6.14	9.57	9.00	21.00	19.71	16.00	7.29	2.57	1.00	1.71	0.43	0.29	0	100
Ⅲ区	次数	1	0	2	3	6	17	18	26	33	34	28	18	5	6	1	0	0	0	198
	频率(%)	0.51	0	1.01	1.52	3.03	8.59	9.09	13.13	16.67	17.17	14.14	9.09	2.53	3.02	0.50	0	0	0	100
海河流域	次数	2	6	7	26	30	99	136	131	272	262	197	104	25	22	18	8	6	2	1 353
	频率(%)	0.15	0.44	0.52	1.92	2.22	7.32	10.05	9.68	20.10	19.36	14.56	7.69	1.85	1.63	1.33	0.59	0.44	0.15	100
Ⅳ区	次数	4	10	5	12	11	39	76	96	207	129	108	70	25	7	9	11	4	2	825
	频率(%)	0.48	1.21	0.61	1.45	1.33	4.73	9.21	11.64	25.10	15.65	13.09	8.48	3.03	0.85	1.09	1.33	0.48	0.24	100
Ⅴ区	次数	1	13	13	24	27	46	88	112	166	167	137	90	41	21	11	11	0	1	969
	频率(%)	0.10	1.34	1.34	2.48	2.79	4.75	9.08	11.56	17.13	17.22	14.14	9.29	4.23	2.17	1.14	1.14	0	0.10	100
Ⅵ区	次数	1	1	0	1	1	5	15	14	34	23	18	10	6	2	2	0	0	0	133
	频率(%)	0.75	0.75	0	0.75	0.75	3.76	11.28	10.53	25.57	17.30	13.53	7.52	4.51	1.50	1.50	0	0	0	100
黄河流域	次数	6	24	18	37	39	90	179	222	407	319	263	170	72	30	22	22	4	3	1 927
	频率(%)	0.31	1.25	0.93	1.92	2.02	4.67	9.29	11.52	21.12	16.55	13.65	8.82	3.74	1.56	1.14	1.14	0.21	0.16	100
全省	次数	8	30	25	63	69	189	315	353	679	581	460	274	97	52	40	30	10	5	3 280
	频率(%)	0.24	0.91	0.76	1.92	2.10	5.76	9.60	10.77	20.71	17.72	14.03	8.35	2.96	1.59	1.22	0.91	0.30	0.15	100

九旬频率在90.19%~95.50%之间。

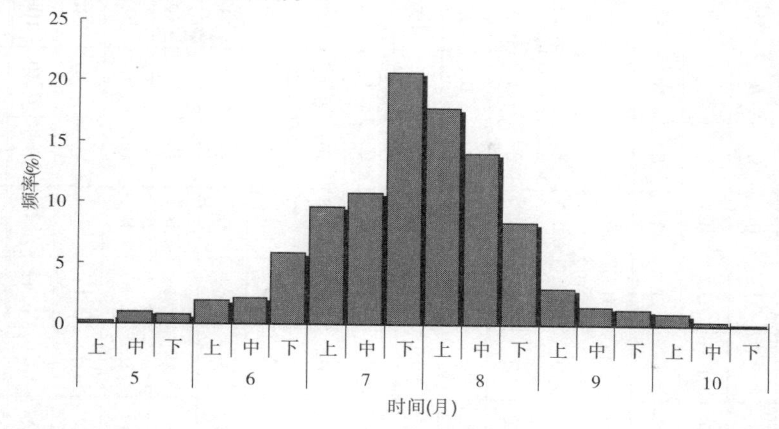

图6-1 全省各旬年最大洪峰流量发生频率分布

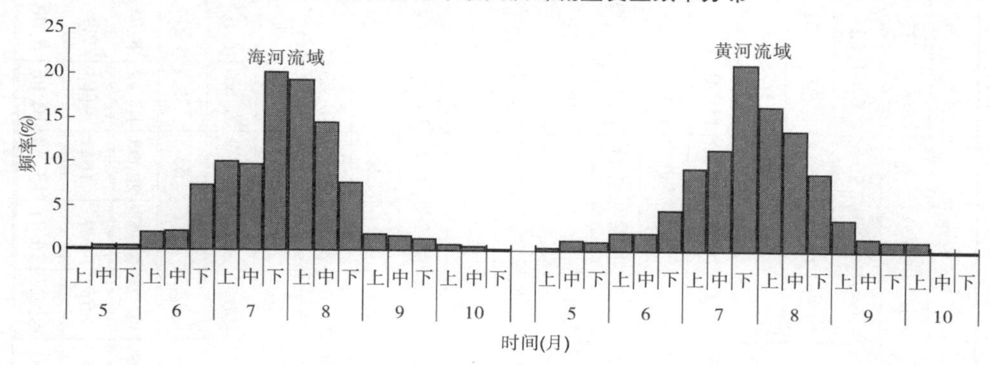

图6-2 海河、黄河流域各旬年最大洪峰流量发生频率分布

6.1.2 大洪水的季节性变化

大洪水造成的洪水损失往往很大,因此研究大洪水的季节性变化规律,对防洪减灾具有重要意义。以下从三个方面来分析大洪水的季节性变化规律:一是对各水文站洪峰流量系列中前五位洪水的发生时间作统计分析,二是从反映大范围的大河控制站超过某一量级(超定量)的洪水发生时间作统计分析,三是从历史洪水文献记载洪水的发生时间进行统计分析。

6.1.2.1 各站首五位年最大洪峰流量的年内变化

对全省各分区各水文站首五位最大洪峰流量在年内逐旬的发生次数进行统计,结果列于表6-2。全省首五位最大洪峰流量发生频率分布情况如图6-3所示。统计结果表明,一年中,全省各站首五位最大洪峰流量发生时间基本从5月中旬开始,10月上旬结束,比年最大洪峰流量发生时间缩短了1个月。各旬段发生频率分别为:最大一旬频率为26.41%,发生在7月下旬,最大两旬频率为52.09%,发生在7月下旬和8月上旬,最大三旬频率为62.95%,发生在7月下旬至8月中旬,7、8两月频率为88.63%,6月下旬至9月上旬80 d的频率为96.04%。可见,首五位最大洪峰流量在年内分布比年最大洪峰流

表 6-2　各分区首五位最大洪峰流量逐旬发生情况统计

分区名称	月	5			6			7			8			9			10			合计
	旬	上	中	下	上	中	下	上	中	下	上	中	下	上	中	下	上	中	下	
Ⅰ区	次数	0	1	1	1	0	3	8	6	22	15	5	2	1		0	0	0	0	65
	频率(%)	0	1.54	1.54	1.54	0	4.62	12.31	9.23	33.84	23.07	7.69	3.08	1.54	0	0	0	0	0	100
Ⅱ区	次数	0	1	1	1	0	2	5	4	13	30	12	7	3	1	0	0	0	0	80
	频率(%)	0	1.25	1.25	1.25	0	2.50	6.25	5.00	16.25	37.50	15.00	8.75	3.75	1.25	0	0	0	0	100
Ⅲ区	次数	0	0	0	0	0	3	2	3	1	6	2	2	1	0	0	0	0	0	20
	频率(%)	0	0	0	0	0	15.00	10.00	15.00	5.00	30.00	10.00	10.00	5.00	0	0	0	0	0	100
海河流域	次数	0	2	2	2	0	8	15	13	36	51	19	11	5	1	0	0	0	0	165
	频率(%)	0	1.21	1.21	1.21	0	4.85	9.09	7.88	21.82	30.90	11.52	6.67	3.03	0.61	0	0	0	0	100
Ⅳ区	次数	0	1	0	0	1	1	6	13	38	23	11	9	0	0	0	1	0	1	105
	频率(%)	0	0.95	0	0	0.95	0.95	5.71	12.38	36.20	21.91	10.48	8.57	0	0	0	0.95	0	0.95	100
Ⅴ区	次数	0	2	1	1	0	10	10	14	29	24	13	11	5	0	0	0	0	0	120
	频率(%)	0	1.67	0.83	0.83	0	8.33	8.33	11.67	24.17	20.00	10.83	9.17	4.17	0	0	0	0	0	100
Ⅵ区	次数	0	0	0	0	0	1	1	0	4	6	1	1	0	0	1	0	0	0	15
	频率(%)	0	0	0	0	0	6.67	6.67	0	26.66	39.99	6.67	6.67	0	0	6.67	0	0	0	100
黄河流域	次数	0	3	1	1	1	12	17	27	71	53	25	21	5	0	1	1	0	1	240
	频率(%)	0	1.25	0.42	0.42	0.42	5.00	7.08	11.25	29.57	22.08	10.42	8.75	2.08	0	0.42	0.42	0	0.42	100
全省	次数	0	5	3	3	1	20	32	40	107	104	44	32	10	1	1	1	0	1	405
	频率(%)	0	1.23	0.74	0.74	0.25	4.94	7.90	9.88	26.41	25.68	10.86	7.90	2.47	0.25	0.25	0.25	0	0.25	100

量在年内的分布更为集中，各水系时间跨度缩短了5～7旬不等。全省两种选样方法最大各时段频率对比结果详见表6-3。

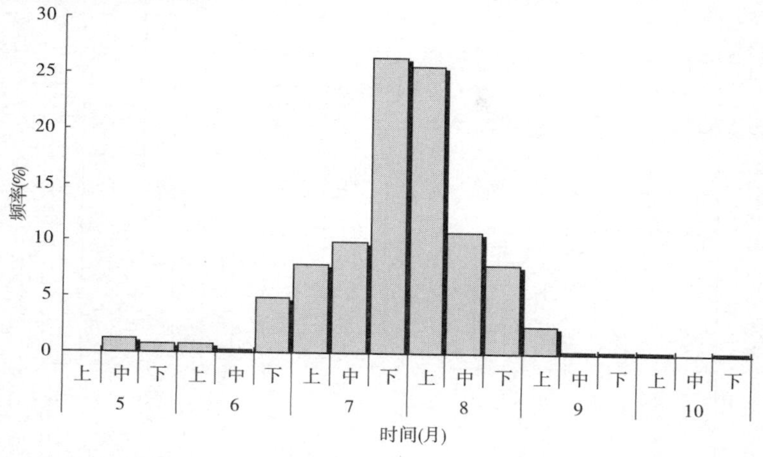

图6-3　全省各旬首五位最大洪峰流量发生频率分布

表6-3　山西省不同选样方法各时段洪峰流量发生频率对比

选样方法	频率(%)				
	最大一旬	最大两旬	最大三旬	最大六旬	最大九旬
年最大值法	20.71	38.43	52.46	81.18	92.00
首五位法	26.41	52.09	62.95	88.63	97.27

6.1.2.2　大河控制站超定量洪峰流量的年内变化

大河控制站的流域面积较大，洪峰流量由流域内干支流或上下游洪水组合而成。其超定量洪峰流量的发生时间可在很大程度上反映较大区域的洪水年内变化。超定量标准值采用各分析站建站至2008年多年平均最大洪峰流量，其中Ⅰ区采用了孤山、观音堂、罗庄、城头会四站综合起来定量统计结果，详见表6-4、图6-4。

结合表6-4统计分析可得，大河控制站超定量洪峰流量发生次数占总次数的频率为Ⅰ区33.3%，Ⅱ区34.5%，Ⅲ区37.5%，Ⅳ区32.1%，Ⅴ区35.8%，Ⅵ区29.7%。综合海河流域34.2%，黄河流域34.6%，反映出各区年最大洪峰流量系列中，大于洪峰流量均值的次数约占总次数的1/3。

由表6-4可知，大河控制站超定量洪峰流量的年内出现时间在5月中旬至9月下旬之间，介于年最大洪峰流量与首五位年最大洪峰流量出现的时间之间。

较前述两种选样的洪峰年内变化，大河控制站超定量洪峰流量的年内变化略为均匀，但连续最大九旬超定量洪峰流量的出现频率与年最大值法的统计结果几乎相同，这是山西省大流域与中小流域洪水年内变化特征的主要区别。其原因主要是山西省主汛期(7月下旬至8月上旬)中小尺度天气系统活动频繁，这种条件下产生的暴雨往往强度大，笼罩范围较小，在中小流域容易产生大洪水，而大流域的大洪水多是由流域上下游、干支流洪水在某种遭遇与组合条件下形成的，从而使得两者在年内变化与集中程度上产生了差

表 6-4　各分区主河道控制站超定量洪峰流量逐旬发生次数统计

分区名称	站名	项目	5			6			7			8			9			10			合计
			上	中	下	上	中	下	上	中	下	上	中	下	上	中	下	上	中	下	
Ⅰ区	综合	次数	0	0	0	1	0	3	8	8	21	9	11	4	0	2	0	0	0	0	67
		频率	0	0	0	1.49	0	4.48	11.94	11.94	31.34	13.43	16.42	5.97	0	2.99	0	0	0	0	100
Ⅱ区	南庄	次数	0	0	0	0	0	0	0	1	1	6	6	2	2	0	1	0	0	0	19
		频率	0	0	0	0	0	0	0	5.26	5.26	31.58	31.58	10.53	10.53	0	5.26	0	0	0	100
Ⅲ区	石梁	次数	0	0	0	2	0	0	1	4	1	4	2	3	1	0	0	0	0	0	18
		频率	0	0	0	11.11	0	0	5.56	22.21	5.56	22.21	11.11	16.67	5.56	0	0	0	0	0	100
	海河流域	次数	0	0	0	3	0	3	9	13	23	19	19	9	3	2	1	0	0	0	104
		频率	0	0	0	2.88	0	2.88	8.65	12.50	22.11	18.26	18.27	8.65	2.88	1.92	0.96	0	0	0	100
Ⅳ区	后大成	次数	0	0	0	0	0	1	2	2	3	3	2	3	1	0	0	0	0	0	17
		频率	0	0	0	0	0	5.88	11.76	11.76	17.65	17.66	11.76	17.65	5.88	0	0	0	0	0	100
Ⅴ区	静乐	次数	0	1	0	0	1	1	3	1	6	3	2	0	2	0	0	0	0	0	20
		频率	0	5.00	0	0	5.00	5.00	15.00	5.00	30.00	15.00	10.00	0	10.00	0	0	0	0	0	100
	兰村	次数	0	0	1	0	0	1	0	1	4	2	3	3	2	0	0	0	0	0	17
		频率	0	0	5.88	0	0	5.88	0	5.88	23.54	11.76	17.65	17.65	11.76	0	0	0	0	0	100
	义棠	次数	0	0	0	0	0	0	2	2	2	4	2	2	1	1	0	0	0	0	16
		频率	0	0	0	0	0	0	12.50	12.50	12.50	25.00	12.50	12.50	6.25	6.25	0	0	0	0	100
	柴庄	次数	0	0	0	0	0	0	1	2	3	6	3	2	1	1	0	0	0	0	19
		频率	0	0	0	0	0	0	5.26	10.53	15.79	31.58	15.79	10.53	5.26	5.26	0	0	0	0	100
	赵城	次数	0	0	0	0	0	0	0	2	6	6	3	1	2	1	0	0	0	0	21
		频率	0	0	0	0	0	0	0	9.52	28.57	28.57	14.30	4.76	9.52	4.76	0	0	0	0	100
	合计	次数	0	1	1	0	1	2	6	8	21	21	13	8	8	3	0	0	0	0	93
		频率	0	1.08	1.08	0	1.08	2.15	6.45	8.60	22.58	22.58	13.97	8.60	8.60	3.23	0	0	0	0	100
Ⅵ区	润城	次数	0	0	0	0	0	0	1	2	1	2	1	2	0	1	1	0	0	0	11
		频率	0	0	0	0	0	0	9.09	18.19	9.09	18.19	9.09	18.18	0	9.09	9.09	0	0	0	100
黄河流域		次数	0	1	1	0	1	3	9	12	25	26	16	13	9	4	1	0	0	0	121
		频率	0	0.83	0.83	0	0.83	2.48	7.44	9.92	20.65	21.48	13.22	10.74	7.44	3.31	0.83	0	0	0	100
全省		次数	0	1	1	3	1	6	18	25	48	45	35	22	12	6	2	0	0	0	225
		频率	0	0.44	0.44	1.33	0.44	2.67	8.00	11.11	21.34	20.00	15.56	9.78	5.33	2.67	0.89	0	0	0	100

注：1. 定量标准为建站至 2008 年最大洪峰系列均值；

2. 永定河、大清河采用了孤山、罗庄、观音堂、城头会四站综合超定量统计结果。

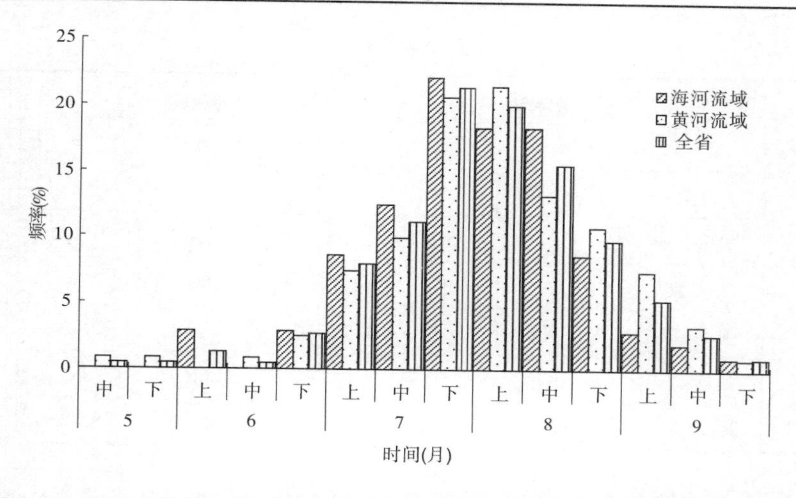

图6-4　海河、黄河流域及全省各旬大河控制站超定量洪峰流量发生频率分布

异。

6.1.2.3　历史调查洪水的年内变化

历史调查洪水因调查时间距洪水发生时间相隔久远，所以调查洪水的记录多数只有发生年份而没有月日，但结合历史文献记载，有些调查洪水可以确定发生日期，统计结果显示历史调查洪水发生月份基本集中在5～9月，其中8月发生次数最多，占全年总数的44.30%；7月次之，占全年总数的38.93%，5月最少，占全年总数的2.01%。统计结果见表6-5。

表6-5　各分区调查洪峰流量逐月发生次数统计

分区名称	项目	月份					合计
		5	6	7	8	9	
Ⅰ区	次数			1	5	1	7
	频率(%)			14.29	71.42	14.29	100
Ⅱ区	次数		1	6	3	1	11
	频率(%)		9.09	54.55	27.27	9.09	100
Ⅲ区	次数	2	2	10	8	4	26
	频率(%)	7.69	7.69	38.47	30.77	15.38	100
海河流域	次数	2	3	17	16	6	44
	频率(%)	4.55	6.82	38.63	36.36	13.64	100
Ⅳ区	次数		1	14	21	1	37
	频率(%)		2.70	37.84	56.76	2.70	100
Ⅴ区	次数	1	3	20	21	3	48
	频率(%)	2.08	6.25	41.67	43.75	6.25	100

续表 6-5

分区名称	项目	月份					合计
		5	6	7	8	9	
Ⅵ区	次数		3	7	8	2	20
	频率(%)		15.00	35.00	40.00	10.00	100
黄河流域	次数	1	7	41	50	6	105
	频率(%)	0.95	6.67	39.05	47.62	5.71	100
全省	次数	3	10	58	66	12	149
	频率(%)	2.01	6.71	38.93	44.30	8.05	100

由于山西省历史调查洪水资料在各分区相对较少,不能很好地反映各分区历史洪水的年内变化规律,因此只能将全省历史调查洪水的年内变化情况与实测大洪水不同选样的年内变化情况作比较,如表 6-6 所示。

表 6-6　山西省历史大洪水与实测大洪水年内频率变化对比　(%)

选样方法	月份				
	5	6	7	8	9
首五位洪峰	1.97	5.93	44.19	44.44	2.97
大河站超定量洪峰	0.88	4.44	40.45	45.34	8.89
调查洪峰	2.01	6.71	38.93	44.30	8.05

从表 6-6 可以看出,山西省历史调查洪水的年内变化与实测大洪水的年内变化基本一致,以 8 月发生频率最高,7 月次之。各月出现的频率与大河控制站超定量洪峰的对应频率比较接近。这也反映出近二三百年间(调查期),山西省洪水的年内变化规律是一致的。

6.2　洪水的地区分布

6.2.1　洪峰流量的地区分布

洪峰流量是在一定集水区域上的暴雨经过产流和汇流,在某一过水断面所形成的最大流量。在同一断面洪峰流量有大有小,各年出现的次数和大小不一,工程设计中通常把各年最大洪峰流量所组成的系列作为样本,通过频率分析方法求得某一设计标准 P 的流量值 Q_P,称为设计洪峰流量。洪峰流量是由暴雨通过流域水文下垫面的调蓄而形成的,暴雨在地区上有一定的分布规律,水文下垫面在地区上也有自身的分布特点,因此洪峰流量在地区分布上也应有其分布规律和特点。为反映洪峰流量的地区分布规律,首先应当消除各站(流域)集水面积不等的影响,其次应消除洪峰流量重现期不一致带来的影响,最好能将其换算成同一频率(重现期)的数值。于是,引入某一频率洪峰模系数的概念:

$$C_P = \frac{Q_P}{A^N} \tag{6-1}$$

式中:C_P 为某一频率的洪峰模系数,$m^3/(s \cdot km^2)$;Q_P 为某一频率的设计洪峰流量,m^3/s;A 为流域面积,km^2;N 为面积指数,$N = N_1 A^{-\beta}$,N_1 和 β 为经验参数(N_1 取 0.92,β 取 0.05)。

某一频率洪峰模系数 C_P 的大小可反映形成洪峰流量暴雨量级大小、流域产流和汇流条件,包括流域地质、地貌、植被以及流域形状、水系发育程度等流域几何特征。其地区分布可反映出洪峰流量形成的条件(设计暴雨和水文下垫面)的地区分布规律。

本章分析在全省共选用了 75 个水文站的频率分析计算成果,流域面积一般小于 3 000 km^2,其中后大成、大宁、刘家庄和罗庄四个水文站面积大于 3 000 km^2。依据式(6-1)计算各站不同频率的洪峰模系数 C_P,设计洪峰流量取自《手册》相应的频率分析成果,计算结果见表 6-7。下面以 $P=1\%$ 为例,分析 $C_{1\%}$ 的地区分布规律。

结合表 6-7,经统计分析可以看到,$C_{1\%}$ 最小值为 3.5 $m^3/(s \cdot km^2)$,发生在北石河岔上站,该站为灰岩林区地类,对径流调蓄作用很大;其次该站地质条件为灰岩,跨流域补给的情况并不明显,灰岩破碎裂隙对径流也有较强的调节作用。最大值为 46.8 $m^3/(s \cdot km^2)$,发生在亳清河垣曲站,该站产流地类有三种,黄土丘陵沟壑区占 57.9%,变质岩森林山地占 26.1%,变质岩灌丛山地占 16%。该站洪峰模系数最大有两个原因:一是该流域在全省属暴雨高值区,二是该流域黄土丘陵沟壑区面积比重大,两种因素叠加形成了全省最有利的产汇流条件。各站平均值为 22.5 $m^3/(s \cdot km^2)$。$C_{1\%}$ 小于等于 15.0 $m^3/(s \cdot km^2)$ 的站有 23 个,占总站数的 30.7%;$C_{1\%}$ 在 15～30 $m^3/(s \cdot km^2)$ 的站有 43 个,占总站数的 57.3%;$C_{1\%}$ 大于 35 $m^3/(s \cdot km^2)$ 的站有 9 个,占总站数的 12.0%。

表 6-7　各站不同频率洪峰模系数成果

序号	水系	河名	站名	集水面积(km^2)	观测年限	不同频率 C_P($m^3/(s \cdot km^2)$)					
						0.1%	0.2%	0.5%	1%	3.3%	5%
1	永定河	桑干河	罗庄	3 434	42	29.1	25.4	20.6	17.1	11.3	9.4
2	永定河	大峪河	吴家窑	79.8	28	32.7	29.5	25.1	21.9	16.2	14.3
3	永定河	大峪河	碗窑	148	20	30.6	27.7	23.9	21.0	15.9	14.2
4	永定河	浑河	贾庄	989	51	20.3	17.3	13.4	10.6	6.1	4.7
5	永定河	十里河	观音堂	1 185	56	24.6	21.7	17.8	15.0	10.2	8.7
6	永定河	壶流河	南土岭	562	52	10.8	9.4	7.5	6.2	4.0	3.3
7	永定河	御河	孤山	2 619	57	47.5	40.1	30.7	23.9	13.2	10.0
8	永定河	南洋河	柴沟堡	2 903	53	19.3	16.9	13.7	11.3	7.4	6.2
9	大清河	唐河	南水芦	1 284	18	43.8	36.9	28.1	21.7	11.8	8.9

续表 6-7

序号	水系	河名	站名	集水面积 (km^2)	观测年限	不同频率 C_P (m^3/(s · km^2))					
						0.1%	0.2%	0.5%	1%	3.3%	5%
10	大清河	唐河	城头会	1 611	33	46.3	38.9	29.5	22.7	12.2	9.1
11	大清河	沙河	阜平	2 210	51	53.6	46.0	36.2	29.0	17.4	13.9
12	子牙河	滹沱河	上永兴	1 242	43	29.4	24.8	19.0	14.8	8.2	6.2
13	子牙河	峪口河	王家会	333	51	24.6	20.9	16.2	12.8	7.4	5.8
14	子牙河	阳武河	芦庄	746	55	38.9	33.9	27.4	22.6	14.6	12.0
15	子牙河	云中河	寺坪	192	56	40.9	35.0	27.3	21.8	12.8	10.1
16	子牙河	牧马河	豆罗桥	751	53	35.6	30.7	24.3	19.7	12.1	9.7
17	子牙河	清水河	南坡	2 304	52	36.6	31.1	24.1	19.1	11.0	8.5
18	子牙河	老坟沟	武家坪	4.28	18	19.9	16.7	12.8	9.9	5.4	4.1
19	子牙河	松溪河	泉口	1 627	49	56.6	48.1	37.3	29.5	17.0	13.2
20	子牙河	龙华河	会里	475	43	29.0	24.1	18.0	13.7	7.0	5.1
21	子牙河	桃河	旧街	274	39	57.3	49.6	39.7	32.5	20.6	16.8
22	子牙河	桃河	阳泉	490	54	68.7	60.1	48.9	40.7	26.9	22.5
23	子牙河	岭南河	前石窑	37.2	29	22.0	18.4	14.0	10.8	5.8	4.3
24	子牙河	岔口河	罗面咀	59	28	23.2	19.7	15.3	12.1	7.0	5.4
25	子牙河	绵河	地都	2 521	46	75.0	63.8	49.5	39.1	22.6	17.5
26	南运河	榆社河	榆社	702	52	45.3	40.1	33.3	28.3	19.7	16.9
27	南运河	清漳河东支	蔡家庄	460	51	32.0	27.3	21.4	17.1	10.2	8.0
28	南运河	清漳河	刘家庄	3 800	43	52.1	43.8	33.2	25.6	13.7	10.3
29	南运河	峪河	峪河口	558	40	73.5	63.4	50.3	40.7	25.1	20.2
30	南运河	绛河	北张店	270	50	52.0	45.4	36.8	30.4	19.9	16.5
31	沿黄支流	偏关河	偏关	1 896	52	36.0	31.8	26.4	22.4	15.5	13.3
32	沿黄支流	东川河	岢岚	476	50	16.7	14.6	11.8	9.7	6.3	5.2
33	沿黄支流	县川河	旧县	1 562	32	43.7	37.3	29.0	23.0	13.3	10.4
34	沿黄支流	朱家川	桥头	2 854	53	45.4	38.8	30.4	24.3	14.5	11.4
35	沿黄支流	屈产河	裴沟	1 023	47	75.9	66.1	53.4	44.0	28.5	23.6
36	沿黄支流	蔚汾河	碧村	1 476	30	43.4	38.3	31.5	26.6	18.2	15.4
37	沿黄支流	蔚汾河	兴县	650	23	20.2	17.7	14.4	12.0	7.9	6.6
38	沿黄支流	清凉寺沟	杨家坡	283	52	60.6	53.5	44.2	37.3	25.6	21.8

续表 6-7

序号	水系	河名	站名	集水面积(km^2)	观测年限	不同频率 C_P(m^3/($s\cdot km^2$))					
						0.1%	0.2%	0.5%	1%	3.3%	5%
39	沿黄支流	岚漪河	裴家川	2 159	31	40.9	36.0	29.6	24.9	16.9	14.3
40	沿黄支流	三川河	后大成	4 102	55	54.8	48.1	39.4	32.9	22.1	18.6
41	沿黄支流	湫水河	林家坪	1 873	56	74.2	65.6	54.3	45.9	31.7	27.1
42	沿黄支流	南川河	万年饱	286	52	19.6	16.8	13.3	10.8	6.6	5.2
43	沿黄支流	北川河	圪洞	749	52	23.2	20.3	16.4	13.6	8.9	7.4
44	沿黄支流	鄂河	乡宁	328	50	64.8	55.9	44.5	36.1	22.4	18.1
45	沿黄支流	昕水河	大宁	3 992	53	46.0	40.3	32.9	27.4	18.3	15.4
46	沿黄支流	洮水河	冷口	76	33	32.0	27.6	22.0	17.9	11.2	9.1
47	沿黄支流	白沙河	大庙	55.9	53	45.8	39.2	30.8	24.7	14.7	11.6
48	沿黄支流	风伯峪	风伯峪	15.9	27	18.9	16.1	12.4	9.9	5.7	4.4
49	沿黄支流	王家河	泗交	13.9	36	20.8	17.7	13.8	10.9	6.4	5.0
50	沿黄支流	亳清河	垣曲	555	31	84.8	73.0	57.8	46.8	28.7	23.1
51	沿黄支流	王家沟	王家沟	9.1	21	50.8	44.1	35.5	29.2	18.7	15.3
52	汾河	北石河	岔上	31.7	51	6.1	5.3	4.3	3.5	2.3	1.8
53	汾河	汾河	宁化堡	1 056	23	23.0	20.3	16.7	14.0	9.5	8.1
54	汾河	汾河	静乐	2 799	58	42.7	37.6	30.9	25.9	17.6	14.9
55	汾河	松塔河	独堆	1 152	53	49.3	42.3	33.4	26.9	16.4	13.2
56	汾河	潇河	芦家庄	2 367	55	47.2	41.3	33.6	27.9	18.5	15.4
57	汾河	昌源河	盘陀	533	55	47.0	40.6	32.4	26.4	16.6	13.5
58	汾河	静升河	灵石	287	17	28.8	24.4	18.8	14.8	8.3	6.4
59	汾河	仁义河	南关	257	28	42.3	36.9	29.8	24.5	15.9	13.1
60	汾河	冶峪沟	董茹	18.9	53	47.5	40.4	31.3	24.8	14.3	11.1
61	汾河	风峪沟	店头	33.9	34	42.6	36.2	28.1	22.2	12.8	10.0
62	汾河	岚河	上静游	1 140	55	39.2	33.8	26.7	21.6	13.3	10.7
63	汾河	涧河	娄烦	578	16	10.8	9.4	7.5	6.1	3.8	3.1
64	汾河	中西河	岔口	492	52	20.0	17.1	13.3	10.6	6.2	4.9
65	汾河	葫芦河	岔口(葫)	366	20	16.2	13.8	10.7	8.4	4.9	3.8
66	汾河	洪安涧河	东庄	987	56	69.5	59.9	47.4	38.3	23.5	18.9
67	汾河	涝河	贤庄	479	21	58.5	51.2	41.7	34.6	22.8	19.1

续表 6-7

序号	水系	河名	站名	集水面积(km²)	观测年限	不同频率 C_P(m³/(s·km²))					
						0.1%	0.2%	0.5%	1%	3.3%	5%
68	汾河	浍河	河浍	1 260	24	45.0	37.8	28.6	22.1	11.9	8.9
69	汾河	续鲁峪	大交(续)	347	26	13.0	10.9	8.3	6.4	3.4	2.6
70	汾河	州川河	吉县	436	51	52.1	45.9	37.8	31.7	21.6	18.3
71	汾河	人字河	蔡庄水库	225	34	39.6	34.6	28.0	23.2	15.2	12.6
72	汾河	象峪河	郭堡水库	229	45	43.3	38.1	31.4	26.4	17.9	15.2
73	沁河	沁河	飞岭	2 683	52	49.7	42.5	33.3	26.6	15.8	12.5
74	沁河	沁水河	油房	414	49	49.7	42.5	33.3	26.6	15.8	12.5
75	沁河	沁河	孔家坡	1 358	51	38.2	32.6	25.5	20.3	12.0	9.4

从各分区看，Ⅰ区有11站参与分析，$C_{1\%}$均值为18.2 m³/(s·km²)；Ⅱ区有14站参与分析，$C_{1\%}$均值为21.4 m³/(s·km²)；Ⅲ区有5站参与分析，$C_{1\%}$均值为28.4 m³/(s·km²)；Ⅳ区有21站参与分析，$C_{1\%}$均值为25.3 m³/(s·km²)；Ⅴ区有21站参与分析，$C_{1\%}$均值为21.0 m³/(s·km²)；Ⅵ区有3站参与分析，$C_{1\%}$均值为24.5 m³/(s·km²)。海河流域共计30站参与分析，$C_{1\%}$均值为21.4 m³/(s·km²)，黄河流域共计45站参与分析，$C_{1\%}$均值为23.2 m³/(s·km²)。综上所述，洪峰模系数的地区分布呈现出南部大于北部、西部大于东部、黄河流域大于海河流域的趋势，这与山西省暴雨分布特点并不完全一致，洪峰模系数的地区分布不仅与暴雨的地区分布有关，而且与植被、地形地貌等汇流条件的地区分布有很大关系。

从流域地质条件看，晋西蔚汾河以南至汾河口的黄土丘陵沟壑区$C_{1\%}$最大，一般变幅在30~45 m³/(s·km²)；以太原盆地以东为代表的广大砂页岩分布地区$C_{1\%}$一般变幅在20~30 m³/(s·km²)；变质岩地区$C_{1\%}$变幅多在15~20 m³/(s·km²)；灰岩地区较为复杂，$C_{1\%}$一般在15 m³/(s·km²)上下，在一些强漏水区或林区比重大的流域，$C_{1\%}$多小于15 m³/(s·km²)，在流域暴雨特别大的地区$C_{1\%}$可达30 m³/(s·km²)以上；蔚汾河以北的晋西北地区，为黄土丘陵与灰岩交织地区，$C_{1\%}$在20~25 m³/(s·km²)。

森林对$C_{1\%}$的影响很大，山西省几个森林地区代表站$C_{1\%}$多在10 m³/(s·km²)左右。例如岔口10.6 m³/(s·km²)、岔上3.5 m³/(s·km²)、岢岚9.7 m³/(s·km²)、万年饱10.7 m³/(s·km²)、泗交10.9 m³/(s·km²)。

各产流地类$C_{1\%}$的变幅，首先受控于植被条件，植被越好的地区越接近该产流地类变幅的下限值；其次受控于所处位置的设计暴雨值，暴雨值越大$C_{1\%}$越大，否则越小。两种主要受控条件的不同组合，形成了各产流地类$C_{1\%}$的变化幅度。

其他统计频率的洪峰模数的地区分布规律类同。山西省$C_{1\%}$、$C_{3.3\%}$、$C_{5\%}$分布图详见图6-5~图6-7。三张分布图对分析设计洪水计算成果的合理性具有重要参考价值。

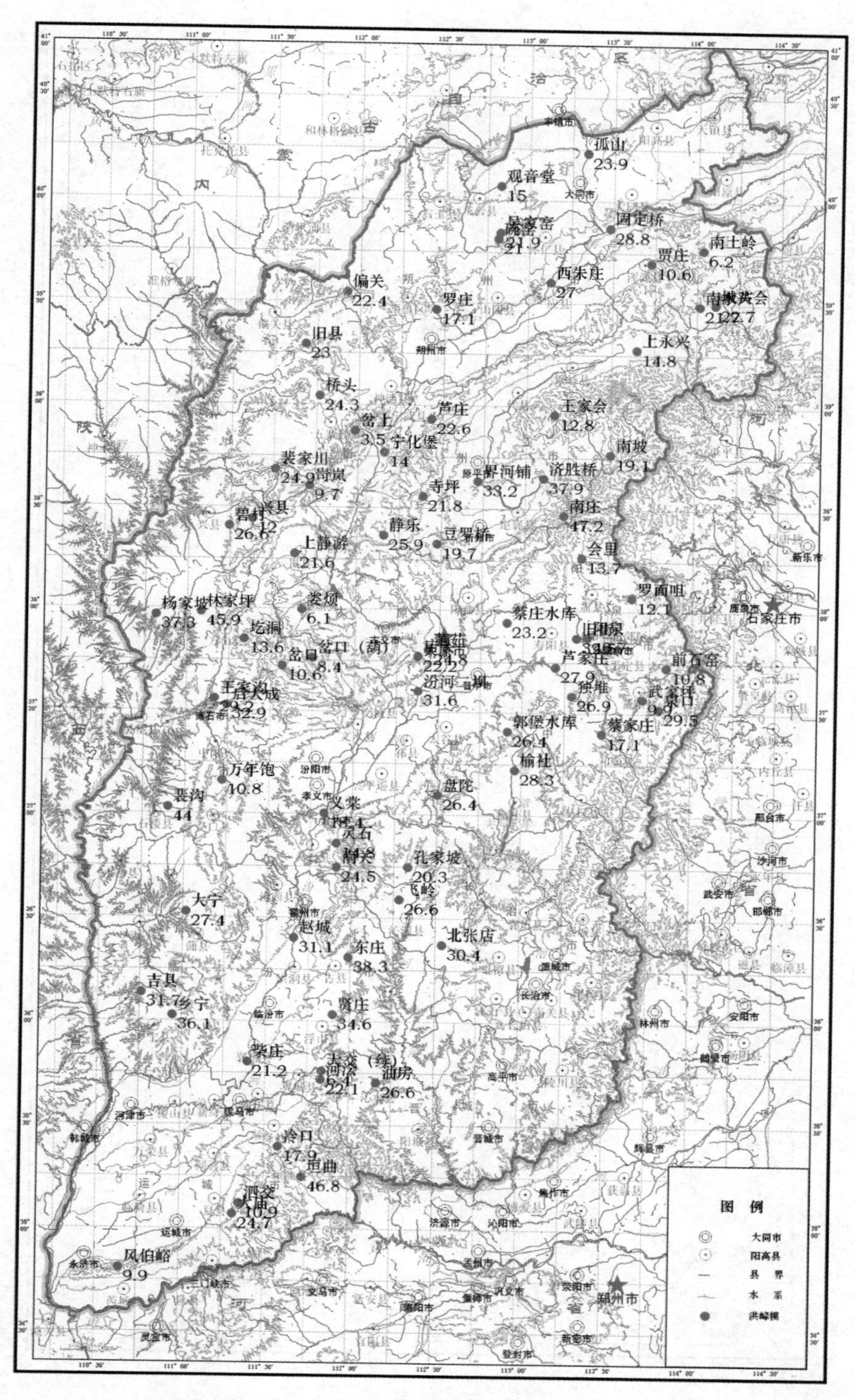

图6-5　山西省百年一遇洪峰模系数 $C_{1\%}$ 分布图

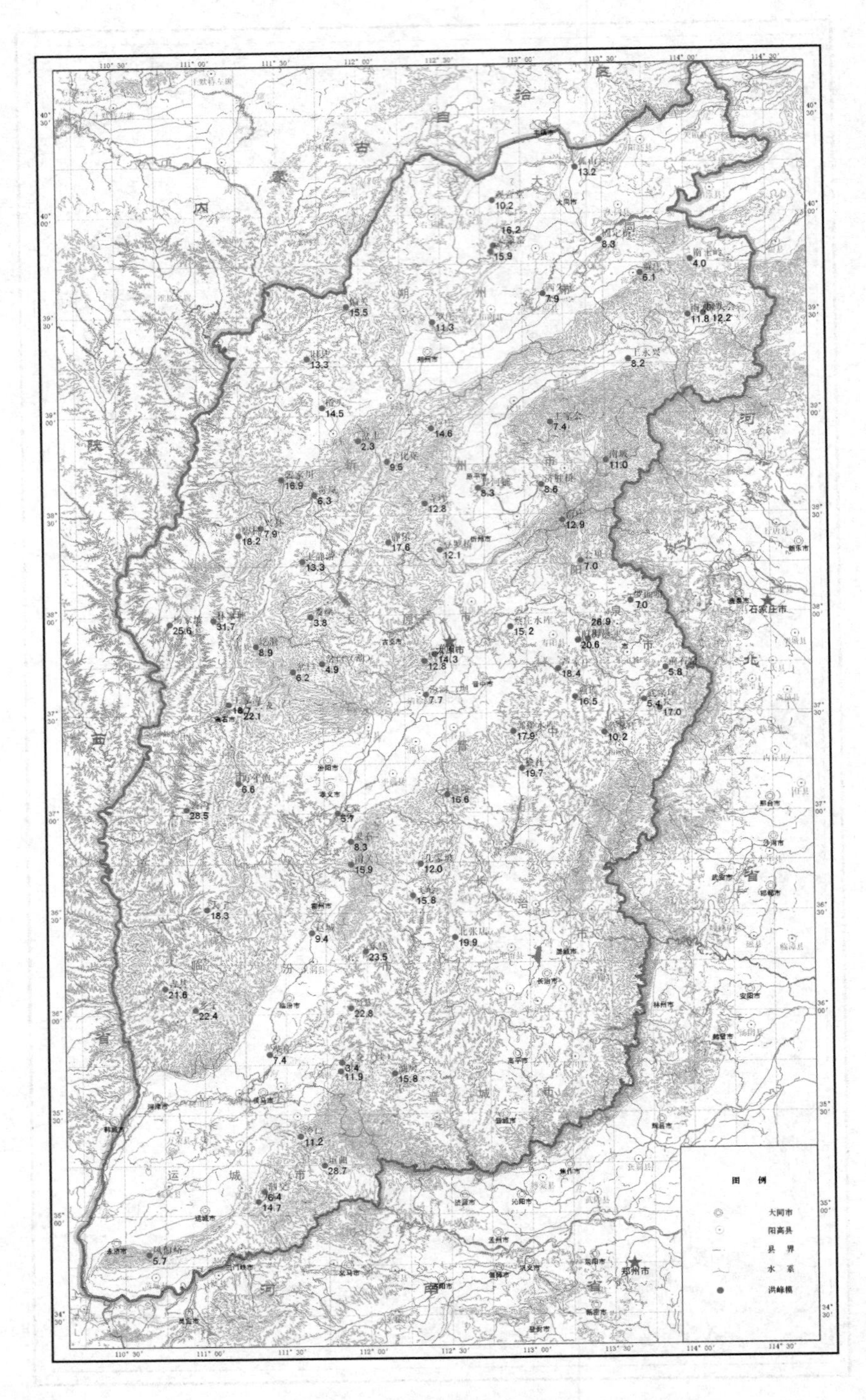

图 6-6　山西省三十年一遇洪峰模系数 $C_{3.3\%}$ 分布图

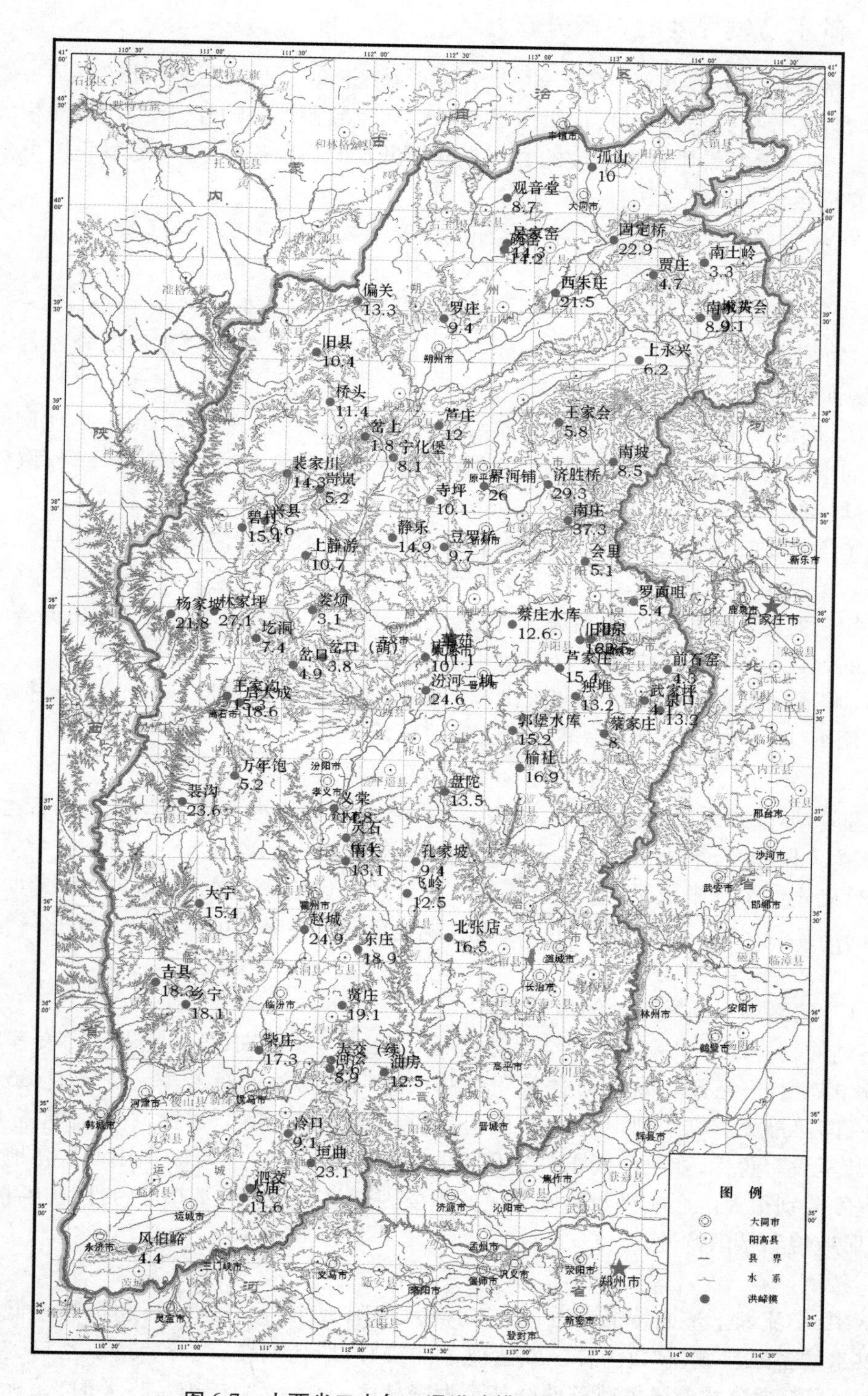

图 6-7　山西省二十年一遇洪峰模系数 $C_{5\%}$ 分布图

6.2.2　洪水易发程度的地区分布

洪水是暴雨在流域调蓄作用下的产物，对于暴雨而言，可以通过统计超过某一暴雨量的发生次数来分析其易发程度，而洪水除受暴雨和流域特性影响外，还受流域面积大小的影响，用类似于分析暴雨易发程度的方法来分析洪水的易发程度，洪水易发程度可由各站实测洪峰模系数系列经过统计分析而得。

首先，依据式(6-2)可计算得各站实测洪峰模系数系列：

$$C_i = \frac{Q_i}{A^{0.92A^{-0.05}}} \tag{6-2}$$

式中：C_i 为某年实测最大洪峰模系数，$m^3/(s \cdot km^2)$；Q_i 为某年实测最大洪峰流量，m^3/s；A 为流域面积，km^2。

其次，确定一个标准值 C_i，统计各站大于 C_i 的年数占系列长度的比例，该比例即可反映该站的洪水易发程度，进而可分析洪水易发程度的地区分布。此次分析 C_i 值取所有站年 C_i 的均值，该值为 2.76 $m^3/(s \cdot km^2)$。

为了增加资料信息，除实测洪水资料外，中等流域的历史调查洪水成果也一并进行统计分析。但是由于各地洪水调查工作开展的深入程度不同，难免会有大洪水成果的遗漏，如若采用与实测洪水相同的分析方法，得到的结果不能反映实际情况，故历史调查洪水易发程度的地区分布分析采用如下方法。

(1)将不同集水面积的历史调查洪峰流量转换为某一标准面积的流量值，标准面积统一采用 1 000 km^2。转换为标准面积流量的公式如下：

$$Q_{MF} = Q_{MA}(F/A)^n \tag{6-3}$$

式中：Q_{MF} 为标准面积最大流量，m^3/s；Q_{MA} 为调查或实测最大流量，m^3/s；F 为标准面积，km^2；A 为实际集水面积，km^2；n 为经验指数，中等流域采用 0.55。

(2)确定一个标准流量值(称定量值)，统计各分区历史调查洪水标准面积洪峰超过该定量值的次数和频率，据此就可以较为客观地反映出各分区的洪水易发程度，标准流量值采用 1 350 m^3/s。

6.2.2.1　实测洪水易发程度的区域特点

各站的超标准洪水频率统计结果见表 6-8。由表 6-8 可知，各站间洪水易发程度的超标频率相差十分悬殊。湫水河林家坪站和大峪河碗窑站超标频率分别高达 86.5% 和 84.2%，即年最大洪峰系列中有 80% 以上超过确定的标准值。相反，有些站超标频率却很低，甚至没有超标，如唐河南水芦站和风伯峪河风伯峪站。这反映出山西省各地洪水的易发程度差别很大。影响洪水易发程度的主要因素仍然是流域下垫面特性，包括植被、岩性、地形地貌和暴雨特性。

1. 植被

从中、小流域下垫面特征来看，植被对洪水的削减作用非常明显，超标频率低或没有超标洪水的各站流域，多数为林区或植被条件较好，如孔家坡、飞岭、岢岚、岔口、会里、大交(续)、万年饱等站多属植被条件好甚至为密林区。相反，当植被条件差时，超标洪水频率就高，例如林家坪、阳泉、裴沟、碗窑、杨家坡等站，均为洪水易发程度高的区域，其上游植被条件普遍较差。

表6-8　各站超标准洪水频率统计结果

序号	站名	集水面积（km^2）	洪峰流量均值（m^3/s）	超标年数（年）	系列长度（年）	超标频率（%）	所在分区
1	罗庄	3 434	410	14	56	25.0	Ⅰ
2	吴家窑	79.8	126	8	28	28.6	Ⅰ
3	碗窑	148	190	16	19	84.2	Ⅰ
4	贾庄	989	93.5	1	36	2.8	Ⅰ
5	观音堂	1 185	239	18	56	32.1	Ⅰ
6	南土岭	562	55	3	49	6.1	Ⅰ
7	孤山	2 619	307	9	57	15.8	Ⅰ
8	南水芦	1 284	210	0	18	0.0	Ⅰ
9	城头会	1 611	240	8	33	24.2	Ⅰ
10	上永兴	1 242	130	3	43	7.0	Ⅱ
11	王家会	333	68.9	4	51	7.8	Ⅱ
12	芦庄	746	242	20	55	36.4	Ⅱ
13	寺坪	192	93.3	14	56	25.0	Ⅱ
14	豆罗桥	751	183	11	53	20.8	Ⅱ
15	南坡	2 304	237	7	52	13.5	Ⅱ
16	偏关	1 896	455	27	52	51.9	Ⅳ
17	岢岚	476	82.6	6	50	12.0	Ⅳ
18	旧县	1 562	257	5	30	16.7	Ⅳ
19	桥头	2 854	357	11	52	21.2	Ⅳ
20	岔上	31.7	6.5	1	51	2.0	Ⅴ
21	宁化堡	1 056	206	5	23	21.7	Ⅴ
22	静乐	2 799	594	32	58	55.2	Ⅴ
23	独堆	1 152	333	24	53	45.3	Ⅴ
24	芦家庄	2 367	535	26	55	47.3	Ⅴ
25	盘陀	533	225	20	53	37.7	Ⅴ
26	灵石	287	70	1	17	5.9	Ⅴ
27	南关	257	159	13	28	46.4	Ⅴ
28	榆社	702	420	32	52	61.5	Ⅲ
29	蔡家庄	460	119	9	51	17.6	Ⅲ

续表 6-8

序号	站名	集水面积 (km²)	洪峰流量均值 (m³/s)	超标年数 (年)	系列长度 (年)	超标频率 (%)	所在分区
30	武家坪	4. 28	3	1	18	5. 6	Ⅱ
31	泉口	1 627	320	11	49	22. 4	Ⅱ
32	会里	475	77. 4	4	43	9. 3	Ⅱ
33	旧街	274	232	20	38	52. 6	Ⅱ
34	阳泉	490	400	33	54	61. 1	Ⅱ
35	前石窑	37. 2	16. 7	2	20	10. 0	Ⅱ
36	罗面咀	59	25. 4	2	16	12. 5	Ⅱ
37	董茹	18. 9	25. 2	12	47	25. 5	Ⅴ
38	店头	33. 9	33. 2	8	31	25. 8	Ⅴ
39	上静游	1 140	241	16	55	29. 1	Ⅴ
40	娄烦	578	53. 8	1	16	6. 3	Ⅴ
41	裴沟	1 023	573	31	46	67. 4	Ⅳ
42	碧村	1 476	479	22	30	73. 3	Ⅳ
43	兴县	650	134	5	21	23. 8	Ⅳ
44	杨家坡	283	312	35	51	68. 6	Ⅳ
45	裴家川	2 159	489	15	31	48. 4	Ⅳ
46	后大成	4 102	830	31	53	58. 5	Ⅳ
47	林家坪	1 873	953	32	37	86. 5	Ⅳ
48	万年饱	286	59	5	52	9. 6	Ⅳ
49	圪洞	749	156	8	52	15. 4	Ⅳ
50	岔口	492	72. 4	3	52	5. 8	Ⅴ
51	岔口(葫)	366	47. 4	1	20	5. 0	Ⅴ
52	乡宁	328	236	18	32	56. 3	Ⅳ
53	东庄	987	402	26	56	46. 4	Ⅴ
54	贤庄	479	327	14	19	73. 7	Ⅴ
55	河浤	1 260	211	4	24	16. 7	Ⅴ
56	大交(续)	347	28. 1	1	24	4. 2	Ⅴ

续表 6-8

序号	站名	集水面积（km²）	洪峰流量均值（m³/s）	超标年数（年）	系列长度（年）	超标频率（%）	所在分区
57	大宁	3 992	704	28	52	53.8	Ⅳ
58	吉县	436	314	26	50	52.0	Ⅴ
59	飞岭	2 683	389	17	52	32.7	Ⅵ
60	北张店	270	204	17	47	36.2	Ⅲ
61	油房	414	176	14	46	30.4	Ⅵ
62	孔家坡	1 358	216	10	51	19.6	Ⅵ
63	冷口	76	50.1	6	33	18.2	Ⅳ
64	大庙	55.9	53.3	13	53	24.5	Ⅳ
65	风伯峪	15.9	8.92	0	27	0.0	Ⅳ
66	泗交	13.9	8.67	3	36	8.3	Ⅳ

2. 岩性

岩性是洪水易发程度的又一重要影响因素。石灰岩属可溶性岩类，溶穴裂隙发育，漏水比较强烈，除流域产生高强度、长历时暴雨外，一般不易形成大洪水。洪水易发程度低的泉口、岢岚、会里、万年饱、风伯峪、罗面咀等站都属这类情况。风化程度低的砂页岩流域，一般植被较差，洪水易发程度相对较高，如阳泉、榆社、碗窑、北张店均属此类。第三系红土和第四系黄土类地区，因入渗能力较低，洪水易发程度较高，如林家坪、裴沟、杨家坡等站均为此类。变质岩类地区，虽然透水性较弱，但该岩类上部均有不同程度的风化层，致使植被条件一般较好，故该类岩性的流域洪水易发程度介于石灰岩和风化程度低的砂页岩、第三系和第四系之间。风化程度高的砂页岩地区，一般植被较好，其洪水易发程度与变质岩类地区相近。

3. 地形地貌

地形地貌也是洪水易发程度的一个重要影响因素。地形陡峻，流域坡降大，则洪水汇流快，洪水径流系数大，洪水易发程度就高；反之，洪水易发程度就低。特别应当提及的是，流域内的耕地率对洪水易发程度的影响不容忽视。耕地比开垦前的自然坡度一般要平坦，耕作层土壤比开垦前松软，在洪水季节，耕地的植被一般要好，这些因素会起到减少径流、削减洪峰的作用。地形地貌对洪水易发程度的影响作用，一般情况下低于植被和岩性条件。

4. 暴雨特性

暴雨特性是洪水易发程度的另一类主要影响因素。在气候和地形条件的共同作用下，山西省暴雨呈现出一定的分布规律：

首先，暴雨的地区分布极不均匀，南北差异十分悬殊。南部地区暴雨次数多且量级大，北部地区次数少且量级小；大暴雨主要集中在东部和东南部的太行山区、浊漳河南源以及沁河下游区，其次是中条山北侧涑水河上游、汾河古交一带、文峪河上中游、吕梁山西南侧山区以及五台山区等地。晋西北、滹沱河流域暴雨较少,桑干河及以北的洋河流域暴雨最少。

其次,山西省的暴雨和大暴雨有明显的时序变化特点。全省日雨量≥50 mm 的暴雨以及日雨量≥100 mm 的大暴雨有 85% 以上发生在 7、8 两月,极少数发生在 6 月和 9 月;若以变差系数 C_v 分析暴雨的年际变化,C_v 的高值区大致与暴雨的高值区相对应,主要分布在太行山和吕梁山两侧、中条山以南、汾河上游古交市至文峪河上游、滹沱河上游区等,这些地区因暴雨次数高,所以年际间的变化也相对剧烈;山势走向影响了山西省暴雨的时程分配特点,东部太行山和西部吕梁山山地,由于地势陡峭,东南气流和西南气流在输入过程中被高山阻挡使气流抬升,因而产生强度大、历时短的暴雨,其时程分配特点是:暴雨主要集中在整个降雨过程的前面时段内,一般 6 h 降雨量约占 24 h 降雨量的 70% ~ 80%,暴雨的雨区分布为南北轴向,基本与山脉走向一致。

总体上看,全省各地的短历时小范围局部暴雨差异性较小,而长历时大范围暴雨的差异性则较为明显。暴雨活动频繁地区也有一定的规律性,如林家坪、阳泉、垣曲、贤庄、碗窑、杨家坡等站洪水易发程度都很高,除水文下垫面条件影响外,这些站均处于暴雨活动频繁地带。暴雨和水文下垫面两种类型条件的时空组合,形成了山西省复杂多变的洪水易发程度的地域分布。

洪水易发程度的地区分布与暴雨分布具有一定的相似性和对应性,但比暴雨的分布更为复杂。若按水系分区,统计超标洪水的频率,结果见表 6-9。由表 6-9 可以看出,南运河水系最高,沿黄支流次之,永定河、大清河水系最低。汾河水系低于沿黄支流,沁河水系与子牙河水系相近,三者分列三到五位。山西省内两大流域相比,黄河流域高于海河流域。

表 6-9　实测洪水各分区超标次数统计

分区	总站数	总站年	超标站年	超标频率(%)	从大到小排序
Ⅰ	9	352	77	21.9	6
Ⅱ	13	548	132	24.1	5
Ⅲ	3	150	58	38.7	1
海河流域	25	1 050	267	25.4	
Ⅳ	19	790	301	38.1	2
Ⅴ	19	732	234	32.0	3
Ⅵ	3	149	41	27.5	4
黄河流域	41	1 671	576	34.5	
全省	66	2 721	843	31.0	

6.2.2.2　历史洪水易发程度的分区特点

各暴雨洪水分区的中等流域历史洪水超标统计结果见表 6-10。统计山西省历史调查洪水共计 183 站(河段)年,各河段的历史调查洪水,分析其超标洪水的易发程度,结果表明:超标洪水易发程度最高的分区是Ⅲ区,即南运河水系,最低为Ⅰ区,即永定河、大清河水系,这与实测洪水的分析结果以及暴雨分布是一致的。子牙河水系与沿黄支流水系的洪水易发程度从高到低依次排为第二和第三,沁河水系排第四,汾河水系排第五。上述历史调查洪水易发程度分布与实测洪水易发程度的分析结论有一定差异,而与大暴雨的分布更为接近。这是因为调查洪水多为大洪水，随着洪水量级的增大，水文下垫面的作用会相对削弱，而暴雨的影响作用则相对加强。

表 6-10　调查洪水各分区超标次数统计

分区	统计站(河段)年数	超标站(河段)年数	超标频率(%)	从大到小排序
Ⅰ区	22	8	36.4	6
Ⅱ区	37	23	62.2	2
Ⅲ区	31	20	64.5	1
海河流域	90	51	56.7	
Ⅳ区	21	13	61.9	3
Ⅴ区	27	11	40.7	5
Ⅵ区	45	25	55.6	4
黄河流域	93	49	52.7	
全省	183	100	54.6	

应当指出，对于实测和调查洪水中的标准流量，如果确定不合理会影响到洪水易发程度的判别和规律分析，只有在一个适中的范围内取值才不会影响统计结果的规律性。由此可见，标准流量的确定可以有一定的范围，因此前述所说的超标频率只是反映洪水易发程度的一个相对指标。

6.3　洪水的年际变化

洪水作为一种水文现象，其变化极为复杂，由于影响洪水形成的因素很多，各因素本身在时间上会不断发生变化，因此洪水在时程的变化上也具有随机性。在不同时期洪水发生的次数是不同的，有可能在一个时期洪水发生次数很高，而在另一时期则很少甚至不发生。同一河段(站)多年期间洪水在量级上的变化很大，丰枯年份洪水量级十分悬殊，最大洪峰可达多年均值的几倍甚至几十倍。另外，除具有以上所说的随机性外，洪水还表现出周期性和连续性的变化特点。现将山西省实测和历史文献洪水的年际变化特征分析如下。

6.3.1　实测洪水的年际变化

参与统计分析的共计 85 站，其中Ⅰ区：永定河大清河水系 13 站；Ⅱ区：子牙河水系 17 站；Ⅲ区：南运河水系 5 站；Ⅳ区：沿黄支流 21 站；Ⅴ区：汾河水系 26 站；Ⅵ区：沁河水系 3 站。各站有关洪水特征参数列于表 6-11，其中均值、C_v 两参数取自《手册》及第 4 章的频率分析成果。K 为最大洪峰流量模比系数，即实测最大洪峰流量与实测洪峰流量系列均值之比。

表 6-11　各站年最大洪峰流量特征值

站名	面积（km^2）	资料年数	均值$\overline{Q}_{max}$（m^3/s）	C_v	实测极值（m^3/s）		调查极大值 Q_M（m^3/s）	最大洪峰流量模比系数 $K=Q_{max}/\overline{Q}_{max}$
					Q_{max}	Q_{min}		
罗庄	3 434	42	410	1. 20	1 270	19. 6	2 972	3. 1
吴家窑	79. 8	28	126	0. 95	496	2. 57		3. 9
碗窑	148	20	190	0. 85	490	26. 2	733	2. 6
贾庄	989	51	93. 5	2. 00	774	0. 537	1 458	8. 3
观音堂	1 185	56	239	1. 25	988	5. 29	1 520	4. 1
南土岭	562	52	55	1. 60	303	0. 666	292	5. 5
孤山	2 619	57	307	2. 00	2 020	9. 3	3 910	6. 6
南水芦	1 284	18	210	2. 00	156	4. 49	3 910	0. 7
城头会	1 611	33	240	2. 00	1 190	7. 39	7 260	5. 0
上永兴	1 242	43	130	2. 20	391	2. 18	2 700	3. 0
王家会	333	51	68. 9	2. 00	319	0. 82	560	4. 6
芦庄	746	55	242	1. 50	1 080	26. 1	2 740	4. 5
寺坪	192	56	93. 3	1. 90	573	1. 72	1 388	6. 1
豆罗桥	751	53	183	1. 70	656	0. 476	1 890	3. 6
南坡	2 304	52	237	2. 00	794	2. 86	4 600	3. 4
偏关	1 896	52	455	1. 20	2 140	18. 5	2 470	4. 7
岢岚	476	50	82. 6	1. 55	353	1. 37	878	4. 3
旧县	1 562	32	257	1. 90	1 890	2. 47	2 840	7. 4
桥头	2 854	53	356	1. 85	2 420			6. 8
岔上	31. 7	51	6. 5	1. 60	68. 6	0. 086		10. 6
宁化堡	1 056	23	206	1. 30	670	26	1 120	3. 3
静乐	2 799	58	594	1. 20	2 230	40. 9	4 000	3. 8
独堆	1 152	53	333	1. 50	1 550	19. 9	1 830	4. 7
芦家庄	2 367	55	535	1. 35	2 160	48. 3	2 960	4. 0
盘陀	533	55	225	1. 60	2 050	12. 4	1 085	9. 1
灵石	287	17	70	2. 10	274	0. 849	1 460	3. 9
南关	257	28	159	1. 50	460	12. 5	1 160	2. 9
榆社	702	52	420	1. 05	1 190	11. 8	2 340	2. 8
蔡家庄	460	51	119	1. 80	694	7. 56	859	5. 8

续表 6-11

站名	面积（km^2）	资料年数	均值$\overline{Q}_{max}$（m^3/s）	C_v	实测极值（m^3/s）		调查极大值 Q_M（m^3/s）	最大洪峰流量模比系数 $K=Q_{max}/\overline{Q}_{max}$
					Q_{max}	Q_{min}		
武家坪	4.28	18	3	2.25	12.3	0.28		4.1
泉口	1 627	49	320	2.00	4 100	1.37	3 300	12.8
会里	475	43	77.4	2.20	244	1.48	1 600	3.2
旧街	274	39	232	1.35	1 210	21.7	1 190	5.2
阳泉	490	54	400	1.35	2 200	8.12	2 810	5.5
前石窑	37.2	29	16.7	2.00	74.5	0.022	900	4.5
罗面咀	59	28	25.4	2.00	69.7	0.068	1 600	2.7
董茹	18.9	53	25.2	2.00	120	0.23	426	4.8
店头	33.9	34	33.2	2.00	104	2.2	701	3.1
上静游	1 140	55	241	1.70	728	7.4	1 860	3.0
娄烦	578	16	53.8	1.60	211	1.54		3.9
裴沟	1 023	47	573	1.40	3 380	6.13	5 110	5.9
碧村	1 476	30	479	1.20	1 840	41		3.8
兴县	650	23	134	1.35	385	22		2.9
杨家坡	283	52	312	1.25	1 670	22.1	2 370	5.4
裴家川	2 159	31	489	1.30	2 740	65		5.6
后大成	4 102	55	830	1.25	4 070	29.9	5 600	4.9
林家坪	1 873	56	953	1.15	3 670	163	7 700	3.9
万年饱	286	52	59	1.85	270	0.99	516	4.6
圪洞	749	52	156	1.40	562	1	738	3.6
岔口	492	52	72.4	1.90	385	4.13	645	5.3
岔口(葫)	366	20	47.4	2.00	162	1.94		3.4
乡宁	328	50	236	1.65	925	6.3	1 400	3.9
东庄	987	56	402	1.70	1 690	9.3	5 300	4.2
贤庄	479	21	327	1.40	876	32.8	2 820	2.7
河浛	1 260	24	211	2.00	407	46.2	2 930	1.9
大交(续)	347	26	28.1	2.50	179	0.1		6.4
大宁	3 992	53	704	1.20	2 880	15.1	5 000	4.1
吉县	436	51	314	1.30	1 050	3.9	1 590	3.3

续表 6-11

站名	面积 (km^2)	资料年数	均值 $\overline{Q}_{max}$ (m^3/s)	C_v	实测极值(m^3/s)		调查极大值 Q_M(m^3/s)	最大洪峰流量模比系数 $K=Q_{max}/\overline{Q}_{max}$
					Q_{max}	Q_{min}		
飞岭	2 683	52	389	1.80	2 160	9.84	2 960	5.6
北张店	270	50	204	1.50	868	4.08	1 228	4.3
油房	414	49	176	1.80	2 500	5.13	1 110	14.2
孔家坡	1 358	51	216	1.90	2 210	3.41	2 190	10.2
冷口	76	33	50.1	1.80	394	0.11	320	7.9
大庙	55.9	53	53.3	1.90	596	1.04		11.2
风伯峪	15.9	27	8.92	2.00	23.5	0.017	101	2.6
泗交	13.9	36	8.67	2.10	29.3	0.32	129	3.4
垣曲	555	31	380	1.70	1 500	9.08	4 060	3.9
地都	2 521	46	503	2.00	4 970	28.6		9.9
柴沟堡	2 903	53	225	1.40	1 180	4.3		5.2
阜平	2 210	51	397	1.80	3 380	13.2		8.5
刘家庄	3 800	43	374	2.00	5 660	4.64		15.1
峪河口	558	40	317	1.80	2 240			7.1
蔡庄水库	225	34	150	1.40	590			3.9
郭堡水库	229	45	190	1.30	678			3.6
王家沟	9.1	21	22.9	1.60	182			7.9
西朱庄	6 688	51	290	1.60	1 978	7.15	1 940	6.8
固定桥	15 803	38	420	1.50	1 230	21	4 900	2.9
界河铺	6 031	56	280	1.70	1 730	4.18	3 170	6.2
济胜桥	8 939	46	290	2.00	1 120	4.09	5 050	3.9
南庄	11 936	56	599	1.50	1 560	18.1	7 150	2.6
汾河二坝(二)	14 030	45	310	1.90	1 220	12.2	3 690	3.9
义棠(二)	23 945	51	390	1.20	1 260	39.4	2 060	3.2
赵城	28 676	58	630	1.30	2 800	60	5 450	4.4
柴庄	33 932	56	610	1.05	2 450	49.2	3 520	4.0
兰村	7 705	48	920	0.90	2 455	7.39	4 500	2.7

变差系数 C_v 是反映年最大洪峰流量年际变化的统计参数,各站 C_v 值除少数站受实测特大洪水或特殊水文下垫面条件影响,从而偏大或偏小外,将近90%的站点 C_v 值为1～2。各分区 C_v 在不同区间出现情况统计结果见表6-12。由表6-12可知,山西省各站 C_v 最小值为0.85,最大值为2.5,C_v 在1～2之间变化的站占总站数的89.41%,C_v 小于1的站占3.53%,大于2的站占7.06%;C_v 的不同区间分区有一定差异,但差异不大。

表6-12　各分区不同区间 C_v 出现站次情况统计

分区		C_v 区间				
		(0,1]	(1,1.5]	(1.5,2]	(2,2.5]	(0,2.5]
Ⅰ区	次数	2	4	7	0	13
	频率(%)	15.38	30.77	53.85	0	100
Ⅱ区	次数	0	4	10	3	17
	频率(%)	0	23.53	58.82	17.65	100
Ⅲ区	次数	0	2	3	0	5
	频率(%)	0	40.00	60.00	0	100
海河流域	次数	2	10	20	3	35
	频率(%)	5.71	28.57	57.15	8.57	100
Ⅳ区	次数	0	10	10	1	21
	频率(%)	0	47.62	47.62	4.76	100
Ⅴ区	次数	1	12	11	2	26
	频率(%)	3.85	46.15	42.31	7.69	100
Ⅵ区	次数	0	0	3	0	3
	频率(%)	0	0	100.00	0	100
黄河流域	次数	1	22	24	3	50
	频率(%)	2.00	44.00	48.00	6.00	100
全省	次数	3	32	44	6	85
	频率(%)	3.53	37.65	51.76	7.06	100

山西省洪水年际间变化大的另一个特征是洪水变幅大,由统计可知,各站最大模比系数 K 值的变幅多在2～10,如图6-8所示,该区间 K 值的发生频率高达90.6%。K 值在2～6的发生频率为74.1%。岔上、泉口、油房、大庙和孔家坡5站的 K 值在12左右,位于清漳河的刘家庄站 K 值高达15.1。K 值除受最大洪峰流量稀遇程度的影响外,还与水文下垫面有关,通常产汇流条件差的林区、石灰岩漏水区、土地利用程度高的黄土丘陵区,一般暴雨不易形成大洪峰,因而这类地区洪峰均值较小,但是,一旦这类地区发生强度高、历时长的特大暴雨,水文下垫面对洪峰的削减作用相对减小,流域同样可以形成大的洪峰,只是此类事件的概率较小而已,所以这类下垫面流域一旦发生大洪水,K 值就很大。

此外,地类相近时,集水面积越大,流域调节能力越强,其洪峰流量的年际变化越小,C_v 和 K 值一般较小,反之较大。

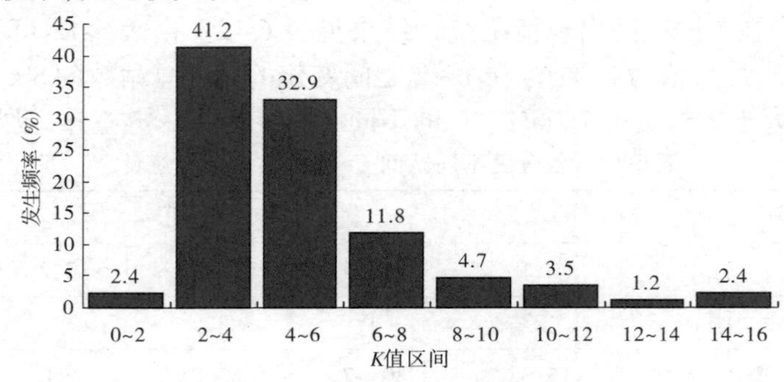

图 6-8　K 值各区间发生频率分布图

6.3.2　历史洪水的年际变化

实测洪水资料虽然精度较高,但资料系列很短,一般仅有几十年,相对于总体只是一个很小的样本,对总体的代表性往往较差,一般不容易反映出长时期洪水丰枯变化规律。山西省明代以来各种历史文献资料记载的洪水,只有定性描述,而且记载也比较粗略,但这类洪水资料的年代很长,经加工、整理、分级、分析,大体上能反映出长时期的洪水年际变化情况。历史文献记载洪水还可以提供给我们极为丰富的、在实测洪水资料中不曾遇到过的大洪水实例,正好可以弥补实测洪水资料的不足。

6.3.2.1　历史文献记载洪水资料分级

受历史客观条件的局限,历史文献资料对于洪水的记录详略不一,在利用这些史料时,应当以科学的态度进行合理性分析,去粗取精,去伪存真,以提高资料的使用价值。

为分析历史洪水的发生规律,对所有文献记载洪水制定以下取用原则:第一,所选洪水资料必须是同一场次洪水,不能把一年中不同地区、不同时间发生的洪水混杂在一起,否则会扩大洪水的严重程度。第二,以记载较为详细,而且雨、水、灾情程度严重的洪水作为取用对象。根据这两个原则,从全省所有历史洪水文献资料中筛选出 253 个年份,338 场次历史文献记载洪水作为分析对象。

为便于分析文献记载洪水的时序变化规律,又进一步根据所选洪水的范围和雨、水、灾情程度严重程度,将其分为 12 个级别,详见表 6-13。

表 6-13　山西省文献记载洪水分级

分级		范围
局部	局部一般洪水	只有一州县或紧邻两州县记载;雨强一般,水情、灾情不重。
	局部大洪水	只有一州县或紧邻两州县记载;雨强较大,水情、灾情较重。
	局部特大洪水	只有一州县或紧邻两州县记载;雨强大或雨强较大,历时长,水势猛,灾情重。

续表 6-13

分级		范围
较大范围	较大范围一般洪水	成片的 3 ~4 州县有同一场洪水记载;雨强一般,水情、灾情不重。
	较大范围大洪水	成片的 3 ~4 州县有同一场洪水记载;雨强较大,水情、灾情较重。
	较大范围特大洪水	成片的 3 ~4 州县有同一场洪水记载;雨强大或雨强较大,历时长,水势猛,灾情重。
大范围	大范围一般洪水	成片的 5 ~9 州县有同一场洪水记载或能判明同一场洪水范围覆盖了 5 ~9 州县;雨强一般,水情、灾情不重。
	大范围大洪水	成片的 5 ~9 州县有同一场洪水记载或能判明同一场洪水范围覆盖了 5 ~9 州县;雨强较大,水情、灾情较重。
	大范围特大洪水	成片的 5 ~9 州县有同一场洪水记载或能判明同一场洪水范围覆盖了 5 ~9 州县;雨强大或雨强较大,历时长,水势猛,灾情重。
特大范围	特大范围一般洪水	同一场洪水文献记载大于 9 州县或判明该场洪水覆盖范围大于 9 州县;雨强一般,水情、灾情不重。
	特大范围大洪水	同一场洪水文献记载大于 9 州县或判明该场洪水覆盖范围大于 9 州县;雨强较大,水情、灾情较重。
	特大范围特大洪水	同一场洪水文献记载大于 9 州县或判明该场洪水覆盖范围大于 9 州县;雨强大或雨强较大,历时长,水势猛,灾情重。

6.3.2.2　历史洪水年际变化分析

根据表 6-13 的分级标准,对山西省各暴雨洪水分区的历史文献记载洪水分别进行分级、统计和分析。

统计分析显示,各分区各范围内的一般洪水很少发生,在清代及民国期间的 300 多年中,全省一般洪水仅为 13 次,而大洪水 159 场,特大洪水 73 场,这是由前述对文献记载洪水的取用原则所决定的,说明我们所研究的文献记载洪水基本上是大洪水或特大洪水。从统计可以看出,自明洪武十四年(1381 年)至 1948 年的近 600 年中,发生局部洪水 178 场,较大范围洪水 86 场,大范围洪水 50 场,特大范围洪水 24 场,分别占选用洪水的 52.7%、25.4%、14.8%和 7.1%,这说明近 600 年来,山西省洪水灾害以局部范围为主,大范围和特大范围的洪水灾害仅占 21.9%。

山西省历史上各种范围的洪水灾害平均约 1.7 年发生一次。其中局部洪灾平均 3.2 年出现一次,较大范围内的洪灾平均 6.6 年出现一次,大范围洪灾平均 11.3 年出现一次,特大范围洪灾平均 23.6 年出现一次。从两大流域来看,黄河流域的洪灾次数明显高于海河流域。黄河流域各种范围的洪灾平均约 2.3 年出现一次,海河流域平均 8.1 年出现一次。其中,局部洪灾的出现,黄河流域 3.7 年一次,海河流域 19.8 年一次;较大洪灾的出现,黄河流域 9.5 年一次,海河流域 24.8 年一次;大范围洪灾的出现,黄河流域 19.6 年一次,海河流域 33.1 年一次;特大范围洪灾的出现,黄河流域 56.7 年一次,海河流域 99.2

年一次。当然,这样的对比结果并不能完全说明两大流域洪灾频繁程度的绝对差别,因为洪水灾害次数统计结果还受流域面积大小的影响,山西省黄河流域的面积大于海河流域。

为便于各分区之间统计结果的比较,可用下列方式消去因面积不同造成的影响,设 i 区洪水发生周期为 T_i(年/次),洪水发生频率为 P_i(%),则两者的关系为

$$P_i = \frac{1}{T_i} \times 100\% \tag{6-4}$$

因各分区的面积大小不同,故各分区的 P 或 T 无比较的基础,若设全省的面积为 1,某分区面积为 A_i,且 $\sum A_i = 1$,那么,某分区单位面积的洪水频率为

$$P'_i = \frac{P_i}{A_i} = \frac{1}{T_i A_i} \times 100\% \tag{6-5}$$

与此相应的该分区单位面积的洪水发生周期为

$$T'_i = \frac{1}{P'_i}(\%) = T_i A_i \tag{6-6}$$

利用式(6-5)和式(6-6),可把各分区某级洪水的频率或平均周期换算到同一基础上。因各式中采用了相对面积,所以实际上是把各区的频率周期统一换算到了全省面积上,表 6-14倒数第 4 栏即为各范围洪水消去面积影响后的平均周期。

不同范围的特大洪水是洪水研究的重点对象。统计结果表明,山西省近 600 年来,出现这种洪水共 131 次,平均 4. 3 年出现一次。黄河流域平均 4. 5 年出现一次(消去面积影响后的统计,下同),海河流域平均 5. 9 年出现一次,可见,即使消去面积影响,黄河流域洪水发生次数仍高于海河流域。对于大范围和特大范围的特大洪水,全省平均 21 年出现一次,黄河流域平均 34. 7 年出现一次,海河流域平均 20. 9 年出现一次,即大范围和特大范围的特大洪水发生周期,海河流域小于黄河流域,这说明,在黄河流域的特大洪水中,以小范围的特大洪水为主。从各分区各种范围特大洪水的平均周期来看,从大到小排列的顺序及周期分别为:Ⅰ区,11. 4(年/次);Ⅱ区,5. 3(年/次);Ⅲ区,4. 6(年/次);Ⅳ区,8. 4(年/次);Ⅴ区,3. 6(年/次);Ⅵ区,3. 1(年/次)。统计显示,位于山西省最北部的Ⅰ区特大洪水周期最长,而位于南部的Ⅵ区特大洪水周期最短,这与全省降水的分布特点是一致的。

近 600 年来,山西省特大范围的大洪水和特大洪水共发生了 20 次,平均不到 30 年出现一次,其中特大洪水发生 12 次,平均不到 50 年出现一次。若以清初至 1948 年的 300 余年统计结果看,特大范围的大洪水和特大洪水,平均周期缩短到约 20 年,其中特大洪水的平均周期缩短到 35 年。越至近代,洪水出现的次数越高,这一统计结果说明,由于历史文化条件的限制以及战乱和社会动乱的影响,肯定会有部分灾害性特大洪水未被记载下来,年代越久远或范围越小的特大洪水被遗漏的可能性越大。因此,山西省历史上各种范围特大洪水的真实次数程度,以清代 300 余年以来的统计结果最接近历史实际。

通过分析,山西省历史文献所记载洪水,其发生除具有周期性以外,还存在比较明显的连续性变化特点,这一特点存在于各洪水分区中。例如,位于山西省最北部的Ⅰ区,明万历二年(1574 年)、明万历三年为连续特大水年;Ⅱ区,1563 ~ 1564 年、1776 ~

表6-14 山西省各洪水分区历史文献记载洪水分级统计汇总

分区	朝代	年数	记载年数	记载场次	局部			较大范围			大范围			特大范围			特大水场次	大、特大范围场次	特大水平均周期(年/次)	大、特大范围洪水平均周期(年/次)	特大水消去面积影响的周期(年/次)	一般	大水	特大水
					一般	大水	特大水	一般	大水	特大水	一般	大水	特大水	一般	大水	特大水								
Ⅰ	明	85	5	5		1						2	1			1	2	4	42.5		6.2		3	2
Ⅰ	清、民	305	12	12		4	1		1			3	1		1	1	3	6	102		14.9		9	3
Ⅰ	明、清、民	390	17	17		5	1		1			5	2		1	2	5	10	78		11.4		12	5
Ⅱ	明	176	6	6			2		1	3							5		35.2		4.3		1	5
Ⅱ	清、民	305	17	18		7	4		4	1		1	1				6	2	50.8		6.2		12	6
Ⅱ	明、清、民	481	23	24		7	6		5	4		1	1				11	2	43.7		5.3		13	11
Ⅲ	明	191	3	3						3							3		63.7		9.4			3
Ⅲ	清、民	305	16	17		2	4		2	5		4					9	4	33.9		3.8		8	9
Ⅲ	明、清、民	496	19	20		2	4		2	8		4					12	4	41.3		4.6		8	12
海河流域	明	191		14		1	2		1	6		2	1+1			1	10+1	4+1	17.4	38.2	6.6		4	10
海河流域	清、民	305		47		13	9		7	6		8	2+1		1	1+2	18+3	12+3	14.5	20.3	5.5		29	18
海河流域	明、清、民	496		61		14	11		8	12		10	3+2		1	2+2	28+4	16+4	15.5	24.8	5.9		33	28
Ⅳ	明	159	8	8		1	5			2							7		22.7		7.4		1	7
Ⅳ	清、民	305	31	34	4	14	6	1	4	3			2				11	2	27.7		9		18	11
Ⅳ	明、清、民	464	39	42	4	15	11	1	4	5			2				18	2	25.8		8.4		19	18

续表 6-14

分区	朝代	年数	记载年数	记载场次	局部			较大范围			大范围			特大范围			特大水场次	大、特大范围场次	特大水平均周期(年/次)	大、特大范围洪水平均周期(年/次)	特大水消去面积影响的周期(年/次)	一般	大水	特大水
					一般	大水	特大水	一般	大水	特大水	一般	大水	特大水	一般	大水	特大水								
V	明	262	38	42		8	17		6	2		4	2		1	1	22	9	11.9		3		19	22
	清、民	305	77	90		39	16	2	24	1		7	1				18	8	16.9		4.3		70	18
	明、清、民	567	115	132		47	33	2	30	3		11	3		1	1	40	17	14.2		3.6		89	40
Ⅵ	明	259	23	26		5	12		2	3		3	1				16	4	16.2		2.5		10	16
	清、民	305	36	42		15	11	1	9			5	1				12	6	25.4		3.9		29	12
	明、清、民	564	59	68		20	23	1	11	3		8	2				28	10	20.1		3.1		39	28
黄河流域	明	262		76		14	34		8	7+1	1	7	3		1	1+1	45+2	13+1	5.6	18.7	4.1		30	45
	清、民	305		166	4	68	33	4	37	4+1	+1	12	4+1	+1	+4	+2	41+4	16+9	6.8	12.2	4.9		117	41
	明、清、民	567		242	4	82	67	4	45	11+2	1+1	19	7+1	+1	1+4	1+3	86+6	29+10	6.2	14.5	4.5		147	86
跨水系	明	163	3	3						1			1			1	3	2	54.3					3
	清、民	305	28	32					3	2	1	4	4	4	6	8	14	27	21.8				13	14
	明、清、民	468	31	35					3	3	1	4	5	4	6	9	17	29	27.5				13	17
全省	明	262		93		15	36		9	14	1	9	5		1	3	58	19	4.5	13.8	4.5	1	34	58
	清、民	305		245	4	81	42	4	47	12	1	24	10	4	7	9	73	19	4.2	5.5	4.2	13	159	73
	明、清、民	567		338	4	96	78	4	56	26	2	33	15	4	8	12	131	55	4.3	7.7	4.3	14	193	131

1777 年、1867 ~ 1868 年、1878 ~ 1879 年均为连续两年大水;位于晋西的Ⅳ区,连续两年大水或特大水的情况有 5 次;Ⅵ区在明正德十二年(1517 年)、明正德十三年连续两年特大水;山西省腹部的Ⅴ区,连续出现大水的次数更多。洪水的连续性还表现为隔年出现大水,连续几年大水或较短的若干年中多次出现大水。例如,Ⅴ区从清顺治二年(1645 年)至清顺治十二年(1655 年)的十一年内有 9 年出现大水或特大水,在第 5 章中对此有专门的文献记录。

现以汾河区为例,分析各级洪水变化过程的主要特点,根据文献记载资料绘制了汾河区历史文献记载洪水分级时序图,详见图 6-9 和图 6-10,图中实心三角形标注的表示该年记载有两次或两次以上不同级洪水,空心三角形标注的表示该年记载了两次同级洪水。

为较完整地反映各级洪水的时序变化情况,图 6-9 和图 6-10 把与本区有关的跨区洪水也做了考虑,跨区洪水的分级原则,按照在本区的范围大小和雨、水、灾情程度而定。例如,1892 年洪水属一场跨区的特大范围特大洪水,但该场洪水在汾河区的范围集中在汾河上游,在本区达不到特大范围标准,故该年在本区确定为大范围特大洪水。从图 6-9 和图 6-10。可以看出汾河区各级洪水的变化过程有如下特点:

(1)从清乾隆五十八年(1793 年)至 1948 年的 150 余年里,各级洪水发生次数明显高于之前,而且是局部洪水的次数比较高,这在一定程度上反映了这一时期历史洪水记载的完整性,而被遗漏记载的洪水较少。实际上,作为历史洪水文献资料主要来源的地方志,开始编撰的年代大都在清乾隆以后,在此之前,洪水分布范围越小,年代越久远,历史文献记载越少,但并不说明洪水发生次数就少。

(2)洪水范围越大,出现概率越小。

(3)汾河流域历史文献所记载洪水,不仅存在周期性变化特点,而且存在长短不一的频发期和低发期,洪水的年际分布也不均匀。为了认识这一点,把研究对象定为大范围和特大范围洪水,时间定在公元 1500 年以后的 450 余年间,以排除小范围洪水和远年洪水遗漏较多的影响。在这 450 余年中,该区出现大范围和特大范围洪水共 26 场,平均 18 年出现一次,但时间分布很不均匀,有时连续几十年不出现一场,有时几年连续出现。同时洪水还存在超长时期的频发期和低发期。认识洪水年际间变化的频发期、低发期和不均匀性特点,对于正确进行洪水频率计算和认识设计洪水标准问题有非常重要的实用价值。

(4)洪水的连续性变化中还表现出一年中在同一分区内发生多次相同或不同级别的洪水,有时发生在同一地点。明万历年间和清咸丰年间都有这样的记载。一年中同一分区频发大洪水的实例,在现有很短的实测资料中是难以遇到的,因此历史文献记载洪水发生的这一特点,对于制定防洪预案具有重要借鉴作用。

6.4　结　论

山西省洪水的季节性变化有以下特点:

(1)洪水发生时间主要集中于 7、8 两月之间,若以旬为统计时段,7 月下旬发生的次数最高,一般占全年发生次数的 20% ~ 30%;7 月下旬至 8 月中旬的发生频率一般在

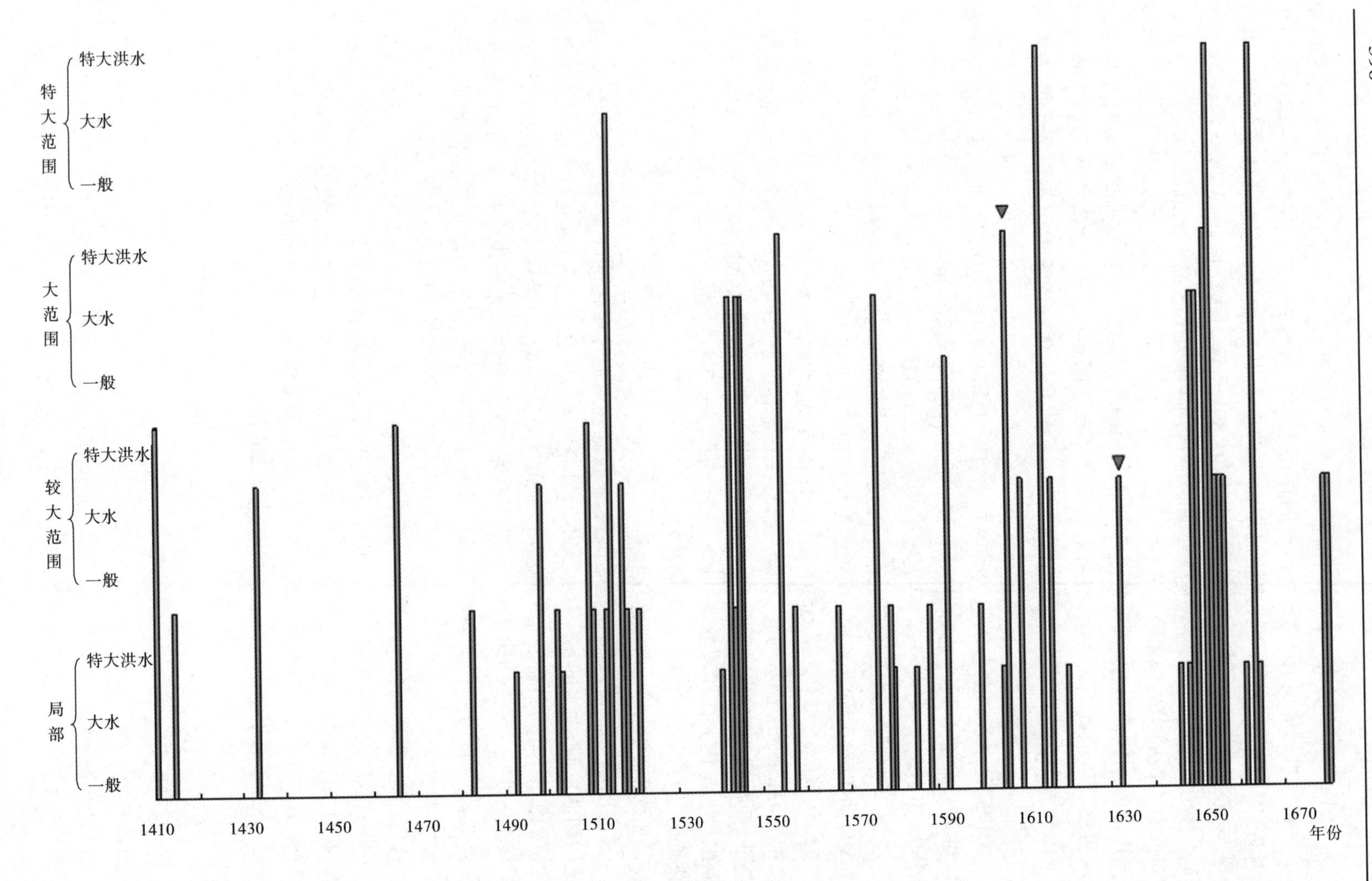

图6-9 黄河流域汾河水系历史文献记载场次洪水分级时序图一

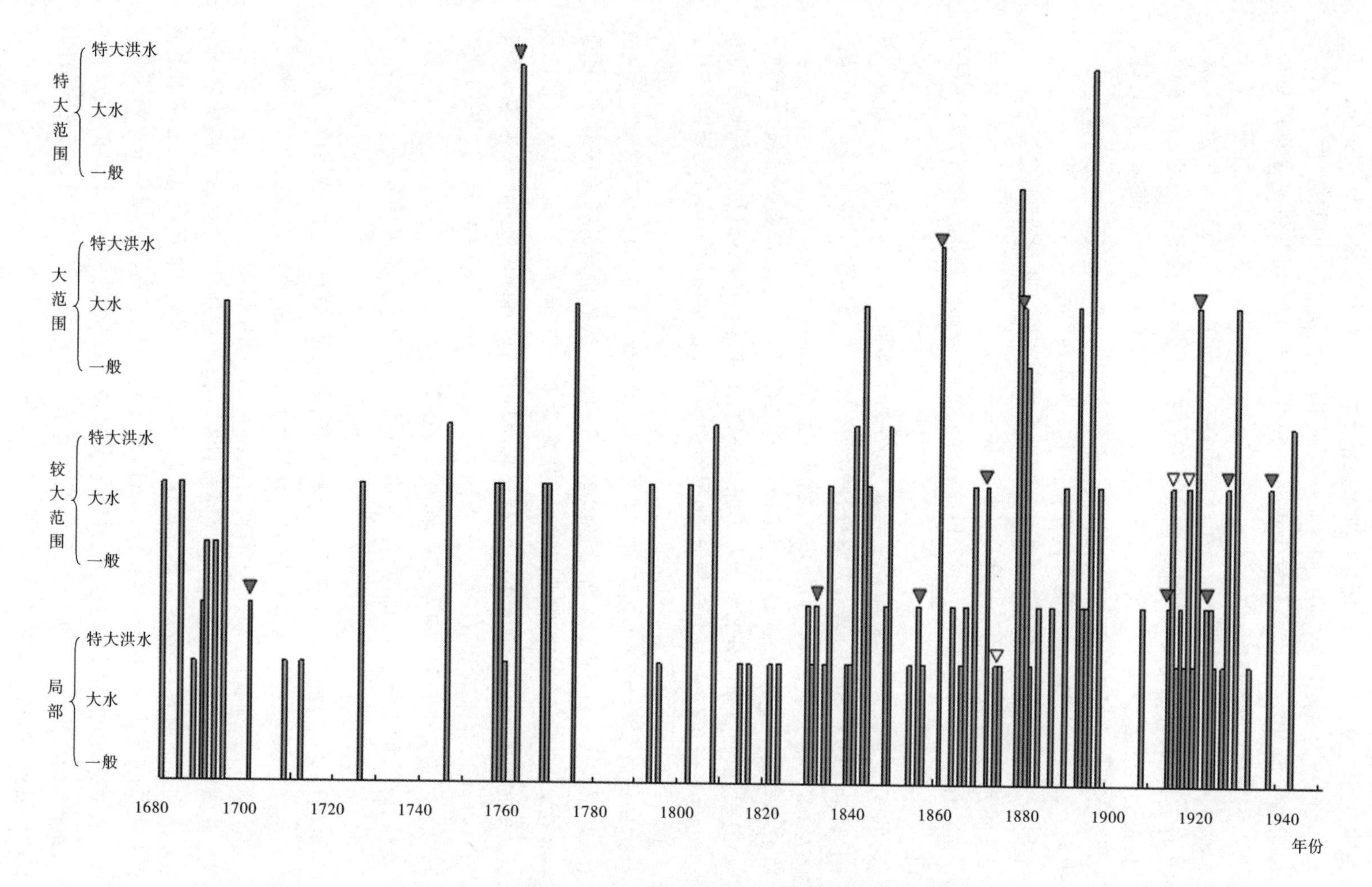

图 6-10　黄河流域汾河水系历史文献记载场次洪水分级时序图二

60% 左右;6 月下旬至 9 月中旬的时段内,洪水发生次数占到全年总数的 95% 左右。

(2)大洪水的年内分配更为集中,如各站首 5 位年最大洪峰发生时间统计结果表明,最大一旬发生频率近 30%,最大两旬发生频率达 52.1%,最大六旬发生频率将近 90%,最大九旬发生频率高达 97.28%。

(3)不论何种取样方法,最大一旬发生频率均在 7 月下旬,最大两旬发生频率均在 7 月下旬和 8 月上旬,最大三旬发生频率均在 7 月下旬至 8 月中旬,最大六旬发生频率均在 7 月和 8 月,最大八旬发生频率均在 6 月下旬至 9 月上旬。6 月下旬之前和 9 月上旬之后,发生大洪水的概率很小。

(4)大河控制站洪水发生频率的年内变化比中小面积站要均匀。

(5)省内黄河流域和海河流域及其各分区间洪水的季节性变化没有明显差异。

(6)历史洪水与实测洪水的季节性变化规律基本一致。

由选用的山西省 75 个水文站频率分析计算成果,以 $P=1\%$ 为例,分析得到的地区分布规律如下:

(1)$C_{1\%}$ 的变幅为 3.5 ~ 46.8 $m^3/(s \cdot km^2)$,各站平均值为 22.5 $m^3/(s \cdot km^2)$。其中,$C_{1\%}$ 小于 15 $m^3/(s \cdot km^2)$ 的站占总站数的 30.7%,$C_{1\%}$ 为 15 ~ 30 $m^3/(s \cdot km^2)$ 的站占总站数的 57.3%,$C_{1\%}$ 大于 35 $m^3/(s \cdot km^2)$ 的站占总站数的 12.0%。

(2)洪峰模系数的地区分布呈现出南部大于北部、西部大于东部、黄河流域大于海河流域的趋势,这与山西省暴雨分布特点并不完全一致,主要是因为洪峰模系数的地区分布不仅与暴雨的地区分布有关,而且与植被、地形地貌等水文下垫面汇流条件的影响作用也很密切。

(3)从流域地质条件看,晋西蔚汾河以南至汾河口的黄土丘陵沟壑区 $C_{1\%}$ 最大,一般变幅为 30 ~ 45 $m^3/(s \cdot km^2)$;以太原盆地以东为代表的广大砂页岩分布地区 $C_{1\%}$ 一般变幅为 20 ~ 30 $m^3/(s \cdot km^2)$;变质岩地区 $C_{1\%}$ 变幅多为 15 ~ 20 $m^3/(s \cdot km^2)$;灰岩地区较为复杂,$C_{1\%}$ 一般在 15 $m^3/(s \cdot km^2)$ 上下,在一些强漏水区或林区比重大的流域,$C_{1\%}$ 多小于 15 $m^3/(s \cdot km^2)$,在流域暴雨特别大的地区 $C_{1\%}$ 可达 30 $m^3/(s \cdot km^2)$ 以上;蔚汾河以北的晋西北地区,为黄土丘陵与灰岩交织地区,$C_{1\%}$ 在 20 ~ 25 $m^3/(s \cdot km^2)$。

(4)森林对 $C_{1\%}$ 的影响很大,山西省几个森林地区代表站 $C_{1\%}$ 多在 10 $m^3/(s \cdot km^2)$ 左右。

(5)各产流地类 $C_{1\%}$ 的变幅,首先受控于植被条件,植被越好的地区越接近该产流地类变幅的下限值;其次受控于所处位置的设计暴雨值,暴雨值越大 $C_{1\%}$ 越大,否则越小。两种主要受控条件的不同组合,形成了各产流地类 $C_{1\%}$ 的变化幅度。

实测洪水易发程度的地区分布与暴雨分布具有一定的相似性和对应性,但比暴雨的分布更为复杂。南运河水系最高,沿黄支流次之,永定河、大清河水系最低。汾河水系低于沿黄支流,沁河水系与子牙河水系相近。省内两大流域相比,黄河流域高于海河流域。

各分区的中等流域历史洪水超标统计结果表明,超标洪水易发程度最高的分区是南运河水系,最低为永定河、大清河水系,这与实测洪水的分析结果以及暴雨分布是一致的。子牙河水系与沿黄支流水系的洪水易发程度从高到低依次排为第二和第三,沁河水系排第四,汾河水系排第五。历史调查洪水易发程度分布与实测洪水易发程度的分析结论有一定差异,而与大暴雨的分布较为接近。

以变差系数 C_v 反映年最大洪峰流量的年际变化,参与分析的各站 C_v 最小值为0.85,最大值为2.5,C_v 为1~2的站占总站数的89.41%,C_v 小于1的站占3.53%、大于2的站占7.06%。洪水年际间变化大的另一特征是洪水变幅大,参与分析的各站最大模比系数 K 值的变幅多在2~10,该区间 K 值的频率高达90.6%。K 值除受最大洪峰流量稀遇程度的影响外,还与水文下垫面有关。通常,产汇流条件差的林区、石灰岩漏水区、土地利用程度高的黄土丘陵区,一般暴雨不易形成大洪峰,因而这类地区洪峰均值较小,但是这类地区一旦发生强度高、历时长的特大暴雨,水文下垫面对洪峰的削减作用相对减小,流域同样可以形成大的洪峰,只是此类事件的概率较小而已,所以这类下垫面流域一旦发生大洪水,K 值就很大。此外,地类相近时,流域面积越大,流域调节能力越强,其洪峰流量的年际变化越小,K 值一般较小,反之较大。

近600年来,山西省洪水灾害以局部范围为主,大范围和特大范围的洪水灾害仅占21.9%。全省历史上各种范围的洪水灾害平均约1.7年发生一次。其中,局部洪灾平均3.2年出现一次,较大范围内的洪灾平均6.6年出现一次,大范围洪灾平均11.3年出现一次,特大范围洪灾平均23.6年出现一次。黄河流域洪水发生次数高于海河流域。在黄河流域的特大洪水中,以小范围的特大洪水为主。从各分区各种范围特大洪水的平均周期来看,从大到小排列的顺序及周期分别为:永定河、大清河水系,11.4(年/次);子牙河水系,5.3(年/次);南运河水系,4.6(年/次);沿黄支流,8.4(年/次);汾河水系,3.6(年/次);沁河水系,3.1(年/次)。统计显示,位于山西省最北部的永定河、大清河水系特大洪水周期最长,而位于南部的沁河水系特大洪水周期最短,这与全省降水的分布特点是一致的。通过分析,山西省历史文献所记载洪水,其发生除具有周期性以外,还存在比较明显的连续性变化特点,这一特点在各洪水分区中均存在。

第 7 章　洪水特性及洪峰流量与集水面积关系分析

通过对山西省调查洪水和实测洪水的分析,可进一步揭示和认识山西省的洪水过程特征、大范围洪水特性及洪峰流量与集水面积关系等。

根据水文气象学原理,各流域洪水在数量上应存在一个物理上限,这就是可能最大洪水(PMF)。我们现在所掌握的各分区洪水记录或最大流量与面积上包线一般反映了近二三百年以来的最高纪录,各分区或流域最大流量与集水面积的上包线重现期应该大于上述调查期。研究特大洪水的流量与面积关系,对于判别分析今后出现的特大洪水稀遇程度及分析重点水库保坝校核洪水的合理性与可靠性,具有重要的参考借鉴作用。

另外,山西省大部分水文站实测洪水资料也有 50 年左右的系列,通过对各站洪峰流量频率分析,也可对各常用频率设计洪水(20 年、30 年、100 年等)与流域面积的关系进行分析,这些分析工作对揭示地区规律,分析工程设计成果的合理性均具有重要实用意义。

7.1　洪水过程特征

洪水灾害不仅与洪峰有关,而且与洪水过程关系甚为密切。当河道发生洪水时,如果洪水过程线图形呈现为尖瘦型,则两岸受淹时间短,灾情程度就轻,否则灾情程度就重。洪水过程是一个复杂的随机过程,它不仅有胖瘦之分,而且有单峰、复峰和多峰等不同情况,在一次多峰洪水过程中,最大洪峰称为主峰,随着主峰时间出现的先后不同,形成的洪水灾害程度以及对防洪的影响也不同。一般主峰靠后的洪水过程对工程防洪不利。洪水过程特征大致要用洪峰(包括峰型)、洪量和洪水总历时来描述。

山西省地形具有山地夹盆地的特点,山地河流集水面积多在 5 000 km^2 以下,即多属中小型河流。穿越几大盆地的河流,集水面积比较大。中小河流的防洪重点主要是中小型水库及沿河重要城镇(包括工矿企业),而较大河流的防洪重点则包括沿河城镇(包括工矿企业),交通通信、能源电力设施等方面。中小河流成灾洪水多由小范围、高强度、短历时暴雨形成,而大河成灾洪水则多由较大范围较长历时并具有一定强度的暴雨所形成。鉴于上述情况,本书将中小流域和大流域的洪水过程分别加以讨论。

7.1.1　中小流域洪水过程特征

为分析山西省中小流域洪水过程特征,在各暴雨洪水分区中挑选若干站,并从各站历年最大 5 次洪峰所相应的洪水中选取 2 ~ 3 次洪水过程,分别统计洪水总量、洪水总历时、洪水起涨历时和峰型特征,经归纳分析,山西省中小流域洪水过程具有如下特征。

7.1.1.1　洪水总历时短

从各分区所选取的 28 个站共 74 场洪水过程的统计结果来看,一次洪水过程的总历时一般在100 h以下,大于100 h的仅有两场洪水。洪水总历时的长短主要受暴雨历时的控制,山西省暴雨历时绝大部分在24 h以下,这就决定了绝大部分洪水的总历时不可能太长。洪水总历时还与流域调蓄能力大小有关,流域调蓄能力越强,洪水总历时就越长。集水面积是反映流域调蓄能力的一个重要指标,从各区统计结果看,总历时长的洪水一般出现在集水面积比较大的站,反之则为小面积站。此外,流域植被也是反映调蓄能力的一个重要因素,植被覆盖越好,调蓄能力越强,洪水总历时就越长。

7.1.1.2　以单峰过程为主,洪水上涨历时短

将74场洪水按峰型分析统计时,单峰型洪水54场,占3/4,复峰型洪水18场,仅占1/4。洪水的峰型是暴雨时程分配的反映,而暴雨时程分配又是暴雨天气系统的影响结果。影响山西省暴雨的天气系统以中小尺度和局地雷暴雨为主,这种背景下的暴雨具有历时短、强度大的特点,这就决定了山西省大部分暴雨和洪水发生过程为简单的单峰型过程。

山西省中小流域洪水过程的另一特点是上涨历时短,来势迅猛,集水面积越小这一特点越突出。但这种洪水实际上是由测站控制断面以上附近的突发性高强度局部暴雨所形成的,它反映了小流域洪水的过程特征。

影响洪水上涨历时的因素也很复杂,首先是与暴雨的雨型、强度、历时、雨区分布范围大小及其位置、暴雨中心移动方向和路径等因素有关;其次是与流域形状、坡度、河网密度、植被等因素有关。因此,即使是同一个水文站,各场洪水的上涨历时以及占洪水总历时的比例也是不同的;同一场暴雨,不同站的洪水上涨历时及其占洪水总历时的比例也不同。但是各站最大一场洪水的上涨历时及上涨历时占洪水总历时的比例仍呈现出一定的规律:上涨历时小于10 h的洪水占统计洪水总数的78.6%;上涨历时占洪水总历时≤10%的洪水占53.6%;上涨历时占洪水总历时>30%的洪水仅占17.9%。统计数字充分反映出山西省中小流域大洪水,大部分上涨历时短、来势迅猛的特点。

7.1.1.3　峰高量小

各站所分析洪水的洪峰值均为建站以来的最大几次洪水,其重现期一般在10~30年,有的可达50年甚至更大,但各次洪水总量并不大。因洪量大小与集水面积有关,为了更直观地看出洪量大小并便于各站之间比较,先消去面积影响再加以分析。经统计可明显看出,虽然各站次的洪峰流量比较高大稀遇,但对应的洪水总量则大多数比较小,如洪量大于50 mm的仅占分析总场数的7%;洪量在40 mm以下的占87.5%,洪量在10 mm以下的约占1/3,这充分反映了山西省中小流域洪水大部分具有峰高量小的特点。

虽然峰高量大的洪水在山西省发生概率小,但是这种洪水一旦发生,其破坏性很大,会给当地或下游地区人民生命和财产造成惨重损失。

7.1.2　大流域洪水过程特征

1949年以后,山西省大河控制站流域上游,陆续修建了许多大、中、小型水库和提引水工程,随着水利工程的增多,流域洪水特征发生了显著改变,尤以1960年以后大河流域内蓄引提水利工程剧增,对洪水的调蓄能力明显增强,在相同降水条件下洪峰流量明显减小,使洪水灾害程度明显减轻。这从各大河站大规模建库后的多年平均洪峰流量明显小

于建库前这一事实可得到印证。

山西省大流域洪水过程多数呈矮胖型,洪水上涨缓慢且上涨历时较长,退水也平缓且退水历时很长。大流域发生大洪峰的概率较小,大流域的最大洪峰流量往往小于流域内某些中等流域的最大洪峰,即使在大规模水利工程建设以前也是这样。其基本原因是山西省大范围的暴雨发生概率很低,而小范围或局部暴雨发生概率相对较高。另一个重要原因是洪水波在沿河道演进过程中,波高(洪峰)不断降低,波长(历时)逐渐拉大,称为洪水波的坦化和展平,这种过程对洪峰的削减作用很大,即使洪水在演进过程中不断有水流补充,但若补充强度(流量)达不到沿程削减强度,洪峰流量仍是沿程减小的。

7.2　大范围灾害性洪水特性

虽然大范围洪水在山西省发生的概率较小,但是目前大河某些区段的行洪能力很低,也就是说大河形成洪水灾害的概率并不小,加之大范围洪水一旦发生将会给人民生命财产及社会经济建设造成极其惨重的损失,甚至会影响到社会安定。因此,认识这种洪水特性,对研制防洪规划及防洪预案具有重要的现实意义。

现将山西省大范围历史大洪水的主要特征归纳如下。

7.2.1　发生时间

据有发生时间记载的54场大范围历史大洪水统计,山西省大范围历史大洪水主要集中于农历夏六月,发生在夏六月的比例占50%以上,发生在七月的约占20%,发生在八月的占25%,发生在夏五月的占7.5%,其余时间发生大范围特大洪水的概率很小。应当特别指出的是,明正德八年(1513年)十月,山西省南部地区的汾河下游、沁河上游及浊漳河流域部分地区曾发生过大范围的雨雹天气,形成了严重的雨洪灾害。如文献记载"十月平阳、太原汾沁诸属邑大雨雹,平地水深丈余,冲没人畜房舍"。汾河上游春三月也曾发生过特大洪灾。了解这种异常情况,对我们防洪工作不无裨益。

7.2.2　历时和强度特点

大范围暴雨洪水的历时一般很长,且雨强变化剧烈。如果规定暴雨洪水历时小于等于一日为短历时,二至七日为长历时,大于七日为超长历时,那么全省所统计的具有降雨历时记载的61场大范围洪水中,超长历时的34场,占55.7%;长历时的22场,占36.1%;短历时仅5场,占8.2%。其中,超长历时大范围洪水,其降雨过程中往往雨强变化剧烈。例如,清康熙元年(1662年)秋八月洪水,本省雨区覆盖范围达南部半省之广,平顺"秋淫雨月余,时小时大,山崩地裂,墙倒屋塌……"。猗氏(临猗)"八月大雨泛,初九至二十五日大雨如注,昼夜不绝"。临晋(临猗):"秋淫雨数月"。超长历时的淫暴雨天气不仅可以形成严重的大范围洪灾,同时往往伴随着涝渍灾害出现。以上统计结果还表明大范围暴雨洪水所对应的历时也长,或者说,短历时暴雨洪水,其发生范围一般比较小。

7.2.3 区域分布规律

(1)对明清以来500年的历史文献资料进行分析,尚未发现全省南北同一时间都发生大洪水的例证,说明山西省大范围洪水的范围也是有一定局限性的。即使对于沿黄支流、汾河水系这两个分区而言,由于其南北纬度跨度较大,历史文献中没有一场全区性洪水的记载。历史文献记载洪水中范围最大的有清顺治九年(1652)六、七月洪水,清康熙元年(1662年)八月洪水,清乾隆二十六年(1761年)七月洪水等,这些场次洪水的范围一般能覆盖半个省左右。

(2)在山西省南部地区有一个以沁河为中心的暴雨洪水频繁活动区,当这一活动区偏东时,会在沁、丹河流域和浊漳南源形成大范围暴雨洪水(如1414年、1648年等),偏西则在沁河流域、涑水河流域、汾河下游,乃至晋西南地区形成大范围暴雨洪水(1513年、1832年、1880年等);偏北则主雨区范围可以扩移到汾河中游,基本上可笼罩山西省南半部分,如1662年、1761年等洪水。属上述活动区的大范围洪水,大致可占全省大范围洪水总数的1/3。山西省著名的1482年洪水、1895年洪水,新中国成立后的1954年洪水、1982年洪水、1993年洪水、1996年洪水均出现在这一活动区。

(3)以汾河流域为主的大范围洪水,约占全省的1/4。汾河从上游到下游,大范围洪水出现的概率呈现递增趋势。如:以该流域为主的16场大范围洪水中,上中游2场,中游5场,下游和中下游9场。如果包括以沁河为中心的跨流域洪水,汾河下游大范围的洪水出现概率更大。

(4)以晋西沿黄支流区为主的大范围洪水,一般降水历时较短,大多不超过1 d,没有一场降水历时能达到“超长”标准。这一区的所谓大范围更加局限,所出现的5场洪水,晋西北2场(1664年、1819年),晋西中部2场(1700年、1875年),晋西南部1场(1868年),分布范围均有局限性。应当说明晋西南部大范围洪水的发生概率要高于中部和北部,通常情况下,晋西南部洪水常与汾河下游洪水或更大范围的洪水同属一场洪水。

(5)以海河流域为主的大范围洪水共22场,占全省的1/3。其中:永定河、大清河水系7场,子牙河水系2场,南运河水系4场,覆盖永定河、大清河和子牙河两水系的4场。这一统计结果似乎与降水的分布不一致,其原因有两个方面:一是分区面积大小的影响因素,二是有跨流域大范围洪水统计的因素。例如,南运河水系不仅面积最小,而且该区西北部发生的洪水常与以汾河中部为主的洪水同属一场洪水,南部出现的洪水常与以沁、丹河为主的洪水同属一场洪水,而以南运河水系区为主的洪水自然就不会多了。但是,即使消去面积和统计两种影响因素后,永定河、大清河水系大范围洪水的出现概率仍大于子牙河水系,这究竟是客观规律的反映,还是历史文化形成的记载标准不一,即统计结果代表性不足,尚无法定论。

7.2.4 峰量特点

大范围洪水的峰和量与中小流域洪水相比,洪峰并不突显,洪量往往很大,降水历时一般也很长,在洪水过程线上多表现为多峰锯齿式,退水段往往拉的很长。这种大范围大洪水所形成的灾情程度重,涉及面广,持续时间长,因而灾后生产恢复难度大,恢复期长。

7.2.5　特殊年份大洪水的连续性

通过对历史文献记载的大范围大洪水统计分析，发现有时在一年中出现两次，如所统计的63场洪水，出现在57个年份中，其中有6个年份分别出现了两场大范围大水，这些年份是1575年、1648年、1651年、1693年、1871年和1892年。一般情况下，一年中两场大范围洪水的降雨历时、分布范围、中心位置和发生时间是不同的。一年中出现两场大范围洪水对工程防洪极为不利，尽管这种概率在历史上少见，但在制订防洪规划和防洪预案中，对这种恶劣情况也应有所考虑。

7.3　洪峰流量与集水面积关系

7.3.1　各调查河段(水文站)洪峰流量与集水面积关系

7.3.1.1　调查和实测洪水洪峰流量与集水面积关系分析

按分区、流域及全省，分别在双对数纸上点绘各调查河段(水文站)洪峰流量与集水面积相关图，并确定散布点据的上包线、平均线和下包线，见图7-1～图7-9。可以看出，曲线簇随着面积的增大呈上升趋势，但坡度渐缓。曲线公式可采用如下形式：

$$Q_{max} = CA^{\alpha A^{\beta}} \tag{7-1}$$

式中：Q_{max}为洪峰流量，m^3/s；A为集水面积，km^2；C为反映产汇流综合水平的经验参数，与流域水文下垫面条件和暴雨特性有关；α、β为反映$\lg Q_{max}$与$\lg A$非线性关系的经验参数。

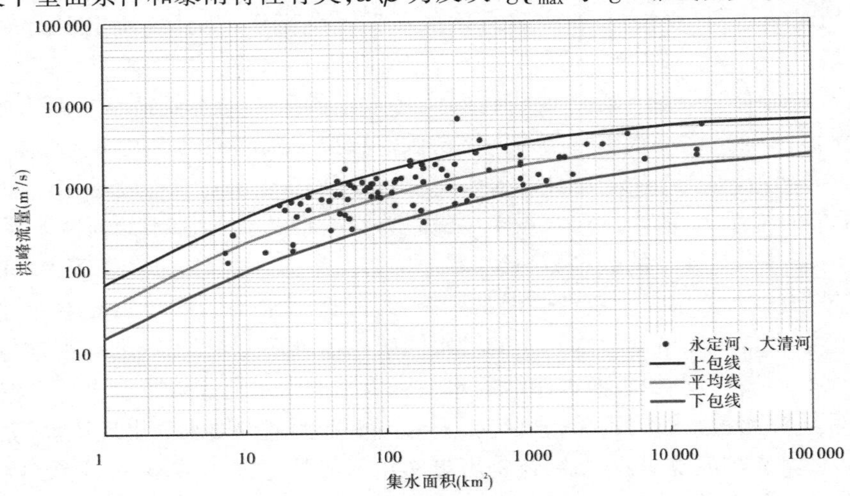

图7-1　Ⅰ区(永定河、大清河分区)洪峰流量—集水面积关系曲线

各参数确定方法如下：

首先，采用最优化方法确定平均线的初定参数，观察曲线和散布点据的配合情况，点线关系不好时可以微调参数，使得曲线尽量通过点群中心。其次，参照平均线的趋势并结

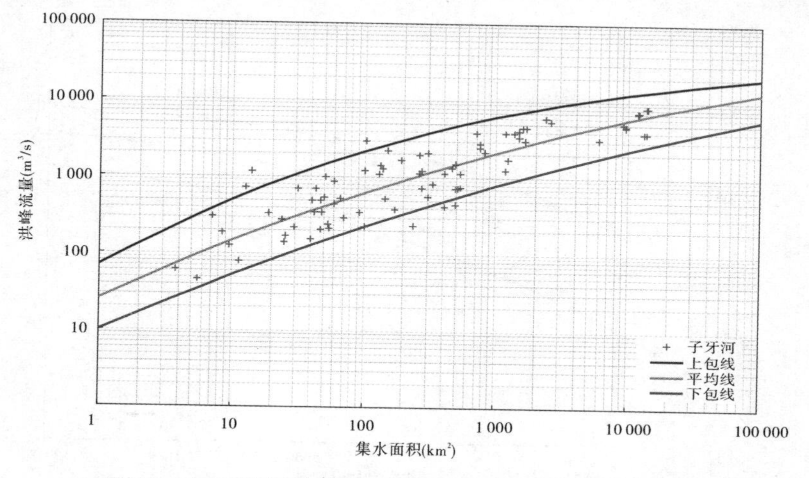

图 7-2　Ⅱ区(子牙河分区)洪峰流量—集水面积关系曲线

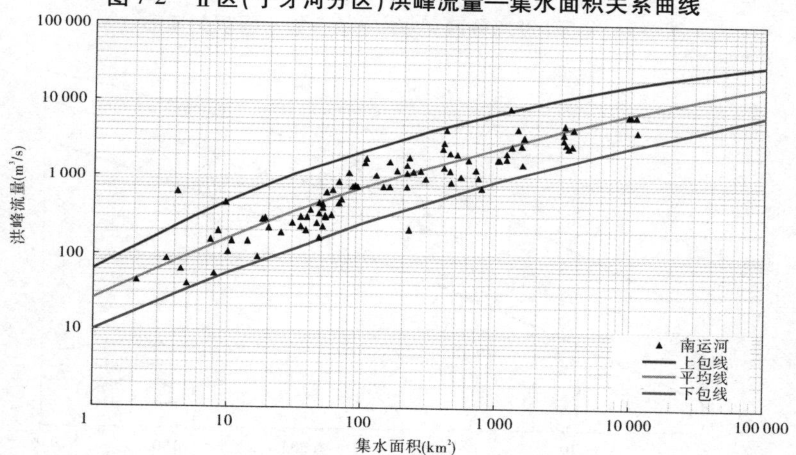

图 7-3　Ⅲ区(南运河分区)洪峰流量—集水面积关系曲线

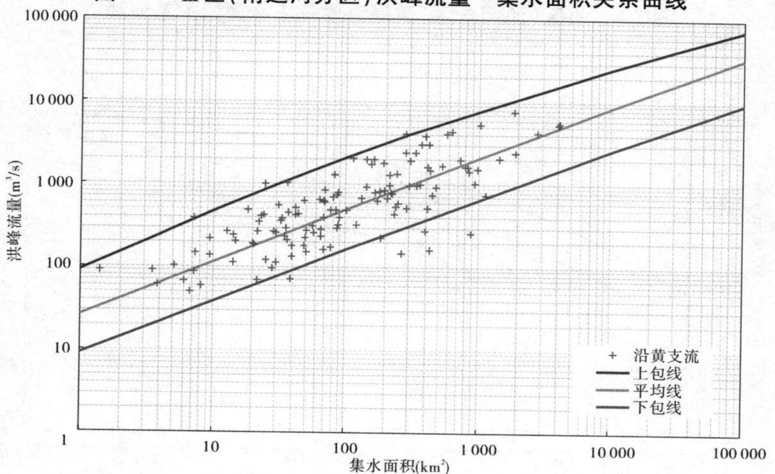

图 7-4　Ⅳ区(沿黄支流)洪峰流量—集水面积关系曲线

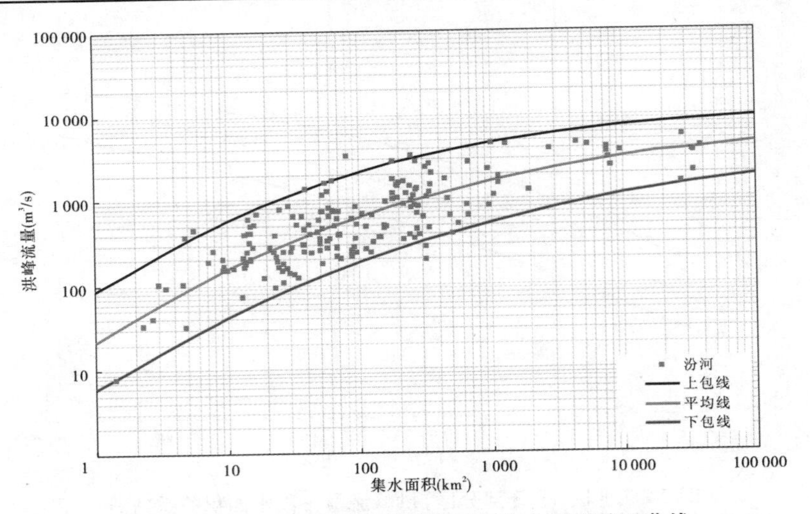

图 7-5　Ⅴ区(汾河分区)洪峰流量—集水面积关系曲线

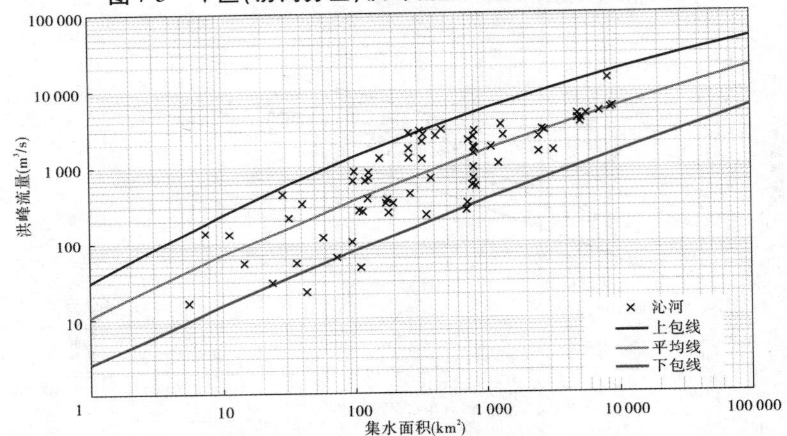

图 7-6　Ⅵ区(沁河分区)洪峰流量—集水面积关系曲线

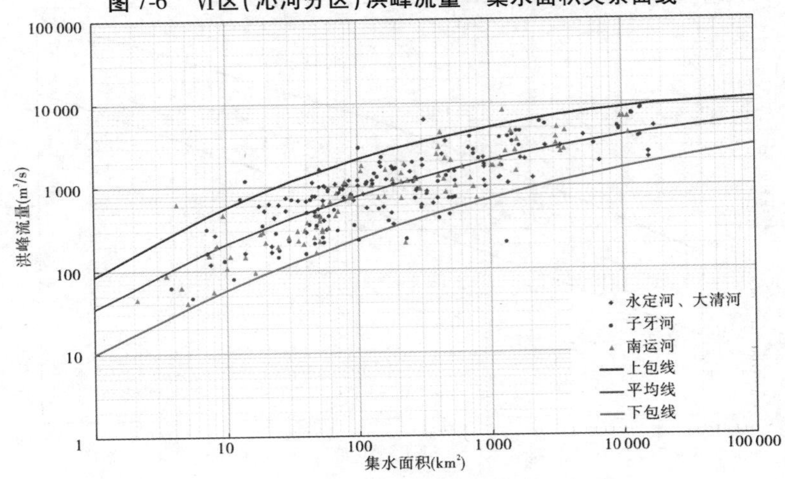

图 7-7　海河流域洪峰流量—集水面积关系曲线

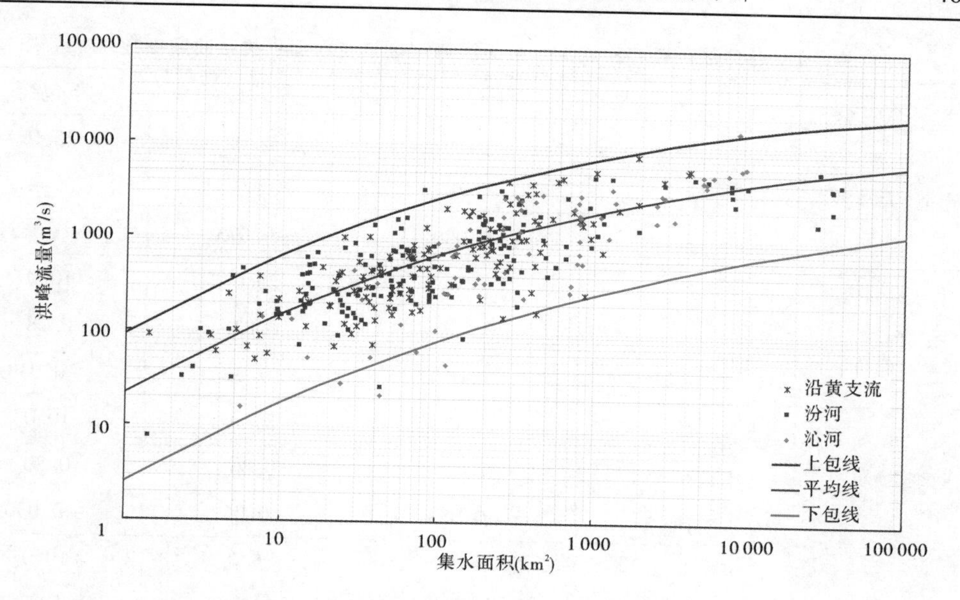

图 7-8　黄河流域洪峰流量—集水面积关系曲线

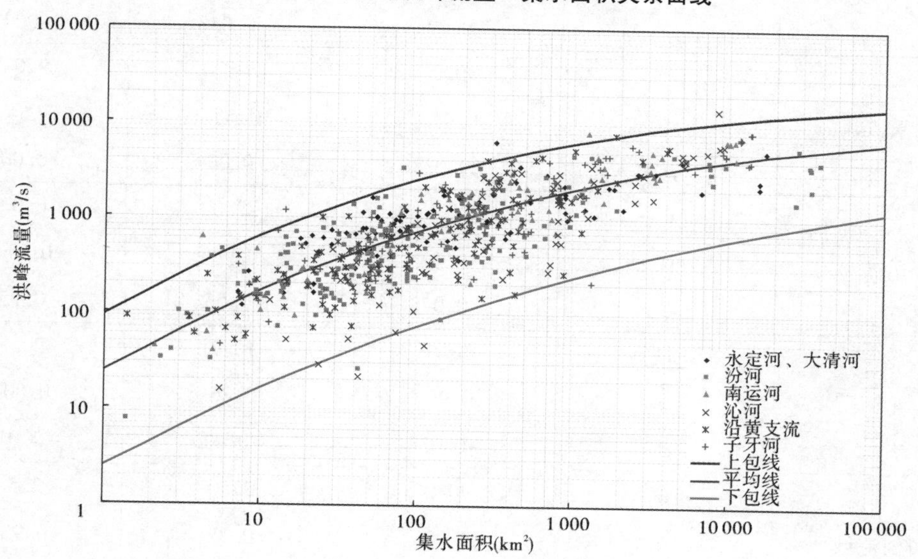

图 7-9　山西省洪峰流量—集水面积关系曲线

合其参数值,确定点群带上、下包线的参数,偏离点群带较远的点距应酌情给予照顾。各分区、流域及全省调查洪峰流量与集水面积的相关关系的上包线、平均线和下包线见图 7-1 ~ 图 7-9,公式参数见表 7-1。

由表 7-1 可以看出,各分区、流域、全省洪峰流量与集水面积相关点群的上包线、下包线、平均线的三个参数具有一定规律,即三个参数 C、α、β 的绝对值,依上包线、平均线、下包线顺序呈递减规律;在 $Q_{max} \sim A$ 关系曲线上随着 A 的增大曲线曲度逐渐变缓。

表 7-1　各分区调查和实测洪水最大洪峰流量与集水面积关系曲线参数

分区	参数	上包线	平均线	下包线
永定河、大清河	C	65.0	32.0	15.0
	α	0.99	0.97	0.92
	β	-0.080	-0.075	-0.065
子牙河	C	70.0	25.0	10.0
	α	0.98	0.83	0.78
	β	-0.060	-0.037	-0.030
南运河	C	62.0	25.0	10.0
	α	0.99	0.86	0.80
	β	-0.053	-0.037	-0.030
海河流域	C	85.0	35.0	10.0
	α	0.98	0.88	0.85
	β	-0.073	-0.058	-0.047
沿黄支流	C	90.0	26.0	9.0
	α	0.75	0.65	0.64
	β	-0.022	-0.004	-0.005
汾河	C	88.0	22.0	6.0
	α	0.99	0.98	0.97
	β	-0.078	-0.065	-0.058
沁河	C	30.0	10.7	2.5
	α	0.99	0.86	0.80
	β	-0.038	-0.025	-0.015
黄河流域	C	90.0	22.0	2.5
	α	0.99	0.97	0.95
	β	-0.065	-0.059	-0.050
全省	C	92.0	24.0	2.5
	α	0.99	0.97	0.90
	β	-0.070	-0.060	-0.045

β 是反映曲线凹向的参数。β 为负值则曲线下凹，β 为正值则曲线上凸，β 为 0 则曲线为直线。表 7-1 中 β 值全为负值，β 绝对值越大，曲线曲度越大，曲线随着面积的增加坡度越趋于平缓，β 绝对值越小，随着面积的增加坡度变化越小。汾河及永定河、大清河分区三条曲线 β 绝对值比较大，故在 $Q_{max} \sim A$ 关系曲线中，随着面积的加大曲线坡度越趋平

缓;相反,沿黄支流三条曲线的β绝对值比较小,故$Q_{max} \sim A$关系曲线坡度随着面积的加大,变化越小。

一般α和β的绝对值成正比,无论是上包线、平均线或下包线,各分区中若哪一个分区β绝对值比较大,则该分区α值在各分区中也比较大,如汾河水系分区上包线参数β绝对值在各分区中为最大,该区α值在各分区中也为最大,沿黄支流分区中三条曲线参数β绝对值均在各分区中为最小,该区α值在各分区中也为最小。也有例外,如永定河、大清河的平均线和下包线β绝对值均为最大,但该区相应两条曲线的α值在各分区中并不是最大,比汾河区的α值要小。

C值是反映分区内小面积和特小面积调查洪水流域产汇流综合水平的一个参数,尤以植被条件对该参数的影响最甚。表7-1中各分区上包线C值以沿黄支流分区为最大,平均线与下包线C值均以永定河、大清河分区为最大,这与这两个分区所处的地理位置及植被条件比较吻合,沿黄支流分区位于山西省西部,总体植被很差,永定河、大清河水系位于山西省北部,干旱少雨,植被较差,在相同暴雨条件下,容易产生较大洪峰。三条线C值最小的分区均在沁河分区,沁河流域位于山西省东南部,降雨充沛,植被很好,因而在发生相同暴雨条件下,产生洪峰较小。

每个分区的下包线以上的点据一般可以认为其重现期大于十年,因为在历史洪水调查资料审查汇编时,规定对重现期小于20年的洪水做了舍弃,鉴于调查洪水重现期确定缺乏客观标准,故这里认为下包线大于10年一遇。上包线以下的点据,其重现期一般小于1 000年,这是因为山西省所调查考证到的历史大洪水年份最远的在明代,距今600~700年。平均线一般可以粗略地认为重现期在30年上下,这是鉴于大部分调查洪水发生在新中国成立以后。

7.3.1.2 各流域与全国最大洪峰流量记录比较分析

选取各分区不同量级面积对应的最大调查流量记录,按流域绘制最大洪峰流量与集水面积相关图,并加入全国最大流量记录进行比对,详见图7-10和图7-11。

由图7-10可以看出,山西省海河流域各分区点据大致呈交错混杂的带状分布,说明各分区的最大流量与面积关系差别较小,永定河、大清河分区点据较其他两分区总体偏低,这符合山西省海河流域暴雨和洪水的特点。集水面积小于100 km^{2}的特小流域流量记录接近甚至与全国最大流量记录持平;集水面积大于100 km^{2}时,各分区最大流量记录均在全国最大流量记录之下。随着集水面积的增大,与全国记录的差距也逐渐增大。

由图7-11可以看出,山西省黄河流域的洪峰流量与面积关系点据与海河流域具有大致相同的分布趋势。两流域共同特点是,当集水面积大于1 000 km^{2}时,随着面积的增大,山西省调查最大流量记录与全国的差距越来越大,当计算面积小于1 000 km^{2}时,面积越小山西省记录与全国记录差距越小。这也充分反映了山西省洪水以中小流域为主的特点。

上述分析说明,山西省虽然地处半干旱半湿润地区,平均年降水量在500 mm左右,然而高强度的局部暴雨常有发生,加之多数地区植被很差,流域坡陡流急,沟壑纵横,河网发育,极易形成特小流域特大洪水。因此,对特小流域特大洪水的防范,应该是防汛的重点。

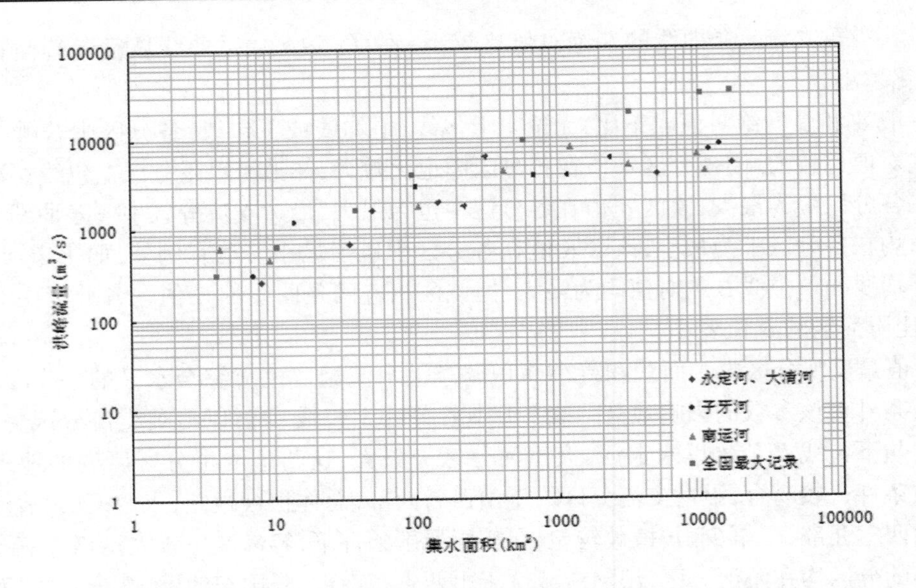

图 7-10　海河流域不同量级面积最大洪水记录与全国最大记录对比图

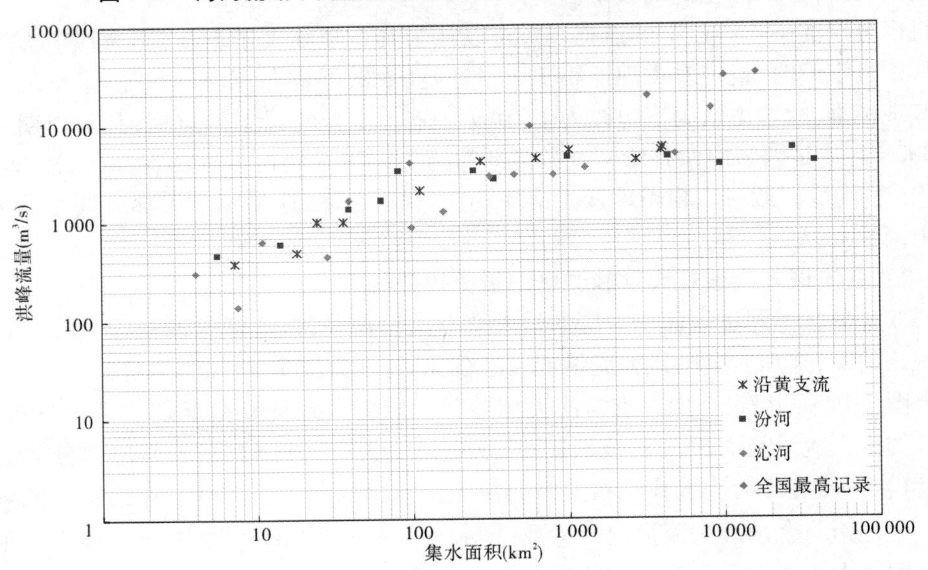

图 7-11　黄河流域不同量级面积最大洪水记录与全国最大记录对比图

7.3.2　各站不同频率设计洪峰流量与集水面积关系

以第 4 章频率分析成果为基础，分别点绘各流域和全省频率为 0.1%、0.33%、0.5%、1%、3.3%及 5%的设计洪峰流量与集水面积的相关图，并确定散布点据的上包线、平均线和下包线，详见图 7-12 ~ 图 7-29。这些图件对检查分析设计洪水成果的合理性具有重要作用。曲线仍采用式(7-1)拟合，两大流域及全省不同频率三条曲线，参数分析结果见表 7-2。

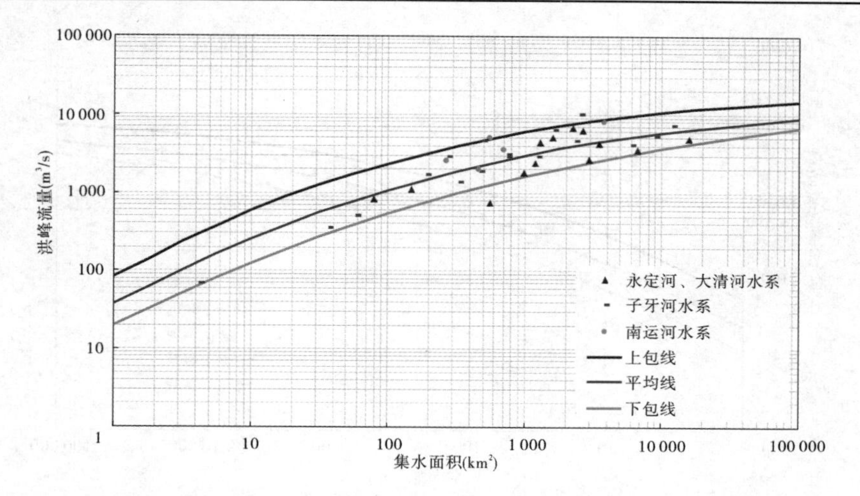

图7-12　海河流域洪峰流量—集水面积关系曲线($P=0.1\%$)

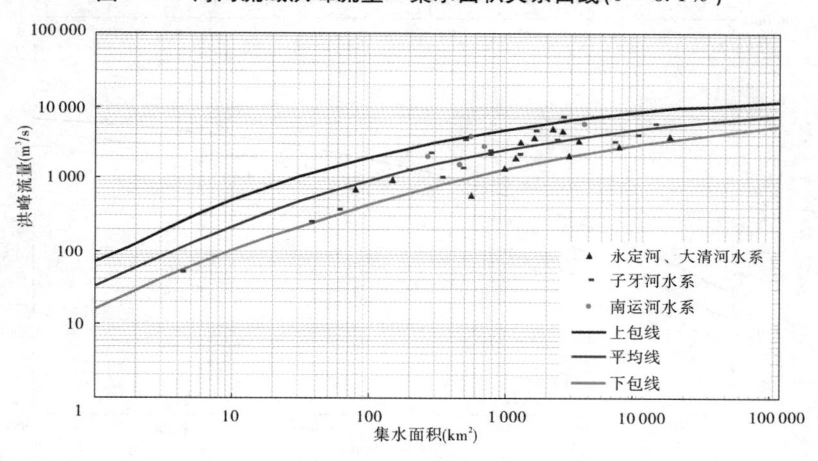

图7-13　海河流域洪峰流量—集水面积关系曲线($P=0.33\%$)

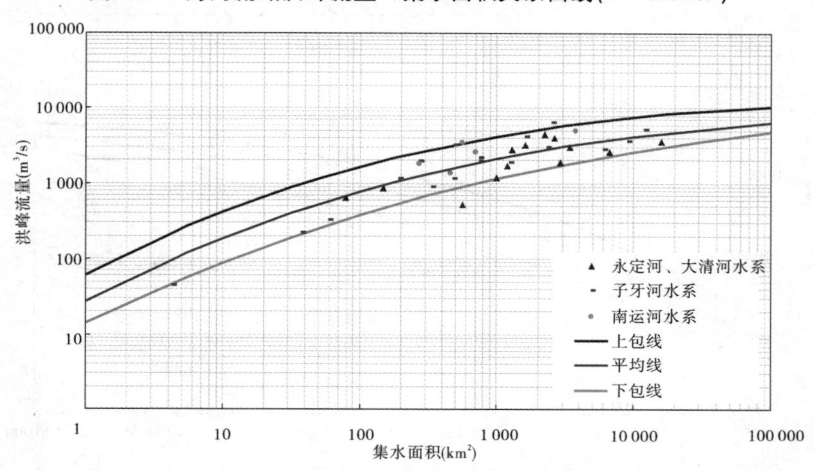

图7-14　海河流域洪峰流量—集水面积关系曲线($P=0.5\%$)

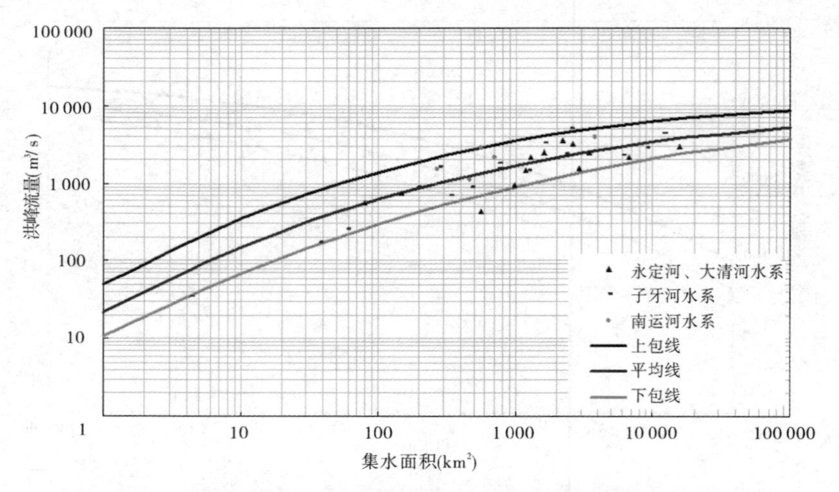

图 7-15　海河流域洪峰流量—集水面积关系曲线($P=1\%$)

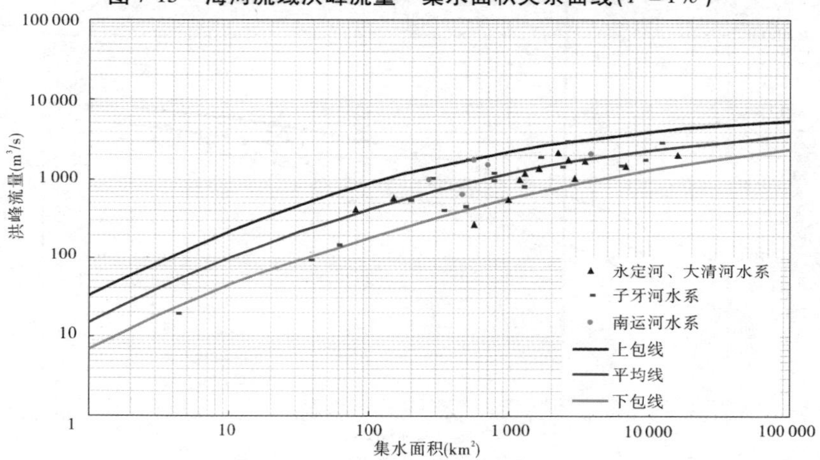

图 7-16　海河流域洪峰流量—集水面积关系曲线($P=3.3\%$)

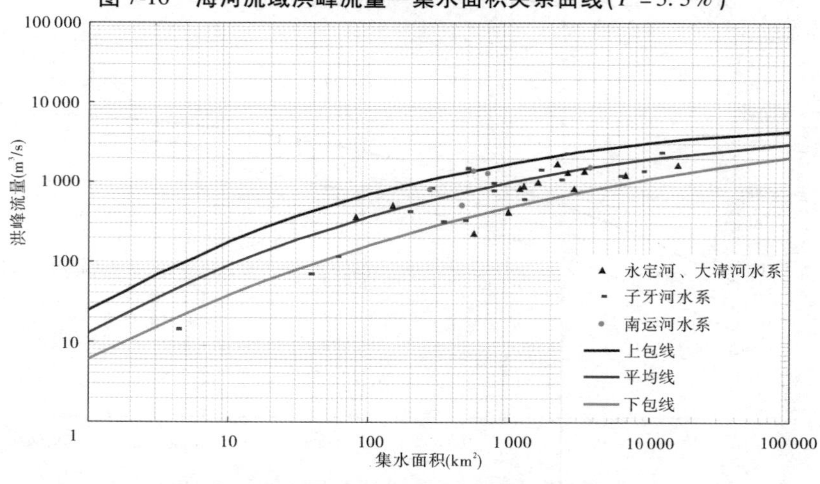

图 7-17　海河流域洪峰流量—集水面积关系曲线($P=5\%$)

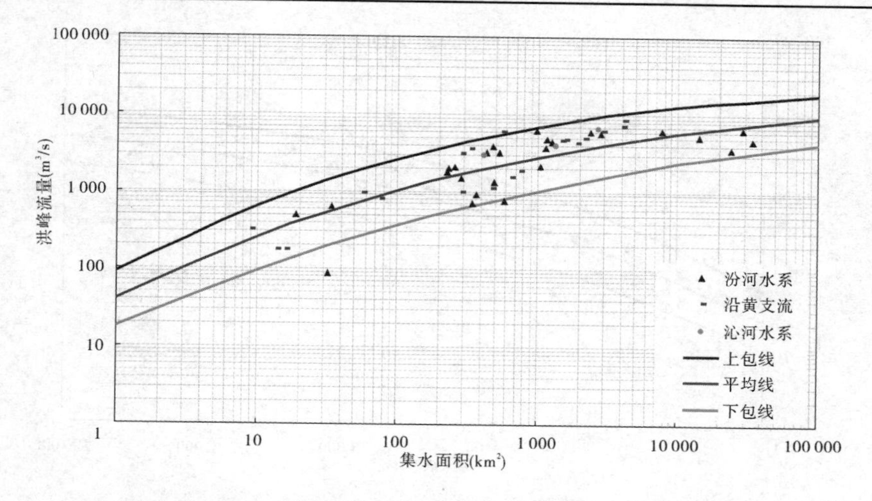

图 7-18　黄河流域洪峰流量—集水面积关系曲线($P = 0.1\%$)

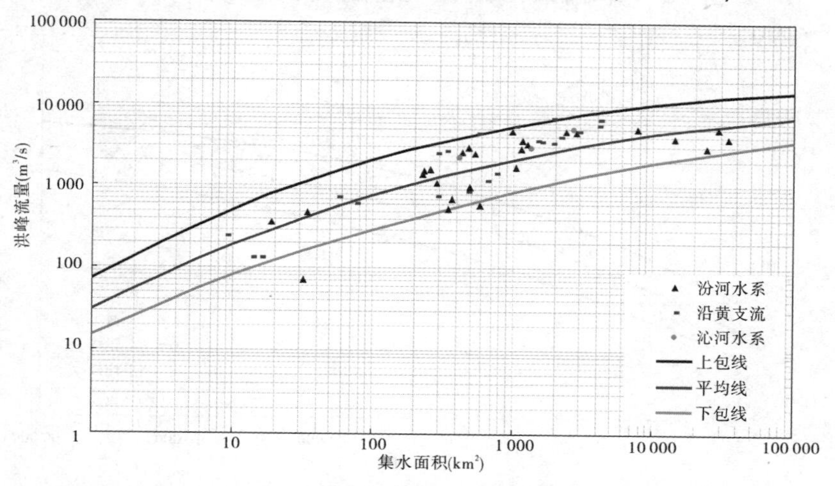

图 7-19　黄河流域洪峰流量—集水面积关系曲线($P = 0.33\%$)

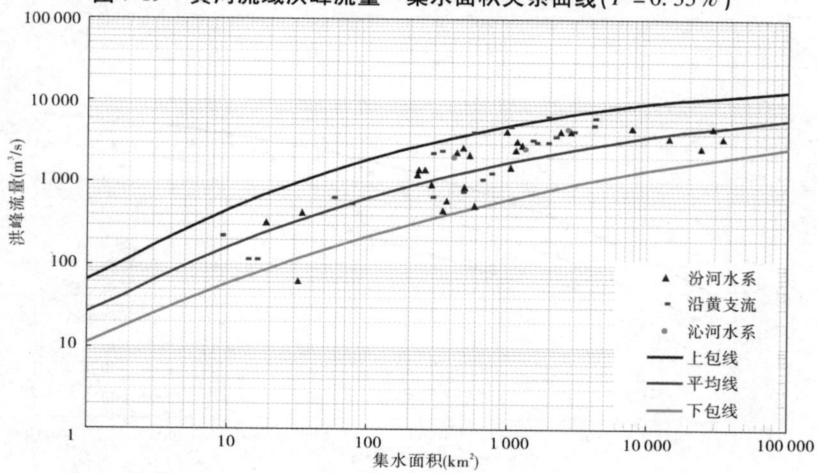

图 7-20　黄河流域洪峰流量—集水面积关系曲线($P = 0.5\%$)

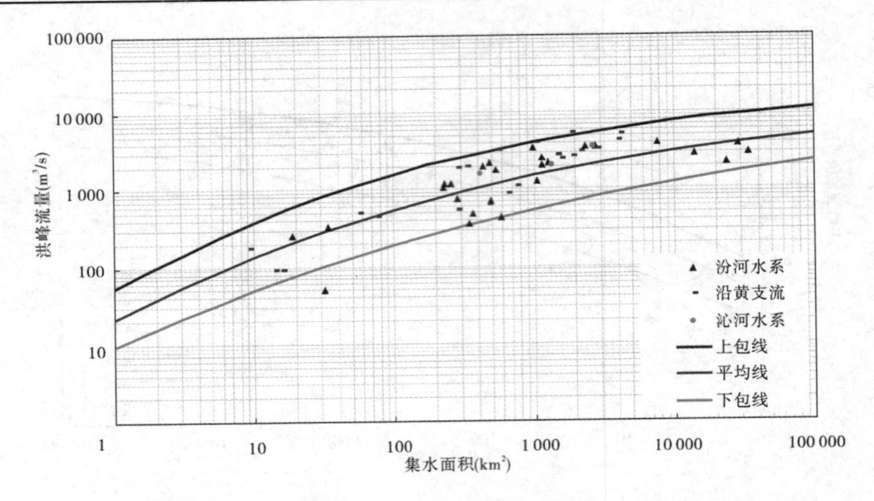

图 7-21　黄河流域洪峰流量—集水面积关系曲线($P=1\%$)

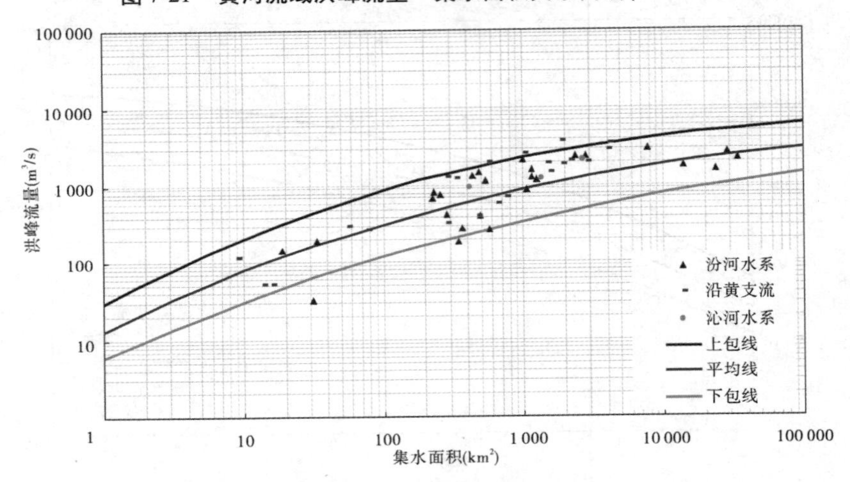

图 7-22　黄河流域洪峰流量—集水面积关系曲线($P=3.3\%$)

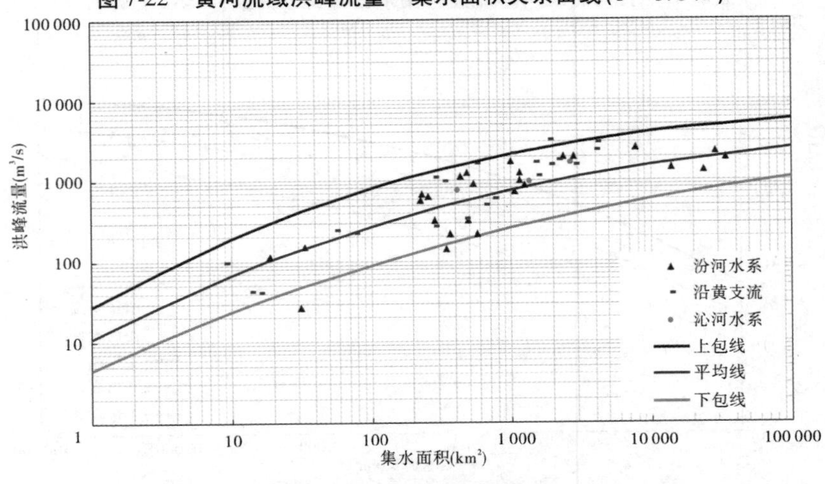

图 7-23　黄河流域洪峰流量—集水面积关系曲线($P=5\%$)

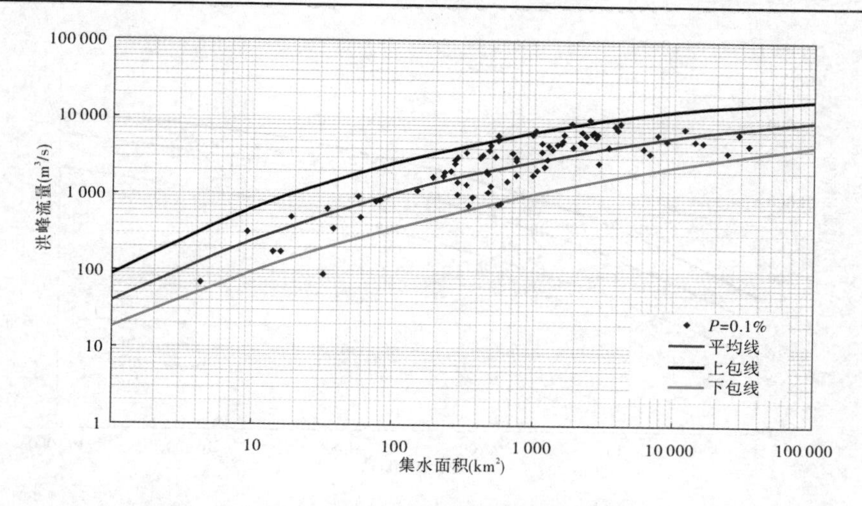

图 7-24　全省洪峰流量—集水面积关系曲线($P=0.1\%$)

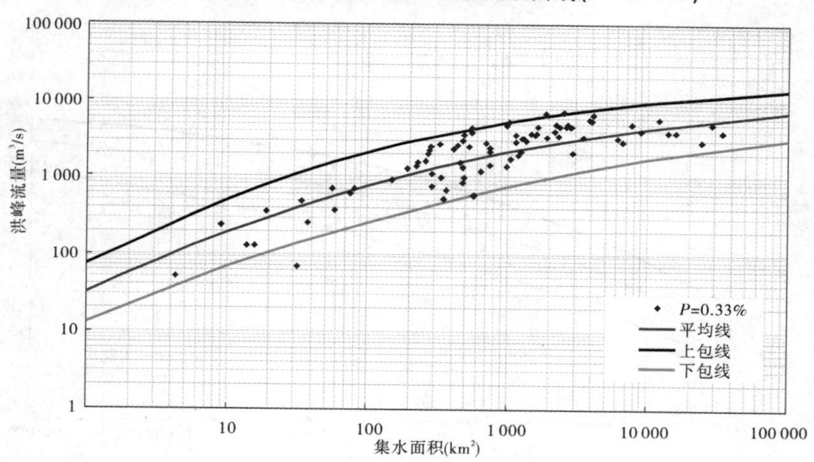

图 7-25　全省洪峰流量—集水面积关系曲线($P=0.33\%$)

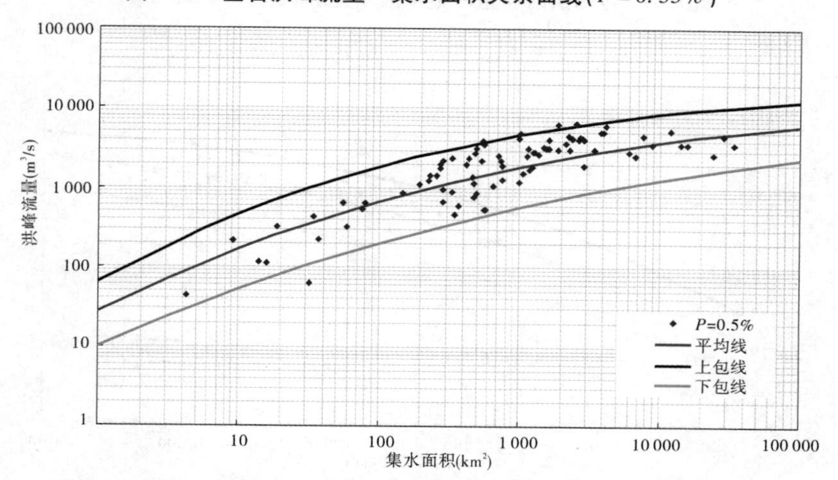

图 7-26　全省洪峰流量—集水面积关系曲线($P=0.5\%$)

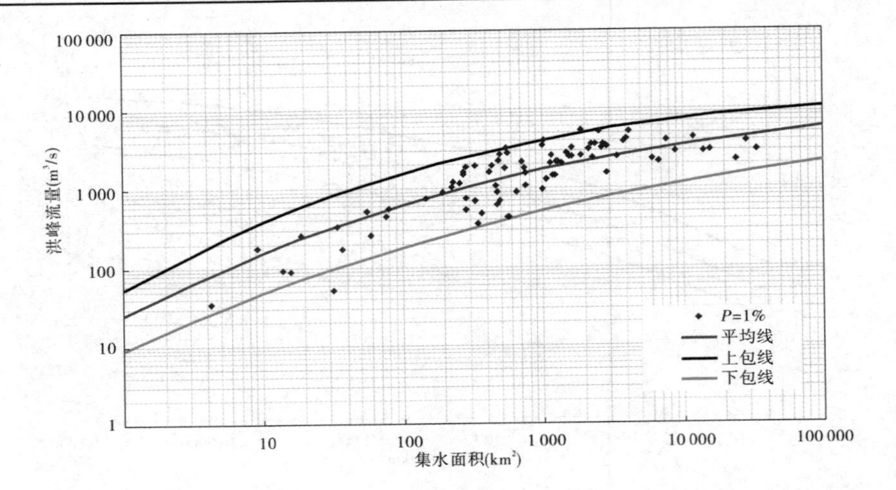

图 7-27　全省洪峰流量—集水面积关系曲线($P=1\%$)

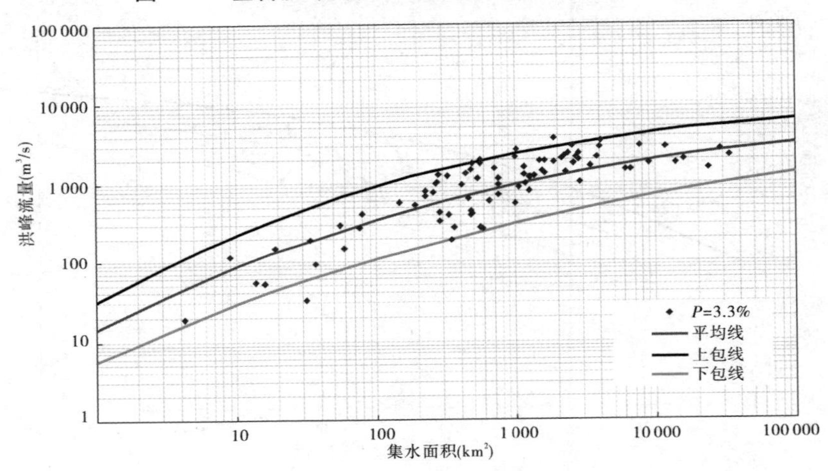

图 7-28　全省洪峰流量—集水面积关系曲线($P=3.3\%$)

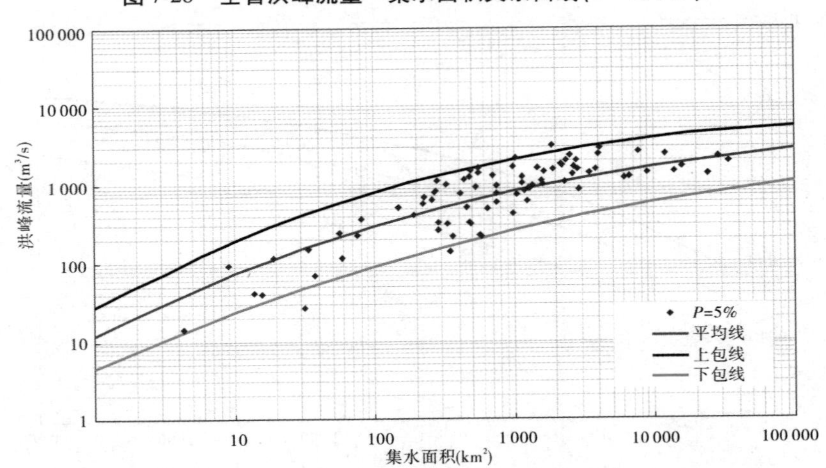

图 7-29　全省洪峰流量—集水面积关系曲线($P=5\%$)

表7-2　不同频率洪峰流量与集水面积相关关系参数

分区	频率	上包线			平均线			下包线		
		C	α	β	C	α	β	C	α	β
海河流域	0.1%	85.0	0.99	-0.069	38.0	0.96	-0.061	20.0	0.90	-0.050
	0.33%	70.0	0.99	-0.069	32.0	0.96	-0.061	16.0	0.90	-0.050
	0.5%	60.0	0.99	-0.069	27.0	0.96	-0.061	14.0	0.90	-0.050
	1%	50.0	0.99	-0.069	22.0	0.96	-0.061	11.0	0.90	-0.050
	3.3%	32.0	0.99	-0.069	15.0	0.96	-0.061	7.0	0.90	-0.050
	5%	25.0	0.99	-0.069	13.0	0.96	-0.061	6.0	0.90	-0.050
黄河流域	0.1%	90.0	0.99	-0.066	41.0	0.90	-0.056	18.0	0.80	-0.045
	0.33%	72.0	0.99	-0.066	31.0	0.90	-0.056	15.0	0.80	-0.045
	0.5%	65.0	0.99	-0.066	26.0	0.90	-0.056	11.0	0.80	-0.045
	1%	54.0	0.99	-0.066	22.0	0.90	-0.056	9.5	0.80	-0.045
	3.3%	30.0	0.99	-0.066	13.0	0.90	-0.056	6.0	0.80	-0.045
	5%	28.0	0.99	-0.066	11.0	0.90	-0.056	4.5	0.80	-0.045
全省	0.1%	90.0	0.99	-0.067	40.0	0.90	-0.056	18.0	0.80	-0.045
	0.33%	72.0	0.99	-0.067	31.0	0.90	-0.056	13.0	0.80	-0.045
	0.5%	65.0	0.99	-0.067	27.0	0.90	-0.056	10.0	0.80	-0.045
	1%	54.0	0.99	-0.067	25.0	0.90	-0.056	9.0	0.80	-0.045
	3.3%	32.0	0.99	-0.067	14.0	0.90	-0.056	5.5	0.80	-0.045
	5%	28.0	0.99	-0.067	12.0	0.90	-0.056	4.5	0.80	-0.045

由图7-12～图7-29可见，每种设计频率 $Q_m \sim A$ 关系均呈带状分布，平均线反映了水文下垫面条件和相应设计暴雨平均情况下的相关曲线，上包线反映了各级面积产汇流条件和设计暴雨最佳组合相关曲线，下包线则为最不利组合下的相关曲线。

7.3.3　调查洪水与设计洪水外包线、平均线比较分析

将各流域及全省调查实测洪水上包线与1 000年一遇的设计洪水上包线各级面积上洪峰流量作比较，结果见表7-3。通过分析可以得出，海河流域各级面积上调查实测上包线洪峰流量与1 000年一遇设计值上包线洪峰流量相差-24.5%～-3.7%，黄河流域两者相差0.5%～6.4%，全省两者相差-14.5%～0.9%。说明各流域调查洪水 $Q_m \sim A$ 上包线与1 000年一遇洪水上包线很接近。

将各流域及全省调查实测洪水平均线与30年一遇的设计洪水上包线各级面积上洪峰流量作比较，结果见表7-4。通过分析可以得出，海河流域各级面积上调查实测上包线洪峰流量与30年一遇设计值上包线洪峰流量相差1.1%～14.5%，黄河流域两者相差

2.1% ~27.3%，全省两者相差3.4% ~23.2%。说明各流域调查洪水 $Q_m \sim A$ 平均线与30年一遇洪水上包线较为接近。

表 7-3　调查洪水上包线与 1 000 年一遇设计值上包线洪峰流量对比

集水面积（km^2）	线上所查洪峰流量（m^3/s）					
	海河流域		黄河流域		全省	
	调查实测值	设计值（P=0.1%）	调查实测值	设计值（P=0.1%）	调查实测值	设计值（P=0.1%）
10	573	594	641	638	640	635
100	2 137	2347	2 643	2 602	2 501	2 562
1 000	5 070	5 935	7 078	6 868	6 238	6 666
10 000	8 523	10 639	13 503	12 897	11 016	12 323
100 000	11 063	14 659	19 785	18 601	14 958	17 500

表 7-4　调查洪水平均线与 30 年一遇设计值上包线洪峰流量对比

集水面积（km^2）	线上所查洪峰流量（m^3/s）					
	海河流域		黄河流域		全省	
	调查实测值	设计值（P=3.3%）	调查实测值	设计值（P=3.3%）	调查实测值	设计值（P=3.3%）
10	206	224	155	213	168	219
100	779	883	662	867	711	882
1 000	2 054	2 234	1 898	2 289	2 008	2 296
10 000	4 048	4 005	3 943	4 299	4 101	4 244
100 000	6 319	5 519	6 329	6 200	6 471	6 028

7.4　结　论

山西省中小流域洪水过程具有如下特征，洪水总历时短、以单峰过程为主，洪水上涨历时短、峰高量小。大流域洪水过程多数呈矮胖型，洪水上涨缓慢且上涨历时较长，退水也平缓且退水历时拉得很长。大流域发生大洪峰的概率较小，大流域的最大洪峰流量往往小于流域内某些中等流域的最大洪峰。

山西省大范围历史大洪水的主要特征如下：

（1）大范围历史大洪水主要集中于农历夏六月，发生在夏六月的比例占50%以上，发生在七月的约占20%，八月的占25%，夏五月的占7.5%，其余时间发生大范围特大洪水的概率很小。

（2）大范围暴雨洪水的历时一般很长，且雨强变化剧烈。

(3)山西省大范围洪水的范围有一定局限性。南部地区有一个以沁河为中心的暴雨洪水频繁活动区;以汾河流域为主的大范围洪水,约占全省的1/4,汾河从上游到下游,大范围洪水出现的概率呈现递增趋势;晋西南部大范围洪水的发生概率要高于中部和北部,通常情况下,晋西南部洪水常与汾河下游洪水或更大范围的洪水同属一场洪水;南运河水系区不仅面积最小,而且该区西北部发生的洪水常与以汾河中部为主的洪水同属一场洪水,南部出现的洪水常与以沁丹河为主的洪水同属一场洪水,而以南运河水系区为主的洪水不多。

(4)大范围洪水的峰和量与中小流域范围洪水相比,洪峰并不突显,洪量往往很大,降水历时一般也很长,在洪水过程线上多表现为多峰锯齿式,退水段往往拉得很长。这种大范围大洪水所形成的灾情程度重,涉及面广,持续时间长,因而灾后生产恢复难度大,恢复期长。

(5)通过历史文献记载的大范围大洪水统计分析,发现有时在一年中出现两次,如所统计的63场洪水,出现在57个年份中,其中有6个年份分别出现了两场大范围大水。

各河段(水文站)调查和实测洪水最大洪峰流量与集水面积相关图中,曲线簇随着面积的增大呈上升趋势,但坡度渐缓。各分区、流域、全省,其三个参数 C、α、β 绝对值依上包线、平均线、下包线呈递减规律,在 $Q_m \sim A$ 关系曲线上表现为非线性程度(曲率)依次变缓的规律。β 是反映曲线凹向的参数,β 为负值则曲线下凹,β 为正值则曲线上凸,β 为0则曲线为直线。一般 α 和 β 的绝对值成正比,无论是上包线、平均线还是下包线,各分区中若哪一个分区 β 绝对值比较大,则该分区 α 值在各分区中也比较大。C 值是反映分区内小面积和特小面积调查洪水流域产汇流综合水平的一个参数,尤以植被条件对该参数影响最甚。

山西省两流域不同面积的最大调查洪峰流量与面积相关点据具有大致相同的分布趋势。共同特点是,当集水面积大于1 000 km^2 时,随着面积的增大,与全国记录差距越来越大;当面积小于1 000 km^2 时,随着面积的减小,山西省调查流量记录越接近全国记录,这也反映了山西省洪水以中小流域为主的特点。

不同设计频率 $Q_m \sim A$ 关系均呈带状分布,平均线反映了水文下垫面条件和相应设计暴雨平均情况下的相关关系,上包线反映了各级面积产汇流条件和设计暴雨最佳组合条件,下包线则为最不利组合下的相关曲线。各分区调查洪水 $Q_m \sim A$ 上包线与1 000年一遇洪水上包线很接近。各分区调查洪水 $Q_m \sim A$ 平均线与30年一遇洪水上包线较为接近。

参考文献

［1］中国气象局研究所，华北东北十省（市．区）气象局．华北、东北近五百年旱涝史料［R］．北京：北京大学地球物理系，1975.

［2］中国水利水电科学研究院．清代海河滦河洪涝档案史料［M］．北京：中华书局，1981.

［3］骆承政，沈国昌．中国最大洪水记录及其地理分布［J］．水文，1987（5）.

［4］张杰．山西自然灾害史年表［M］．太原：山西省地方志编纂委员会办公室，1988.

［5］骆承政．中国历史大洪水［M］．北京：中国书店，1992.

［6］杨致强，等．山西省暴雨洪水规律研究［M］．太原：山西人民出版社，1996.

［7］李建国．山西水旱灾害［M］．郑州：黄河水利出版社，1996.

［8］中华人民共和国水利部．SL 196—67 水文调查规范［S］．北京：中国水利水电出版社，1997.

［9］骆承政．中国历史大洪水调查资料汇编［M］．北京：中国书店，2006.

［10］山西省水利厅．山西省历史洪水调查成果［M］．郑州：黄河水利出版社，2011.

［11］山西省水利厅．山西省水文计算手册［M］．郑州：黄河水利出版社，2011.

［12］山西省水利厅．山西省水文计算手册编制方法与技术［M］．郑州：黄河水利出版社，2011.

［13］山西省水文总站运城地区分站．山西省运城地区水文计算手册［R］．运城：山西省水文总站运城地区分站，1974.

［14］山西省水文总站临汾地区分站．山西省临汾地区水文计算手册［R］．临汾：山西省水文总站临汾地区分站，1974.

［15］山西省水文总站晋中地区分站．山西省晋中地区水文计算手册［R］．榆次：山西省水文总站晋中地区分站，1974.

［16］山西省水文总站吕梁地区分站．山西省吕梁地区水文计算手册［R］．离石：山西省水文总站吕梁地区分站，1974.

［17］山西省水文总站晋东南地区分站．山西省晋东南地区水文计算手册［R］．长治：山西省水文总站晋东南地区分站，1974.

［18］山西省水文总站太原分站．太原市水文计算手册［R］．太原：山西省水文总站太原分站，1975.

［19］山西省水文总站忻县地区分站．山西省忻县地区水文计算手册［R］．忻县：山西省水文总站忻县地区分站，1975.

［20］山西省水文总站雁北地区分站．山西省雁北地区水文计算手册［R］．大同：山西省水文总站雁北地区分站．

［21］山西省水文水资源勘测局．山西河流基本特征［R］．太原：山西省水文水资源勘测局，2013.